矿井开拓与开采

主　编　陈　雄

副主编　何荣军　骆大勇　吴　刚

参　编　蒋明庆　郑培虎　刘华林　喻晓峰

主　审　黄建功

重庆大学出版社

内 容 提 要

本书是以工作过程为导向的煤炭高等职业教育煤矿开采技术类教材之一。

本书全面系统地阐述了煤矿开采的基本理论和方法,概括了煤矿开采技术的最新理论和先进技术。本书的编写特点为反映煤矿开采新理论、新技术和新方法,理论与生产实际密切结合,突出实践教学。内容包括井田划分与矿井服务年限计算;井田开拓基本问题分析;开采顺序、采掘关系与采掘接续计划编制;采煤方法的分类及选择依据;采区生产系统布置;爆破采煤工艺与选择;普通机械化采煤工艺与选择;综合机械化采煤工艺与选择;综合机械化放顶煤采煤工艺与选择;倾斜长壁采煤工艺与选择;急倾斜煤层采煤工艺及其选择;特殊条件下的煤层采煤工艺;采区生产技术管理及应用;采区专业技术文件的编制;采区开采设计;采区轨道线路设计等 16 个学习情境。

本书是煤炭高等职业技术院校、高等专科院校煤矿开采技术专业、矿井通风与安全专业及其他相关专业的通用教材,也可作为中等专业学校、成人教育学院、技师学院和煤炭企业经营管理人员的培训教材,同时可供煤炭企业工程技术人员学习参考。

图书在版编目(CIP)数据

矿井开拓与开采/陈雄主编.—重庆:重庆大学出版社,2010.2(2023.10 重印)
(煤矿开采技术专业系列教材)
ISBN 978-7-5624-5277-5

Ⅰ.①矿… Ⅱ.①陈… Ⅲ.①煤矿开采—高等学校:技术学校—教材 Ⅳ.①TD82

中国版本图书馆 CIP 数据核字(2010)第 014922 号

矿井开拓与开采
(第二版)

主 编 陈 雄
副主编 何荣军 骆大勇 吴 刚
主 审 黄建功

责任编辑:曾显跃 邵孟春 版式设计:曾显跃
责任校对:张洪梅 责任印制:张 策

*

重庆大学出版社出版发行
出版人:陈晓阳
社址:重庆市沙坪坝区大学城西路 21 号
邮编:401331
电话:(023) 88617190 88617185(中小学)
传真:(023) 88617186 88617166
网址:http://www.cqup.com.cn
邮箱:fxk@ cqup.com.cn(营销中心)
全国新华书店经销
POD:重庆新生代彩印技术有限公司

*

开本:787mm×1092mm 1/16 印张:24.75 字数:618 千
2014 年 4 月第 2 版 2023 年 10 月第 8 次印刷
ISBN 978-7-5624-5277-5 定价:66.00 元

序

本套系列教材，是重庆工程职业技术学院国家示范高职院校专业建设的系列成果之一。根据《教育部 财政部关于实施国家示范性高等职业院校建设计划 加快高等职业教育改革与发展的意见》（教高［2006］14 号）和《教育部关于全面提高高等职业教育教学质量的若干意见》（教高［2006］16 号）文件精神，重庆工程职业技术学院以专业建设大力推进"校企合作、工学结合"的人才培养模式改革，在重构以能力为本位的课程体系的基础上，配套建设了重点建设专业和专业群的系列教材。

本套系列教材主要包括重庆工程职业技术学院五个重点建设专业及专业群的核心课程教材，涵盖了煤矿开采技术、工程测量技术、机电一体化技术、建筑工程技术和计算机网络技术专业及专业群的最新改革成果。系列教材的主要特色是：与行业企业密切合作，制定了突出专业职业能力培养的课程标准，课程教材反映了行业新规范、新方法和新工艺；教材的编写打破了传统的学科体系教材编写模式，以工作过程为导向系统设计课程的内容，融"教、学、做"为一体，体现了高职教育"工学结合"的特色，对高职院校专业课程改革进行了有益尝试。

我们希望这套系列教材的出版，能够推动高职院校的课程改革，为高职专业建设工作作出我们的贡献。

重庆工程职业技术学院示范建设教材编写委员会
2009 年 10 月

前言

本书是以工作过程为导向的煤炭高等职业教育煤矿开采技术类教材之一。

为了深化煤炭高等职业教育煤矿开采技术类专业教学改革,满足培养煤矿开采技术类高等技术应用性人才的迫切需要,我们编写了以工作过程为导向的本教材。

本书编写大纲经 2009 年 4 月重庆工程职业技术学院煤矿开采技术专业指导委员会会议审定,会后由承担教材编写任务的教师和现场专家作了大量的调研、搜集整理资料和编撰工作。初稿完成后,组织现场专家和作者一道在重庆南山召开审稿会,对教材初稿进行认真审查,提出修改意见。

本书具有三大特点:一是理论知识同生产实际的紧密结合,简化理论的论述,突出专业理论在生产实践中的应用;二是反映当前煤矿开采新技术、新方法、新设备、新工艺;三是采用以工作过程为导向的教学模式,将理论与实践相结合,使学生在做中学,在学中做,凸显职业技术教育特色。

全书共分井田划分与矿井服务年限计算;井田开拓基本问题分析;开采顺序、采掘关系与采掘接续计划编制;采煤方法的分类及选择依据;采区生产系统布置;爆破采煤工艺与选择;普通机械化采煤工艺与选择;综合机械化采煤工艺与选择;综合机械化放顶煤采煤工艺与选择;倾斜长壁采煤工艺与选择;急倾斜煤层采煤工艺及其选择;特殊条件下的煤层采煤工艺;采区生产技术管理及应用;采区专业技术文件的编制;采区开采设计;采区轨道线路设计等 16 个学习情境,计划学时数为 150 学时。

本书由重庆工程职业技术学院陈雄任主编,何荣军、骆大勇、吴刚任副主编,刘华林、郑培虎、喻晓峰、蒋明庆参编。具体编写分工为:学习情境 1、2、3 由骆大勇编写;绪论、学习情境 4、13、14、15 由陈雄编写;学习情境 5、6、7、9 由何荣军编

1

写;学习情境8由郑培虎编写;学习情境10由刘华林编写;学习情境11由蒋明庆编写;学习情境12由吴刚编写;学习情境16由喻晓峰编写。全书由陈雄统稿,由黄建功教授审定。

本书在编写过程中得到开滦精煤股份公司、阳泉煤业集团公司、西山煤电公司、淮南矿业集团公司、华蓥山广能集团公司、达竹煤电集团公司、攀枝花煤业集团公司、芙蓉矿业公司、松藻煤电公司、天府矿业公司、永荣矿业公司、中梁山煤电气公司、重庆煤炭行业协会等单位的大力支持。

由于编写人员水平和编写时间限制,书中的缺点和错误在所难免,恳请读者批评、指正。

编　者

2009年12月

目录

绪 论

一、煤炭在国民经济建设中的重要地位

1. 煤炭是我国的主要能源

煤炭是我国的主要能源，广泛用于工业动力、火力发电、民用燃料。新中国成立60年来，煤炭在我国一次能源消费结构中的比重一直占70%以上。2007年国内煤炭消费为23.5亿吨，占国内能源消费量的71%。根据我国能源赋存缺油、少气、富煤的特点和国民经济发展趋势，预计到2050年煤炭在一次能源消费结构中的比重将不低于50%，我国以煤为主的一次能源结构不会发生根本性变化。煤炭工业的发展，将直接制约到国民经济发展和人民群众生活水平的提高。加快煤炭工业现代化建设步伐，全面推进煤炭工业科技进步，不断满足国民经济建设和人民生活需要，是21世纪煤炭工业发展的紧迫任务。

2. 煤是重要的化工原料

煤是重要的化工原料，通过干馏、气化、液化等加工方法，从煤中可以制取焦炭、可燃气体、液体燃料、有机合成原料、药品、化肥、涂料、炸药等化工产品；从煤中还可以提炼稀有化学元素锗、镓、铀等。

3. 煤是重要的出口创汇物资

随着国际石油价格的上涨，国际煤炭市场需求增大，我国煤炭出口潜力巨大。从1982年起扩大煤炭出口数量，煤炭成为重要的出口创汇物资，为国家创造大量外汇。

二、我国煤炭资源分布和赋存特点

1. 我国煤炭资源分布

我国是世界煤炭资源蕴藏最丰富的国家之一。我国煤炭资源丰富，全国绝大多数省市区都有不同数量的煤炭资源分布，据国土资源部门最新统计，截至2008年末，已探明含煤面积为392 600 km²，1 000 m以内煤炭资源量为18 440亿吨，煤层气3 500 000亿立方米。2 000 m以内保有煤炭资源量为45 521亿吨，煤炭储量居世界第三位，而且煤种齐全、分布面积广，这就为我国煤炭工业的发展提供了必要的物质基础。我国有石炭二叠纪、侏罗纪、第三纪等三大聚煤期。根据地质构造带为界，全国划分为五个聚煤区。一是华北聚煤区，包括山西、山东、河北、北京、天津、河南、甘肃、陕西、内蒙古大部、江苏北部、辽宁和吉林南部。其煤炭资源量占全

国总煤炭资源量的53%；二是西北聚煤区，包括新疆、青海、宁夏、内蒙古西部。其煤炭资源量占全国总煤炭资源量的33%；三是东北聚煤区，包括辽宁、吉林、黑龙江、内蒙古东部，其煤炭资源量占全国8%；四是华南聚煤区，包括贵州、广西、广东、海南、湖南、湖北、重庆、江西、福建、浙江、台湾、江苏和安徽南部、四川和云南大部，其煤炭资源量占全国总煤炭资源量的5.9%；五是滇藏聚煤区，包括西藏、青海南部、四川和云南西部，煤炭资源量占全国总煤炭资源量的0.1%。

2. 我国煤炭资源赋存特点

我国煤炭资源赋存有两大特点，一是成煤地质年代长。从早古生代至第四纪，均有煤炭沉积，具有工业价值煤层形成始于早石炭世，成煤期自老到新有早古生代、早石炭世、早二叠世、石炭二叠纪、晚二叠世、晚三叠世、早侏罗世、中侏罗世、白垩纪、第三纪、第四纪等十一个地质年代。二是地质构造多，煤层赋存条件多种多样。按煤层厚度分薄煤层占17.36%，中厚煤层占37.84%，厚煤层占44.80%。按煤层倾角分缓倾斜煤层占85.95%，倾斜煤层占10.16%，急倾斜煤层占3.89%。

三、我国煤炭开采的悠久历史

我国煤炭开采历史悠久，是世界上发现、利用、开采煤炭资源最早的国家，距今有6800±150年的历史。公元前2700年黄帝时代，中国出现了早期采矿业；公元前500年的春秋战国时期煤炭成为重要商品，当时称之为石涅或涅石。魏晋时期称煤为石墨，唐宋时期称为石炭，明朝称为煤炭。在公元前一世纪，煤就被用于冶铁和炼铜。公元17世纪中叶，明末宋应星编著的《天工开物》一书，系统地记载了包括找煤、开拓、采煤、支护、通风、提升、排水、运输、煤炭加工等在内的古代煤炭开采技术，是世界上第一部记录煤炭开采技术的专著，反映了我国当时的手工采煤技术已达到相当发展水平。我国最早的近代煤矿是1876年兴建，1878年投产，1884年关闭的台湾基隆煤矿和1877年兴建，1881年投产的河北开滦唐山煤矿。

由于长期封建社会的桎梏和帝国主义的掠夺，旧中国煤矿开采技术落后，采用原始的穿硐式、残柱式、高落式等采煤方法，煤炭资源遭受严重破坏，资源损失率高达70%~80%，煤矿灾害事故频繁发生，伤亡事故频发。1949年全国煤炭产量只有0.32亿吨。

四、我国煤炭工业的快速发展

新中国成立后，党和政府十分重视煤炭工业的发展，煤炭工业在坚持"安全第一，预防为主，综合治理"安全生产方针下，着手对旧中国遗留下来的落后采煤方法进行全面改造，为我国煤炭工业的发展奠定了扎实的基础。

建国初期，我国绝大多数煤矿设备设施简陋，采煤方法多采用无支护的穿硐式和高落式。在1949—1952年的三年经济恢复时期推行以壁式体系为主的采煤方法。1949年首次使用了截煤机和刮板输送机。1950年开始对工作面顶板进行分类，采用了全部垮落法管理采空区顶板。1952年，国有煤矿采用了以长壁式为主的正规采煤方法，其煤炭产量比重已由1949年的12.51%迅速增长到72.4%。

1953—1957年的第一个五年计划期间，继续开展采煤方法改革。1953年，全国采煤机械化程度达到12.75%，以长壁式为主的正规采煤方法所占的产量比重已经达到92.27%，并创造性地发展了一批适合中国国情的采煤方法。

1964 年,我国首次在鸡西矿务局小恒山煤矿成功地使用了浅截深采煤机,对于发挥长壁采煤法的优越性、推行长壁采煤法机械化采煤起到了重要作用。1965 年以后,原煤炭工业部组织推广了一次多爆破、爆破装煤、滚筒式采煤机采煤、使用金属摩擦支柱与铰接顶梁等 12 项先进经验,我国的采煤机械化得到了进一步的完善和发展。1974 年开始采用综合机械化采煤技术,从此,我国的采煤方法走上了现代化发展的道路。

在 1976—1980 年期间,原煤炭工业部 1977 年召开了全国采煤方法工作会议,确定了我国采煤方法的发展方向,在大力推广走向长壁机械化采煤技术的同时,因地制宜地积极推广倾斜长壁采煤法、伪倾斜柔性掩护支架采煤法、对拉工作面采煤法、无煤柱护巷采煤法和水力采煤法等。

20 世纪 80 年代以来,我国出现了十余种新的采煤方法,采煤机械化得到了迅速发展。我国 3.5～5 m 厚煤层大采高一次采全厚采煤法,5 m 以上厚煤层综合机械化放顶煤采煤法等进一步得到改进和完善,趋于成熟,综采工作面单产和工效不断提高。到 2007 年末,涌现出 98 个单产超百万吨的综采工作面,个别综采工作面单产达 5.00 万吨以上,最高工效 288 t/工,平均回采效率 178 t/工。2007 年末有 3 个综采工作面单产超过千万吨,居世界先进水平。

建国 60 年来,我国煤炭工业面貌焕然一新,开发了一批新矿区,建设了一批高产高效安全现代化矿井,矿井生产能力不断提高,煤炭产量不断增长,煤炭工业的科技含量不断增加,产品深加工利用程度越来越高。特别是改革开放三十多年来,煤炭工业发展取得显著的成果,采煤、掘进、提升、运输、洗选加工等环节的机械化、集中化、自动化程度迅速提高,工作面平均单产工效增长迅速,连创多项新的纪录。全国原煤产量由 1949 年 0.32 亿吨,提高到 1996 年的 13.74 亿吨,居当年原煤产量世界第一位;2009 年全国原煤产量达到 29.60 亿吨,创历史最高水平;预计 2010 年全国原煤产量将达到 30 亿吨。

2006 年,国有重点煤矿采掘机械化程度分别达到 85.5% 和 79%,比 1978 年提高了 47 和 45 个百分点;采掘工作面单产单进分别达到 4.78 万吨/月和 148 m/月,比 1978 年提高了 3.4 倍和 24%。煤炭工业在快速发展过程中,涌现出一批技术装备达到世界领先水平的现代化煤矿。神华集团补连塔煤矿成为世界上生产规模最大的现代化矿井,2006 年综合工作面单产达到 109.5 万吨/月,原煤工效达到 161.2 吨/工;神华集团黑岱沟露天矿成为我国目前生产规模最大的现代化露天矿,最高月产、日产分别达到 250.6 万吨和 9.7 万吨;中煤能源平朔安家岭井工矿综放队最高月产达到 122 万吨,刷新世界纪录;山西晋城矿业集团凤凰山矿在 1.48 m 煤层厚度条件下,2006 年生产原煤 98 万吨,刷新我国刨煤机工作面年产纪录;神华集团上湾矿使用连续采煤机掘进巷道,最高月进度达到 3 668 m,刷新国内连续采煤机大断面双巷掘进进尺新纪录。

经过 60 年的发展,2007 年全国煤矿核定生产能力达到 1 000 万吨/年的矿区有 33 个;产能在 1 700～2 000 万吨/年的矿区有 3 个;产能在 2 000～3 000 万吨/年的矿区有 6 个;产能在 3 000～4 000 万吨/年的矿区有 5 个;产能在 4 000～5 000 万吨/年的矿区有 1 个;产能在 5 000～6 000 万吨/年的矿区有 2 个;产能超过 1 亿吨/年的矿区有 1 个。

全国煤炭生产能力排名前 16 名的省区(公司)是:山西、内蒙古、陕西、神华公司、河南、山东、贵州、黑龙江、河北、四川、安徽、中煤公司、辽宁和云南。

我国是一个人口众多的发展中国家,幅员辽阔,各地区经济发展不平衡,煤层赋存条件多种多样,开采条件各不相同,决定了煤矿建设方式、采煤方法和管理体制的多层次、多类型、多样化特点,不同区域的煤矿开采规模、技术装备和开采方式存在着较大的差异。据不完全统计,我国现有 50 多种采煤方法,是世界上采煤方法最多的国家之一。

采煤方法是煤炭工业的关键技术,是建设现代化矿井的基础。走依靠科技进步的发展之路,是我国煤炭工业发展的重要方针。采煤方法改革的根本出路在于发展煤炭生产机械化、自动化和工艺操作程序化,达到安全、高产、高效、资源回收率高的目的,努力达到或接近国际先进水平。结合我国煤炭工业发展的具体条件,在今后相当长的时间内,普通机械化采煤、爆破采煤的产量仍会占一定比重。到目前,普通机械化采煤工作面的装备已发展到了第四代,其科技含量不断提高,装备了无链牵引双滚筒采煤机、大功率双速封闭式刮板输送机、悬移液压支架;爆破采煤工作面也发展到悬移液压支架、大功率刮板输送机和毫秒延期爆破等新技术。

展望未来,我国煤矿采煤方法的发展,要立足于基本国情,依靠科学技术进步,不断提高经济效益,贯彻党和国家安全生产方针,进一步发展高产高效安全生产的采煤技术,以高产高效矿井为样板、作导向,以不同层次条件的矿井建设为主要内容,充实内涵、改进技术、加强管理,提高重点煤矿技术经济效果,推进整个煤炭工业的发展。煤矿生产进一步集约化、机械化、自动化是采煤方法发展的主要途径。

预计到 2010 年,国内煤炭需求在 24 亿吨,煤炭工业有着强劲的发展势头。到 2010 年,全国采煤机械化水平达到 80% 以上,新建和改扩建一批大中型高产高效安全现代化矿井,建成神东、蒙东、晋北、晋中、晋东、陕北、两淮、宁东、河南、鲁西、冀中、黄陇(华亭)、云贵等 13 个大型煤炭生产基地,大型矿井全部达到高产高效矿井水平,中型矿井 80% 达到高产高效矿井标准。煤矿机械化程度将达到 80% 以上,安全生产状况进一步得到改善,一批骨干矿井采煤生产技术接近或达到国际先进水平,我国采煤方法的改革、矿井现代化建设将提高到一个新的水平。

五、矿井开拓与开采课程的主要内容

煤矿开拓与开采是学习和掌握煤矿开采技术的综合性技术课程。其基本内容是根据煤矿生产、技术、管理一线高技能人才职业岗位(群)的知识、能力和素质的要求,理论结合实际地阐述不同煤层赋存条件下的井田开拓、采煤方法的分类及选择、采区生产系统布置、采煤工艺与选择、采区生产技术管理、采区开采技术设计等专业知识和操作技能。

井田开拓是矿井开采的全局性部署,是建立矿井安全生产所必需的生产系统的前提和技术保障。掌握井田开拓巷道布置及矿井生产系统的有关知识,为改造和管理矿井生产系统、合理组织采区准备和生产、组织和管理采煤工作的安全生产、建设高产高效安全矿井,在专业理论和专业实践方面打下好的基础。

采区是矿井生产的基本单位。采区生产以采煤工作面为核心,包括巷道掘进、设备安装调试等准备工作,以及运输、装载、通风、供电、供水、维修等工作。掌握采区巷道布置基本方法,建立合理、通畅、安全、经济的采区生产系统,合理组织和管理采区生产活动,是高技能人才从事矿井采掘安全生产、技术和管理工作所必备的专业知识和实践能力。

采煤工艺是煤矿生产的核心组织工艺。采煤工作面是煤矿生产的第一线,采用先进的采煤工艺,组织好采煤工作面的生产、技术、安全质量管理,是实现高产高效安全生产矿井的关键。学习这一部分内容,重点是掌握各种条件下的采煤方法,掌握采煤工艺技术及其组织管理,熟练掌握采煤工作面安全生产专业理论知识和岗位(群)技能,这也是煤矿生产一线技术

和管理人员的理论学习和实践的重要内容。

采区生产技术管理是组织好采煤工作面生产、技术、质量和安全管理,是实现高产高效安全生产矿井的关键。掌握采煤工作面生产技术管理能力,是从事煤矿生产安全一线技术和管理的前提。

采区开采技术设计是井下巷道、硐室及轨道线路设计和组织施工的基础,是开凿并建立起矿井生产系统的关键。掌握采区方案设计、轨道线路设计的基础知识和技能,是运用开采设计基础知识合理组织井下施工作业的技术关键。

校企合作、产学结合是高等职业教育的基本特点,是培养煤矿生产、技术、管理一线紧缺高技能人才的重要保障。煤矿开拓与开采课程教学应以职业岗位能力培养为中心,采取工学结合模式进行教学,理论与实践融为一体,使学生在学中做和做中学。

我国煤炭工业正在迅猛发展,煤矿开拓与开采技术正在不断进步,经过广大煤矿职工的努力,一定能够高效发展现代化的煤炭工业,从而进一步改变煤矿生产技术面貌,使我国煤矿开拓与开采技术加速达到国际先进水平,为全面建设社会主义现代化强国和构建和谐社会提供充足的能源保障。

学习情境 **1**
井田划分与矿井服务年限计算

 学习目标

☞ 熟悉巷道的分类方法；

☞ 熟悉矿井生产系统；

☞ 熟悉井田划分的原则；

☞ 熟悉矿井生产能力的影响因素；

☞ 按照给定条件，对井田进行人为境界的划分；

☞ 按照给定条件，对井田进行再划分；

☞ 掌握矿井储量、生产能力和服务年限计算方法。

任务1 矿井生产系统的建立

一、矿井巷道

1. 按巷道所处空间位置和形状分类

矿井开采需要在地下煤（岩）层中开掘大量的井巷和硐室。这些井巷种类很多，按其所处空间位置和形状，可分为垂直巷道、倾斜巷道和水平巷道，如图1-1所示。

（1）垂直巷道

①立井是指有直接通达地面出口的垂直巷道。立井一般位于井田中部，担负全矿煤炭提升任务称为主立井，担负人员升降和材料、设备、矸石等辅助提升任务的为副立井。

②暗立井是指没有直接通达地面出口的立井，装有提升设备，有主、副暗立井之分。暗立井通常用作上下两个水平之间的联系，就是将下水平的煤炭通过主暗井提升到上一个水平，将上一个水平中的材料、设备和人员等转运到下水平。

③溜井是指担负自上而下溜放煤炭任务的暗井。

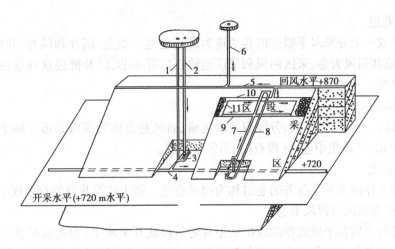

图1-1　矿井巷道立体示意图

1—主井；2—副井；3—井底车场；4—阶段运输大巷；5—阶段回风大巷；6—回风井；
7—运输上山；8—轨道上山；9—区段运输平巷；10—区段回风平巷；11—采煤工作面

（2）倾斜巷道

①斜井是指有直接出口通达地面的倾斜巷道。担负全矿井下煤炭提升任务的斜井称为主斜井。只担负矿井通风、行人、运料等辅助提升任务的斜井称为副斜井。

②暗斜井是指没有直接通达地面的出口、用作相邻的上下水平联系的倾斜巷道。其任务是将下部水平的煤炭运到上部水平，将上部水平的材料、设备等运到下部水平。

③上山是指服务于一个采区（或盘区）的倾斜巷道，也称采（盘）区上山。上山用于开采其水平以上的煤层。按上山的用途和装备可分为运输上山、轨道上山、通风上山和人行上山等。运输上山内的煤炭运输方向为由上向下运到水平大巷。

④下山是指由运输大巷向下，沿煤岩层开掘的为一个采区（或盘区）服务的倾斜巷道，也称采（盘）区下山。按其用途和装备分为运输下山、轨道下山、通风下山和人行下山。

（3）水平巷道

①平硐是指有出口直接通到地面的水平巷道。一般以一条主平硐担负全矿运煤、出矸、运材料设备、进风、排水、供电和行人等任务。专作通风用的平硐称为通风平硐。

②石门是指与煤层走向正交或斜交的水平岩石巷道。服务于全阶段、一个采区、一个区段的石门，分别称为阶段石门、采区石门、区段石门。用作运输的石门称为运输石门。用作通风的石门称为通风石门。

③煤门是指开掘在煤层中并与煤层走向正交或斜交的水平巷道。煤门的长度取决于煤层的厚度，只有在厚煤层中才有必要掘进煤门。

④平巷是指没有出口直接通达地面，沿煤岩层走向开掘的水平巷道。开掘在岩层中的叫岩石平巷，开掘在煤层中的称为煤层平巷。根据平巷的用途，可将平巷分为运输平巷、通风平巷等。按平巷服务范围，将为全阶段、分段、区段服务的平巷分别称为阶段平巷、分段平巷、区段平巷。

2. 根据巷道服务范围及其用途分类

根据巷道服务范围及其用途，矿井巷道可分为开拓巷道、准备巷道和回采巷道三类。

（1）开拓巷道

为全矿井或一个开采水平服务的巷道称为开拓巷道。如主、副井和风井、井底车场、主要石门、阶段运输和回风大巷、采区回风和采区运输石门等井巷，以及掘进这些巷道的辅助巷道都属于开拓巷道。

（2）准备巷道

为一个采区、一个以上区段、分段服务的运输、通风巷道称为准备巷道。属于这类巷道的有采区上（下）山、区段集中巷、区段石门、采区车场等。

（3）回采巷道

形成采煤工作面及为其服务的巷道称为回采巷道。属于这类巷道的有采煤工作面的开切眼、区段运输平巷和区段回风平巷。

开拓巷道的作用在于形成新的或扩展原有的阶段或开采水平，为构成矿井完整的生产系统奠定基础。准备巷道的作用在于准备新的采区，以便构成采区的生产系统。回采巷道的作用在于切割出新的采煤工作面并进行生产。

二、矿井生产系统

矿井生产系统是指在煤矿生产过程中的提升、运输、通风、排水、人员安全进出、材料设备上下井、矸石出运、供电、供风、供水、瓦斯抽采、安全监控等巷道线路及其设施，是矿井安全生产的基本前提和保证。每一个矿井都必须按照有关规定和要求，建立安全、通畅、运行可靠、能力充足的生产系统。矿井生产系统包括井下生产系统和地面生产系统。

1. 井下生产系统

下面以图1-2为例，介绍井下主要生产系统。井下主要生产系统包括运煤系统、通风系统、运料排矸系统、排水系统、供电系统、防火系统、防尘洒水系统、瓦斯抽采系统、瓦斯监控系统等。

（1）运煤系统

从采煤工作面25采落下的煤炭，经区段运输平巷20、采区运输上山14到采区煤仓13，在运输大巷内装车，经开采水平运输大巷5、主要运输石门4运到井底车场3，由主井1提升到地面。

（2）通风系统

新鲜风流从地面经副井2进入井下，经井底车场3、主要运输石门4、运输大巷5、采区下部车场10、轨道上山15、采区中部车场19、区段运输平巷20进入采煤工作面25。清洗工作面后，污风经区段回风平巷23、采区回风石门17、回风大巷8、回风石门7，从风井6排入大气。

（3）运料排矸系统

采煤工作面所需材料和设备，用矿车由副井2下放到井底车场3，经主要运输石门4、运输大巷5、采区运输石门9、采区下部车场10，由采区轨道上山15提升到区段回风平巷23，再运到采煤工作面25。采煤工作面回收的材料、设备和掘进工作面运出的矸石，用矿车经由与运料系统相反的方向运至地面。

（4）排水系统

采掘工作面涌水，由区段运输平巷、采区上山排到采区下部车场，经水平运输大巷、主要运输石门等巷道的排水沟，自流到井底车场水仓，再由中央水泵房排到地面。

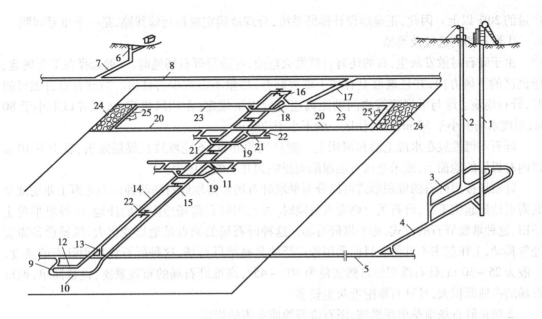

图1-2 井下生产系统示意图

1—主井;2—副井;3—井底车场;4—主要石门;5—阶段运输大巷;6—回风井;
7—回风石门;8—回风大巷;9—采区运输石门;10—采区下部材料车场;
11—上、中部车场甩车道;12—行人进风斜巷;13—采区煤仓;14—运输上山;15—轨道上山;
16—上山绞车房;17—采区回风石门;18—采区上部车场;19—采区中部车场;20—区段运输平巷;
21—下区段回风平巷;22—联络巷;23—区段回风平巷;24—开切眼;25—采煤工作面

（5）动力供应系统

包括井下电力供应系统和压缩空气供应系统。

2. 地面生产系统

地面生产系统的主要任务是煤炭经过运输提升到地面后的加工和外运,还要完成矸石排放,动力供给,材料、设备供应等工作。地面生产系统主要包括:地面提升系统;运输系统;排矸系统;选煤系统和管道线路系统;地面变电所、压风机房、锅炉房、机修厂、坑木加工厂、矿灯房、浴室及行政福利大楼等专用建筑物。

（1）地面生产系统类型

①无加工设备的地面生产系统。这种生产系统适用于原煤不需要进行加工,或拟送往中央选煤厂去加工的煤矿。原煤提升到地面以后,经由煤仓或储煤场直接装车外运。

②设有选矸设备的地面生产系统。这种生产系统适用于对原煤只选去大块矸石的煤矿,或者在生产焦煤的煤矿中,由于大块矸石较多,而洗选厂又离矿较远,为了避免矸石运输的浪费和减轻洗选厂的负担,在矿井地面设置选矸设备。

③设有筛分厂的地面生产系统。这种生产系统适用于生产动力煤和民用煤的煤矿。原煤提升到地面后,需要按照用户对煤质与粒度的要求进行选矸和筛分,不同粒度的煤分别装车外运。

④设有洗选厂的地面生产系统。该生产系统适用于产量较大、煤质符合洗选要求的矿井。

（2）地面排矸运料系统

矿井在建设和生产期间,由于掘进和回采,都要使用或补充大量的材料、更换和维修各种机电设备,同时还有大量的矸石运出矿井,特别是开采薄煤层时,矸石排出量有时可达矿井年产量的20%以上。因此,正确地设计排矸系统,合理地确定材料运输线路,是一个重要问题。

①矸石场的选址及类型

由于矸石易散发灰尘,有的还有自然发火危险,在选择矸石场地时,一般选择在工业场地、居民区的下风方向,并且地形上有利于堆放矸石,尽量不占或少占良田。当矸石有自燃可能时,矸石场地边缘与下列建筑物间的距离应符合以下规定:距压风机房、入风井口不小于80 m;距坑木场不小于50 m;距居住区一般不小于700 m。

矸石不得堆放在水源上游和河床上。能自燃的矸石,不能堆放在煤层露头、表土下10 m以内有煤层的地面上,或采空区可能塌陷而影响到井下的范围内。

矸石场按照矸石的堆积形式可以分为平堆矸石场和高堆矸石场两种。当地面工业场地及其附近地形起伏不平,矸石无自燃发火危险时,可利用矸石将场地附近的洼地、山谷填平覆土还田,这种堆放矸石的方式,称平堆矸石场。这种矸石场的缺点是地形变化大,机械设备需要经常移动,工作起来不方便。目前采用较广泛的是高堆矸石场,这种矸石场堆积矸石的高度,一般为25~30 m,矸石堆积的自然坡角为40°~45°,高堆矸石场的布置紧凑,设备简单,但矸石场的占地面积大,且矸石堆附近灰尘较多。

②防止矸石场雨季出现滑坡、泥石流等地质灾害的措施

矸石场不能布置在山洪、河流可能冲刷到的地段;依山而建的矸石场要设置永久性排水系统,并保持畅通;矸石场四周必须设置厚度不小于1 m倒梯形挡矸墙;矸石场中矸石堆积高度不得超过设计规定;矸石堆积坡度不得大于自然安息角(42°~45°);矸石场堆码范围内设置防滑桩,防滑桩长宽各1.5 m,桩间距不大于15 m,桩基必须布置在基岩以下3 m以上的地方。

③材料、设备的运输

矿井正常生产期间,需要及时供应各种材料、设备,维修各种机电设备。这些物料主要是经由副井上下。因此,材料、设备的运输系统都必须以副井为中心。一般由副井井口至木材加工场、机修厂和材料库等,都铺有运输窄轨铁路。运往井下的材料设备,装在矿车或材料车上,由电机车牵引到井口,再通过副井送到井下。井下待修的机电设备,也装在矿车或平板车上,由副井提升到地面,由电机车牵引送往机修厂。

(3)地面管线系统

为了保证矿井生产、生活的需要,地面工业场地内还需设上下水道、热力管道、压缩空气管道、地下电缆、瓦斯抽采管路、灌浆管路等。这些管道线路布置是否合理,对矿井生产、生活、美化环境都有一定影响,在进行管线布置时应予以考虑。

任务2 煤田及井田划分

一、基本概念

1.煤田

在地质历史发展的过程中,由含炭物质沉积形成的基本连续的大面积含煤地带,称为煤田。煤田有大有小,大的煤田面积可达数百到数万平方千米,煤炭储量从数亿吨到数百上千亿吨;小的煤田面积只有几平方千米,储量较少。对于面积较大、储量较多的煤田,若由一个矿井

来开采,显然不仅在经济上不合理,而且在技术上也是难以实现的。因此,需要将煤田进一步划分成适合于由一个矿区(或一个矿井)来开采的若干个区域。

2. 矿区和矿区开发

开发煤田形成的社会区域,称为矿区。大的煤田往往被划分为几个矿区去开发,如陕西的渭北煤田,走向长达 170 km,横跨 7 个县市,面积达 1 980 km²,由铜川、蒲白、澄合、韩城等几个矿区分别开发。面积和储量较小的煤田也可由一个矿区来开发,如重庆中梁山煤田。

矿区的范围仍然很大,需根据煤炭储量、赋存条件、煤炭市场需求量和投资环境等情况,确定矿区规模,划分井田,规划井田开采方式,规划矿井或露天矿建设顺序,确定矿区附属企业的类别、数目和生产规模、建设过程等,总称为矿区开发。如淮南矿区开发淮南煤田的三个区,这三个区均分布在安徽省淮河两岸,如图 1-3 所示。舜耕山区和八公山区是淮南矿区老区,这两个区被鸭背埠断层分开,分别由九龙岗矿、大通矿、李郢孜一矿、二矿和谢家集一、二、三矿以及新庄孜矿、毕家岗矿、李咀孜矿、孔集矿来开采;淮河北岸为淮南矿区新区,目前正在开发潘集、谢桥区,其中的潘集一、二、三矿以及张集矿和谢桥矿均已投产,正在建设潘四矿和其他几座矿井。

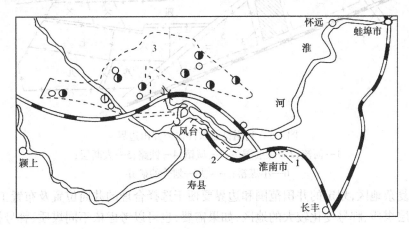

图 1-3　淮南煤田的矿区划分
1—舜耕山区;2—八公山区;3—潘集、谢桥区

3. 井田

在矿区内,划归给一个矿井开采的那一部分煤田,称为井田。如陕西铜川矿区,划分成东坡、鸭口、徐家沟、金华山、王石凹、李家塔、三里洞、桃园、史家河等井田,如图 1-4 所示。

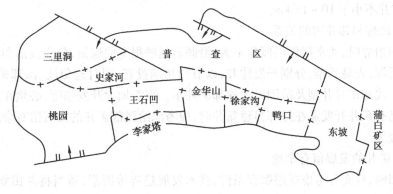

图 1-4　铜川矿区的井田划分

确定井田范围大小、矿井生产能力和服务年限,是矿区总体设计中应解决的关键问题。

二、煤田划分为井田

1. 井田划分的原则
(1)要充分利用自然条件

尽可能利用大断层等自然条件作为井田边界,或者利用河流、铁路、城镇下面留设的安全煤柱作为井田边界。这样做既相对减少了煤柱损失,提高了煤炭采出率,又减少了给开采工作造成的困难,还有利于保护地面设施,如图1-5所示。

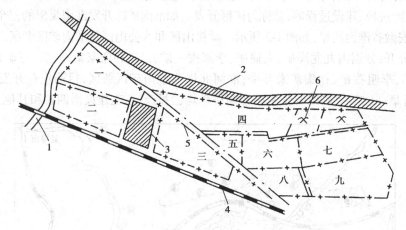

图1-5 利用自然条件作为井田边界
1—河流;2—煤层露头;3—城镇;4—铁路;5—大断层;
6—小煤窑;一～九—划分的矿井

在地形复杂地区,划定的井田范围和边界要便于选择合理的井筒位置及布置工业场地。

对于煤层煤质、牌号变化较大的地区,如果需要,也可以考虑依不同煤质、牌号按区域划分井田。

(2)要有合理的走向长度

井田范围必须与矿井生产能力相适应,保证矿井有足够的储量和合理的井田参数,尤其是要有合理的走向长度。在一般情况下,井田走向长度应大于倾斜长度。我国现阶段合理的井田走向长度一般为小型矿井不小于1.5 km;中型矿井不小于4.0 km;大型矿井不小于7.0 km;特大型矿井不小于10～15 km。

(3)要处理好相邻井田的关系

划分井田边界时,通常把煤层倾角不大,沿倾斜延展很宽的煤田,分成浅部和深部两部分。一般应先浅后深,先易后难,分别开发建井,以节约初期投资,同时避免浅、深部矿井形成复杂的压茬关系。浅部矿井井型及范围可比深部矿井小。当需加大开发强度,必须在浅、深部同时建井或浅部已有矿井开发需在深部另建新井时,应考虑给浅部矿井的发展留有余地,不使浅部矿井过早地报废。

(4)要为矿井的发展留有余地

划分井田时,应充分考虑煤层赋存条件、技术发展趋势等因素,适当将井田划得大一些或者为矿井留一个后备区,为矿井今后的发展留有适当余地。

（5）要有良好的安全经济效果

划分井田时，要力求使矿井有合理的开拓方式和采煤方法，便于选定井口位置和地面工业场地，有利于保护生态环境，使井巷工程量小、投资省、建井期短、生产作业环境好、安全可靠，为煤矿企业取得最大的经济效益和社会效益打下基础。

（6）要有利于矿井生产技术管理

在不受其他条件限制的情况下，一般采用直线或折线形式来划定井田境界线，尽量避免曲线境界线，以有利于矿井设计和生产技术管理。

2. 井田人为境界的划分方法

除了利用自然条件作为井田境界之外，在不受其他条件限制时，往往要用人为划分的方法确定井田的境界。人为境界的划分方法，常用的有垂直划分、水平划分、按煤组划分及按自然条件形状划分等。

（1）垂直划分

相邻矿井以某一垂直面为界，沿境界线两侧各留井田边界煤柱，称为垂直划分。井田沿走向两端，一般采用沿倾斜线、勘探线或平行勘探线的垂直面划分。如图1-6所示，一、二矿之间及三矿左翼边界为垂直划分。

近水平煤层井田无论是沿走向还是沿倾向，都采用垂直划分法，如图1-7所示。

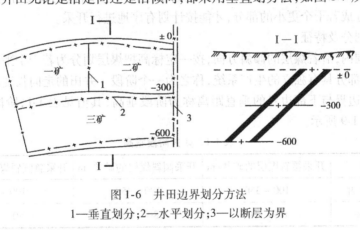

图 1-6　井田边界划分方法
1—垂直划分；2—水平划分；3—以断层为界

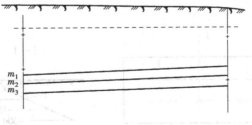

图 1-7　近水平煤层井田边界划分方法

（2）水平划分

以一定标高的煤层底板等高线为界，并沿该煤层底板等高线留置边界煤柱，这种方法称作水平划分。在图1-6中，三矿井田上部及下部边界就是分别以 −300 m 和 −600 m 等高线为界的，这种方法多用于划分倾斜和急斜煤层以及倾角较大的缓斜煤层井田的上下部边界。

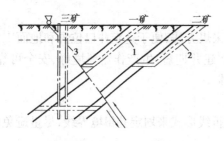

图 1-8　矿界划分及分组与集中建井

1、2—浅部分组建斜井；3—深部集中建立井

（3）按煤组划分

按煤层（组）间距的大小来划分矿界，把层间距较小的相邻煤层划归一个矿井开采，把层间距较大的煤层（组）划归另一个矿井开采。这种方法一般用于煤层或煤组间距较大、煤层赋存浅的矿区。在图 1-8 中，一矿与二矿按煤组划分矿界，并且同时建井。

矿界还可以按地质构造条件来划分，例如以断层为矿界，各矿沿断层线留置矿界煤柱，如图 1-8 中，三矿与一矿、二矿的矿界。应当指出，无论用何种方法划分井田境界都应力求做到井田境界整齐，避免犬牙交错造成开采困难。

三、井田内的划分

1. 缓斜、倾斜和急倾斜煤层井田的划分

（1）井田划分成阶段

一个井田的范围相当大，其走向长度可达数千米到万余米，倾向长度可达数千米。因此，必须将井田划分成若干个更小的部分，才能按计划有序地进行开采。

①阶段的划分及特征

在井田范围内，沿着煤层的倾斜方向，按一定标高把煤层划分为若干个平行于走向的长条部分，每个长条部分具有独立的生产系统，称之为一个阶段。井田的走向长度即为阶段的走向长度，阶段上部边界与下部边界的垂直距离称为阶段垂高，其值见表 1-1，阶段的倾斜长度为阶段斜长，如图 1-9 所示。

表 1-1　矿井阶段垂高

井　型	开采缓斜煤层的矿井/m	开采倾斜煤层的矿井/m	开采急倾斜煤层的矿井/m
大、中型矿井	100 ~ 350	100 ~ 350	100 ~ 250
小型矿井	80 ~ 150	80 ~ 150	80 ~ 150

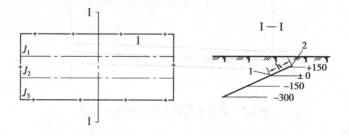

图 1-9　井田划分为阶段和水平

J_1、J_2、J_3—第一、二、三阶段；h—阶段斜长

1—阶段运输大巷；2—阶段回风大巷

每个阶段都有独立的运输和通风系统。在阶段的下部边界开掘阶段运输大巷（兼作进风

巷），在阶段上部边界开掘阶段回风大巷，为整个阶段服务。上一阶段采完后，该阶段的运输大巷作为下一阶段的回风大巷。

②水平与开采水平

水平是指沿煤层走向某一标高布置运输大巷或总回风巷的水平面，通常用标高（m）来表示，如图1-9中的 ±0 m、−150 m、−300 m 等。在矿井生产中，为说明水平位置、顺序，相应的称为 ±0 m 水平、−150 m 水平、−300 m 水平等；或称为第一水平、第二水平、第三水平等。通常将设有井底车场、阶段运输大巷并且担负全阶段运输任务的水平，称为开采水平。

一般来说，阶段与水平二者既有联系又有区别。其区别在于阶段表示的是井田范围中的一部分，强调的是煤层开采范围和储量；而水平是指布置在某一标高水平面上的巷道，强调的是巷道布置。二者的联系是利用水平上的巷道开采阶段内的煤炭资源。

根据煤层赋存条件和井田范围的大小，一个井田可用一个水平开采，也可用两个或两个以上的水平开采，前者称为单水平开拓，后者称为多水平开拓。

单水平开拓如图1-10所示，井田分为两个阶段。+900 m 水平以上的阶段，煤由上向下运输到开采水平，称为上山阶段；+900 m 水平以下的阶段，煤由下向上运输到开采水平，称为下山阶段。这个开采水平既为上山阶段服务，又为下山阶段服务，这种开拓方式称为单水平上下山开拓。单水平上下山开拓方式适用于开采倾角小于16°的煤层，倾斜长度不大的煤田。

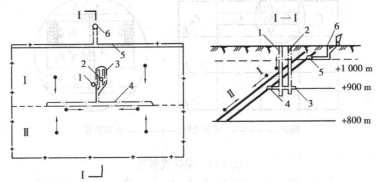

图 1-10 单水平上、下山开拓
1—主井;2—副井;3—井底车场;4—阶段运输大巷;5—阶段回风大巷;6—回风井
Ⅰ—上山阶段;Ⅱ—下山阶段

多水平开拓，可分为多水平上山开拓、多水平上下山开拓和多水平混合式开拓。

多水平上山开拓，每个水平只为一个上山阶段服务。每个阶段开采的煤均向下运输到相应的水平，由各水平经主井提升至地面。这种开拓方式井巷工程量较大，一般用于开采急倾斜煤层的井田。

多水平上下山开拓，每个水平均为上、下山两个阶段服务。这种开拓方式比多水平上山开拓减少了开采水平数目及井巷工程量，但增加了下山开采，一般用于煤层倾角较小、倾斜长度较大的井田。

多水平混合式开拓，在整个井田中，上部的某几个水平开采上山阶段，而最下一个水平开采上、下山两个阶段。这种开拓方式既发挥了单一阶段布置方式的优点，又适当地减少了井巷工程量和运输量。当深部储量不多，单独设开采水平不合理，或最下一个阶段因地质情况复杂不能设置开采水平时，可采用这种开拓方式。

井田内水平和阶段的开采顺序,一般是先采上部水平和阶段,后采下部水平和阶段。这样做的优点是建井时间短、生产安全条件好。

(2)阶段内的再划分

井田划分为阶段后,阶段的范围仍然较大,通常需要再划分,以适应开采技术的要求。阶段内的划分一般有三种方式:采区式、分段式和带区式。

①采区式划分

在阶段范围内,沿走向把阶段划分为若干个具有独立生产系统的块段,每一块段称为采区,在图1-11中,井田沿倾向划分为3个阶段,每个阶段又沿走向划分为4个采区。采区的倾向长度与阶段斜长相等。按采区范围大小和开采技术条件的不同,采区走向长度由500 m到2 000 m不等。采区的斜长一般为600~1 000 m。确定采区边界时,要尽量利用自然条件作为采区边界,以减少煤柱损失和开采技术上的困难。

在采区范围内,沿煤层倾斜方向将采区划分为若干个长条部分,每一块长条部分称为区段。如图1-11所示,采区划分为三个区段,每个区段沿倾斜布置采煤工作面,工作面沿走向推进。每个区段下部边界开掘区段运输平巷,上部边界开掘区段回风平巷;各区段平巷通过采区运输上山、轨道上山与开采水平大巷连接,构成生产系统。

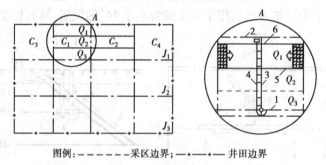

图例:━━━━━采区边界; ━·━━井田边界

图1-11 采区式划分

J_1、J_2、J_3—第一、二、三阶段;C_1、C_2、C_3、C_4—第一、二、三、四采区;

Q_1、Q_2、Q_3—第一、二、三区段

②分段式划分

在阶段范围内不划分采区,而是沿倾斜方向将煤层划分为若干平行于走向的长条带,每个长条带称为分段,每个分段沿倾斜布置一个采煤工作面,这种划分称为分段式。采煤工作面沿走向由井田中央向井田边界连续推进,或者由井田边界向井田中央连续推进,如图1-12所示。

各分段平巷通过主要上(下)山与开采水平大巷联系,构成生产系统。

分段式划分与采区式相比,减少了采区上(下)山及硐室工程量;采煤工作面可以连续推进,减少了搬家次数,生产系统简单。但是,分段式划分仅适用于地质构造简单、走向长度较小的井田。

③带区式划分

在阶段内沿煤层走向划分为若干个具有独立生产系统的带区,带区内又划分成为若干个倾斜分带,每个分带布置一个采煤工作面,如图1-13所示。分带内,采煤工作面沿煤层倾斜推进,即由阶段的下部边界向阶段的上部边界推进或者由阶段的上部边界向下部边界推进。一般由2~6个分带组成一个带区。

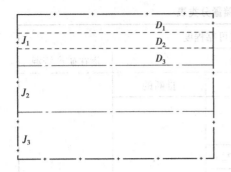

图 1-12 分段式划分

J_1、J_2、J_3—阶段；D_1、D_2、D_3—分段

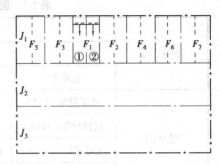

图 1-13 带区式划分

F_1、F_2、…、F_7—带区；①、②—分带

带区式布置工作面适用于倾斜长壁采煤法，巷道布置系统简单，比采区式布置巷道掘进工程量少，但分带工作面两侧倾斜回采巷道掘进困难、辅助运输不便。目前，我国大量应用的还是采区式，但在煤层倾角小于 12°的条件下，带区式的应用正在扩大。

2. 近水平煤层井田的划分

开采近水平煤层，井田沿倾斜方向高差很小。通常沿煤层延展方向布置大巷，在大巷两侧划分成为具有独立生产系统的块段，这样的块段称为盘区或带区，如图 1-14 所示。盘区内巷道布置方式及生产系统与采区布置基本相同，带区则与阶段内的带区式布置基本相同。

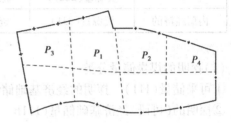

图 1-14 井田直接划分为盘区

P_1、P_2、P_3、P_4—第一、二、三、四盘区

采区、盘区、带区的开采顺序一般采用前进式，先开采井田中央井筒附近的采区或盘区、带区，以有利于减少初期工程量及初期投资，使矿井尽快投产。

任务3 矿井储量、生产能力及服务年限计算

一、矿井储量

矿井储量是指井田内可采煤层的全部储量。通过对矿井储量分级和分类，表明煤炭的质量、地质情况被查明的程度、储量的可靠性以及可以被开采和利用的价值。

1. 煤炭储量的分级分类

2003 年 3 月 1 日起执行的地质矿产行业标准 DZ/T 0215—2002《煤、泥炭地质勘查规范》，对煤炭资源/储量分类及类型条件、储量估算等作了新的划分和规定。依照该规范，煤炭储量按可行性评价阶段分为概略研究、预可行性研究和可行性研究储量；从经济意义上分为经济的、边际经济的、次边际经济的、内蕴经济的和经济意义未定的基础储量；从地质可靠程度上分为探明的、控制的、推断的、预测的储量，详见表 1-2。

表 1-2　固体矿产资源/储量分类表

经济意义	地质可靠程度			
	查明矿产资源			潜在矿产资源
	探明的	控制的	推断的	
经济的	可采储量(111)			
	基础储量(111b)			
	预可采储量(121)	预可采储量(122)		
	基础储量(121b)	基础储量(122b)		
边际经济的	基础储量(2M11)			
	基础储量(2M21)	基础储量(2M22)		
次边际经济的	资源量(2S11)			
	资源量(2S21)	资源量(2S22)		
内蕴经济的	资源量(331)	资源量(332)	资源量(333)	资源量(334)?

(1)探明的煤炭储量分类

①可采储量(111)　探明的经济基础储量的可采部分。

②探明的(可研)经济基础储量(111b)　同(111)的差别在于本类型是用未扣除设计、采矿损失的数量表述。

③预可采储量(121)　同(111)的差别在于本类型只进行了预可行性研究,估算的可采储量可信度高,可行性评价结果的可信度一般。

④探明的(预可研)经济基础储量(121b)　同(121)的差别在于本类型是用未扣除设计、采矿损失的数量表述。

⑤探明的(预可研)边际经济基础储量(2M11)　在确定当时开采是不经济的,但接近盈亏边界,只有当技术、经济等条件改善后才可变成经济的。估算的基础储量和可行性评价结果可信度高。

⑥探明的(预可研)边际经济基础储量(2M21)　同(2M11)的差别在于本类型只进行了预可行性研究,估算的基础储量可信度高,可行性评价结果的可信度一般。

⑦探明的(可研)次边际经济资源量(2S11)　在确定当时开采是不经济的,必须大幅度提高矿产品价格或大幅度降低成本后,才能变成经济的。

⑧探明的(预可研)次边际经济资源量(2S21)　只进行了预可行性研究,资源量估算可信度高,可行性评价结果的可信度一般。

⑨探明的内蕴经济资源量(331)　仅做了概略研究,经济意义介于经济的至次边际经济的范围内,估算资源量可信度高,可行性评价可信度低。

(2)控制的煤炭储量分类

①预可采储量(122)　勘查工作程度已达到详查阶段的工作程度要求,预可行性研究结果表明开采是经济的,估算的可采储量可信度较高,可行性评价结果的可信度一般。

②控制的经济基础储量(122b)　同(122)的差别在于本类型是用未扣除设计、采矿损失

的数量表述的。

③控制的边际经济基础储量(2M22)　在确定当时开采是不经济的,但接近盈亏边界,待将来技术经济条件改善后可变成经济的。

④控制的次边际经济资源量(2S22)　勘查工作程度达到了详查阶段工作程度要求,预可行性研究表明,在确定当时开采是不经济的,需大幅度提高矿产品价格或大幅度降低成本后,才能变成经济的。估算的资源量可信度较高,可行性评价结果的可信度一般。

⑤控制的内蕴经济资源量(332)　勘查工作程度达到了详查阶段的工作程度要求。未做可行性研究或预可行性研究,仅做了概略研究,经济意义介于经济的至次边际经济的范围内,估算的资源量可信度较高,可行性评价可信度低。

(3)推断的内蕴经济资源量(333)

勘查工作程度达到了普查阶段的工作程度要求。未做可行性研究或预可行性研究,仅做了概略研究,经济意义介于经济的至次边际经济的范围内,估算的资源量可信度低,可行性评价可信度低。

根据国家标准《煤炭工业矿井设计规范》和《煤炭工业小型矿井设计规范》规定,推断的内蕴经济资源量333,由于地质构造、煤层赋存条件、可采技术条件等尚未基本查明,其可信度较低,参与矿井工业资源/储量、设计可采储量时,必须乘以可信度系数 K。可信度系数 K 为0.7~0.9,其中,地质构造简单、煤层赋存稳定的矿井,取0.9;地质构造复杂、煤层赋存不稳定的矿井,取0.7。

(4)预测的资源量(334)?

勘查工作程度达到了预查阶段的工作程度要求。在相应的勘察工程控制范围内,对煤层层位、煤层厚度、煤类、煤质、煤层产状、构造等均有所了解后,所估算的资源量。预测的资源量属于潜在煤炭资源,有无经济意义尚不确定。

《煤、泥炭地质勘查规范》中的储量分类更加强调了煤炭资源开发的可行性研究、资源经济利用价值和资源地质勘查工作可靠程度,更有利于煤炭资源储量的合理开发及经济评价。2003年3月以后进行的煤田地质勘查工作,在地质勘察报告中提交煤炭资源各级各类储量都以《煤、泥炭地质勘查规范》进行分类。2003年以前按旧的分级分类法提交的煤田储量,要对照《煤、泥炭地质勘查规范》对各类储量作相应的换算。

为了便于学习理解,能够换算新旧煤炭储量分级和储量分类,有必要将2003年之前采用的煤炭储量分级和储量分类方法作一简单介绍。

(1)储量分级

2003年之前采用的储量分级,是根据煤田的地质勘探程度和研究程度,分为 A、B、C、D 四级。A、B 级称为高级储量,C、D 级称为低级储量。储量级别越高,表明煤层地质情况被查明的程度越高,储量的可靠性越高。

(2)储量分类

储量分类则是根据当时的能源政策和煤炭资源状况,按当时的开采技术水平和煤炭储量被查明的程度,将矿井储量分为:

①矿井地质储量。矿井地质储量,是指矿井技术边界范围内的全部煤炭的储量。包括能利用的储量和尚难利用的储量。

$$矿井地质储量 \begin{cases} 能利用储量(A+B+C+D) \begin{cases} 工业储量(A+B+C) \begin{cases} 可采储量 \\ 设计损失量 \end{cases} \\ 远景储量(D) \end{cases} \\ 尚难利用储量 \end{cases}$$

②能利用的储量,又称平衡表内储量,是指煤层赋存情况及煤质符合当前矿井开采技术经济条件,在目前技术条件下可以开采的储量。包括工业储量和远景储量。

③尚难利用储量,又称平衡表外储量,是指由于煤层灰分高、厚度薄、地质条件复杂,在目前技术条件下暂时不能开采的储量。但是随着科学的发展,开采技术提高,今后有可能开采和利用。

④工业储量是指能利用储量中的 A+B+C 级储量总和。小型矿井可按能利用储量中的 A+B+C+0.5D 计算。工业储量可直接作为矿井设计和投资的依据。

⑤远景储量。指能利用储量中的 D 级储量。由于被查明的程度不够,有待于今后做进一步勘查提高储量级别。

⑥可采储量。指能利用储量中可以采出的那一部分储量。其计算式为

$$Z_K = (Z_G - P)C \tag{1-1}$$

式中 Z_K——可采储量,万吨;

Z_G——工业储量,万吨;

P——全矿性煤柱损失及地质构造和水文地质损失,万吨;

C——设计采出率。

确定能利用储量和尚难利用储量界线的最基本条件是煤层的厚度和灰分。国家确定了对煤层最低可采厚度和最高灰分的要求。

在缺煤地区,为了满足当地工业用煤和民用煤的需要,充分合理地利用煤炭资源,在确定能利用储量及尚难利用储量的边界时,对煤层最低开采厚度和最高灰分的要求可以放宽,制定适合本地区的标准,经上级有关部门批准后执行。

2. 对煤炭资源采出率的规定

采区采出率的规定:薄煤层不低于85%,中厚煤层不低于80%,厚煤层不低于75%,水力采煤不低于70%。

采煤工作面采出率的规定:薄煤层不低于97%,中厚煤层不低于95%,厚煤层不低于93%。

3. 储量损失

在开采过程中,由于各种原因,不可能把全部储量开采出来,而要损失掉一部分储量,这部分损失为储量损失。储量损失分为设计损失和实际损失两部分。

(1)设计损失

根据煤层赋存条件所采用的采煤方法以及保证开采安全的需要,在设计中规定永远遗留在地下的一部分储量为设计损失。设计损失包括:

①全矿性损失。包括矿界隔离煤柱、工业广场煤柱、井筒煤柱、建筑物下水体下及铁路下的煤柱、防水煤柱及长期使用的巷道煤柱;由于地质构造复杂及水文地质条件复杂不能开采的损失;采区设计损失。

②采区损失。包括采区留设各种煤柱的设计损失与采煤方法有关的损失。

③采煤工作面损失。包括面积损失、厚度损失和破煤损失。面积损失是指在开采过程中，部分地段不能开采所造成的损失；厚度损失是指在采煤工作面上遗留顶煤或底煤，厚煤层分层开采时留设过多的煤皮假顶所造成的损失等；破煤损失是指工作面在开采过程中遗留在采煤工作面或巷道中的浮煤。

（2）实际损失

指在开采过程中实际发生的煤量损失，根据其发生的范围，也可分为采煤工作面损失、采区损失和全矿井损失。

由于管理和技术等方面的影响，储量实际损失往往大于合理的设计损失。其中，凡是符合设计规范规定的煤炭损失均为合理损失；凡是设计规范上没有规定或生产过程中不应有的煤炭损失均为不合理损失。

二、矿井生产能力

1. 矿井生产能力

煤矿生产能力是指在一定时期内煤矿各生产系统所具备的煤炭综合生产能力，以万吨/年为计量单位。煤矿生产能力以具有独立完整生产系统的煤矿（井）为对象。

根据国家发展和改革委员会《煤矿生产能力管理办法》和《煤矿生产能力核定标准》的规定，煤矿生产能力分为设计生产能力和核定生产能力。

（1）设计生产能力

设计生产能力是指由依法批准的煤矿设计所确定、施工单位据以建设竣工，经验收合格，最终由煤炭生产许可证颁发管理机关审查确认，在煤炭生产许可证上予以登记的生产能力。

（2）核定生产能力

核定生产能力是指依法取得煤炭生产许可证的煤矿，因地质和生产技术条件发生变化，致使煤炭生产许可证原登记的生产能力不符合实际，按照《煤矿生产能力管理办法》规定经重新核实，最终由煤炭生产许可证颁发管理机关审查确认，在煤炭生产许可证上予以变更登记的生产能力。

根据矿井生产能力的大小，我国把矿井划分为大、中、小三类。

大型矿井：生产能力为120万吨/年、150万吨/年、180万吨/年、240万吨/年、300万吨/年、400万吨/年、500万吨/年及500万吨/年以上的矿井，其中300万吨/年及其以上的矿井称为特大型矿井；

中型矿井：生产能力为45万吨/年、60万吨/年、90万吨/年的矿井；

小型矿井：生产能力为3万吨/年、6万吨/年、9万吨/年、15万吨/年、21万吨/年、30万吨/年的矿井。

2. 矿井生产能力的确定

矿井生产能力应在国家煤炭产业政策和煤炭技术政策的指导下，根据国民经济发展的需要，充分考虑区域经济发展的特点，结合井田的尺寸和资源储量，以及开采技术条件、装备水平和安全生产要求等因素权衡确定。矿井生产能力应与井田划分紧密联系并相互适应，这是矿区总体设计应解决的重要原则问题。

大型矿井产量大、装备水平高、生产集中、效率高、成本低、服务年限长，能较长地供应煤炭,是我国煤炭工业的骨干企业。但大型矿井初期工程量较大,施工技术要求高,需要较多的设备,特别是现代化的重型设备,建井工期较长,初期投资较多,生产技术管理复杂。

小型矿井初期工程量和基建投资比较少,施工技术要求不高,技术装备比较简单,建井工期短,能较快地达到设计生产能力。但生产比较分散、效率低、成本高、矿井服务年限较短,而且占地相对较多。

三、矿井服务年限

矿井服务年限是指按矿井可采储量、设计生产能力,并考虑储量备用系数计算出的矿井开采年限。

矿井服务年限可由十几年到百余年。一般来说,矿井服务年限一定要与矿井的生产能力相适应,各类井型都有适宜的服务年限见表1-3。

表1-3　我国各类井型的矿井和开采水平设计服务年限

井　型	矿井设计生产能力/万吨·年$^{-1}$	矿井设计服务年限/年	开采水平设计服务年限/年		
			开采缓斜煤层的矿井	开采倾斜煤层的矿井	开采急倾斜煤层的矿井
特大型矿井	≥600	80	40	—	—
	300～500	70	35	—	—
大型矿井	120、150、180、240	60	30	25	20
中型矿井	45、60、90	50	25	20	15
小型矿井	21、30	25	—	—	—
	15	15	—	—	—
	9	10	—	—	—
	3、6	5	—	—	—

1. 井田储量
井田储量越大,矿井生产能力应越大,反之则矿井生产能力应小。

2. 开采条件
确定矿井生产能力时,要分析储量的精确程度,综合考虑储量和开采条件。开采条件包括:可采煤层数、层间距离、煤层厚度及稳定程度、煤层倾角、地层的褶曲断裂构造、瓦斯赋存状况、围岩性质及地压与火成岩活动的影响、水文地质条件及地热等。

3. 技术装备水平
决定矿井生产能力最主要的因素是采掘技术和机械装备。对新矿井设计来说,是根据矿井生产能力的需要选用合适的技术装备水平,一般不成为限制生产能力的因素。但如果设备供应条件限制,则有可能按限定的设备能力来确定矿井生产能力。

4. 安全生产条件
主要指瓦斯、通风、水文地质等因素的影响。

四、矿井生产能力、服务年限与储量的关系

矿井生产能力、服务年限与储量之间有密切关系,可用下式表示:

$$T = \frac{Z_{K}}{AK} \tag{1-2}$$

式中　Z_{K}——矿井可采储量,万吨;

　　　T——矿井设计服务年限,年;

　　　A——矿井设计生产能力,万吨/年;

　　　K——储量备用系数。

依据国家标准《煤炭工业小型矿井设计规范》规定:改建、扩建小型矿井设计服务年限可适当缩短,但不应低于同类新建矿井设计生产能力。

储量备用系数 K 是为保证矿井有可靠服务年限而在计算时对储量采用的富裕系数,考虑储量备用系数的原因是:

①在实际生产过程中,由于局部地质变化、勘探的储量不可靠、采区采出率短期内不能达到规定的要求等原因,使矿井储量减少;

②由于挖掘生产潜力使矿井产量增大;

③投产初期,由于缺乏经验,采出率达不到规定的数值,增加了煤的损失。

由于以上原因,矿井设计服务年限将会缩短,影响矿井经济效益。为了保证矿井可靠的服务年限,必须考虑储量备用系数。根据我国现场的生产实践,储量备用系数大中型煤矿 K 一般取 1.2~1.4,地质条件较好时取 1.2,地质条件一般时取 1.3,地质构造复杂时取 1.4。小型煤矿可取 1.3~1.5,地质条件较好时取 1.3,地质条件一般时取 1.4,地质构造复杂时取 1.5。

矿井生产能力及服务年限大小,体现矿井开采强度的大小,不只是影响一个矿井的开采技术经济效果,而且影响整个矿区。

如果矿井生产能力确定过小,矿井服务年限可能过长,将使大量煤炭资源积压不能满足对煤炭的需求;相反,如果矿井生产能力确定得过大,可能会造成矿井长期达不到设计产量,或生产分散、接续紧张,以致服务年限过短,矿井很快衰老报废,进而影响其他工业的协调发展。

在设计矿井时,矿井服务年限应与矿井生产能力相适应。生产能力大的矿井,基建工程量大,装备水平高,基本建设投资多,吨煤投资高,为了发挥投资的效果,矿井的服务年限就应长一些。小型矿井的装备水平低,投资较少,服务年限可以短一些。对于缺煤地区,为了加大煤炭资源开发强度,矿井服务年限可适当短一些。随着煤炭开采技术的进步,煤炭科学技术更新步伐加快,设备更新周期逐步缩短,矿井服务年限有缩短的趋势。

巩固与提高

1.1　名词解释

煤田　井田　阶段　水平　矿井生产能力　矿井服务年限

1.2　说明下列井巷名称

①立井、暗立井　　　　　　　　　②斜井、暗斜井

③平硐、岩石平巷、石门　　　　④采区上山、采区下山

1.3　绘图说明矿井的主要生产系统。

1.4　井田划分的原则有哪些？

1.5　煤田划分为井田要考虑哪些主要因素？

1.6　井田境界的划分方法有哪些？

1.7　阶段内再划分有哪几种方式？简述每一种方式的基本内容。

1.8　煤炭储量按经济意义如何分类？

1.9　确定矿井服务年限时为什么要考虑储量备用系数？

1.10　简述矿井生产能力、服务年限与矿井储量之间的关系。

学习情境 **2**
井田开拓的基本问题分析

 学习目标

☞ 熟悉确定井田开拓方式的原则；

☞ 熟悉平硐、斜井、立井和综合开拓特点及适应条件；

☞ 能按照给定条件,确定井田开拓方式；

☞ 熟悉影响井底车场形式选择的因素；

☞ 能正确进行井底车场存车线、调车线、绕道线路长度选择；

☞ 能正确选用主井系统硐室、副井系统硐室、其他硐室；

☞ 能进行井底车场调车方式的确定和车场形式选择；

☞ 能正确计算井底车场通过能力；

☞ 能正确进行井筒的数目、位置的确定；

☞ 合理阶段垂高的确定和开采水平设置；

☞ 运输方式的确定与运输大巷布置方式的选择；

☞ 运输大巷和总回风巷的层位选择；

☞ 矿井开拓延深和改扩建技术方案的确定。

任务1 开拓方式选择

一、确定井田开拓方式的原则

①贯彻执行国家安全生产法律法规、煤炭产业政策和煤炭工业技术政策,适应煤炭工业现代化发展的要求,为多出煤、早出煤、出好煤、建设高产高效安全生产矿井创造条件;合理集中开拓部署,建立完整和简单的生产系统,为集中生产创造条件。

②严格执行《煤矿安全规程》等规定,建立完善的通风系统,创造良好的生产条件,为安全生产和提高劳动生产率创造条件。

③井巷布置和开采顺序安排要尽量减少煤柱损失，以提高煤炭资源采出率；减少巷道维护量，使主要巷道经常保持良好状态。

④尽可能减少开拓工程量，尤其是要尽量减少矿井初期工程量和岩巷掘进工程量，以降低矿井初期投资额，缩短建井工期。

⑤在充分考虑国家技术水平和装备供应的同时，要为采用新技术和发展矿井机械化、自动化生产创造条件。

⑥满足市场对不同煤种、不同煤质的需要。在开拓部署时，应考虑将不同煤质、不同煤种的煤层以及其他有益矿物分别进行开采。

二、井田开拓方式及其分类

1. 井田开拓

由地表进入煤层为开采水平服务所进行的井巷布置和开掘工程称为井田开拓。井田开拓问题关系到矿井生产系统的总体部署，既影响着矿井建设时期的技术经济指标，又影响到整个矿井生产时期的技术面貌和经济效益。

2. 井田开拓方式

井田开拓方式是矿井井筒形式、开采水平数目及阶段内的布置方式的总称。由于不同条件下的煤层赋存状态、地质构造、水文地质、地形及技术水平、经济状况的不同，矿井的开拓方式也是各种各样的。井田开拓方式的构成因素是：井筒形式、开采水平数目和阶段内的布置方式。

3. 井田开拓方式的分类

(1)按井筒形式分类

井田开拓方式按井筒形式可分为立井、斜井、平硐和综合开拓四类。

(2)按开采水平数目分类

井田开拓方式按开采水平数目可分为单水平和多水平开拓两类。

(3)按阶段内的布置方式分类

井田开拓方式按阶段内的布置方式可分为采区式、分段式和带区式三类。

井田开拓方式是井筒形式、开采水平数目和阶段内的布置方式的组合。如"立井—单水平—采区式"、"斜井—多水平—分段式"及"平硐—单水平—带区式"等。

在开拓方式的构成因素中，井筒形式占有着突出的地位，常以井筒形式为依据，把井田开拓方式分为立井、斜井、平硐和综合开拓等几种方式。

4. 井田开拓所解决的主要问题

①合理确定矿井生产能力，井田范围，进行井田内的划分，确定井田开拓方式，井筒数目及位置；

②选择主要运输大巷布置方式及井底车场形式；

③确定井筒延深方式及井田开采顺序等。

三、斜井开拓

主、副井筒均为斜井的开拓方式称为斜井开拓。斜井开拓方式在我国煤矿中应用较广，半数以上的矿井采用斜井开拓。按井田内划分和阶段内的布置方式不同，斜井开拓可以有许多种方式。这里只介绍片盘斜井开拓和斜井多水平采区式开拓。

1. 片盘斜井开拓

将井田沿倾斜按一定标高划分为若干个片盘。自地面沿煤(岩)层倾斜开拓斜井,然后依次开采各个片盘的开拓方式,称作片盘斜井开拓。图 2-1 为一片盘斜井开拓方式。井田内有一层缓斜可采煤层,沿倾斜分为若干个片盘,每个片盘沿倾斜布置一个采煤工作面,井田两翼同时开采。

井巷掘进顺序:在井田走向的中部,沿煤层开掘一对斜井,直达第一片盘的下部边界。斜井 1 为主井,用于运煤和进风;斜井 2 为副井,用于提升矸石,运送材料和人员,兼作回风。两井筒相距 30 ~ 40 m,用联络巷 8 联通。

在第一片盘下部 20 ~ 30 m 从井筒开掘第一片盘甩车场。在第一片盘的下部和上部边界分别开掘第一片盘运输平巷 3、副巷 6 及回风平巷 5,每隔一定距离掘联络巷 10 将运输平巷 3 与副巷 6 贯通。当运输平巷 3 和回风平巷 5 掘至井田边界时,由运输平巷向回风平巷掘一倾斜巷道使其连通,称为开切眼。在开切眼内安装采煤设备后,可由井田边界向井筒方向后退开采。

为了保证矿井连续生产,第一片盘未采完前就应将斜井延深到第二片盘下部,掘出第二片盘的全部巷道。第一片盘运输平巷可作为第二片盘回风平巷,由上而下逐个开采各片盘。

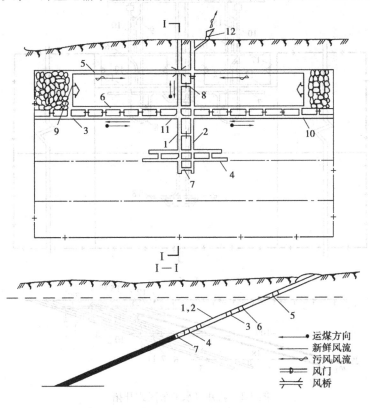

图 2-1 片盘斜井开拓

1—主井;2—副井;3—第一分段运输平巷;4—第二分段运输平巷;
5—第一分段回风平巷;6—副巷;7—井底水仓;8—联络巷;
9—采煤工作面;10—联络巷;11—车场;12—主要通风机

运输系统:工作面 9 采出的煤,由工作面刮板输送机运出,经副巷 6 联络巷 10 至片盘运输平巷并装入矿车,由电机车或小绞车或无极绳将矿车拉到井底车场 11,由主井 1 提升至地面。

材料设备由副井 2 下放,经片盘回风巷 5 运往工作面上口。当矿井产量不大,提升任务不重时,材料设备可由主井 1 运入井下。

通风系统:新鲜风流由主井 1 进入,经两翼运输平巷、联络巷 8 副巷 6 进入工作面。清洗工作面后的污风,从回风巷 5 汇集到副井 2 由通风机排出地面。为避免新风与污风掺混合风流短路,需在进风与回风巷相交处设置风桥。为避免运输平巷内的新风沿副井向上流动,导致风流短路,应在副井内安设风门。

2. 斜井多水平采区式开拓

斜井多水平采区式开拓如图 2-2 所示。井田内为缓倾斜煤层,有两层可采煤层,埋藏较浅。井田沿倾斜划分为两个阶段,阶段下部标高分别为 −100 m,−280 m,设两个开采水平,每个阶段划分为若干采区。

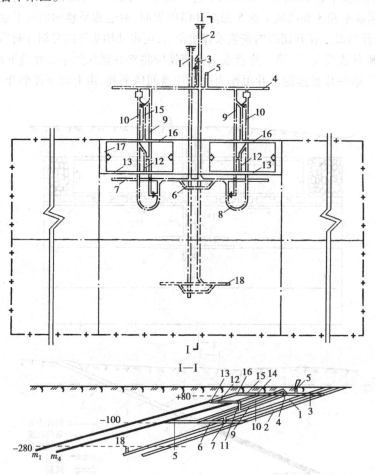

图 2-2 斜井多水平采区式开拓

1—主斜井;2—副斜井;3— +80 m 辅助车场;4— +80 m 总回风道;5—边界风井;6—井底车场;

7— −100 m 运输大巷;8—采区下部车场;9—采区运输上山;10—采区轨道上山;11—m_4 区段运输平巷;

12—区段运输石门;13—m_1 区段运输平巷;14—m_4 区段回风平巷;15—区段回风石门;

16—m_1 区段回风平巷;17—采煤工作面;18— −280 m 运输大巷

井巷开掘顺序:在井田走向的中部,开掘一对斜井,主井 1、副斜井 2 均位于最下一个可采煤层的底板岩石中。当副斜井掘至 +80 m 水平后,开掘辅助车场 3 及总回风道 4,与此同时在井田上部边界另掘风井 5,并以石门与总回风道相连。斜井掘到 - 100 m 水平后,开掘井底车场 6,并在最下部的可采煤层底板岩石中掘主要运输大巷 7,待其掘至采区中部后,掘采区车场 8、采区运输上山 9 和轨道上山 10。然后从采区上山分别掘进区段运输石门 12 和区段回风石门 15,最后掘进 m_1 区段运输平巷 13、m_1 区段回风平巷 16 及开切眼,并在开切眼内安装采煤设备,待一切准备好后就可进行回采工作。

运输系统:工作面 17 采出的煤,由工作面刮板输送机运出,经 m_1 区段运输平巷 13 带式输送机、区段运输石门 12 带式输送机、由溜煤眼溜至运输上山 9 带式输送机到采区煤仓;在煤仓下部运输大巷 7 内装入矿车,由电机车将矿车拉到井底车场 6 装入井底煤仓,最后由主井 1 带式输送机提升至地面。材料设备由副井 2 下放,经运输大巷 7、采区下部车场 8、采区轨道上山 10、采区回风石门 15、m_1 区段回风平巷 16 运至采煤工作面。

通风系统:新鲜风流由副斜井 2 进入,经井底车场 6、运输大巷 7、采区轨道上山 10、区段运输石门 12、m_1 区段运输平巷 13 进入工作面。清洗工作面后的污风,从 m_1 区段回风平巷 16、区段回风石门 15、运输上山 9、总回风道 4 汇集到回风井 5,由通风机排出地面。

四、立井开拓

主、副井均为立井的开拓方式称为立井开拓。由于煤层赋存条件和开采技术水平的不同,立井开拓有多种方式。这里仅介绍立井单水平带区式开拓和立井多水平采区式开拓。

1. 立井单水平带区式开拓

立井单水平带区式开拓方式如图 2-3 所示,井田划分为两个阶段,阶段内带区式布置。井巷开掘顺序:在井田中央开掘主井 1、副井 2,当掘至开采水平标高后,开掘井底车场 3、主要石门 4,当主要石门掘至预定位置后,在煤层底板岩层中向两翼开掘水平运输大巷 5,在煤层中

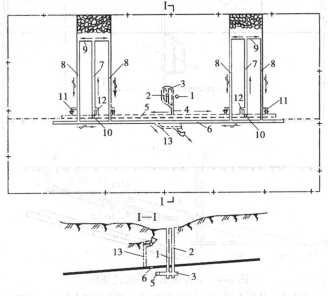

图 2-3　立井单水平分带式开拓
1—主井;2—副井;3—井底车场;4—主要石门;5—运输大巷;
6—回风大巷;7—分带运煤斜巷;8—分带回风巷;9—采煤工作面;
10—煤仓;11—运料斜巷;12—行人进风斜巷;13—回风井

开掘回风大巷6。当运输大巷掘至一定位置后,掘行人进风斜巷12、运料斜巷11进入煤层,并沿煤层开掘分带运煤斜巷7、溜煤眼10、分带回风斜巷8。当分带运煤斜巷、分带回风斜巷掘至井田边界后,沿煤层走向掘进开切眼,在开切眼内安装采煤设备后,即可由井田边界向运输大巷方向回采。

运输系统:采煤工作面9采出的煤由工作面刮板输送机运至分带运煤斜巷7,由带式输送机运到煤仓10,并在运输大巷5装入矿车。由电机车牵引至井底车场3,通过主井1提升到地面。材料、设备由副井2下放到井底车场3,由电机车牵引送达分带材料车场,经材料斜巷11利用小绞车提升至分带斜巷8,然后到采煤工作面9。

通风系统:新鲜风流由副井2进入,经井底车场3、主要石门4、运输大巷5、行人进风斜巷12、分带运煤斜巷7进入采煤工作面。清洗采煤工作面后的污风经各自的分带回风斜巷8、回风大巷6、回风井13由主要通风机排出地面。

2. 立井多水平采区式开拓

立井多水平采区式开拓如图2-4所示。井田内有两层煤,分为两个阶段,其下部标高分别

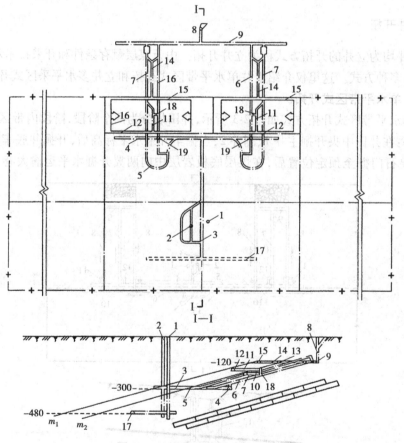

图2-4 立井多水平采区式开拓

1—主井;2—副井;3—井底车场;4—运输大巷;5—采区下部车场;6—采区运输上山;

7—采区轨道上山;8—边界风井;9—总回风巷;10—m_2层区段运输平巷;11—区段运输石门;

12—m_1层区段运输平巷;13—m_2层区段回风平巷;14—区段回风石门;15—m_1层区段回风平巷;

16—采煤工作面;17——480 m运输大巷;18—区段溜煤眼;19—采区煤仓

为 – 120 m, – 480 m,每个阶段沿走向划分为若干采区。两层煤间距较小,宜采用联合布置,在 m_2 煤层底板岩石中布置阶段运输大巷和回风大巷,为两层煤共用。井田设置两个开采水平, – 300 m 水平为第一水平, – 480 m 水平为第二水平,均采用上山开采。

井巷掘进顺序:先在井田走向的中部开凿一对立井,主井 1 和副井 2,待主副井掘至 – 300 m 水平后,开掘井底车场 3 及主要石门。主要石门穿入 m_2 煤层底板岩石预定位置后,向两翼开掘运输大巷 4,当其掘至第一、第二采区中央后,开掘采区下部车场 5,在 m_2 煤层底板岩石中掘进采区运输上山 6 及轨道上山 7。与此同时,在井田上部边界开掘回风井 8、回风大巷 9、采区运输上山 6 和轨道上山 7,待采区上山贯通后,分别在第一区段上、下部掘进第一区段运输石门 11、第一区段回风石门 14 穿入 m_1 煤层,以及区段溜煤眼 18。然后掘进 m_1 煤层的区段运输平巷 12、回风平巷 15 及开切眼。一切准备好后,在开切眼内安装采煤设备进行回采。

运输系统:从采煤工作面采出的煤炭经 m_1 煤层区段运输平巷 12、第一区段运输石门 11、区段溜煤眼 18、采区输送上山 6 到采区煤仓 19,在大巷装车站装入矿车、电机车牵引列车经运输大巷 4 进入井底车场 3,卸入井底煤仓,用箕斗由主井 1 提升到地面。

掘进巷道所出的矸石,由矿车装运经轨道上山 7、采区下部车场 5、运输大巷 4 至井底车场 3,由副井 2 用罐笼提升到地面。

材料设备用矿车装载经副井 2 用罐笼下放至井底车场 3,由电机车牵引经运输大巷 4 拉到各采区,经采区下部车场 5、轨道上山 7 转至各使用地点。

通风系统:新鲜风流经副井 2 进入,经井底车场 3、运输大巷 4、采区下部车场 5、采区轨道上山 7、区段运输石门 11、m_1 煤层区段运输平巷 12 进入 m_1 煤层采煤工作面。清洗采煤工作面的污风由 m_1 煤层区段回风平巷 15、区段回风石门 14、总回风巷 9 经回风井 8 由通风机排到地面。

五、平硐开拓

利用水平巷道从地面进入煤体的开拓方式称为平硐开拓。井田内的划分及巷道布置等与斜井、立井开拓方式基本相同。

根据地形条件与煤层赋存状态的不同,按平硐与煤层走向的相对位置不同,平硐分为走向平硐、垂直平硐和斜交平硐;按照平硐所在标高不同,平硐分为单平硐和阶梯平硐。

1. 走向平硐

图 2-5 所示为走向平硐开拓。平硐是沿煤层走向开掘,把煤层分为上、下山两个阶段,具有单翼井田开采的特点。

走向平硐开拓方式的优点是平硐沿煤层掘进,容易施工,建井期短,投资少,经济效益好,还能补充煤层的地质资料。缺点是煤层平硐维护困难,巷道维护时间长,具有单翼井田开采通风、运输困难等,一般平硐口位置不易选择。

2. 垂直或斜交平硐

与煤层走向垂直或斜交的平硐为垂直或斜交平硐。图 2-6 所示为垂直平硐。根据地形条件,平硐可由煤层顶板进入或由煤层底板进入煤层。平硐将井田沿走向分成两部分,具有双翼井田开拓特点。

与走向平硐相比较,其优点是平硐易维护,具有双翼井田开拓运输费用低、巷道维护时间短、矿井生产能力大、通风容易、便于管理等特点,且便于选择平硐口的位置。缺点是岩石工程量大、建井期长、初期投资大等。

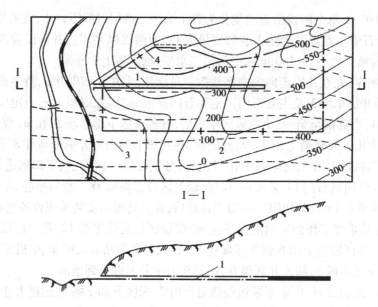

图 2-5　走向平硐

1—主平硐;2—地形等高线;3—煤层底板等高线;4—煤层露头线

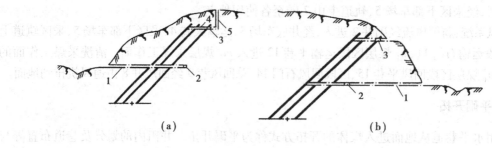

（a）　　　　　　　　　　　　（b）

图 2-6　垂直走向平硐

1—主平硐;2—运输大巷;3—回风石门;4—回风平巷;5—回风井

3. 阶梯平硐

当地形高差较大,主平硐水平以上煤层垂高过大时,可将主平硐水平以上煤层划分为数个阶段,每个阶段各自布置平硐的开拓方式称阶梯平硐,如图 2-7 所示。阶梯平硐开拓方式的特

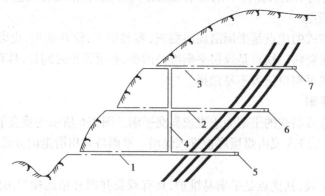

图 2-7　阶梯平硐开拓

1、2、3—阶梯平硐;4—集中溜煤眼;5、6、7—运输大巷

点是:可分期建井,分期移交生产,便于通风和运输;但地面生产系统分散、装运系统复杂、占用设备多、不易管理。这种开拓方式适用于上山部分过长、布置辅助水平有困难、地形条件适宜、工程地质条件简单的井田。

六、井硐形式分析及选择

1. 平硐开拓的优缺点和适用条件

平硐开拓是最简单最有利的开拓方式。其优点是:井下出煤不需提升转载,运输环节少,系统简单,占有设备少,费用低;地面设施较简单,无需井架和绞车房;不需设较大的井底车场及其硐室,工程量少;平硐施工容易速度快,建井快;无需排水设备且有利于预防水灾等。因此,在地形条件合适、煤层赋存位置较高的山岭、丘陵或沟谷地区,只要上山部分储量能满足同类井型的水平服务年限要求时,应首先考虑平硐开拓。

2. 斜井开拓的优缺点和适用条件

斜井与立井相比,井筒掘进技术和施工设备较简单,掘进速度快,井筒装备及地面设施较简单,井底车场及硐室也较简单,因此初期投资较少,建井期较短;在多水平开采时,斜井石门工程量少,石门运输费用少,斜井延深方便,对生产的干扰少;大运量强力带式输送机的应用,增加了斜井的优越性,扩大了斜井的应用范围。采用带式输送机的斜井开拓时,可布置中央采区,主副斜井兼作上山,可加快建井速度。当矿井需扩大提升能力时,更换带式输送机也比较容易。斜井与立井相比的缺点是:在自然条件相同时,斜井井筒长,围岩不稳固时井筒维护困难;采用绞车提升时,提升速度低、能力小,钢丝绳磨损严重,动力消耗大,提升费用高,井田斜长越大时,采用多段提升,转载环节多,系统复杂,占有设备及人员多;管线、电缆敷设长度大,保安煤柱损失大;对于特大型斜井,辅助运输量很大时,甚至需要增开副斜井;斜井通风线路长,断面小,通风阻力大,如不能满足通风要求时,需另开专用风井或兼作辅助提升;当表土为富含水的冲积层或流砂层时,斜井井筒施工技术复杂,有时难以通过。

当井田内煤层埋藏不深,表土层不厚,水文地质简单,井筒不需特殊法施工的缓斜和倾斜煤层,一般可用斜井开拓。对采用串车或箕斗提升的斜井,提升不得超过两段。随着新型强力大倾角带式输送机的发展,大型斜井的开采深度大为增加,斜井应用更加广泛。

3. 立井开拓的优缺点和适用条件

立井开拓的适应性强,一般不受煤层倾角、厚度、瓦斯、水文等自然条件的限制;立井井筒短,提升速度快,提升能力大,作副井特别有利;对井型特大的矿井,可采用大断面井筒,装备两套提升设备;大断面可满足大风量的要求;由于井筒短,通风阻力较小,对深井更有利。因此,当井田的地形、地质条件不利于采用平硐或斜井时,都可考虑采用立井开拓。对于煤层埋藏较深,表土层厚,水文情况复杂,需特殊法施工或开采近水平煤层和多水平开采急倾斜煤层的矿井,一般都应采用立井开拓。

七、综合开拓

采用立井、斜井、平硐等任何两种或两种以上井硐形式开拓的方式称为综合开拓。三种井硐形式各有其优缺点,根据井田的具体条件,选择能发挥其各自优点的井筒形式是很有必要的,不应局限于某种单一井硐形式。三种井硐形式能组合成斜井—立井、平硐—立井、平硐—斜井等多种方式。其中主斜井—副立井开拓方式吸取了立井、斜井各自的优点,在技术和经济上都是合理的,在条件适宜的情况下是建设特大型矿井的技术发展方向。

图 2-8 所示为斜井—立井开拓方式。斜井作主井,主要是利用斜井可采用强力带式输送机、提升能力大及井筒易于延深的优点,但是若采用斜井串车提升,因井筒较长则提升能力小、环节多,且矿井通风困难。因此,用立井作副井提升方便、通风容易。

对于地面地形和煤层赋存条件复杂的井田,如果主、副井筒均为一种井筒形式,可能会给井田开拓造成生产技术上的困难,或者是在经济上不合理。在这种情况下,可以根据井田范围内的具体条件,主井和副井选择不同形式的井筒,采用综合开拓方式。

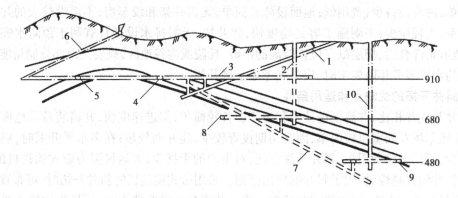

图 2-8 斜井—立井开拓

1—主斜井;2—副立井;3—第一水平主石门;4—第一水平一大巷;
5—第一水平二大巷;6—回风斜井;7—暗斜井;8—第二水平运输大巷;
9—第三水平运输大巷;10—第三水平副立井

八、多井筒分区域开拓

近年来,随着我国煤矿机械化水平的发展和新技术、新方法、新工艺、新设备的不断应用,已建设了许多年产数百万吨甚至千万吨以上的特大型矿井。这些矿井的井田范围都很大,走向长度和倾斜长度可能达到 10 ~ 20 km。特大型矿井的主提升一般都采用运输能力很大的带式输送机或大型箕斗。由于矿井生产能力大、井田范围大,辅助提升任务非常繁重,井下通风线路很长,采用前述开拓方式难以解决矿井辅助提升和通风任务。为此,根据井田具体条件,将大型井田划分为若干具有独立通风系统的开采区域,共用主井的开拓方式称为分区域开拓。

图 2-9 所示为多井筒分区域开拓的英国现代化矿井塞尔比矿开拓系统图。井田内有五个可采煤层,图中开采其中一层。煤层倾角为 3° ~ 5°,井田走向、倾斜长为 15 ~ 16 km,井田面积 250 km²,年生产能力为 1 000 万吨。井田分为五个独立的开采区域,每个分区域担负 200 万吨。每个开采区域划分为四个阶段,设两个开采水平,每个水平采上下山两个阶段。在各分区域的阶段内按分带式布置,沿倾斜开采。井田采用斜井—立井综合开拓。

主井为一对斜井,安装有运输能力为 2 000 t/h 的强力带式输送机为整个井田服务,担负五个开采区域的运煤;副井为立井,每个分区域布置一对,一条进风,一条回风,形成独立的通风系统和辅助提升系统。

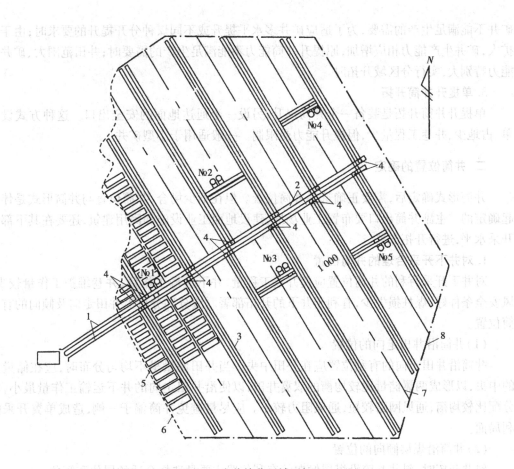

图 2-9　多井筒分区域开拓

1—主斜井;2—岩石运输大巷;3—各分区水平运输大巷;
4—分区煤层;5—采煤工作面;6—煤层露头;7—分区境界;
8—井田边界;No1、No2、No3、No4、No5—分区副立井

任务 2　井筒数目和位置的确定

一、井筒数目的确定

井筒数目是根据矿井提升任务大小和通风需要等因素确定的。煤的提升和矸石、材料、设备及人员的辅助提升可由一个或几个井筒来完成。用作提升的井筒可兼作进风或回风井,有些情况下,则必须设专用回风井。在具体确定井筒数目时,可按以下三种情况考虑。

1. 双提升井筒开拓

我国目前采用最多的一种开拓方式,装备两个提升井,一个为主井,担负提煤;一个为副井,担负人员、设备、材料、矸石等的辅助提升。

2. 多提升井筒开拓

在一个井田中,装备两个以上的提升井筒开拓整个井田。一般适用于以下几种情况:一对矿井不能满足生产的需要,为了适应矿井多水平提升或不同煤种分开提升的要求时;由于井田扩大,矿井生产能力相应增加,原提升井筒能力不能满足生产的需要时;井田范围大、矿井生产能力特别大,实行分区域开拓时。

3. 单提升井筒开拓

单提升井筒开拓是装备一个井筒提升,另设一个通达地面的安全出口。这种方式设备简单、占地少、井巷工程量少,但提升能力受限制。一般适用于小型矿井。

二、井筒位置的确定

井筒形式确定后,需要正确选择井筒位置。但在不少场合,井筒位置与井筒形式是伴随一起确定的。主副井筒出口要布置工业场地,建设地面工业设施和民用建筑,还要在其下部设置开采水平,进行开拓部署。

1. 对井下开采合理的井筒位置

对井下开采有利的井筒位置应使井巷工程量、井下运输工作量、井巷维护工作量较少,通风安全条件好,煤柱损失少,有利于井下的开拓部署。应分别分析沿井田走向及倾向的有利井筒位置。

(1)井筒沿井田走向的位置

井筒沿井田走向的有利位置应在井田中央。当井田储量呈不均匀分布时,应在储量分布的中央,以形成两翼储量比较均衡的双翼井田,以便沿井田走向的井下运输工作量最小,风量分配比较均衡,通风网路较短,通风阻力较小。应尽量避免井筒偏于一侧,造成单翼开采的不利局面。

(2)井筒沿煤层倾向的位置

斜井开拓时,斜井井筒沿煤层倾向的有利位置主要是选择合适的层位和倾角。

立井开拓时,井筒沿煤层倾向位置的几个原则方案可见图 2-10 所示。井筒设于井田中部 B 处,可使石门总长度较短,沿石门的运输工作量较少;井筒位置设于 A 处时,总的石门工程量虽然稍大,但第一水平工程量及投资较少,建井期较短;井筒设于 C 处的初期工程量最大,石门总长度和沿石门的运输工作量也较大,但如煤系基底有含水特大的岩层,不允许井筒穿过时,它可以延深井筒到深部,对开采井田深部及向下扩展有利;而在 A、B 位置,井筒只能打到一、二水平,深部需用暗井或暗斜井开采,生产系统较复杂,环节较多。从保护井筒和工业场地煤柱损失看,越靠近浅部,煤柱的尺寸越小;越近深部,则煤柱损失越大。

由于井田的地质条件不同,对单水平开采缓斜煤层的井田,从有利于井下运输出发,井筒应坐落在井田中部,或者使上山部分斜长略大于下山部分,这对开采是有利的;对多水平开采缓斜或倾斜煤层群的矿井,如煤层的可采总厚度大,为减少保护井筒和工业场地煤柱损失及适当减少初期工程量,可考虑使井筒设在沿倾斜中部靠上方的适当位置,并应使保护井筒

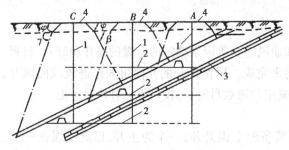

图 2-10　立井井筒沿煤层倾向位置的几个原则方案
1—井筒;2—石门;3—富含水岩层;4—需保护的场地范围

煤柱不占初期投产采区;对开采急倾斜煤层的矿井,井筒位置变化引起的石门长度变化较小,而保护井筒煤柱的大小变化幅度却很大,尤其是开采煤层总厚度大的矿井,煤柱损失将成为严重的问题,井筒宜靠近煤层浅部,甚至布置在煤层底板,如图 2-11 所示;对开采近水平煤层的矿井,应结合地形等因素,尽可能使井筒靠近储量中央;对煤系基底有丰富含水层的矿井,既要考虑井筒到最终深度仍不穿过丰富含水层,又要考虑初期工程量和基建投资,还应考虑煤柱损失。

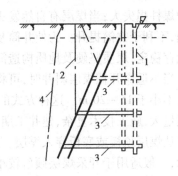

图 2-11　急倾斜煤层开拓的井筒位置
1—井筒位于底板;2—井筒位于顶板;
3—阶段石门;4—工业场地煤柱边界线

2. 对掘进与维护有利的井筒位置

为使井筒的开掘和使用安全可靠,减少其掘进的困难及便于维护,应使井筒通过的岩层及表土具有较好的水文、围岩和地质条件。井筒应尽可能不通过或少通过流砂层、较厚的冲积层及较大的含水层。

为便于井筒的掘进和维护,井筒不应设在受地质破坏比较剧烈的地带及受采动影响的地区。井筒位置还应使井底车场有较好的围岩条件,便于大容积硐室的掘进和维护。

3. 便于布置地面工业场地的井筒位置

因为井筒出口是地面工业场地,所以井筒位置必须为合理布置地面工业场地创造有利条件。在选择井筒位置时,要力求合理布置工业场地,尽可能避开农田、林地和经济作物区,不妨碍农田水利建设,避免拆迁村庄及河流改道,并且应注意符合下列要求:

①要有足够的场地,便于布置矿井地面生产系统及其工业建筑物和构筑物。根据需要,还应考虑为以后扩建留有适当的余地。

②要有较好的工程地质和水文地质条件,尽可能避开滑坡、崩岩、溶洞、流砂层、采空区等不良地段,这样既便于施工,也可防止各种自然灾害的侵袭。

③要便于矿井供电、给水和运输,并使附近有便于建设居住区、排矸设施的地点。

④要避免井筒和工业场地遭受水患,井筒位置应高于当地最高洪水位,在平原地区还应考虑工业场地内雨水、污水排出的问题。在森林地区,工业场地和森林间应有足够的防火距离。

⑤要充分利用地形,使地面生产系统、工业场地总平面布置及地面运输合理,并尽可能使平整场地的工程量较少。

综上所述,选择井筒位置既要力求做到对井下开采有利,又要注意使地面布置合理,还要便于井筒的开掘和维护,而这些要求又与矿井的地质、地形、水文、煤层赋存情况等因素密切相关。在具体条件下,要寻求较合理的方案,必须深入调查研究,分析影响因素,分清主次,综合考虑。

三、斜井层位的确定

1. 斜井井筒层位选择

采用斜井开拓时,根据井田地质地形条件和煤层赋存情况,斜井可沿煤层、岩层或穿层布置。沿煤层斜井的主要优点是施工技术简单,建井速度快,联络巷工程量少,初期投资少,且能补充地质资料,在建设期还能生产一部分煤炭。主要缺点是井筒容易受采动影响,维护困难,保护煤柱损失大;当煤层有自然发火倾向性时,不利于矿井防火;井筒坡度受煤层顶底板起伏影响,不利于井筒提升。为使井筒易于维护且保持斜井坡度的一致,沿煤层斜井一般适用于煤层赋存稳定,煤质坚硬及地质构造简单的矿井。

当不适应开掘煤层斜井时,可将斜井布置在煤层底板稳定的岩层中,距煤层底板垂直距离一般不小于 15～20 m。这种方式的斜井有利于井筒维护,容易保持斜井的坡度一致。但岩石工程量大,施工技术复杂,建井工期长。当斜井倾角与煤层倾角不一致时,可采用穿层布置,即斜井从煤层顶板或底板穿入煤层。从顶板穿入煤层的斜井称为顶板穿岩斜井,如图 2-12(a)所示,一般适用于开采煤层倾角较小及近水平煤层。从煤层底板穿入煤层的斜井称为底板穿岩斜井,如图 2-12(b)所示,一般适用于开采倾角较大的煤层。

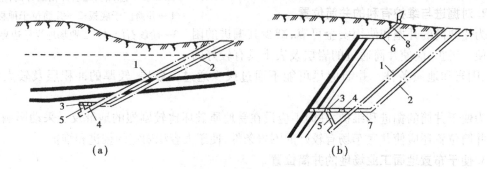

(a)   (b)

图 2-12　穿岩斜井

(a)顶板穿岩斜井;(b)底板穿岩斜井

1—主井;2—副井;3—井底车场;4—运输大巷;5—井底煤仓;

6—回风大巷;7—副井井底车场;8—回风井

当煤层埋藏不深、倾角不大、井田倾斜长度较小,因施工技术和装备条件等原因不宜采用立井开拓时,或采用斜井开拓,但受地貌和地面布置限制井筒无法与煤层倾斜方向一致时,可使用斜井井筒倾斜方向与煤层倾斜方向相反布置,如图 2-13(a)所示,这种方式称反斜井。与上述两种穿岩斜井相比较,反斜井的井筒较短,但要向井田深部发展时,往往需用暗斜井开拓,增加了提升段数和运输环节。

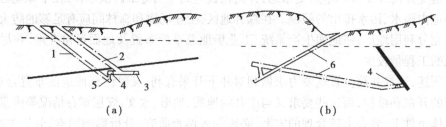

(a)   (b)

图 2-13　反斜井和折返式斜井

(a)反斜井;(b)折返式斜井

1—主井;2—副井;3—井底车场;4—运输大巷;5—井底煤仓;6—反斜井

故采用反斜井时,反斜井以下煤层斜长不宜过大,开采水平数目不宜过多。当煤层倾角较大,采用底板穿岩斜井受到地形条件限制时,可采用折返式斜井,如图 2-13(b)所示。

2. 井筒装备及坡度

斜井井筒装备由提升方式而定,提升方式受井筒倾角和矿井生产能力的影响,见表 2-1。

表2-1　各种斜井提升方式的适应条件

斜井倾角/(°)	矿井年产量/(万吨·年⁻¹)	提升方式
<17	>60	带式输送机
<25	15~60	串车
25~35	15~90	箕斗
<15	<60	无极绳

斜井辅助运输还可采用单轨吊、无轨胶轮车及卡轨电机车等运输方式。

任务3　开采水平的确定

在井田范围和矿井生产能力确定之后,必须考虑确定合理的开采水平高度,建立开采水平。水平高度就是一个水平服务范围的上部边界与下部边界的标高差。确定合理的水平高度,首先要确定合理的阶段高度以及是否采用上下山开采。

一、阶段高度的确定

阶段高度对矿井安全生产和技术经济效果有重要影响。阶段高度过大,不仅使得开拓工程投资及运输提升费用增加,延长建井工期,而且给采区上、下山运输和上下人员带来很大困难;阶段高度过小,则使水平储量减少,服务年限缩短,造成水平接续紧张,全矿阶段总数增加,工程量增大。因此,应根据地质条件和技术装备水平,通过技术经济条件的分析比较,合理确定阶段高度。

合理确定阶段高度应当考虑以下要素:

1. 开采水平服务年限

每个水平必须有合理的服务年限,才能充分发挥水平运输大巷、井底车场及其各种生产设施的作用,提高经济效益。从有利于矿井均衡生产和水平接续来看,开拓延深一个新水平,一般需要3~5年,加上上、下水平生产过渡时间,一般需要6~10年。为避免水平接续紧张,必须有足够的可采储量以保证水平有合理的服务年限。

2. 采掘运输机械化程度

在缓斜及倾斜煤层中,阶段斜长取决于沿倾斜布置的区段数目。区段数目根据煤层倾角确定,一般为3~5个。采煤工作面长度随着工作面机械化程度提高而增长,变动于150~250 m。

采区上山的运输方式和运输设备的能力与阶段垂高有很大关系。阶段垂高越大,采区上山长度也越大。如果采用带式输送机运输,一部带式输送机就能满足上山长度较大的要求;如采用刮板输送机运输,采区斜长大,串联的输送机数目多,运输事故频次也要增加,影响采区正常生产;若辅助运输采用绞车,采区上山则不能过长,若要增大运输能力,就要采用多段提升,这种方式运输环节多,运输系统复杂,运输事故多,不利于采区正常生产。

急斜煤层采用自溜运输,溜槽有效长度不宜超过200 m,溜煤眼高度不宜超过70~100 m。

对开采近水平煤层的矿井,用盘区上下山准备时,盘区上山长度一般不超过 2 000 m,盘区下山不宜超过 1 500 m。用石门盘区准备时,斜长不受此限。采用倾斜长壁采煤法时,采煤工作面推进方向的长度,可达到 1 500 m。

3. 煤层赋存条件和地质构造

煤层倾角对阶段垂高影响较大。开采急倾斜煤层时,煤层间受采动影响且沿煤层运料、溜煤、行人都比较困难。急斜煤层阶段垂高,一般为 100~150 m;水平或近水平煤层,计算阶段垂高实际上已无多大意义,应按水平运输大巷两侧的盘区上、下山长度决定水平的开采范围,并保证开采水平服务年限。倾斜煤层的阶段高度,应根据上山运煤方式与运输设备可能达到的长度,采区内分段数、减少工程量等因素综合考虑,一般为 150~300 m。

煤层倾角和厚度有时发生急剧变化,也可利用变化处作为划分阶段的依据。

地质构造对阶段高度的影响主要表现在利用褶曲的背、向斜轴及走向大断层等作为划分阶段的界限,如图 2-14 所示。Ⅰ,Ⅱ 阶段以背斜轴为界,Ⅲ,Ⅳ 阶段以断层 F_2 为界。

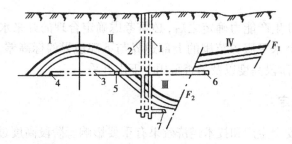

图 2-14 用地质构造作为划分阶段的界限
1—主井;2—副井;3—第一水平石门;4、5、6、7—运输大巷

4. 吨煤建设投资和生产费用

合理的阶段高度应使吨煤生产总费用最低,一般阶段垂高增大,全矿水平数目减少,水平储量增加,分摊到每吨煤上的一部分费用减少,如井底车场及硐室、阶段的运输大巷、主回风巷、石门与采区车场的掘进费,设备购置费及安装费等;也有一部分费用增加,如沿上山的运输费、通风费、提升费、排水费及倾斜巷道的维护费等;还有一部分费用与阶段高度的变化关系不大,如井筒及上山的掘进费等。因此对一定条件下的矿井,不同的阶段高度,其吨煤的总费用是不同的,但必然存在一个在经济上最合理的阶段高度,即吨煤总费用较低的阶段高度。

在实际工作中,往往把几个不同的阶段高度方案进行技术和经济综合分析与比较,选择费用最低、生产效果最好的方案作为最佳方案。

综合上述分析,阶段高度受一系列因素的影响,是矿井开采技术和生产集中程度的综合反应。根据我国煤矿开采经验,不同类型矿井的阶段高度可参考表 2-2。

表 2-2 矿井阶段(水平)垂高　　　　　　　　　　　　(m)

井　型	开采缓斜煤层的矿井	开采倾斜煤层的矿井	开采急斜煤层的矿井
大、中型矿井	100~250	100~200	100~150
小型矿井	60~100	80~120	80~120

二、下山开采的应用

为扩大开采水平的开采范围,有时除在开采水平以上布置上山采区外,还可在开采水平以下布置下山采区,进行下山开采。

1. 上、下山开采的比较

下山开采与上山开采的比较指的是:利用原有开采水平进行下山开采与另设开采水平进行上山开采的比较。上山开采和下山开采在采煤工作面生产方面没有多大的差别,但在采区运输、提升、通风、排水和上(下)山掘进等方面确有许多不同之处,如图2-15所示。

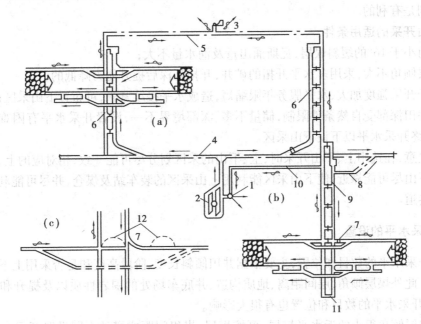

图2-15　上下山开采比较图

1—主井;2—副井;3—回风井;4—运输大巷;5—总回风巷;
6—采区上山;7—下山采区中部车场;8—下山采区上部车场;9—采区下山;
10—下山采区总回风道;11—下山采区水仓;12—漏风处

(1)运输提升

上山开采时,煤向下运输,上山的运输能力大,输送机的铺设长度较长,倾角较大时还可采用自溜运输,运输费用较低,但从全矿看,它有折返运输;下山开采时向上运煤,运输能力较低,但没有折返运输,总的运输工作量较少。

(2)排水

上山开采时,采区内的涌水可直接流入井底水仓,一次排至地面,排水系统简单。下山开采时需开掘排水硐室、水仓和安装排水设备,这样将增加总的排水工作量和排水费用。此外,如排水系统发生水仓淤塞、管路损坏等故障,将影响下山采区的生产。

(3)掘进

下山掘进时装载、运输、排水等工序比上山掘进时复杂,因而掘进速度较慢、效率较低、成本较高,尤其当下山坡度大,涌水量大时,下山掘进更为困难。

（4）通风

上山开采时，新风和污风均向上流动，沿倾斜方向的风路较短，漏风少；而下山开采时，风流在进风下山和回风下山内流动的方向相反，沿倾斜方向的风路长，漏风严重，通风管理比较复杂。当瓦斯涌出量较大时，通风更加困难。

（5）基本建设投资

采用下山开采，可以用一个开采水平为两个阶段服务，减少了开采水平的数目，延长水平服务年限，可充分利用原有开采水平的井巷和设施，节省开拓工程量和基本建设投资。

综上所述，上山开采在生产技术上较下山开采优越，但在一定条件下，配合应用下山开采，在经济上则是有利的。

2. 下山开采的适用条件

①倾角小于 16° 的缓斜煤层，瓦斯涌出量及涌水量不大；

②煤层倾角不大，采用多水平开拓的矿井，开拓延深后提升能力降低的；

③由于开采强度加大，水平服务年限缩短，造成水平接续紧张，可布置下山采区；

④当井田深部受自然条件限制，储量不多、深部境界不一，设置开采水平有困难或不经济时，可在最终开采水平以下设下山采区。

应当注意，在选用上、下山开采时，上、下山的采区划分尽可能一致，相对应的上、下山采区的上山和下山尽可能靠近，使下山采区能利用上山采区的装车站及煤仓，并尽可能利用上山采区的车场巷道。

三、开采水平的设置

确定开采水平的数目和位置，主要根据井田倾斜长度、阶段高度和是否采用上下山开采方式来决定。此外煤层倾角、层间距离、地质构造、井底车场处的围岩性质以及提升和排水设备型号等，对开采水平的数目和位置也有很大影响。

对于煤层倾角很小的近水平煤层，可按煤层、煤组间距或煤种不同设置开采水平。如图 2-16 所示，该井田含有 5 层煤，m_1、m_2 层间距较小，划为一个煤组；m_3、m_4、m_5 三层划为一个煤组，两个煤组相距较远，按煤组设两个开采水平。第一水平设在 +600 m 标高，开采 m_1、m_2 两层煤；第二水平设在 +400 m 标高，开采 m_3、m_4、m_5 三层煤。F_1 断层以西的煤层可用一、二水平的集中下山分别开采上、下煤组。

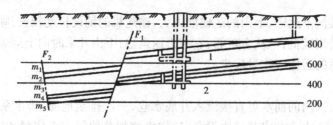

图 2-16　按煤组划分水平示意图
1—第一水平；2—第二水平

对于倾角小于 17° 的煤层，如果井田倾斜长度小于 2 000 m，可设一个水平，实行上、下山开采。开采水平位置可设在沿煤层倾斜的中部或稍靠下位置，使上山阶段斜长增大。

对于倾角大于 17°的缓斜煤层,井田倾斜长度较大时,可根据合理的阶段高度和是否采用上下山开采等因素,设两个或两个以上的开采水平,尽量减少开采水平的数目。

当井田内地质构造复杂时,可根据地质构造确定开采水平的数目和位置,如图 2-17 所示。

开采水平位置确定以后,必须用水平服务年限进行验算。

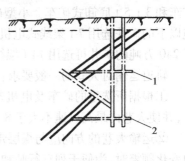

$$T_s = \frac{Z_s}{K \cdot A} \tag{2-1}$$

式中 T_s——开采水平服务年限,年;

Z_s——开采水平服务范围内的可采储量,万吨;

K——储量备用系数,1.3 ~ 1.5;

A——矿井生产能力,万吨/年。

图 2-17 以断层划分水平示意图
1—第一水平;2—第二水平

计算出的水平服务年限,要符合《煤炭工业矿井设计规范》或《煤炭工业小型矿井设计规范》的有关规定。

四、辅助水平的应用

为了增大开采水平储量和延长水平服务年限,有时需设辅助水平。

一般情况下,一个阶段由一个开采水平来开采。但当阶段斜长较长时,用一个开采水平开采就有一定的困难,这时可在主水平之外的适当位置设一个生产能力小、服务年限短、与主水平大巷相联系的辅助水平。辅助水平设有阶段大巷,担负辅助水平的运输、通风、排水等任务,但不设井底车场,大巷运出的煤需下运到开采水平,经开采水平的井底车场再运至地面。辅助水平大巷离井筒较近时,也可设简易材料车场,担负运料、通风或排水任务。

辅助水平主要用于:

①开采水平上山部分或下山部分斜长过大,可利用辅助水平将其分作两部分开采;

②井田形状不规则或煤层倾角变化大,开采水平范围内局部地段斜长过大,在该处设置一个用于局部开拓的辅助水平;

③近水平煤层分组开采时,主水平设在上、下煤组,相应的在上、下煤组设置辅助水平,利用暗井与主水平相连接。

设置辅助水平增加了井下的运输、转载环节和提升工作量,使生产系统复杂化,占用较多的设备和人员,而且生产分散,不利于集中生产,故一般情况下不采用。

任务 4 运输大巷和回风大巷的确定

一、运输大巷

1. 运输大巷的运输方式

目前,我国煤矿井下运输大巷的运输方式有轨道运输和带式输送机运输两种。

（1）轨道运输大巷

轨道运输大巷轨距一般有 600 mm 和 900 mm 两种。所使用的矿车类型有 1 t、3 t 固定式矿车和 3 t、5 t 底卸式矿车。小型矿井可用 2.5 t 蓄电池电机车或无极绳绞车牵引，年产 60 万吨以下的矿井选用 7 t 架线式电机车；年产 90～180 万吨的矿井可选用 10 t 架线式电机车；年产 240 万吨的矿井可选用 14 t 架线式电机车；对于高瓦斯矿井可选用 8 t 蓄电池电机车。

轨道运输对大巷的一般要求：

①根据所选定的矿车及电机车类型，按照《煤矿安全规程》的有关规定设计大巷断面尺寸，并使大巷内最高风速不大于 8 m/s。

②运输大巷的方向应与煤层走向大体一致，当煤层因褶曲、断层等地质构造影响，局部走向变化频繁时，为便于列车行驶和减少工程量，应设法使大巷尽量取直。

③运输大巷坡度以便于运输和排水为准，一般为 3‰～4‰，如果井下涌水量较大，含杂物较多，也可取 5‰。

大巷采用矿车运煤的优点：

①矿车运煤可同时统一解决煤炭、矸石、物料和人员的运输问题；

②运输能力大，机动性强，随着运距和运量的变化可以增加列车数；

③能满足不同煤种煤炭的分运要求；

④对巷道直线度要求不高，能适应长距离运输；

⑤吨千米运输费较低。

但是，轨道矿车运输是不连续运输，井型越大，列车的调度工作越紧张，其运输能力受到限制。

（2）带式输送机运输大巷

井下运输大巷中使用带式输送机，主要有钢丝绳芯强力带式输送机和钢丝绳牵引带式输送机两类。

带式输送机运煤的优点：

①实现大巷连续化运输，运输能力大；

②操作简单，比较容易实现自动化；

③装卸载设备少，卸载均匀。

但是，带式输送机不适应按不同煤种的分采分运，并要求大巷直。因此，对于运量大、运距较短、煤种单一、装载点少、大巷比较直的矿井，适于采用带式输送机运输。

采用带式输送机运煤时一般需另开一条辅助运输大巷，通常采用电机车牵引矿车、材料车和乘人车分别运送矸石、材料和人员，或采用多台无极绳绞车或小绞车运送矸石和物料，其缺点是运输环节多，用工量大，安全性差，效率低。我国已经研制并定型生产出单轨吊车、卡轨车和齿轨车等新型的辅助运输设备，可有效地解决这一问题。

目前，在特大型矿井中，大巷采用带式输送机运输是实现高产高效工作面的重要措施。根据我国煤矿装备标准化、系列化和定型化的要求，不同矿井生产能力的大巷运输设备可参照表 2-3 选取。

2. 运输大巷的布置方式

运输大巷的布置方式有分层大巷、集中大巷和分组集中大巷三种。

表 2-3　不同矿井生产能力的大巷运输设备

矿井生产能力/(万吨·年⁻¹)	运　煤	辅助运输	大巷轨距/mm
>240	5 t 矿车底卸式	1.5 t 固定车厢式矿车	900
	带式输送机	1.5 t 固定车厢式矿车	600
90～180	3 t 矿车底卸式	1.5 t 或 1 t 固定车厢式矿车	600
	3 t 固定车厢式矿车	1.5 t 固定车厢式矿车	900
≤60	1 t 固定车厢式矿车	1 t 固定车厢式矿车	600

（1）分层运输大巷

分层运输大巷是在井田内为一个煤层服务的运输大巷,如图 2-18 所示。井田内有层间距较大的两层可采煤层 m_1 和 m_2,井筒掘至开采水平后,开掘井底车场,再掘主要石门至 m_1 和 m_2,并分别在 m_1,m_2 煤层中开掘运输大巷,各煤层单独开采。

各分层大巷间多采用石门联系。这种布置方式初期工程量较小,矿井投产早;大巷如沿煤层掘进,掘进速度快,初期投资少。但在每个煤层中布置大巷,大巷数目多,矿井总开拓工程量较大,相应的轨道、管线及运输设备占用量也较多,又因采区数目多,生产分散,生产管理不方便,总的巷道维护工作量比较大,煤柱损失多。因此,只有在井田走向短、煤层数目少、层间距大、煤层牌号不同、需分采分运时,才考虑采用这种方式。

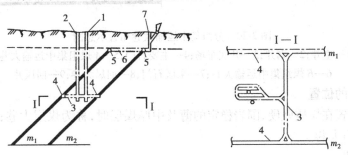

图 2-18　分层运输大巷布置示意图
1—主井;2—副井;3—主要石门;4—分层运输大巷;
5—分层回风大巷;6—回风石门;7—回风井

（2）集中运输大巷

集中运输大巷是在井田内为所有煤层服务的运输大巷,常在煤层群最下部的薄煤层或底板岩石中开掘。各煤层以采区石门与集中大巷相联系,如图 2-19 所示。井田第一水平有三层煤,集中运输大巷布置在最下煤层的底板岩石中,为三层煤服务,用采区石门贯穿各煤层,形成三层煤联合布置采区。各煤层采出的煤经采区石门、集中运输大巷到井底车场。

这种布置方式的优点是:各煤层联合开采,大巷工程量及占用轨道、管线少;可同时进行若干煤层的准备和开采,开采强度比较大,井下生产采区比较集中,便于管理;集中大巷往往布置在最下煤层底板岩石中,巷道维护条件好,有利于大巷运输,且煤柱损失少。其缺点是:建井初期工程量大,建井期长,每个采区都要掘进石门,如煤层倾角较小、煤层间距较大时,将使采区石门总工程量增大,可能造成经济上不合理。因此,集中运输大巷布置方式一般适用于煤层层

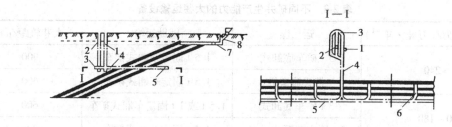

图 2-19　集中运输大巷布置示意图

1—主井;2—副井;3—井底车场;4—主要石门;5—集中运输大巷;

6—采区石门;7—集中回风巷;8—回风井

数较多、储量较丰富、层间距不大的矿井。

(3)分组集中大巷

井田内煤层分为若干煤组时,为一个煤组服务的运输大巷称为分组集中运输大巷,如图2-20 所示。各分组集中大巷之间用主要石门联系,煤组内各煤层之间用采区石门联系。

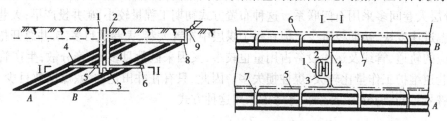

图 2-20　分组集中运输大巷布置示意图

1—主井;2—副井;3—井底车场;4—主要石门;5—A 煤组集中运输大巷;

6—B 煤组集中运输大巷;7—采区石门;8—回风大巷;9—回风井

3. 运输大巷的位置

运输大巷布置在煤质坚硬、围岩稳定的薄及中厚煤层时,称为煤层大巷;布置在煤层底板岩石中,称为岩石大巷。

(1)煤层大巷

运输大巷布置在煤层中,掘进技术及设备简单,掘进速度快,便于实现掘进机械化,沿煤层掘进还能进一步探明煤层变化和地质构造。但生产实践证明,煤层大巷有以下缺点:

①巷道维护困难,维护费用高。

②大巷方向受煤层底板起伏影响。当煤层褶曲较多、走向多变时,则巷道弯曲转折多,不但使巷道长度加大,工程量增加,而且限制了矿车运行速度,影响大巷运输能力。

③大巷两侧需留 30～40 m 煤柱,增加了煤炭损失,不利于防灭火管理。

煤层大巷的适用条件:

①煤层赋存不稳定、地质构造复杂的小型矿井;

②距煤层群中其他煤层较远的单个薄及中厚煤层,储量有限,服务年限不长;

③煤系基底有距离较近的富含水层,不宜将大巷布置在煤层底板;

④井田走向长度较短,大巷服务年限不长,煤层厚度不大,巷道维护不困难;

⑤煤系基底有煤质坚硬、围岩稳固、无自然发火危险的薄及中厚煤层,经技术经济比较有利时,可在该层中设运输大巷。

（2）岩石大巷

岩石大巷与煤层大巷相比较，主要缺点是岩石掘进工程量大，掘进难以实现机械化，掘进速度慢。但岩石大巷有突出的优点，就是巷道维护条件好，维护费用低，可少留或不留煤柱；能较好地适应地质构造的变化，便于保持巷道的方向和坡度，利于列车行驶和保证运输能力；有利于预防火灾和安全生产，有利于设置采区煤仓和采区车场。因此，岩石运输大巷得到广泛的应用。

岩石大巷虽然有突出的优点，但如果在煤层底板岩石中的位置选择不当仍然会使岩石大巷维护困难。合理的岩石大巷位置应尽可能避开因煤层开采而引起的矿山压力的影响及采动影响，并避开遇水膨胀的岩层和地质构造破坏地段。

二、总回风巷

总回风巷是为全矿井或矿井一翼服务的回风巷道。根据煤层赋存条件，总回风巷的布置方式有以下特点：

对开采急斜、倾斜和大多数缓斜煤层的矿井根据煤层和围岩情况及开采要求，总回风巷可设在煤组稳固的底板岩石中。有条件时可设在煤组下部煤质坚硬、围岩稳固的薄及中厚煤层中。

当井田上部冲积层很厚、含水丰富时，需要沿煤层侵蚀带设防水煤柱，这时可将总回风巷布置在防水煤柱内。

当井田上部边界因煤层侵蚀深度不一致而造成标高相差较大时，为了总回风巷掘进施工方便，总回风巷可根据不同标高分段布置，分段间设置必要的辅助提升设备。

对于近水平煤层矿井，总回风巷一般与大巷平行，大多布置在上部煤层或上部岩层中。

对煤层埋藏较浅，采用采区风井通风的矿井可不设总回风巷。分区域开拓的矿井，不需设全矿性的总回风巷。

在多水平开采的矿井中，当上一水平转入下水平开采时，常利用上水平的运输大巷作为下水平的总回风巷。但有些矿井实行多水平生产，为使上水平的进风与下水平的回风互不干扰，可在上水平布置一条与运输大巷平行的下水平总回风巷。

任务 5　井底车场布置

一、井底车场组成

井底车场由运输巷道和硐室两大部分组成，如图 2-21 所示。

1. 井底车场运输线路

井底车场运输巷道中设有各种运输线路，其中包括存车线、调车线和绕道线路等。

（1）存车线

①主井存车线　在主井井底两侧的巷道中，储放重列车的线路称为主井重车线；储放空列车的线路称为主井空车线。

②副井存车线　在副井两侧的巷道中，存放矸石车或煤车的线路称为副井重车线；存放材

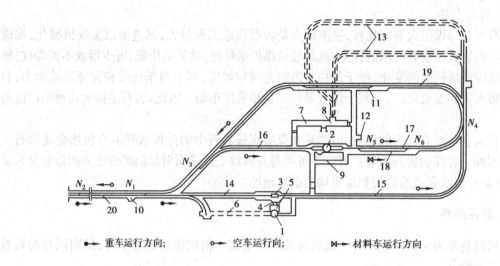

→ 重车运行方向;　→ 空车运行向;　◁▷ 材料车运行方向

图 2-21　井底车场

1—主井;2—副井;3—卸载硐室;4—井底煤仓;5—装载硐室;6—清理井底撒煤斜巷;
7—井下主变电硐室;8—主排水泵房;9—等候室;10—调度室;11—人车停车场;
12—工具室;13—水仓;14—主井重车线;15—主井空车线;16—副井重车线;
17—副井空车线;18—材料车线;19—绕道;20—调车线;N_1、N_2……道岔编号

料车的线路称为材料车线;在材料车线一旁设有存放由副井放下的空车的线路,称为副井空车线。

（2）调车线路

调度空、重矿车的专用线路称为调车线。例如,重列车由电机车牵引进入主井重车线之前,电机车不能通过翻笼,必须由重列车前部调到列车尾部,顶推重列车进入重车线。这种为使电机车由列车头部调到尾部而专门设置的轨道线路,称为调车线路。

（3）绕道线路

绕道线路又称回车线。电机车将重列车顶入主井重车线后,需通过一定的车场运输巷道,绕行到主井另一侧的空车线,与空列车挂钩,牵引空列车驶出井底车场,这样的线路称为绕道线路。

2. 井底车场硐室

井底车场硐室按其所在位置分为:

①主井系统硐室　有翻车机硐室、井底煤仓、箕斗装载硐室、撒煤清理硐室等;

②副井系统硐室　有马头门、井下主变电硐室与主排水泵房、水仓、等候室等;

③其他硐室　有调度室、电机车库及机车修理硐室、防火门硐室、井下爆破材料库、消防材料库、人车场、工具库、医疗室等。

井底车场硐室的布置要符合《煤矿安全规程》及《煤炭工业矿井设计规范》的规定,满足安全可靠、技术可行、经济合理的要求,尽量减少工程量和适应各种硐室工艺要求,根据硐室的用途、地质条件、施工安装和生产使用方便等因素确定各种硐室的布置方法。各主要硐室的布置原则有:

（1）翻车机硐室

翻车机硐室是为矿井采用箕斗或带式输送机提升煤炭时而设置的,设在主井重车线和空车线交接处。载煤重车进入翻笼后,翻车机翻转,煤被卸入井底煤仓;通过装煤设备硐室将煤装入井筒中的箕斗或带式输送机。翻车机两旁应设人行道。

（2）井底煤仓

井底煤仓上接翻车机硐室,下连装载硐室。通常为一条较宽的倾斜巷道,其倾角不小于50°。煤仓容量,对中型矿井一般按提升设备 0.5～1.0 h 提煤量计算;对大型矿井按提升1～2 h 提煤量计算。

（3）井下主变电硐室及主排水泵房

井下主变电硐室是井下的总配电硐室。井上供给的高压电从这里分配到各采区,同时将一部分高压电降压后供井底车场使用。

主排水泵房是井下的主要用电点之一,通常和井下主变电硐室布置在一起。为了保证矿井因突然涌水、淹没大部分巷道时水泵仍能在一定时期内正常工作,井下主变电硐室和主排水泵房的地面应比井底车场轨面标高高出 0.5 m。为了缩短排水管路以及与井筒联系方便,井下主变电硐室与主排水泵房应布置在铺设排水管路的井筒附近。主排水泵房与井筒连接的管子道坡度,一般为 25°～30°;主排水泵房地板至管子道与井筒连接处的高度,不应小于 7 m,以便矿井发生水灾时,在关闭水泵房的防水门后,仍可以通过管子道增添和搬运设备,保证主排水泵房的正常工作。

（4）水仓

水仓是低于井底车场标高而开掘的一组巷道,用以暂时储存和澄清井下的涌水。为了保证水仓内沉淀物的清理与储水工作互不影响,水仓应有两条独立的和互不渗漏的巷道,以便一条水仓清理时,另一条水仓仍能正常使用。水仓的入口应尽量设在井底车场巷道标高最低的区段。水仓的末端经吸水小井与水泵房相通。正常涌水量在 1 000 m³/h 及其以下时,主要水仓的有效容量应能容纳 8 h 的正常涌水量。正常涌水量大于 1 000 m³/h 的矿井,主要水仓有效容量按下式计算:

$$V = 2(Q + 3\ 000) \tag{2-2}$$

式中　V——主要水仓的有效容量,m³,但不得少于 4 h 的矿井正常涌水量;

　　　Q——矿井正常涌水量,m³/h。

（5）井下电机车库与井下机车修理间

电机车库与井下机车修理间应设在车场内便于进车的地点,使用蓄电池电机车时,应有相应的充电硐室与变电硐室。

（6）井下调度室

调度室负责井底车场的车辆调度工作,一般设在空重车辆调动频繁的井底车场入口处,以便掌握车辆运行情况。

（7）井下等候室

当矿井用罐笼升降人员时,在副井井底附近应设置等候室,并有两个通路通向井底车场,作为工人候罐休息的场所。

（8）井下防火门硐室

井下防火门硐室是用于井口或井下发生火灾时隔断风流的硐室。一般设在进风井与井底车场连接处的单轨巷道内,通常为两道容易关闭的铁门或包有铁皮的木板防火门。

（9）消防材料库

消防材料库是专为存放消防工具及器材的硐室。这些器材的一部分装在列车上，以备井下发生火灾时，能立即开往发火地点。该硐室一般设在运输大巷或石门加宽处。

（10）井下爆破材料库

井下爆破材料库是井下发放和保存炸药、雷管的硐室。井下爆破材料库有单独的进回风道，回风道同总回风道相连。它的位置应选在干燥、通风良好、运输方便、容易布置回风巷道的地方。爆破材料库分硐室式和壁槽式两种，库房距井筒、井底车场、主要硐室以及影响矿井或大部分采区通风的风门的直线距离，硐室式不得小于 100 m，壁槽式不得小于 60 m。

二、井底车场调车方式

井底车场调车的主要任务是如何将由运输大巷驶来的重列车调入主井重车线。调车方式选择是否得当，直接影响井底车场的通过能力。常用的调车方式有：

1. 顶推调车法

当电机车牵引重列车驶入调车线后，停车摘钩，电机车通过调车线道岔，由列车头部转向尾部，推顶列车进入重车线，这种方法称为错车线入场法。其过程是：拉—停—摘—错—顶。另一种是三角入场法，即电机车牵引重列车驶过三角道岔，然后停车再反向顶推列车进入主井重车线，其过程是：拉—停—摘—顶。

2. 甩车调车法

电机车牵引重列车行至自动分离道岔前 10~20 m，机车与列车在行驶中摘钩离体进入回车线，列车则由于初速度及惯性甩入重车线。

3. 专用设备调车法

电机车将重列车拉至停车线摘钩后，直接去空车线牵引空列车出场。而重列车则由专用机车或调度绞车、钢丝绳推车机等专用设备调入重车线。

三、井底车场形式及其选择

由于井筒形式、提升方式、大巷运输方式及大巷距井筒的水平距离等不同，井底车场的形式也各异。按照矿车在井底车场内的运行特点，井底车场可分为环行式和折返式两大类型。固定式矿车运煤时，两类车场均可选用；底卸式矿车运煤时，则一般用折返式车场。

1. 轨道运煤的井底车场

（1）环行式井底车场

环行式井底车场的特点是空重列车在车场内不在同一轨道上采用环行单向运行。因而，调度工作简单，通过能力较大，应用范围广。但车场的开拓工程量较大。

按照井底车场存车线与主要运输巷道相互平行、斜交或垂直的位置关系，环行式车场可分为立式、卧式、斜式三种基本类型。按井筒形式不同，又可分为立井和斜井环行式车场。

①立井环行式井底车场

立井立式环行井底车场如图 2-22（a）所示。主副井存车线与主要运输巷道垂直，且有足够的长度布置存车线。当井筒距主要运输巷道较远时，可采用这种车场。

立井卧式环行井底车场如图 2-22（b）所示。主副井存车线与主要运输巷道平行。主井、副井距主要运输大巷较近，利用主要运输巷道作为绕道回车线及调车线，从而可节约车场的开拓工程量。这种车场调车比较方便,但电机车在弯道上顶推调车安全性较差,需慢速运行。当井筒距主要运输巷道近时,可采用这种车场。

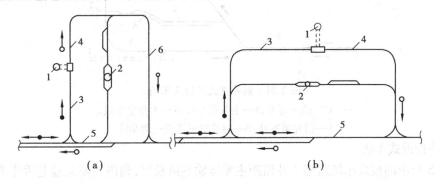

图 2-22　立井立、卧式环行式车场

(a)立式;(b)卧式

1—主井;2—副井;3—主井重车线;4—主井空车线;5—主要运输巷道;6—绕道线路

斜式环行井底车场如图 2-23 所示。其主要特点是主副井存车线与主要运输巷道斜交。右翼来的重列车可顶推入主井重车线,比较方便;左翼驶来的重列车需在大巷调车线调车。当井筒距运输大巷较近、且地面出车方向要求与大巷斜交时,可采用这种车场。

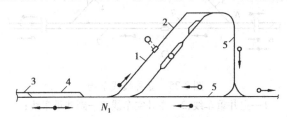

图 2-23　立井斜式环行式车场

1—主井重车线;2—主井空车线;3—主要运输巷道;4—调车线;5—绕道回车线

②斜井环行式井底车场

斜井与立井环行式车场的区别在于副井存车线的布置及副井与井底车场的连接方式。副斜井采用串车提升,空重车存车线可布置在同一巷道的两股线路上,副斜井与井底车场连接可用平车场或甩车场。

斜井立式环行井底车场如图 2-24 所示。存车线与运输大巷垂直,主、副井距主要运输大巷远,有足够的长度布置存车线,调车作业方便。副斜井采用平车场,适用于单水平开拓方式的矿井,若需延深井筒,则应用甩车场。

总之,环行式井底车场的优点是调车方便,通过能力较大,一般能满足大、中型矿井生产的需要。其缺点是巷道交岔点多,大弯度曲线巷道多,施工复杂,掘进工程量大,电机车在弯道上行驶速度慢,且顶推调车不够安全,用固定式矿车运煤翻笼卸载能力较小,影响车场通过能力。

(2)折返式井底车场

折返式井底车场的特点是空、重列车在车场内同一巷道的两股线路上折返运行,可简化井底车场的线路结构,减少巷道开拓工程量。

按列车从井底车场两端或一端进出车,折返式车场可分为梭式车场和尽头式车场。

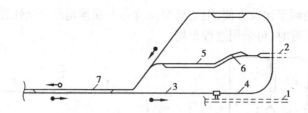

图 2-24　斜井立式环行式车场
1—主井;2—副井;3—主井重车线;4—主井空车线;
5—副井重车线;6—副井空车线;7—调车线

①立井折返式车场

图 2-25 所示的梭式车场适用于井筒距主要运输巷道较近,利用主要运输巷道作为主井空重车线和调车线。右翼来的重列车驶过 N_1 道岔进调车线 6,反向顶推重列车进重车线;左翼来车进调车线,机车摘钩,经 N_1 道岔返回列车尾部,顶推列车入重车线,然后各自经通过线牵引空列车。这种调车比环行式列车单向运行通过能力小。由于主、副井空车线采用自动滚行坡度,右翼重列车进通过线 7 时,为重列车上坡运行,通过线 7 平均坡度不大于 7‰。

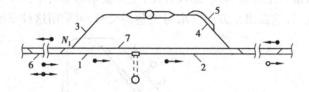

图 2-25　立井梭式车场
1—主井重车线;2—主井空车线;3—副井重车线;
4—副井空车线;5—材料车线;6—调车线;7—通过线

立井尽头式车场如图 2-26 所示,当井筒距运输大巷较远时采用。空重列车由车场一端进出,车场巷道另一端为尽头。车场尽头应有回风通道,以便尽头处通风。

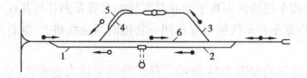

图 2-26　立井尽头式车场
1—主井重车线;2—主井空车线;3—副井重车线;
4—副井空车线;5—材料车线;6—通过线

②斜井折返式车场

主井采用带式输送机或箕斗提升的斜井折返式车场,与立井折返式车场相似,其主要区别在于副井存车线的布置及副斜井与井底车场的连接方式,如图 2-27 所示。

折返式车场的优点是:巷道工程量小,巷道交岔点和弯道少,施工容易;但采用固定式矿车时,车场通过能力较小。为了充分利用这种车场的优点,扩大其应用范围,在大型及特大型矿井中,采用底卸式矿车时,车场的通过能力明显增大。当采用底卸式矿车运煤时,为了卸煤,要在井底车场内设置卸载站。列车在卸载站卸煤的过程如图 2-28 所示。

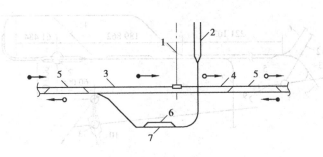

图 2-27　斜井梭式车场
1—主井;2—副井;3—主井重车线;4—主井空车线;
5—调车线;6—材料车线;7—矸石车线

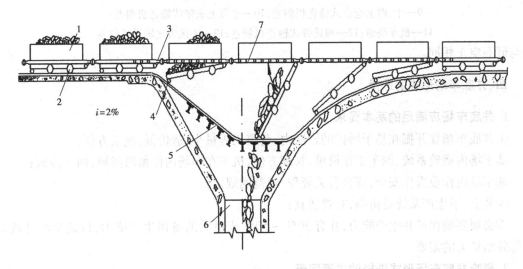

图 2-28　底卸式矿车卸煤过程
1—底卸式矿车;2—矿车车轮;3—缓冲轮;
4—卸载轮;5—卸载曲轨;6—煤仓;7—支承托辊

2. 带式输送机运煤的井底车场

采用带式输送机代替矿车运煤,煤炭经输送机直接送入井底煤仓,井底车场只担负辅助运输任务,故车场形式和线路结构可简化。

图 2-29 为矿井设计生产能力 400 万吨/年的井底车场线路布置图。井底车场分带式输送机运煤系统、辅助运输系统两部分。主井运煤采用输送带上仓方式,主井井底只掘至井底车场水平,煤仓及装载硐室均高于车场水平,清理井底撒煤直接在车场水平的主井井底清理通道进行,故主井清理撒煤系统简单、方便。

主井运煤系统:中区及西翼出煤以带式输送机斜巷 12 和 13 汇集到中间煤仓 4 后,再经中、西上仓带式输送机斜巷 9 翻入中央煤仓 3,东翼出煤则经东翼上仓带式输送机斜巷 10 翻入中央煤仓 3,集中后由主井箕斗装载提升出井。

该矿井井底车场实际只担负辅助提升任务。副井设有一对双车罐笼和一套带平衡装置的单罐笼,后者除担负部分矸石提升任务外,主要用于下放材料设备。由东西翼及中区驶来的矸石列车于副井重车线解体后,电机车经机车绕道至副井空车线牵引空车出场。材料的运行线

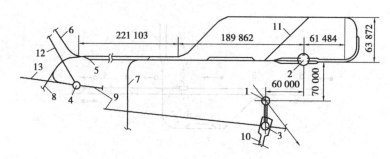

图 2-29　大巷采用带式输送机运煤的井底车场
1—主井；2—副井；3—中央煤仓；4—中间煤仓；
5—轨道中石门；6—西翼轨道巷；7—东翼轨道巷；8—中区轨道巷；
9—中、西上仓带式输送机斜巷；10—东翼上仓带式输送机斜巷；
11—机车绕道；12—西翼带式输送机斜巷；13—中区带式输送机斜巷

路与矸石空车相同。

四、井底车场形式的选择

1. 井底车场应满足的基本要求

①井底车场要开掘在易于维护的岩层内，巷道工程量小，造价低，施工方便；

②车场内运输系统、调车工作简单，管理方便，机车在车场内停留时间短，回车线短；

③车场内作业操作安全，符合有关规程、规范的规定；

④井上、下生产系统要协调，布置适宜；

⑤必须要确保矿井生产能力，并有 30%～50% 或更大的备用生产能力，以适应矿井改扩建等井型扩大的需要。

2. 影响井底车场形式选择的主要因素

（1）矿井生产能力

矿井生产能力的大小，对井底车场的选择起着决定性影响。它直接影响到提升井筒的数目、提升容器的类型、井底车场调车方式等。

生产能力很小的矿井，一般只有一个井筒提升，可采用尽头式车场或单环刀式车场。

生产能力为 60～90 万吨/年的箕斗或带式输送机斜井井底车场，可采用环行式或增设复线的折返式车场。

生产能力为 120 万吨/年以上的矿井，一般采用环行车场。大巷甩底卸式矿车时，可采用梭式折返式车场。

（2）矿井开拓方式

矿井开拓方式的影响主要表现在井筒与主要运输大巷的相互距离及方位上。

对于缓斜、倾斜煤层，当采用单水平开拓时，可根据井筒至主要运输大巷的距离远近，分别选用不同形式的井底车场。距离近时，可选用卧式或梭式车场；距离远时，可选用立式、刀式或尽头式车场。多水平开拓时，各水平井筒至主要运输大巷的距离各不相同，应结合其他因素采用相应的井底车场。

对于急倾斜煤层，一般用立井多水平开拓，且井底车场位于煤层底板岩石中，各水平车场形式基本相同,选用环行式车场。

(3)主要运输大巷的运输方式

主要运输大巷的运输方式对井底车场的形式及巷道工程量有较大的影响。当大巷用标准固定式矿车运煤时,矿车头尾可相互调换,调车灵活;当采用底卸式矿车运煤时,矿车头尾在调车过程中不能倒置,可采用折返式井底车场;大巷用带式输送机运煤时,不设主井存车线,车场结构则更为简单。

(4)矿井地面生产系统布置方式

矿井地面生产系统与井底车场线路布置密切相关,罐笼提升井井口出车方向要求井底车场储车线与之平行。但由于有时地形情况较复杂,井口出车方向和铁路站线布置受到限制,同时也就限制了井底车场储车线路的布置。例如,井口出车方向要求井下储车线与运输大巷斜交时,只能选择斜式环行车场。

(5)矿井瓦斯等级的影响

矿井瓦斯等级高时,井下所需风量比较大,为了满足井下供风要求,不得不加大井底车场巷道的断面或增加巷道,这时可采用立式环行车场或大断面巷道的折返式车场。

综上所述,影响选择井底车场的因素很多,在选择井底车场时,必须全面考虑,不能顾此失彼。既要经济合理、技术先进,又要符合煤炭产业政策、煤炭工业技术政策和煤矿安全规程的要求,满足矿井安全生产需要。

五、井底车场通过能力的计算

井底车场的通过能力与井底车场形式、卸载方式、矿车载重量和调车方式等有关。采用底卸式矿车的井底车场,每个卸载坑的通过能力一般在 180 万吨/年。特大型矿井的井底车场可采用两组卸车线卸车,其通过能力可达 400 万吨/年。

对于采用电机车牵引固定矿车运输的井底车场,其通过能力与井底车场形式、调车方式等有关。井底车场通过能力可按下式计算:

$$N = 3.17mG \times 10^5 / [1.15(1 + K)t] \tag{2-3}$$

式中　N——井底车场年通过能力,t;

m——每列车矿车个数,辆;

G——每辆矿车的净载煤量,t;

K——矸石运出量占煤产量的百分率,一般情况下 $K = 0.1 \sim 0.25$;

t——列车进入井底车场的平均间隔时间,min;

3.17×10^5——年运输工作时间,按年工作日 330 d、每天 16 h 计算,min;

1.15——运输不均衡系数。

井底车场通过能力主要决定于一列车的容量及列车进入井底车场的平均间隔时间 t,在生产矿井运输装备条件已定的情况下,井底车场的通过能力大小,则主要决定于列车进入车场的平均间隔时间。因此,正确选择井底车场的形式和调车方式,尽量缩短列车在车场内运行及停留时间,对提高井底车场通过能力有重要意义。

任务6　矿井开拓延深与技术改造

一、矿井开拓延深

为了保证矿井均衡生产,多水平开拓的矿井在上水平减产前就要提前完成井筒延深和下水平的开拓准备工作。在矿井正常生产过程中开拓新的水平,必然与生产水平的运输、提升、通风等工作互相干扰。因此,正确选择矿井延深方案,使矿井生产与井筒延深施工密切配合,切实处理好新旧水平的接续,是矿井延深工作中应解决的重要问题。

1. 矿井延深的原则和要求

（1）提前做好准备工作

大、中型矿井新水平开拓延深的施工期比较长,一般在3年以上,准备工作也要2~3年的时间。为使开拓延深工作顺利进行,缩短工期,必须做好以下准备工作:

①要清楚了解和掌握新水平的煤层赋存情况、地质构造情况,提出精查地质报告;

②要有经上级单位审批的新水平开拓延深设计,列入计划并解决资金来源问题;

③落实施工队伍,完成施工场地、设备、材料的准备。

（2）保证或扩大矿井生产能力

矿井开拓延深时应结合矿井发展的长远规划,仔细研究煤层地质条件的变化和各生产环节之间的配合,保证维持矿井已有的生产能力,有条件时,结合开拓延深进行技术改造,提高矿井生产集中化水平,力求扩大矿井生产能力。

（3）充分与合理地利用现有井巷设施

新水平开拓延深应充分利用现有井巷以及提升、运输、通风、排水等大型设备,力求减少开拓延深的工程量和费用,缩短施工期。原有井巷设施可以利用,但经济效果不如新开井巷或新设备时,则不宜因循守旧,而以更新、改造为宜。

（4）积极采用新技术、新工艺和新设备

根据矿井多年生产积累的经验以及国内外新技术、新装备的应用,吸取其他矿井的先进经验,在新水平开拓延深时,应选择更为适宜的采煤方法、先进的采掘技术,选用高效能的机械装备,使新水平的生产技术面貌有较大的改变,技术经济效果有明显的提高。

（5）尽可能缩短施工工期

正确选择延深施工方案,采取适当的技术措施,加强生产管理,尽可能地缩短新水平开拓延深施工工期,减轻生产与延深的相互干扰,集中有效地使用资金,以求获得较好的技术经济效果。

2. 矿井开拓延深方案

（1）直接延深原有井筒

这种延深方式是将主、副井直接延深到下一开采水平,如图2-30所示。

其特点是可以充分利用已有设备、设施,投资少,提升单一,转换环节少,车场工程量相对减少等。但延深与生产互相影响而且矿井提升能力相对降低。

直接延深方式的适用条件:

①地质构造及水文地质等条件不影响井筒直接延深及井底车场布置;

②井筒断面和提升设备能力均能满足延深水平生产要求;

③提升设备能力满足不了延深水平要求,经过论证更换提升设备合理时可采用该方式。

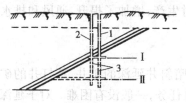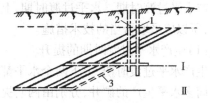

图 2-30　直接延深原有井筒方式　　　　　　图 2-31　暗井延深方式

Ⅰ,Ⅱ—第一、二水平　　　　　　　　　　Ⅰ,Ⅱ—第一、二水平

1—主井;2—副井;3—延深主、副井　　　　1—主井;2—副井;3—延深暗斜井

(2)暗井延深

这种方式是利用暗立井或暗斜井开拓深部水平,如图 2-31 所示。其特点是延深与生产互不干扰,原有井筒提升能力不降低,暗井的位置不受原井筒限制,可选在对开采下部煤层有利的位置上。

暗井延深方式的适用条件:

①由于地质条件或技术经济等原因,原井筒不宜直接延深;

②用平硐开拓矿井,延深水平因地形限制无法布置阶梯平硐条件时,一般多采用暗斜井。

(3)直接延深与暗井延深相结合

这种延深方式是直接延深原来的主井或副井,另一井筒采用暗井延深,如图 2-32 所示。其特点和适用条件介于直接延深与暗井延深方式之间。

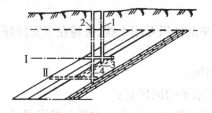

图 2-32　直接延深与暗井延深方式　　　　　图 2-33　新开与直接延深方式

Ⅰ,Ⅱ—第一、二水平　　　　　　　　　　Ⅰ,Ⅱ—第一、二水平

1—主井;2—副井;3—暗斜井;4—延深副井　1—原主井;2—副井;3—延深副井;4—新开主井

(4)直接延深(或暗井延深)与新开井筒相结合

这种方式是从地面新开一个主井(或副井)通达延深的水平,另外用直接延深或暗井延深副井(或主井),如图 2-33 所示。其特点是能大幅度增加矿井生产能力;便于采用先进的技术装备,开拓延深与生产相互影响小;但要改造原地面生产系统增加基建费用。

新开一个井筒、延深一个井筒的方式一般适用于结合矿井改扩建的大型矿井开拓延深。

(5)深部新开立井或斜井

当煤田浅部为小井群开采时,随着向深部发展,如果每个小井都各自向下延深,将造成井口数目多、占用设备多、生产环节多、生产分散。所以,可将几个矿井联合开拓延深。该方案的实质是结合开拓延深,进行矿井合并改造。从开拓延深的角度分析,该方案的特点是:将各小井的深部合并为一个井田,建立统一的延深水平,延深时不影响生产。

3. 生产水平过渡时期的技术措施

矿井的某一个开采水平开始减产直到结束,其下一个开采水平投产到全部接续生产,是矿井生产水平过渡时期。水平过渡时期,上下两个水平同时生产,增加了提升、通风和排水的复杂性,所以应采取恰当的技术措施。

(1)生产水平过渡时期的提升

生产水平过渡时期,上下两个水平都出煤,对于采用暗斜井延深的矿井、新打井的矿井或多井筒多水平生产的矿井,分别由两套提升设备担负提升任务,一般没有困难。对于延深原有井筒的矿井,尤其是用箕斗提升的矿井,则必须采取下列有效的技术措施。

①利用通过式箕斗两个水平同时出煤。通过式箕斗是通过式装载设备,将启闭上水平箕斗装载煤仓闸门的下部框架改装成可伸缩的悬臂,提上水平煤时悬臂伸出,提下水平煤时,悬臂收回让箕斗通过。这种办法提升系统单一,并不增加提升工作量,但每变换一次提升水平时,都需调整钢丝绳长度,经常打离合器,增加了故障率。当水平过渡时期不长时,可采用这种方法。

②将上水平的煤经溜井放到下水平,主井在新水平集中提煤。这种方法提升系统单一,提升机运转维护条件好,但要增开溜井,增加提升工程量和费用。上水平剩余煤量不多时,宜采用这种方法。

③上水平利用下山采区过渡。上水平开始减产时,开采1~2个下山采区,在主要生产转入下一水平后,将该下山采区改为上山采区。这种方法可推迟生产水平接续,有利于矿井延深,但采区提运系统前后要倒换方向,要多掘一些车场巷道,只有煤层倾角不大时,方宜采用。

④利用副井提升部分煤炭。采用这种方式要适当地改建地面生产系统,增建卸煤设施。

(2)生产水平过渡时期的通风

生产水平过渡时期,要保证上水平的进风和下水平的回风互不干扰,关键在于安排好下水平的回风系统。通常,可以采取以下方法:

①维护上水平的采区上山为下水平的相应采区回风;

②利用上水平运输大巷的配风巷作为过渡时期下水平的回风巷;

③采用分组集中大巷的矿井,可利用上水平上部分组集中大巷为下水平上煤组回风。

(3)生产水平过渡时期的排水

①一段排水,上水平的流水引入下水平水仓,集中排至地面;

②两段分别排水,两个水平各有独立的排水系统直接排至地面;

③两段接力排水,下水平的水排到上水平水仓,然后由上水平集中排至地面;

④两段联合排水,上下两个水平的排水管路联成一套系统,设三通阀门控制,上下水平均可排水至地面。

具体采用哪种方式,需根据矿井涌水量大小、水平过渡时期长短、设备情况等因素,经方案比较后确定。

二、矿井技术改造

生产矿井技术改造的目的是:改变落后的技术面貌,提高矿井生产能力、劳动效率、资源采出率,降低成本,减轻工人劳动强度,改善劳动条件,使生产建立在更加安全的基础上,全面提高技术经济指标。要不断地依靠科学技术进步,提高采掘机械化程度,改革矿井巷道部署,合理集中生产,对各生产系统进行环节改造,使之与采掘机械化配套,以提高工作面、采区、水平和矿井的生产能力。为达到这些目的,不可避免地还要增加或补充一些井巷或其他设施,使之与矿井改扩建结合起来,两者不可分割。

矿井技术改造内容很多,这里着重介绍三个方面。

1. 矿井改扩建

矿井改扩建的直接目的就是在科学技术进步的基础上,提高矿井生产能力和技术经济效益。通常有三种方法。

(1)直接扩大井田范围

我国不少改扩建矿井采用这种方式,取得了很好的效果。随着勘探工作的进行,矿井可以向深部发展,也可向走向方向发展。

(2)相邻矿井合并改造

中小型矿井生产能力小且分散,有条件的应当合并改造,扩大井田储量,提高生产能力。

(3)结合矿井开拓延深进行合并改扩建

开采煤田浅部的矿井,井田范围小、井型小,当发展到深部时,结合开拓延深将几个中、小型井合并改造为一个大型井,可以简化生产系统,减少设备,有利于井上下集中生产,提高技术水平和经济效益。

2. 合理集中生产

不断改革生产矿井的开拓、准备与采煤系统,提高采掘机械化程度,实现合理集中生产是我国煤炭工业一项重要的技术政策。生产集约化是指生产手段和劳动力在时间和空间上的集中,在单位时间及较小空间上,用最少的劳动消耗,取得最大的产量和最佳的安全经济效果。

目前,国内外现代化矿井正在向高度集中化发展,一个大型矿井正在向一个开采水平、一个采区、一个采煤工作面的高产高效矿井方向发展。矿井生产的合理集中可简化生产系统,减少辅助设备与人员,降低巷道掘进率,从而取得更好的经济效益。

(1)水平集中

水平合理集中生产的含义包括两个方面:一是减少同时生产的水平数目,尽可能以一个水平满足全矿产量,同时应适当加大阶段垂高,条件适宜时采用上下山开采,减少开采水平数目,扩大水平开采范围,增加开采水平的可采储量和服务年限;二是在开采水平内实现集中开拓。采用分组集中大巷时,尽可能在一个分组内满足全矿产量。条件适宜时可采用分煤层布置大巷,实现单一煤层集中开拓、集中生产。

(2)采区集中

采区合理集中生产是指提高采区生产能力,尽可能减少矿井内同时生产的采区数目,同时应适当加大采区走向长度,增加采区的可采储量和服务年限,减少采煤工作面搬迁,实现采区稳产和高产。近距离煤层群采用集中平巷联合准备,是炮采、普采采区的一种集中方式,是单产较低、采区内同采面较多情况下的合理集中生产的成功经验。

(3)工作面集中

采煤工作面合理集中生产是指提高采煤工作面的单产水平,尽可能减少采区内同采工作面数目。综采采区以一个工作面保证采区产量;炮采、普采采区,同采的采煤工作面数目一般为两个,可保证采区产量。同时适当增加采煤工作面长度,在条件适宜时推广对拉工作面等也是采煤工作面合理集中生产的有效措施。

3. 矿井主要系统的技术改造

(1)地面生产系统的改造

主要是减少地面线路,简化地面运输和装载系统及地面主要设施的集中布置。一般矿井增加产量时,要考虑扩大地面贮煤仓,扩大排矸能力,有条件的地方最好采用井下矸石充填地面塌陷区,造地复田。

(2)矿井提升系统的改造

在矿井产量或开采深度增加后,主副井提升能力不足往往成为技术改造后矿井增加产量的瓶颈。为提高矿井提升能力,对提升系统的改造措施有:改装箕斗加大容量;罐笼提升改为箕斗提升;斜井串车提升改为箕斗提升或带式输送机运输;提升绞车由单机拖动改为双机拖动;加大提升速度或减少辅助时间;缩短一次提升时间和增加每日的提升时间;增加井筒数目,增加提升设备,以及斜井单钩改双钩、立井罐笼单层改双层、单车改双车提升等。

(3)大巷运输系统的改造

提高水平大巷运输能力的措施有:增加机车和矿车数目;单机牵引改双机;加大机车黏着重量和矿车容积;固定式矿车改为3 t和5 t容量的底卸式矿车;采用带式输送机连续运输;改换或增加电机,加快带式输送机运行速度,改用大能力高强度带式输送机,采用大巷运输的自动控制系统等措施。

(4)井底车场的改造及设置井底缓冲煤仓

当矿井产量增大而井底车场通过能力不够,或大巷运输由固定式矿车改为底卸式矿车,或改为带式输送机运输而井底车场形式不适应时,需要改造井底车场,提高井底车场通过能力,如增加通过线或复线、设置新卸载线路等。

生产矿井设置井底大容量煤仓,可以对井下运煤起调节和缓冲作用,增加提升能力,可缓解采煤工作面和采区出煤不均衡造成的大巷运输与井筒提升之间的矛盾,充分发挥大巷的运输能力。

(5)辅助运输环节的改造

目前,我国煤矿采区辅助运输环节的运输能力低,占用设备和人员多,对矿井产量和效率的影响较大。应该采用新的技术装备,代替目前广为使用的小绞车和无极绳牵引运输,如效果较好的辅助运输设备有单轨吊、卡轨车、齿轨车、齿轨卡轨车以及无轨胶轮车等。

(6)通风系统的改造

为了增加风量,提高主要通风机效率,降低耗电量,改善井下通风安全条件,通常采取的技术措施有:双主要通风机并联运转;更换高效主要通风机;改用大功率离心式通风机;改装叶片;离心式通风机更换高效转子,在浅部用压入式通风,到深部改为抽出式通风;集中通风改为分区式通风;调整系统,增加并联风路;修整和扩大巷道断面;开掘新风井,缩短通风风路长度;用箕斗井兼作风井等。

(7)排水系统的改造

主要是简化排水系统,缩短排水管路,对多水平同时生产的矿井,改多水平排水为集中排水;下山开采涌水量较大时,改各采区单独排水为设置排水大巷集中排水或采取从地面打钻孔,进行分区独立排水。

任务7　矿井生产系统模拟实训

一、实训目的

通过矿井开拓巷道及生产系统模拟实训,建立矿井巷道的空间概念,熟悉矿井的主要生产系统,熟悉井底车场形式及其组成,掌握矿井开拓方式和矿井主要巷道名称、形式、用途、技术装备及同周围巷道的空间关系。

二、实训内容及模型配备

①参观模拟矿井;
②参观现代化矿井生产系统模型;
③片盘斜井开拓方式模型;
④斜井单水平及多水平采区式开拓方式模型;
⑤斜井单水平带区式开拓方式模型;
⑥立井多水平采区式及带区式开拓方式模型;
⑦多种形式的综合开拓方式模型;
⑧多种形式的井底车场线路及硐室模型。

三、实训过程

①按每小组10~15人分组,采用观摩、讨论、绘图等方式进行实训;
②指导教师介绍模拟实训目的、方法、要求和注意事项;
③完成一组实训模拟之后,小组之间互相交换模型,进行另一组模拟实训;
④指导教师对实训开展情况进行指导和检查;结束前,对实训开展情况进行总结。

四、实训要求

①实训前,学生必须复习课程的相关知识,预习实训指导书,做好实训前的准备工作。
②实训教学的重点和难点是建立矿井巷道的空间概念,熟悉矿井生产系统。
③实训结束要认真编写实训报告书,绘制出一种开拓方式的巷道布置平面图、剖面图。

五、实训考核

学生按实训要求,独立撰写实训报告书。
实训成绩由两部分组成。一是考核学生在实训教学中的态度和独立完成能力,二是考核学生的实训教学报告书。实训成绩按优秀、良好、中等、及格与不及格评定。

六、实训报告主要内容

选择一个矿井开拓方式模型,绘制其巷道布置平面图、剖面图,要求标注主要巷道的名称,叙述矿井运输系统、通风系统、行人系统、运料系统、排水系统、供电系统等。

2.1 名词解释

矿井开拓 开拓方式 井底车场

2.2 简述斜井井筒布置方式、特点及其适应条件。

2.3 简述平硐开拓的特点及适应条件。

2.4 简述综合开拓的类型及适应条件。

2.5 绘图说明立井单水平分区式开拓的巷道掘进顺序及生产系统。

2.6 井底车场的调车方式有几种？试述刀把式井底车场的调车过程。

2.7 为什么大型和特大型矿井广泛采用底卸式矿车运输？

2.8 为什么我国大型、特大型矿井中,普遍采用带式输送机运煤？

2.9 试说明井底车场通过能力主要决定于哪些因素。

2.10 选择井底车场形式的主要原则有哪些？应当考虑哪些因素？

2.11 某矿每列车共有 25 个矿车,矿车净载煤量为 3 t,列车进入井底车场平均间隔时间为 15 min,计算该矿井底车场通过能力。

2.12 简述井底车场主要硐室的位置、用途及布置的原则。

学习情境 **3**

开采顺序确定与采掘接续计划编制

学习目标

☞ 掌握开采顺序的选择方法;

☞ 掌握采掘接续计划的编制方法和步骤;

☞ 熟悉三个煤量及其可采期计算;

☞ 熟悉采掘比例关系指标计算;

☞ 熟悉合理的井田开采顺序的基本要求。

任务1 开采顺序的确定

井田内煤层的开采必须按一定顺序进行。井田开采顺序包括:沿煤层走向与倾斜的开采顺序;煤层群划分成煤组时,煤组间及煤层间的开采顺序等。

合理的井田开采顺序应保证开采水平、采区和采煤工作面的正常接续,使采区巷道避开煤层采动的影响,最大限度地采出煤炭资源;同时应有利于节省建设投资,减少井巷工程量,缩短工期,投产快;有利于巷道维护,保证生产安全;有利于矿井通风、井下防灭火管理等。

一、沿煤层走向的开采顺序

沿煤层走向开采顺序包括阶段内各采区间的开采顺序和采区内采煤工作面的推进方向。采区前进式开采顺序如图3-1(a)所示。

采区间沿走向的开采顺序有两种,一种是先采靠近井筒的采区,自井筒向井田边界方向逐次开采其余各采区,称为采区前进式开采顺序;另一种是自井田边界向井筒方向逐次开采各采区,称为采区后退式开采顺序。

采用采区前进式开采顺序,可使矿井建井期短,投产快,初期工程量和基建投资少;大巷一般布置在煤层底板岩层中,大巷维护、矿井通风及采区防火密闭较好。因此,一般矿井都采用这种开采顺序。

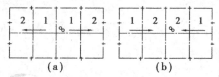

图 3-1 采区开采顺序
(a)采区前进式;(b)采区后退式

采区后退式开采顺序如图 3-1(b)所示。先把主要运输大巷掘至靠近井田边界的采区,再开采离井筒最远的采区,然后向井筒方向逐次开采其余各采区。这种开采顺序可通过掘进大巷进一步了解煤层埋藏情况和地质构造;采掘之间互相干扰少;大巷两侧为实体煤层,巷道维护条件好,不易向采空区漏风,易于密闭采空区的火区,但这种方式需要预先开掘很长的运输大巷,开拓与准备时间较长,投产晚,初期工程量及初期投资大。矿井井型越大,井田走向长度越大,这些缺点就越突出。因此,一般矿井都不采用采区后退式开采。在用上、下山开采缓斜煤层时,可先用前进式开采上山采区,然后用后退式开采下山各采区。当然,上、下山采区也可都用前进式开采顺序,不过为了利用已开采的上山采区巷道为相对应的下山采区服务,上山采区要先于下山采区开采,在时间上彼此错开,避免上、下山采区的运输及通风相互干扰。

采区内采煤工作面的推进方向,分为前进式与后退式两种。工作面自采区上山向采区边界推进,称为前进式;工作面由采区边界向采区上山方向推进,称为后退式,如图 3-2 所示。

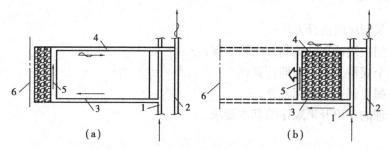

图 3-2 采煤工作面推进方向
(a)后退式;(b)前进式
1—采区运输上山;2—采区轨道上山;3—区段运输巷;
4—区段回风巷;5—采煤工作面;6—采区边界线

采煤工作面前进式开采时,虽然能使采区早投产,但存在以下明显的缺点:在采煤工作面生产的同时,必须超前一定距离掘进区段运输平巷和回风平巷,采掘之间互相干扰严重;区段平巷维护困难,而且向采空区漏风,可能造成工作面风量不足;当采空区发生火灾时,必将危及工作面。因此,我国煤矿一般采用后退式开采顺序。

二、沿煤层倾斜的开采顺序

沿煤层倾斜的开采顺序包括阶段间的开采顺序和采区内各区段的开采顺序。

井田内沿煤层倾斜方向一般采用下行顺序开采各阶段,就是开采工作先从煤层浅部开始,然后沿煤层倾斜自上而下依次开采各阶段。这种顺序开采的优点是建井期短,初期井巷工程量小,初期投资低,在开采技术上比较简单。

采区内各区段间的开采顺序有两种,开采上山采区时有:

①下行式 先将采区上山掘至采区上部边界,然后由采区边界向大巷方向自上而下依次开采各区段。

②上行式 事先不把采区上山全长掘出来,而只掘其一段,便开始开采,从运输大巷向采

区上部边界自下而上依次开采各区段。这种开采顺序存在的突出问题是采煤工作与上山掘进互相干扰,采区上山两侧是采空区,上山维护困难。只有在近水平煤层为了使采区早投产,或为了满足特殊需要,如为了疏干上部区段煤层或围岩涌水等时才采用。

开采下山采区时,各区段间也有上行式、下行式两种开采顺序。从运输大巷将采区下山掘至采区下部边界,然后自下而上逐次开采各区段,称为上行式开采;其优缺点与上山采区的下行开采顺序相同。先掘采区下山的一段,即从运输大巷自上而下逐次开采各区段,其特点是一边开采,一边掘进下山。其突出问题是除有上山采区上行开采顺序的缺点外,两条下山间的漏风较严重。因此,只有在煤层倾角小、涌水量不大、巷道维护条件好时,为了使下山采区早投产,才采用这种开采顺序。

三、煤组及煤层间的开采顺序

煤组或煤层之间的开采顺序一般采用自上而下逐次开采的下行开采顺序。如图 3-3 所示,煤组之间按 Ⅰ、Ⅱ 顺序开采;煤层之间按 1、2、3、4、5 顺序开采。

在联合开采的采区内,上下煤层或厚煤层开采的各分层间,可保持一定的错距同时开采。

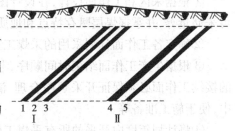

图 3-3　煤组及煤层间的开采顺序

在某些特殊情况下,煤层或煤组之间也可采用由下而上的上行开采顺序。当上部煤层有煤与瓦斯突出危险或冲击地压时,应先采下部煤层,使上部煤层的瓦斯得到卸压,减少上层开采的困难。

采用上行开采的基本条件是层间距较大,深部煤层或煤组开采不致影响和破坏上层煤或上煤组。是否可用上行开采主要取决于两层煤间距与下层煤采厚之比。根据国内用全部垮落法进行开采的实践经验,在受一个煤层采动影响后,只要层间距与采厚比达 7.5 以上,一般在上层煤中可以正常进行掘进和采煤工作。受多个煤层采动影响的上行开采,只要综合层间距与采厚比达到 6.3 以上,一般可在上部煤层中正常进行掘进和采煤。

开采急倾斜煤层时,不仅顶板岩石会冒落,底板岩石也会滑移。如果两个急倾斜煤层较近,上层开采造成的底板岩层移动,将使下煤层的平巷维护十分困难,甚至遭到破坏。为此,在开采技术上,应合理安排上、下煤层以及各区段的开采顺序,以免下层煤遭到破坏。

任务 2　采掘接续计划的编制

在矿井生产过程中,采煤与掘进是煤矿生产的两个基本环节,采煤必须先掘进,掘进为采煤做准备。要保持矿井的稳产高产,必须根据采煤的需要,合理安排掘进工作。通常将采煤与掘进的配合关系称为采掘关系。"采掘并举,掘进先行"是煤炭工业长期坚持的一项技术政策,必须认真制定开采计划和巷道掘进工程计划,并切实执行。

一、开采计划的编制

根据市场对矿井煤炭产量和质量提出的要求,按照地质情况和生产技术条件,统筹安排采区及工作面的开采与接续称为开采计划。开采计划包括采煤工作面年度接续计划（生产计划）、采煤工作面较长期接续计划和采区接续计划。

采煤工作面较长期接续计划是指5~10年的规划，在规划中要考虑到采区与水平的接续，以保证矿井在长期生产过程中的采掘平衡与协调。

采煤工作面年度接续计划是根据采煤工作面较长时期接续计划与生产实际情况做出具体的安排，每年都要安排采煤工作面的年度接续计划和掘进工作面的掘进工程计划，要按采煤和掘进队组，落实具体的工作地点和时间，见表3-1所示。

1. 采煤工作面接续计划

（1）编制采煤工作面接续计划的方法和步骤

①根据采区和工作面设计，在设计图上测算各工作面参数，如采高、工作面长度、推进度和可采储量等，并掌握煤层赋存特点和地质构造等情况。

②确定各工作面计划采用的采煤工艺方式，估算月进度、产量和可采期。

③根据生产工作面结束时间顺序，考虑采煤队力量的强弱，依次选择接续工作面。所选定的接续工作面必须保证开采顺序合理，满足矿井产量和煤质搭配开采的要求，并力求生产集中，便于施工准备等。

④将计划年度内开采的所有采煤工作面，按时间顺序编制成接续计划表。

⑤检查与接续有关的巷道掘进、设备安装能否按期完成，运输、通风等生产系统和能力能否适应。如果不能满足需要，或采取一定的措施，或调整接续计划。这样，经过几次检查修改，最后确定采煤工作面接续计划。

（2）编制采煤工作面接续计划的原则及注意事项

①年度内所有进行生产的采煤工作面产量总和加上掘进出煤量，必须确保矿井计划产量的完成，并力求各月采煤工作面产量较均衡。

②矿井两翼配采的比例与两翼储量分布的比例大体一致，防止后期形成单翼生产。

③为确保合理的开采顺序，上下煤层（含分层）工作面之间，保持一定的错距和时间间隔；煤层之间，除间距较大或有特殊要求允许上行开采外，要按自上而下的顺序开采。

④在各煤层产量分配上，厚度不同的煤层，倾角不同的煤层，煤质不同的煤层，生产条件不同的煤层工作面要保持适当的比例，并力求接续面与生产面面长一致。

⑤为便于生产管理，各采煤工作面的接续时间，尽量不要重合，力求保持一定的时间间隔。特别是综采工作面，要防止两个面同时搬迁接续。

⑥为实现合理集中生产，尽量减少同时生产的采区数，避免工作面布置过于分散。

⑦考虑地质条件的复杂性及其他难以预测的问题，生产矿井至少要配备一个备用工作面，大型矿井需配备两个备用工作面。对需瓦斯抽采的工作面，要考虑瓦斯抽采时间。

2. 采区接续计划

编制采区接续计划，应使投产采区或近期接续生产的采区准备工程量小、时间短、生产条件好。同时生产和准备的采区数目不宜太多，几个采区同时生产的矿井，备采区接续的时间宜彼此错开，不宜排在同一年度，必须保证同时生产的采区能力之和能满足矿井设计能力的要求。

表 3-1　采煤工作面接替计划表

生产采区	工作面编号	保有可采储量/万吨	生产条件 面长×采高×月进度/m×m×m	月产量/万吨	2008 年												2009 年											
					1	2	3	4	5	6	7	8	9	10	11	12	1	2	3	4	5	6	7	8	9	10	11	12
一采区	1122	6.0	140×2.4×45	2																								
	1113	9.6	140×1.8×45	1.6																								
	1114	9.6	140×1.8×45	1.6																								
	1123	12.0	140×2.4×45	2																								
	1124	12.0	140×2.4×45	2																								
	1115	9.6	140×1.8×45	1.6																								
	1116	9.6	140×1.8×45	1.6																								
	1125	8.0	140×1.8×45	2																								
	1126	8.0	140×1.8×45	2																								
11采区	1211	4.8	140×1.8×45	1.6																								
	1212	9.6	140×1.8×45	1.6																								
	1221	12.6	140×2.4×45	2.1																								
	1222	12.6	140×2.4×45	2.1																								
	1213	9.6	140×1.8×45	1.6																								
	1214	9.6	140×1.8×45	1.6																								
	1223	12.6	140×2.4×45	2.1																								
	1224	12.6	140×2.4×45	2.1																								
	1215	9.6	140×1.8×45	1.6																								
	1216	9.6	140×1.8×45	1.6																								
	1225	12.6	140×2.4×45	2.1																								

二、巷道掘进工程计划编制

巷道掘进工程计划是按照井田开拓方式以及采区巷道布置,根据开采计划规定的接续要求和掘进队的施工力量,安排各条巷道施工顺序及时间,以保证采煤工作面、采区及开采水平的接续。

1. 接续时间要求

为了防止巷道准备过程中出现意外而影响采煤工作面、采区及开采水平的正常接续,在接续时间上必须留有富裕系数。

①采煤工作面接续　在现生产的采区内,采煤工作面结束前 10～15 天,完成接续工作面的巷道掘进及设备安装工程。

②采区接续　在现有开采水平内,每个采区减产前 1～1.5 个月,必须完成接续采区和接续工作面的掘进工程和设备安装工程。

③开采水平接续　在现有开采水平内,要求在同采采区总产量开始递减前 1～1.5 年,完成下一个开采水平的井巷工程和相关的准备、安装工程。

2. 巷道掘进工程计划的编制方法与步骤

生产现场一般按照开拓巷道、准备巷道与采煤巷道分别编制掘进施工计划,原则上可按以下方法与步骤进行。

①根据已批准的开采水平、采区以及采煤工作面设计,列出待掘进的巷道名称、类别、断面,并在设计图上测出长度;

②根据掘进施工和设备安装的要求,编排各组巷道掘进必须遵循的先后顺序;

③按照开采计划对采煤工作面、采区及开采水平接续时间的要求,再加上富裕时间,确定各巷道掘完的最后期限,并根据这一要求编排各巷道的掘进先后顺序;

④根据现有巷道掘进情况,分派各掘进队的任务,编制各巷道掘进进度表;

⑤根据巷道掘进进度表,检查与施工有关的运输、通风、动力供应、供水等辅助生产系统能否保证,需采取什么措施,最后确定巷道掘进工程计划。

3. 编制巷道掘进工程计划应当注意的问题

①确定连锁工程,分清各巷道的先后、主次,确定施工顺序。如新采区开拓准备,应当按照"大巷→石门→采区下部车场→采区上山→采区中部车场→采区上部车场→区段平巷"的顺序进行掘进。其中运输大巷、采区上山是关键工程。

②尽快构成巷道掘进通风系统,改善施工中通风状况,便于多个掘进工作面施工。如尽快掘进采区上山,使之与总回风巷贯通,形成采区通风系统,为多头掘进采区中部区段平巷创造条件。

③尽快按岩巷、半煤岩巷、煤巷分别配置掘进队,施工条件要相对稳定,以利于掘进技术和速度的提高。

④巷道掘进工程量的测算既要符合实际,又要留有余地,计算时取值一般按图测算值增加 10%～20%。

⑤巷道掘进速度,要根据当地及邻近矿井的具体条件选取。同时要考虑施工准备时间及设备安装时间,使计划切实可行。

⑥在安排煤层斜巷掘进时,要充分考虑巷道瓦斯和涌水情况。当涌水量小,瓦斯涌出量较

大时,应当安排俯斜掘进。反之,应当安排仰斜掘进。

⑦煤与瓦斯突出矿井编制巷道掘进工程计划时要充分考虑防突工作对掘进速度的影响和影响的不确定性,掘进计划必须留有余地。

⑧当发现掘进速度不能达到预定目标时,应当立即调整掘进力量,加快掘进速度,或采用对头掘进方式。

⑨各类水平巷道应根据实际情况尽量采用上坡掘进,以提高掘进速度。

任务 3　采掘关系确定与三量管理

一、三量管理

1. 三个煤量

为了及时掌握和检查各矿井的采掘关系正常与否,按开采准备程度,将矿井计划开采的可采储量划分为开拓煤量、准备煤量和回采煤量。

(1)开拓煤量

开拓煤量是井田范围内已掘进的开拓巷道所圈定的尚未采出的那部分可采储量。

$$Z_d = (Z_{og} - Z_g - P_{dd})C \tag{3-1}$$

式中　Z_d——开拓煤量;

Z_{og}——已开拓范围内的地质储量;

Z_g——已开拓范围内的地质损失,是因地质、水文地质的原因而不能采出的煤量;

P_{dd}——开拓煤量可采期内不能开采的煤量,指留设的临时和永久煤柱;

C——采区采出率。

已开拓范围是指为该部分所需要的开拓巷道已经掘完。若未掘完,这一部分煤量不能列入开拓煤量。

(2)准备煤量

准备煤量是指采区上山及车场(对煤层群联合准备采区,包括区段集中平巷及其必要的联络巷)等准备巷道所圈定的可采煤量。

$$Z_p = (Z_{pg} - Z_g - P_d)C \tag{3-2}$$

式中　Z_p——准备煤量;

Z_{pg}——各采区所圈定的工业储量;

Z_g——采区内的地质损失;

P_d——呆滞煤量,即在准备煤量可采期内不能开采的煤量。

同样,准备巷道没有掘完,不能计入相应的准备煤量。如采区上山尚未掘完,整个采区的煤量不能列为准备煤量。

(3)回采煤量

回采煤量是指在准备煤量范围内,已有采煤巷道及开切眼(或工作面)所圈定的可采储量,也就是采煤工作面和已准备接替的各工作面尚保有的可采储量。当采煤工作面受开采顺序限制、暂时不能采煤时(如上部工作面停采)不能计入回采煤量。

2. 三量可采期计算

生产矿井或投产矿井的三量可采期按下式计算：

$$开拓煤量可采期 = \frac{期末开拓煤量}{当年计划产量或设计能力}，年$$

$$准备煤量可采期 = \frac{期末准备煤量}{当年平均月计划产量或平均月设计能力}，月$$

$$回采煤量可采期 = \frac{期末回采煤量}{当年平均月计划采煤量}，月$$

三量是一个概括性指标，它本身只能说明已为开采准备了一定储量，而不能说明储量的分布性质及开采条件。

3. 国家对三量可采期规定

大中型矿井开拓煤量 3～5 年以上；准备煤量 1 年以上；回采煤量 4～6 个月以上。小型矿井开拓煤量 2～3 年以上；准备煤量 8～10 个月以上；回采煤量 3～5 个月以上。

在一般情况下，矿井三量可采期符合国家规定，矿井就能达到采掘平衡，并有一定的资源储备。

二、采掘比例关系指标及计算方法

通常表达采掘比例关系的指标有产量与进尺比、采掘速度比、采掘工作面个数比、工人数目比、三量与各类产量比，以及三量与各类掘进进尺比。经常使用三个指标：

1. 采掘工作面个数比

采掘工作面个数比反映矿井每个采煤工作面需要配备几个掘进工作面为其做准备，从另一个意义上讲，它表明随采煤工作面个数的变化，需要调整掘进工作面个数，也就是调整采掘关系，其计算公式为

$$采掘工作面个数比 = \frac{年平均采煤工作面个数}{年平均掘进工作面个数}$$

矿井采掘工作面个数比与采煤工艺、掘进工艺方式等有关，目前我国通常在 1:1.5～1:2.5，一般为 1:2。

2. 掘进率

掘进率是生产矿井在一定时期内每产 1 万吨煤所需掘进的生产巷道总进尺数和开拓总进尺数，它反映在既定的煤层赋存情况、开拓准备方式及采煤方法等条件下的掘进效果。其计算式如下：

$$生产掘进率 = \frac{生产掘进总进尺}{矿井产量}，m/万吨$$

$$开拓掘进率 = \frac{开拓巷道掘进总进尺}{矿井产量 + 工程出煤}，m/万吨$$

$$生产矿井全部掘进率 = \frac{生产矿井全部井巷掘进总进尺}{矿井产量 + 工程出煤}，m/万吨$$

任务 4　矿井开拓系统实训

一、目的和要求

现场实训的目的是通过听取技术报告、下井参观、调查研究、资料搜集等现场实训活动，结合教学内容，对矿井开拓方式和生产系统有初步了解；培养热爱煤炭事业，不怕吃苦、勇于奉献的优良品质。

二、时间安排

现场实训时间安排为 3 周，其中 2 周在现场实训，1 周回学院完成实训报告。

三、主要内容

开拓系统现场实训包括技术讲座、地面生产系统参观、井田开拓系统参观、采区巷道系统和采煤方法参观。

1. 技术讲座

邀请工程技术人员作《矿井开拓系统和安全入井讲座》。技术讲座主要内容包括：矿井概况、煤的地质特征、地面布置、矿井开拓系统、采煤方法、运输系统、通风系统、排水系统、动力供应系统及主要机电设备的类型、技术特征、矿井安全技术措施、井田范围及储量、矿井生产能力、矿井工作制度、矿井在籍人员总数和各类人员比重、效率、吨煤成本、主要技术经济指标；安全入井前的准备、井下行走、乘车、参观学习的安全事项等。

2. 地面生产系统参观

由现场实训单位安排工程技术人员，带队参观地面工业广场及设施并作详细讲解。为保证实训效果，人数较多时要分组进行。地面参观实训的主要内容有：主、副井绞车房，中央变电所，压风机房，风机房，地面运煤、选煤系统，排矸系统，材料供应系统等。

3. 矿井开拓系统参观

①了解实训矿井开拓方式　主井、副井和风井的形式、数目、位置及布置方式，井筒的断面形式、断面大小和支护方式，井筒的装备和提升容器，井筒内的管线敷设，井筒连接处和井底硐室，矿井安全出口的设置。

②了解井底车场的形式和布置方式　硐室的布置，调车方式，存车线长度，车场线路的坡度，通过能力，绘出井底车场的简图。

③了解开采水平的划分　上、下山开采情况，煤层群分组情况，以及这些划分和决定的依据和合理性分析，了解开采水平高度、阶段尺寸的确定及其依据。

④了解主要开拓巷道的布置及其依据　采区或带区划分、尺寸和布置的确定及其依据。

⑤了解主要运输大巷、主石门、总回风道的运输方式　运输设备的技术特征，大巷断面形式和支护方式，矿井三量是否符合规定，采区和带区接续是否正常。

⑥绘出实训矿井开拓系统示意图。

4. 采区巷道系统和采煤工艺参观

①了解采区走向长度、区段和数目,各种煤柱的尺寸的确定依据。

②了解采区上(下)山、区段平巷、区段集中平巷与联络巷道的形式、布置方式及其确定的依据。

③了解带区巷道布置方式、有无分带集中斜巷,运输大巷、分带集中斜巷和分带斜巷之间的联系方式及其确定的依据。

④了解并分析采区煤层开采顺序,同时生产的煤层和回采工作面数目,上下分层,上下煤层,上下区段同时回采时工作面的超前距离。

⑤了解采区上、中、下部车场形式,线路布置,调车方式,储车线长度。

⑥了解采区或带区煤仓位置、形式、规格、容量和支护方式;绞车房和变电所的位置,平面布置,设备类型、型号、技术特征、硐室尺寸和支护方式。

⑦了解采区或带区各主要巷道断面和支护方式,掘进方法,掘进设备型号和技术特征,掘进作业方式,掘进速度,各类巷道的维护状况。

⑧了解采区或带区运输系统、通风系统、供电系统。

⑨分析一个采区内的工作面接续安排、采掘关系,采区产量递增、递减期和正常生产期;了解采区年产量和采出率。

⑩熟悉各种工艺采煤工作面的机械装备及其布置,了解采煤工艺的工序过程。

四、实训成绩考核

实训成绩的评定主要根据以下两个方面考核:

①在实训过程中的学习态度、出勤情况、完成实训任务情况等;

②实训报告编写质量。

实训结束,学生应将实训资料、实训报告、实训单位鉴定意见带回学校,由指导教师作综合考核,考核成绩分为优秀、良好、中、及格和不及格。

五、实训报告编写提纲

实训结束后,学生必须提交实训报告,将本次实训情况及本人在实训中的收获全面、准确地用文字表述出来。实训报告的编写方式、内容为:

1. 实训基本情况

内容包括:现场实训时间、参加人员及组织情况;本次现场实训的目的和任务,现场实训主要过程和实训内容;实训矿井的概况。

2. 实训矿井基本情况

(1)实训矿井概况

实训矿井隶属关系,自然地理位置,铁路、公路、水路的交通情况,地形地貌特征,名胜古迹,气候条件、主导风向、最大风速、土壤冻结深度、降雨量和历年洪水位,防洪排涝工程,地震烈度。

矿区的地面河流、湖泊、建筑物和铁路的分布,矿区水、电、建筑物材料等供应情况,矿区建设与规划概况,该矿所处的区域经济状况。

井田所处的自然环境及环境质量现状,地表塌陷区及其治理情况,煤矸石的处置和综合利用等,增强环境保护意识。

(2)井田的地质特征

井田的勘探程度,煤系地层特征,煤层和主采煤层层数,层间距离和顶底板岩性,煤层厚度和倾角,井田内断层、褶曲、陷落柱等地质构造的分布及特征,水文地质情况,主要含水层的分布,以及其他影响开采的地质特征等。

井田内开采煤层煤的品种,煤的硬度,灰份和发热量,工业用途及经济评价;煤的自燃倾向性,煤尘的爆炸危险性,煤层突出危险性,煤层瓦斯含量和矿井瓦斯等级,地温情况等。

(3)井田境界和储量

井田境界划分及其划分依据,井田走向长度和倾斜长度,井田面积。井田的地质勘探类型、勘探线及钻井的分布、储量等级的圈定。

矿井煤层可采层数,井田按不同水平计算的工业储量和可采储量,储量的计算方法。

井田内安全煤柱留设和留设方法,矿区表土层和基岩岩层移动角和永久煤柱损失量。

矿井开采损失的计算方法和煤炭损失量,采区或带区护巷煤柱的尺寸和回收率等。

(4)矿井工作制度、年产量和服务年限

①矿井每年实际生产天数,每天的工作制度,出煤班数,每天工作小时数。

②矿井设计生产能力、实际年产量和各水平的服务年限。

③确定矿井设计生产能力的依据,年产量与储量、开采条件是否相符,与各辅助环节的能力是否相适应。

3. 主要内容

为了提高实训质量,巩固课堂知识,现列出实训过程中应收集的主要资料。

(1)矿井开拓部署

①井田境界与范围。

②矿井开拓方式及生产能力,主要包括:井筒的形式、数目、位置、装备;阶段与水平的划分,位置;开采水平的布置,主要石门和运输大巷,回风大巷的数目、位置及断面、支护方式、维护状况;车场的形式、线路布置,调车方式和通过能力;各硐室的布置、形式、断面、支护方式和工程量;主要道岔的型号;矿井生产能力和服务年限。

③矿井深部开拓延深方式。

④采区划分及采区的走向长度,年生产能力及服务年限。

⑤各种煤仓的容量、形式;炸药库的形式、位置和通风系统。

⑥各种开拓巷道的掘进、支护方式。

(2)采区巷道布置

①采区巷道布置:上(下)山与区段平巷、集中平巷的联系方式;区段巷道的布置方式;采区上、中、下部车场的形式及轮廓尺寸;各主要硐室的形式、位置和工程量。

②采区划分及工作面的合理长度。

③采区内各类巷道、硐室的断面和支护方式。

④采区生产系统;主要设备特征;上下区段同时通风的系统。

⑤采区内各类煤柱尺寸。若采用无煤柱开采,应收集跨斜巷(上、下山)、跨大巷回采和沿空留巷、沿空掘巷方法和安全技术措施。

⑥分层开采时工作面的错距或间隔时间。

⑦煤层群联合开采的联系方式。

（3）提升和运输设备、供电

主、副井提升方式和容器；机械类型、主要特征及选择依据；井筒及上、下山提升绞车类型。矿井供电电源、供电设施和供电系统；矿井用电负荷及井上、下电压等级；井下供电方式及吨煤电耗。

（4）通风系统

风井位置及数目、通风方式及通风系统；井筒、大巷、采区巷道和工作面风速、风量；采掘工作面及各类硐室的供风标准；风机、电机型号及技术特征。

（5）排水系统

排水系统和线路；排水设备的型号、流量、扬程；排水工作时间。

（6）需要借阅的主要图纸

①矿井地形图；

②矿井开拓平、剖面图；

③采掘工程平面图；

④井底车场平面图；

⑤矿井通风系统图。

4. 实训体会和感受

巩固与提高

3.1 名词解释

采区前进式开采顺序　采区后退式开采顺序　开采计划

开拓煤量　　　　　准备煤量　　　　　回采煤量

3.2 合理开采顺序的要求是什么？

3.3 为什么说"三量只能间接地反映采掘关系"？

3.4 如果矿井"三量"达到规定，就一定不会出现采掘失调吗？

3.5 编制采煤工作面接续计划应注意哪些问题？

3.6 采掘平衡在煤矿生产中具有什么意义？

3.7 生产矿井如何协调采掘关系？

学习情境 4
采煤方法分类与选择依据确定

学习目标

☞ 能对壁式体系采煤法进行分类；

☞ 能正确表述壁式体系采煤法的主要特点；

☞ 了解柱式体系采煤法的主要类型和特点；

☞ 能正确分析影响采煤方法选择的地质、技术和经济因素；

☞ 熟悉我国煤炭工业机械化发展的方向；

☞ 根据给定条件,正确选择采煤方法。

任务 1　采煤方法分类

一、基本概念

1.采煤工作面

在采场内进行采煤的煤层暴露面称为采煤工作面,又称为煤壁。在实际工作中,采煤工作面就是指采煤作业的场所。

采煤工作面煤层被采出的厚度称为采高,采煤工作面的煤壁长度称为采煤工作面长度。

2.采煤工作

在采煤工作面内,为了开采煤炭资源所进行的一系列工作,称为采煤工作。采煤工作包括破煤、装煤、运煤、支护、采空区处理等基本工序及其他辅助工序。

3.采煤工艺

由于煤层的自然赋存条件和采用的采煤机械不同,完成采煤工作各道工序的方法也就不同,在进行的顺序、时间和空间上必须有规律地加以安排和配合。这种在采煤工作面内各道工序按照一定顺序完成的方法及其相互配合称为采煤工艺。在一定时间内,按照一定的顺序完成采煤工作各项工序的过程,称为采煤工艺过程。我国矿井广泛使用的采煤工艺主要有:爆破采煤工艺、普通机械化采煤工艺和综合机械化采煤工艺。

4. 采煤系统

采煤系统是指采区（或盘区或带区）内的巷道布置系统以及为了正常生产而建立的采区（或盘区或带区）内用于运输、通风等目的的生产系统。通常是由一系列的准备巷道和回采巷道构成的。

5. 采煤方法

根据不同的矿山地质及技术条件，可有不同的采煤系统与采煤工艺相配合，从而构成多种多样的采煤方法。采煤方法是指采煤系统和采煤工艺的综合及其在时间、空间上的相互配合。不同采煤工艺与采区内相关巷道布置的组合，构成了不同的采煤方法。采煤方法的不断改进和创新，推动着煤炭工业技术进步，确保煤炭工业持续、稳定、健康发展。

二、采煤方法分类

我国煤炭资源分布广，赋存条件多样，开采地质条件各异，区域经济发展不平衡，形成了多样化的采煤方法。我国使用的采煤方法已达50多种，是世界上采煤方法种类最多的国家。

矿井开采的采煤方法通常按采煤工艺、矿压控制特点等，将采煤方法分为壁式体系采煤法和柱式体系采煤法两大类。我国矿井开采主要采煤方法及其特征见表4-1所示。

1. 壁式体系采煤法

壁式体系采煤法一般以长壁工作面采煤为主要特征，是目前我国应用最普遍的一种采煤方法，其产量占到国有重点煤矿产量的95%以上。

（1）壁式体系采煤法的主要特点

①在采煤工作面的两端各至少布置一条巷道，构成完整的生产系统。其中，为采煤工作面运煤、通风、行人等服务的巷道称为区段运输平巷，为工作面运料、回风等服务的巷道称为区段回风平巷。

②采煤工作面长度较长，一般在 100 ~ 250 m。

③采煤工作面可分别采用爆破、滚筒式采煤机或刨煤机破煤和装煤，用与工作面煤壁平行铺设的可弯曲刮板输送机运煤，用自移液压支架或单体液压支柱与铰接顶梁等组成的单体支架支护采煤工作面工作空间，用全部垮落法或全部充填法或局部充填法处理采空区。

④随着采煤工作面推进，顶板暴露面积增大，矿山压力显现较为强烈。

（2）壁式体系采煤法的类型

按煤层倾角的大小，可分为近水平煤层采煤法、缓斜煤层采煤法、倾斜煤层采煤法和急斜煤层采煤法。

按开采煤层的厚度大小，可分为薄煤层采煤法、中厚煤层采煤法、厚煤层采煤法。

按采煤工作面布置和推进方向不同，分为走向长壁采煤法（如图 4-1（a））和倾斜长壁采煤法（如图 4-1（b）、（c））。走向长壁采煤法的主要特点是采煤工作面煤壁沿煤层倾斜布置、沿走向推进，倾斜长壁采煤法的主要特点是采煤工作面煤壁沿煤层大致的走向布置、沿倾斜向上或向下推进。倾斜长壁采煤法又分为仰斜长壁和俯斜长壁两种类型，工作面沿倾斜方向自下而上推进的称为仰斜长壁，如图 4-1（b）所示。工作面沿煤层倾斜方向自上而下推进的称为俯斜长壁，如图 4-1（c）所示。

表 4-1　我国矿井采用的主要采煤方法及其特征表

序号	采煤方法	体系	整层与分层	推进方向	采空区处理	采煤工艺	适用条件
1	单一走向长壁采煤法	壁式	整层	走向	垮落法	综、普、炮采	薄及中厚煤层
2	单一倾斜长壁采煤法	壁式	整层	倾向	垮落法	综、普、炮采	缓斜薄及中厚煤层
3	刀柱式采煤法	壁式	整层	走向或倾向	煤柱支撑法	普采、炮采	顶板坚硬缓斜薄及中厚煤层
4	大采高一次采全厚采煤法	壁式	整层	走向或倾向	垮落法	综采	缓斜 5 m 以下的厚煤层
5	倾斜分层走向长壁下行垮落采煤法	壁式	分层	走向	垮落法	综、普、炮采	缓斜、倾斜及特厚煤层
6	倾斜分层倾斜长壁下行垮落采煤法	壁式	分层	倾向	垮落法	综、普、炮采	缓斜、倾斜及特厚煤层
7	倾斜分层走向长壁上行充填采煤法	壁式	整层	走向或倾向	垮落法	炮采	缓斜、倾斜及特厚煤层
8	放顶煤采煤法	壁式	整层	走向或倾向	垮落法	综采为主	缓斜 5 m 以上的厚煤层
9	水平分段放顶煤采煤法	壁式	分层	走向	垮落法	综采为主	急倾斜特厚煤层
10	水平分层、斜切分层下行垮落采煤法	壁式	分层	走向	垮落法	炮采	急倾斜厚及特厚煤层
11	掩护支架采煤法	壁式	整层	走向或倾向	垮落法	炮采、风镐	急倾斜中厚及厚煤层
12	台阶式采煤法	壁式	整层	走向	垮落法	炮采、风镐	急倾斜薄及中厚煤层
13	仓储巷道长壁采煤法	壁式	整层	走向为主	垮落法	炮采	急倾斜薄及中厚煤层
14	水力采煤法	柱式	整层	走向或倾向	垮落法	水采	不稳定煤层倾斜、急倾斜煤层
15	柱式体系采煤法	柱式	整层	走向或倾向	垮落法	炮采	非正规条件回收煤柱

　　按工作面采煤工艺不同,分为爆破采煤法、普通机械化采煤法、综合机械化采煤法、综合机械化放顶煤采煤法。

　　按工作面采空区的处理方法不同,分为全部垮落采煤法、煤柱支撑采煤法、全部充填采煤法、局部充填采煤法、缓慢下沉采煤法。

　　按煤层的开采方式不同,分为整层采煤法和分层采煤法。整层开采可分为单一长壁采煤法、放顶煤采煤法与掩护支架采煤法。分层开采可分为倾斜分层采煤法(如图 4-2(a))、水平分层采煤法(如图 4-2(b))、斜切分层采煤法(如图 4-2(c))、水平分段放顶煤采煤法。

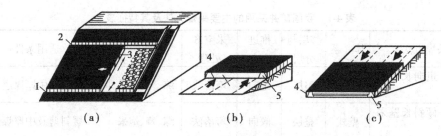

图 4-1　长壁采煤法示意图

(a)走向长壁;(b)倾斜长壁(仰斜);(c)倾斜长壁(俯斜)

1、2—区段运输和回风平巷;3—采煤工作面;4、5—分带运输和回风斜巷

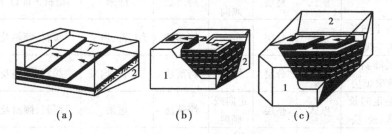

图 4-2　厚煤层分层采煤法

(a)倾斜分层;(b)水平分层;(c)斜切分层

1—顶板;2—底板

2.柱式体系采煤法

柱式体系采煤法有房式采煤法、房柱式采煤法和巷柱式采煤法三种类型。柱式体系采煤法的实质是在煤层内开掘一系列宽为 5 ~ 7 m 的煤房,煤房间用联络巷相连,形成近似于长条形或块状的煤柱,煤柱宽度由数米至二十多米不等,采煤在煤房中进行。煤柱可根据条件留下不采,或在煤房采完后,再将煤柱按要求尽可能采出。

①房式采煤法

房式采煤法的特点是只采煤房不回收煤柱,用房间煤柱支承上覆岩层。根据煤柱尺寸和形状可分为长条式、切块式等多种形式。

②房柱式采煤法

房柱式采煤法的特点是房间留设不同形状的煤柱,采完煤房后有计划地回收这些煤柱。

③巷柱式采煤法

巷柱式采煤法的特点是在采区范围内,预先掘进大量巷道,将煤层切割成 6 × 6 ~ 20 × 20 m² 的方形煤柱,然后有计划的回采这些煤柱,采空地带顶板任其自由垮落。

柱式体系采煤法在美国、澳大利亚、加拿大、印度和南非等国广泛应用。我国已引进多套连续采煤机配套设备,在鸡西、大同、西山、黄陵和神东等矿区使用。

柱式体系采煤法的优点有设备投资少;采掘可实现合一,建设期短,出煤快;设备运转灵活,搬迁快;巷道压力小,便于维护,支护简单,可用锚杆支护顶板;由于大部分为煤层巷道,故矸石量很少;矸石可在井下处理不外运,有利于环境保护;当地面要保护农田水利设施和建筑物时,采用房式采煤法有时可使总的吨煤成本降低;全员效率较高。

柱式体系采煤法的主要缺点有采区采出率低,一般为 50% ~ 60%,回收煤柱时可提高到 70% ~ 75%;通风条件差,进回风并列布置,通风构筑物多,漏风大,采房及回收煤柱时,出现多头串联通风。

柱式体系采煤法的适用条件是开采深度较浅,一般不宜超过 300 ~ 500 m;地质构造简单;顶板较稳定,无淋水;底板较平整、较为坚硬;倾角在 10°以下;煤层赋存稳定,起伏变化小;低瓦斯煤层,无自然发火倾向的薄及中厚煤层。

任务 2　采煤方法选择

一、选择采煤方法的原则

采煤方法的选择是煤矿安全生产的重要内容,它将直接影响矿井安全生产和煤矿企业各项技术经济指标。选择采煤方法应当根据煤层赋存条件、矿井开采技术条件、管理水平、员工整体素质等因素,选用安全可靠、技术先进、经济合理、资源回收率高的采煤方法。

选择采煤方法,必须满足安全、经济、煤炭采出率高的基本原则,努力实现高产高效安全生产。安全就是必须贯彻"安全第一,预防为主,综合治理"的安全生产方针,做到采煤工艺先进合理,采煤系统可靠,安全设施完好,安全技术措施完备。经济就是要求高产、高效、消耗低、成本低,煤炭质量好。采出率高就是要求尽量减少煤柱损失,减少采煤工作面留煤损失和泼洒损失,最大限度地提高煤炭资源采出率,以达到国家要求。选择采煤方法应当遵循的三个基本原则,是密切联系又相互制约的,在选择时应当综合考虑,不可偏废。

二、影响采煤方法选择的因素

为了满足采煤方法选择的原则要求,在选择和设计采煤方法时,必须充分考虑到具体的地质、技术和经济因素的影响。

1. 地质因素

(1)煤层倾角

煤层倾角是影响采煤方法选择的重要因素。煤层倾角的变化不仅直接影响到采煤工作面推进方向、破煤方式、运煤方式、工作面长度、支护方式、采空区处理方法,而且还直接影响到采区巷道布置、运输方式、通风系统、顶板灾害防治措施以及各种参数的选择。一般条件下,倾角小于 12°的煤层,有利于采用巷道系统简单的倾斜长壁采煤法;倾角大于 12°的煤层,多数采用走向长壁采煤法。

(2)煤层厚度

煤层厚度及其变化是影响采煤方法选择的重要因素。根据煤层的厚度,可以选择相应的采煤方法。一般条件下,薄及中厚煤层通常采用一次采全高的采煤方法,厚煤层可采用大采高综合机械化一次采全高、放顶煤采煤法,也可以采用分层开采的方法。同时,煤层厚度还会影响到采煤工作面的长度,影响采空区处理方法的选择。在开采自然发火期较短的厚煤层时,就必须采取综合预防煤层自然发火的措施,采用全部充填法或局部充填法处理采空区。

(3)煤层特征及顶底板稳定性

煤层的硬度、煤层的结构、含煤层数及煤层顶底板岩石的稳定性,都直接影响到采煤机械、采煤工艺以及采空区处理方法的选择,影响着采区巷道布置、巷道维护方法、采区主要参数的确定。

（4）煤层地质构造

采煤工作面内的断层、褶皱、陷落柱等地质构造，直接影响着采煤方法的选择和应用。由于地质构造的影响，有时不得不放弃技术先进的采煤方法，而采用适应性较强、安全可靠性较高的采煤方法。一般情况下，对于地质构造简单，埋藏条件稳定的煤层，有利于选用综合机械化采煤方法；对于地质构造复杂、埋藏条件不稳定的煤层，可选用普通机械化采煤、爆破破煤采煤方法以及其他适应性较强、安全可靠性较高的采煤方法；多走向断层的煤层宜采用走向长壁采煤法；多倾斜断层的煤层，宜采用倾斜长壁采煤法。因此，在选择采煤方法之前，必须加强地质勘查和测量工作，准确掌握开采范围内的地质构造情况，以便正确地选择适宜的采煤方法。

（5）煤层含水性

煤层及其顶底板含水量较大时，需要在采煤工作面开采前采取疏排水措施，或在采煤过程中布置疏排水设施，应在选择采煤方法时加以充分考虑。

（6）煤层瓦斯含量

煤层瓦斯含量较高，在选择采煤方法时，应当考虑布置预抽瓦斯专用巷道和预抽瓦斯钻孔，通过瓦斯管网进行瓦斯抽采。还要考虑在开采过程中加强通风和瓦斯管理，防止瓦斯事故的发生。

（7）煤层自然发火倾向性

煤层自然发火倾向性直接影响着采区巷道布置、工作面参数、巷道维护方法和采煤工作面推进方向等，决定着是否需要采取防火灌浆措施或选用充填采煤法，在选择采煤方法时应予以考虑。

（8）煤层突出危险性

煤层突出危险性直接影响采煤方法、掘进工艺、采区巷道布置、工作面参数、巷道维护方法等的选择。在开采煤层群时，首先选择无突出危险或突出危险性较小煤层或软岩层作为保护层开采，通过采动影响，消除其他强突出煤层的突出危险性。

2. 技术发展及装备水平

技术发展及装备水平会影响采煤方法的选择。改革开放三十年来，我国采煤方法和采煤工艺技术在创新中得到不断的发展，新方法、新工艺、新装备的推广应用为采煤方法选择提供了更广阔的发展空间。厚煤层综合机械化放顶煤采煤法、大采高一次采全厚综合机械化采煤法、急倾斜煤层伪斜柔性掩护支架采煤法、急倾斜煤层伪斜走向长壁采煤法等得到广泛应用。工作面采煤工艺技术、装备能力不断提高，工作面单产水平和劳动效率迅速增长。因此在采煤方法选择时应考虑不同装备水平的工艺技术、工作面单产水平必须同矿井各个生产环节能力相适应，并留有适当的发展余地。

顶板管理和支护技术影响到采煤方法的选择。在坚硬顶板条件下，部分矿井采用的高工作阻力液压支架和对顶板岩层进行注水软化技术，在坚硬顶板条件下成功地采用了全部垮落法处理采空区，取代了传统的煤柱支撑采煤法。

3. 矿井管理水平

矿井管理水平及员工素质对采煤方法的选择也会产生一定的影响，在选择和应用那些技术要求高、生产组织复杂、管理比较复杂的大采高一次采全高综采、大倾角综采、急倾斜煤层伪斜短壁采煤法、急倾斜煤层伪俯斜走向长壁采煤法时，应在加强对员工安全技术培训的前提下,按照先易后难原则,有计划地、循序渐进地逐步试用,在掌握其技术要领并积累一定实践经验后再推广应用。选择采煤方法时,应避免忽视企业管理水平和员工素质的实际,在条件尚不具备的情况下,盲目采用新的采煤技术和新工艺。

4.矿井经济效益

矿井的经济效益是选择采煤方法的重要因素。在选择采煤方法时,要研究拟采用采煤方法的投入和产出关系,考虑企业的投资能力和采煤方法的经济效果。还要考虑设备供应和配件、消耗材料的供应情况,尽量保证生产消耗材料能就地取材,以降低原煤生产成本。

任务3　采煤方法发展趋势分析

选择符合现场实际的采煤方法,对提高矿井生产管理水平和煤矿企业经济效益,改变矿井技术面貌起着决定性作用。根据煤炭产业政策和煤炭工业技术政策的规定,我国采煤方法的发展方向,就是要因地制宜地发展高产高效安全的采煤方法。

一、因地制宜地发展矿井高产高效采煤方法

采煤工作面高产高效一直是矿井高产高效开采的永恒主题。工作面单产的提高主要依靠采煤工艺的正确选择、工作面技术装备的合理选型、工作面工序的合理匹配、回采巷道的合理布置、运输系统的畅通可靠、较高的企业管理水平和高素质员工队伍。

要进一步提高工作面单产,就必须突破传统开采技术,开发新的高产高效采煤方法。综合机械化采煤是我国煤炭工业机械化发展的主要方向,也是煤矿高产高效安全生产的一项成熟技术,其技术装备水平和工艺技术已达到国际先进水平。因此,对缓倾斜、倾斜煤层开采,今后的主要发展方向是以提高工作面单产和生产集约化为核心,以提高生产效率和经济效益为目标,不断改进采煤工艺,发展各种煤层贮存条件下的采煤机械化,提高综合机械化采煤技术的应用水平,扩大应用范围,提高采煤机械化的程度和水平。研究开发强力、高效、安全、可靠、耐用、智能化的采煤设备和生产监控系统,改进和完善采煤工艺,发展高产、高效、高安全性和高可靠性的现代化采煤工艺。着力解决加大工作面长度,加快工作面过断层的速度,缩短综采工作间搬家与收尾时间,防止工作面瓦斯积聚与超限等关键技术问题。

继续完善大采高、放顶煤和大倾角综采的配套设备和扩大技术应用范围,进一步探索采煤技术和工艺理论,解决煤壁片帮、架前漏顶和大倾角煤层采动后顶底板下滑抽动时支护可靠性问题。继续研究三硬、三软、大倾角、大采高等复杂条件下综采新工艺、新方法,改进采煤系统,采用条带布置往复式开采,缩短搬迁距离,减少运输环节和辅助工作;改进矿井的辅助运输,采用单轨吊、卡轨车、无轨胶轮车运输;研究末采工艺,保证设备搬运通道畅通;合理组织搬迁工序,尽可能组织平行作业;对液压支架等大型笨重设备,尽可能整体装运,提高综采设备利用率。

二、扩大长壁采煤法的应用范围

走向长壁采煤法技术成熟、应用广泛、适应性强,是当前我国开采缓倾斜、倾斜煤层应用最广的方法,今后要继续扩大应用范围。结合矿井煤层开采条件和采煤工艺的发展,改进巷道布置,优化采区系统,为集中、高效、安全生产创造条件。倾斜长壁采煤法采区生产系统简单,掘进工程量小,在倾角12°以下的煤层中使用能取得较好的技术经济效果,在条件适宜的矿井应大力推广。伪斜长壁作为倾斜长壁的一种变形,用于斜交断层切割地段是适宜的,其技术经济效果明显。

三、积极推广和应用综合机械化放顶煤采煤法

近水平、缓斜、倾斜厚煤层开采,在我国煤矿中占有相当大的比重,可以采用不同的技术途径合理进行开采。大采高综采一次采全高取得突破性进展,已经解决6 m以下煤层一次采全高技术难题。大采高综采一次采全高可以简化巷道布置,减少巷道掘进和维护工程量,节约假顶材料。在煤层倾角、顶底板岩性、煤厚适宜的矿井可以推广应用,并逐步探索6～12 m煤层一次采全高的可能性。缓斜特厚煤层放顶煤采煤法的试验成功是开采技术的新突破,要继续研究顶煤破碎与下放规律,完善控制顶煤下放的安全技术措施,保证工作面安全生产。

四、大力推广无煤柱护巷技术

无煤柱护巷技术在我国日益广泛应用。在缓斜薄及中厚煤层中可以推广沿空留巷的应用范围,为采用往复式采煤、Z字形采煤提供有效技术支持。许多煤矿跨上山(石门)连续开采的生产实践证明,取消上山(石门)煤柱,增加工作面推进长度完全可行,并取得较好的技术经济效果,在条件适宜的矿井可以广泛应用。

五、进一步探索急倾斜煤层采煤机械化的发展途径

急倾斜煤层在全国煤炭产量中所占比重不大,但矿井分布广泛,采煤方法众多,在应用条件和效果上都有一定的局限性。伪斜柔性掩护支架采煤法是我国特有的一种急倾斜煤层采煤方法,在煤厚变化不大的厚及中厚煤层中应用,可以取得较好的技术经济效果。今后要进一步探索采煤机械化的发展途径,不断改进支架结构,优化巷道布置,减少巷道掘进率。水平分段放顶煤采煤法的试验成功,为开采急倾斜特厚煤层提供了高效安全的机械化采煤方法,它具有单产和工效高、采煤工艺简单、掘进工程量少、生产成本低等特点,在条件适宜的矿井可以广泛应用。今后要进一步研究放顶煤规律、顺序和方法、分段合理高度,完善安全技术措施,提高煤炭回收率。薄及中厚煤层倒台阶采煤法单产、工效、成本等经济技术指标较差,安全性不好,使用范围日趋减少。而正台阶采煤法、俯伪斜走向长壁采煤法较好地克服了倒台阶采煤法的众多缺点,可在条件适宜的矿井推广应用。

六、"三下一上"采煤技术有广泛的发展空间

建筑物下、铁路下、水体下呆滞煤量的开采和承压水上煤层开采,日益成为煤矿开采的紧迫问题,我国有长期使用水砂充填经验和成熟技术,尽管近年来充填采煤法的应用范围在逐步减少,但将会在"三下"采煤中有广泛的发展空间。针对"三下"采煤要求,采用煤柱支撑法是可行的。

建筑物下采煤目的是要尽可能地采出煤炭资源,又要尽可能地保护建筑物以减少建筑物受损害的程度。建筑物下采煤必须从技术上可能、经济上合理和安全上可靠进行综合考虑,在村庄下采煤时还应照顾到农民的利益。

　　铁路下采煤主要指铁路线路下采煤,也包括桥涵、隧道以及车站等下面采煤。开采影响下,地表移动盆地范围内的铁路线路和路基将产生移动和变形,有可能使地表产生急剧下沉、开裂,甚至突然塌陷,会危及列车行车安全。

　　在开采煤层上方的地表水体下或地下水体下采煤称为水体下采煤。地表水体是指积聚在江、海、河、湖、水库、沼泽、水渠、坑、塘和塌陷区中的水;地下水体是指贮存在地球岩石圈中,积聚在岩石和松散层空隙中的水。地下开采引起的岩层移动与变形可能改变水体和开采空间之间水力联系的程度,增加了矿井排水费用,有可能使开采影响范围内的地表水或地下水及泥砂突然溃入井下,给矿井安全生产造成威胁。

　　承压水上煤层开采是指在煤层底板下面一定深度上的石灰岩岩溶含水层上面的煤层开采。石灰岩岩溶含水层的主要特点是水量大,来势猛,水量和通道及水体分布难以完全查清。

七、适度发展水力采煤技术

　　自 1956 年在河北开滦矿务局林西矿试用水力采煤技术成功以来,经过 50 年多来的发展,我国水力采煤技术日臻成熟。水力采煤技术的主要优点是矿井机械设备投资较少,回采工作无支护作业、工序简单、工作面单产高;能够较好适应煤层地质变化;回采巷道断面较小,岩石掘进工程量减少;能够减小粉尘危害;火灾发生率减低;生产条件相对安全;生产能力稳定。当前,水力采煤技术主要用于缓斜厚煤层和急倾斜或不规则中厚以上煤层;在倾角大于 10°,顶底板中等稳定以上,瓦斯含量低,厚度大于 1 m 的煤层中使用也能取得良好的技术经济效果。条件适宜矿井经过经济技术论证可以择优选用。今后要继续改进水力采煤工艺和设备,优化采区煤水硐室,实现采区闭路循环;积极推广液控水枪,加强对矿用耐腐蚀高压泵和废水净化处理技术的研究,改善生产条件,提高煤炭回收率。

八、柱式体系采煤法应用范围将不断扩大

　　以应用连续采煤机为特征的柱式体系采煤法,可在煤层赋存稳定、倾角平缓、埋深较浅、不易自然发火的低瓦斯矿井使用。但须提高操作技能和管理水平,加强设备维护充分发挥设备效能。

九、煤炭地下气化和液化技术前景光明

　　煤炭地下气化技术属于一种特殊的采煤方法,它将处于地下的煤炭进行有控制的燃烧,通过对煤的热化学作用而产生可燃性气体,具有投资少、工期短见效快、用人少、效率高、成本低、效益好等优点,适合地质条件复杂、劣质煤比例高、"三下一上"压煤严重的煤层。今后要继续研究和完善煤炭气化工艺,进行较大规模煤炭地下气化生产试验,积累经验后逐步推广。

　　煤炭液化技术是把固体煤炭通过化学加工过程,使其转化成为液体燃料、化工原料和产品的先进洁净煤技术。根据不同的加工路线,煤炭液化可分为直接液化和间接液化两大类。

　　煤的直接液化技术是指在高温高压条件下,通过加氢使煤中复杂的有机化学结构直接转化成为液体燃料的技术。典型的工艺过程主要包括煤的破碎与干燥、煤浆制备、加氢液化、固液分离、气体净化、液体产品分馏和精制,以及液化残渣气化制取氢气等部分,特点是对煤种要求较为严格,但热效率高,液体产品收率高。一般情况下,1 吨无水无灰煤能转化成半吨以上的液化油,加上制氢用煤 3~4 吨原料产 1 吨成品油,液化油在进行提质加工后可生产洁净优

质的汽油、柴油和航空燃料等。

煤的间接液化技术是先将煤全部气化成合成气,然后以煤基合成气(一氧化碳和氢气)为原料,在一定温度和压力下,将其催化合成为烃类燃料油及化工原料和产品的工艺,包括煤炭气化制取合成气、气体净化与交换、催化合成烃类产品以及产品分离和改制加工等过程。

十、采煤方法是一个发展的系统工程

采煤方法的核心是采煤工艺,改善采煤工艺既依赖于采煤和设备的改进,又依赖于作业人员素质和管理水平的提高。在改进现有综采设备、研制进一步高产高效和困难条件下应用综采设备的同时,加强对作业人员的技术培训,提高作业人员操作技能和管理水平。采煤工艺的改进必将促进巷道布置的改革,而合理的巷道布置又能为充分发挥采煤效能创造良好条件。

巩固与提高

4.1 名词解释:
    采高 采煤工作面 采煤方法 采煤工艺 壁式体系采煤方法
4.2 选择采煤方法应遵循的原则是什么?
4.3 柱式采煤法有哪些特点?
4.4 柱式采煤法的适用条件是什么?
4.5 壁式体系采煤方法有什么特点?
4.6 影响采煤方法选择的因素有哪些?
4.7 结合本地区实际,讨论该区采煤方法改革和发展趋向。

学习情境 **5**

采区生产系统布置

学习目标

☞ 能正确进行近水平石门盘区与上山盘区比较及选择；
☞ 能正确进行走向长壁采煤法采区巷道布置；
☞ 能正确进行走向长壁采煤法采区生产系统分析；
☞ 能正确进行倾斜长壁采煤法巷道布置；
☞ 能正确进行倾斜长壁采煤法采煤系统和适用条件分析；
☞ 能正确进行多煤层联合布置；
☞ 能正确进行煤层群分组集中采区布置；
☞ 能正确进行联合布置采区巷道分析；
☞ 能正确选择采区准备方式。

任务 1　近水平煤层走向长壁盘区生产系统的建立

在井田内,把近水平煤层划分为上、下两部分之后,按照一定的走向长度划分成盘区。在盘区内按照走向长壁采煤法巷道布置特点和方法,布置盘区准备巷道和回采巷道,形成独立的盘区生产系统。

走向长壁采煤法的盘区巷道布置类型,主要有上(下)山盘区和石门盘区。根据盘区内开采煤层层数的多少和层间距大小,又分为单层布置盘区和联合布置盘区。

一、上(下)山盘区

1. 上(下)山盘区单层布置

开采近水平薄及中厚煤层,可采用上(下)山盘区走向长壁采煤法。一般情况下,将盘区上(下)山布置在围岩条件好的稳定煤层中,两条上(下)山之间相距15 ~ 20 m,两侧各留20 ~ 30 m 宽的煤柱。由于上(下)山的坡度小,运输上(下)山可铺设带式输送机或刮板输送机,也可采用无极绳矿车运煤。轨道上(下)山一般采用无极绳轨道运输,也可采用绞车牵引的轨道运输。轨道上山与大巷之间通常采用材料斜巷联系,材料斜巷一般与大巷平行布置,也可以与大巷垂直布置。

由于煤层倾角小,区段一般不按煤层底板等高线划分,而是将区段布置成规则的矩形。区段平巷均沿中线掘进,两条平巷相互平行,使采煤工作面保持固定长度。盘区内各区段的开采顺序不受限制,可以采用上行或下行开采,也可以实行跳采。

开采单一厚煤层时,盘区上(下)山一般布置在煤层底板岩层中,用溜煤立眼和斜巷将区段平巷与盘区上(下)山联系。厚煤层盘区开采,同样有分层分采、分层同采两种方式。

2. 盘区集中上(下)山联合布置

图 5-1 所示为煤层群联合布置的上山盘区。盘区内开采两层煤,均为中厚煤层,层间距 10 ~ 15 m,煤层之间为砂质页岩和砂岩互层,煤层倾角 5°,地质构造简单,瓦斯涌出量不大。

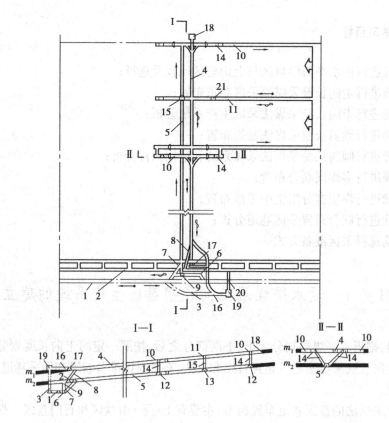

图 5-1 盘区集中上山联合布置

1—岩石运输大巷;2—总回风巷;3—盘区材料斜巷;4—盘区轨道上山;5—盘区运输上山;

6—下部车场;7—进风斜巷;8—回风斜巷;9—盘区煤仓;10—m_1 进风巷;11—m_1 运输巷;

12—m_2 进风巷;13—m_2 运输巷;14—区段材料斜巷;15—区段溜煤眼;16—甩车道;

17—无极绳绞车房;18—无极绳尾轮硐室;19—盘区材料斜巷绞车房;

20—绞车房回风眼;21—下层煤回风眼

（1）盘区巷道布置及掘进顺序

水平运输大巷 1 布置在 m_2 煤层底板岩层中，在 m_2 煤层中布置总回风巷 2，并布置盘区下部车场 6，自运输大巷 1 开掘与大巷 1 相平行的盘区材料斜巷 3 和甩车场 16，进入 m_1 煤层后，掘盘区无极绳轨道上山 4；同时，从下部车场 6 开掘进风斜巷 7 和盘区煤仓 9，到达 m_2 煤层；沿 m_2 煤层掘进盘区运输上山 5，开掘回风斜巷 8 连通轨道上山 4 和总回风巷 2。在 m_1 煤层中从盘区轨道上山 4 分别开掘 m_1 煤层第一、二区段的进风巷 10 和运输巷 11。从盘区上山 5 开掘 m_2 煤层区段进风巷 12 和运输巷 13，并从巷道 12 向上掘区段材料斜巷 14 与 m_1 煤层区段进风巷 10 连通；同时，开掘溜煤眼 15 将 m_1 煤层运输平巷 11 与盘区运输上山 5 连通；区段平巷掘至盘区边界后即可掘开切眼，待安装设备之后，工作面可以投产。

（2）盘区生产系统

运煤系统：m_1 煤层工作面采出来的煤炭，经 m_1 煤层区段运输平巷 11 运到区段溜煤眼 15，然后经 m_2 煤层中的共用运输上山 5，运到盘区煤仓 9，在盘区下部车场 6 装车运出盘区。

运料系统：工作面所需的材料和设备，由运输大巷 1 经盘区材料斜巷 3、甩车道 16 转运到 m_1 煤层中的盘区无极绳轨道上山 4，再运到 m_1 煤层工作面进风平巷 10，送到 m_1 煤层采煤工作面。m_2 煤层采煤工作面所需材料，则直接由轨道上山运进区段进风平巷到工作面。

通风系统：由运输大巷 1 来的新鲜风流，经进风斜巷 7、运输上山 5、m_2 煤层的进风巷 12，然后通过两对材料进风斜巷 14 进入 m_1 煤层区段进风平巷 10，冲洗工作面。污风则经 m_1 煤层区段运输平巷 11、轨道上山 4、回风斜巷 8 进入总回风巷，由风井排至地面。

当开采的近距离煤层群煤层层数较多或为厚煤层时，根据条件可将盘区上（下）山布置在煤层底板岩层中，采用盘区集中上（下）山和区段集中平行联合布置的方式。

二、石门盘区

目前，近水平煤层走向长壁采煤法较广泛地采用盘区石门布置方式，用盘区石门来代替盘区上山，这种布置的盘区称石门盘区。石门盘区的区段平巷、层间联系方式等与集中上（下）山盘区的布置方式基本相同。下面以近距离煤层群联合布置为例，说明石门盘区的巷道布置方式及其生产系统，如图 5-2 所示。

1. 盘区巷道布置及掘进顺序

在盘区走向的中部，自运输大巷 1 按 +3‰坡度开掘区盘石门 3；在煤层群底板岩层中开掘盘区下部车场绕道 19；沿倾斜向上在距煤层 10 m 的底板岩层中，掘进盘区轨道上山 4。在区段上下边界距 m_3 煤层底板 8 m 的岩层中分别开掘区段运输集中平巷 6 和区段集中回风平巷 7，区段集中运输平巷与轨道上山用材料绕道 17 连通。自区段集中平巷每隔 100～150 m 距离，分别掘进风行人斜巷 10、回风运料斜巷 11 和区段溜煤眼 12，这三种巷道均从集中平巷穿透三个煤层。与此同时，开掘区段煤仓 8、变电所 21 和绞车房 20 等硐室。然后，从距盘区边界最近的进风行人斜巷和回风运料斜巷分别开掘 m_1 煤层的超前运输平巷 13、超前回风平巷 14 及开切眼，待盘区构成完整的巷道系统并安装好设备后，即可在 m_1 煤层工作面进行采煤。

87

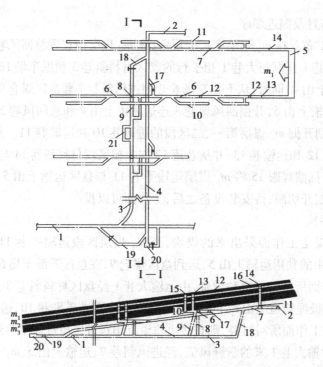

图 5-2 煤层群石门盘区联合布置

1—岩石运输大巷;2—盘区回风大巷;3—盘区石门;4—盘区轨道上山;5—m_1 煤层采煤工作面;

6—区段岩石运输集中平巷;7—区段岩石轨道集中平巷;8—区段煤仓;9—进风斜巷;10—进风行人斜巷;

11—回风运料斜巷;12—溜煤眼;13—m_1 煤层超前运输平巷;14—m_1 煤层超前回风平巷;

15—m_2 煤层上分层超前运输平巷;16—m_2 煤层上分层超前回风平巷;17—材料道;

18—盘区石门尽头回风斜巷;19—车场绕道;20—绞车房;21—变电所

当 m_1 煤层工作面采过靠近盘区第一个进风行人斜巷和回风运料斜巷之后,即可准备 m_2 煤层上分层的超前运输平巷 15、超前回风平巷 16 和开切眼,随后在 m_2 煤层上分层工作面进行采煤。同样可依次准备出 m_2 煤层下分层及 m_3 煤层各分层的采煤工作面。

待第一区段采完之后,及时拆除集中运输平巷 6 内的输送机等设备,铺设轨道作为第二区段的集中回风平巷。

2. 盘区生产系统

(1)运煤系统

各煤层采煤工作面采出的煤炭,由煤层或分层工作面超前运输平巷 13(或 15 等),经区段溜煤眼 12 到集中运输平巷运至区段煤仓 8,在区段石门 3 中装车运出盘区。

(2)运料系统

工作面所需的材料和设备,由运输大巷 1 经盘区下部车场 19、无极绳轨道上山 4 运到集中轨道平巷 7,然后由回风运料斜巷 11 提到各煤层(或分层)工作面超前回风平巷 14(或 16)到采煤工作面。

(3)通风系统

新鲜风流自岩石运输大巷 1,经盘区石门 3、进风斜巷 9 进入集中运输平巷 6,再经进风行人斜巷 10、各煤层(或分层)超前运输平巷 13(15),送到采煤工作面。工作面污风则由煤层(或分层)超前回风平巷 14(16),经回风运料斜巷 11 到集中轨道平巷 7,再经轨道上山 4 到盘区回风大巷 2,经风井抽出到地面。

三、石门盘区与上(下)山盘区的选择

石门盘区布置方式与上(下)山盘区布置方式的差别,主要是将盘区运煤上(下)山的倾斜运输变成盘区石门的水平运输。

由于盘区石门内可采用电机车运输,减少了盘区运输与大巷运输之间的环节,运输能力大,有利于提高盘区生产能力和合理集中生产。盘区石门位于煤层底板岩层中,巷道维护条件好。此外,各煤层工作面采出的煤炭,通过区段煤仓在石门内装车外运,区段煤仓可起到缓冲和调节运输作用,有利于工作面连续生产。但这种布置方式的缺点是,石门和溜煤眼的岩石掘进工程量大,盘区准备时间长。当煤层倾斜长度大,倾角也大时,石门盘区煤仓的垂高随之增大。

上(下)山盘区布置方式的优缺点,基本上与盘区石门布置相反。盘区上(下)山布置方式具有工程量较小,不受大巷运输方式限制等优点,为了改善盘区上(下)山的维护条件,可采用岩石上(下)山盘区布置方式,在上(下)山内铺设带式输送机,同时加大盘区煤仓容量,以便提高盘区生产能力。

在生产实践中,石门盘区和上(下)山盘区均得到广泛应用。通常在近水平煤层、埋藏稳定、地质构造简单、煤层储量丰富、技术装备水平高、有一定的岩石巷道施工力量、盘区生产能力较大的大中型矿井,适宜采用盘区石门的布置方式。如山西各矿区较多的采用这种布置方式。对煤层储量丰富,技术装备水平较高,盘区生产能力较大的矿井,采用石门盘区布置从技术及经济分析均不合理时,可采用盘区岩石上(下)山布置方式。盘区生产能力较低,技术装备水平不高的小型矿井,一般都采用盘区煤层上(下)山的布置方式。

若盘区倾斜长度大,煤层倾角大,或在盘区有落差较大的走向断层,使煤层上升或下降时,整个盘区均采用石门布置,将会形成部分煤仓垂高过大,造成技术经济上的极不合理的情况,可采用盘区石门和盘区上山混合布置的方式,如图 5-3 所示。

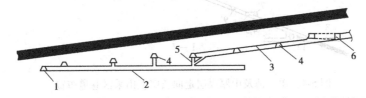

图 5-3　盘区石门与盘区上山混合布置

1—运输大巷;2—盘区石门;3—盘区上山;4—区段集中平巷;5—煤仓;6—回风大巷

盘区联合布置与盘区单层布置相比较,盘区联合布置具有生产集中、减少巷道掘进工程量、改善巷道维护条件、提高煤炭资源采出率和有利于提高机械化水平等优点,条件适宜的,应采用联合布置方式。如在煤层埋藏稳定、煤层层间距较小、机械化程度高、掘进施工力量强的大型矿井,适宜采用联合布置的方式。

任务 2 缓斜、倾斜煤层走向长壁采区生产系统的建立

单一煤层走向长壁采煤法主要应用于缓斜、倾斜薄及中厚煤层,或在缓斜 3.5 ~ 5.0 m 厚煤层中采用大采高一次采全厚。

一、采区巷道布置

图 5-4 所示为单一煤层走向长壁采煤法采区巷道布置。该采区开采一层中厚煤层,煤层埋藏稳定,顶、底板岩层稳定,地质构造简单,瓦斯涌出量小。采区走向长度 2 000 m,倾斜长度 600 m,采区沿倾斜划分为 3 个区段,采用综合机械化采煤。

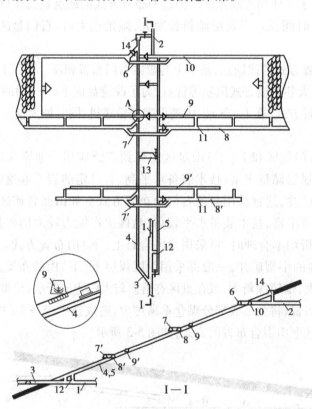

图 5-4 单一薄及中厚煤层走向长壁上山采区巷道布置

1—采区运输石门;2—采区回风石门;3—采区下部车场;4—轨道上山;5—运输上山;
6—采区上部车场;7、7′—采区中部车场;8、8′、10—区段回风平巷;9、9′—区段运输平巷;
11—联络巷;12—采区煤仓;13—采区变电所;14—绞车房

采区巷道掘进顺序是从开采水平运输大巷掘进采区下部的运输石门 1,掘到煤层处,再开掘采区下部车场 3。由下部车场向上沿煤层掘进轨道上山 4 和运输上山 5,两条上山相距约 20 m,掘至采区上部边界后,再掘采区上部车场 6 与采区回风石门 2。然后在第一区段下部,从轨道上山、运输上山开掘采区中部车场 7,并用双巷掘进的方法掘出两翼的第一区段运输平巷 9 和第二区段回风平巷 8,巷道 8、9 之间的倾斜间距一般为 8 ~ 15 m,即为区段煤柱。回风平巷 8

超前于运输平巷 9 100～150 m 掘进,并沿走向每隔 80～100 m 掘一条联络巷 11 连通 8 和 9。与此同时,在采区上部边界,从上部车场 6 向两翼开掘第一区段的回风平巷 10。在采区边界掘进采煤工作面开切眼,沟通第一区段运输平巷 9、回风平巷 10。在掘进上述巷道的同时,还需开掘采区煤仓 12、采区变电所 13、绞车房 14 等巷道。

待采区巷道和硐室掘成,经质量验收合格,安装各种机电设备,形成完整的采区生产系统之后,可以投入生产。

随着第一区段的采煤,应及时开掘第二区段的中部车场 7′、第二区段运输平巷 9′、第三区段回风平巷 8′及第二区段开切眼,准备出第二区段的采煤工作面,以保证在上区段工作面采完之后及时接续生产。同样,在第二区段生产期间,准备出第三区段的中部车场和回采巷道。这种从上到下依次开采各区段的开采顺序,称作区段下行式开采顺序。

二、采区生产系统

1.运煤系统

在采煤工作面铺设可弯曲刮板输送机,区段运输平巷 9 内铺设转载机和带式输送机(普采、炮采工作面也可铺设多台刮板输送机串联运输),运输上山 5 铺设带式输送机或刮板输送机。其运煤路线为:采煤工作面采出的煤炭,经工作面输送机运送到运输平巷 9,再经运输平巷 9、运输上山 5 装入到采区煤仓 12,通过采区煤仓在采区运输石门 1 装车运出采区。

2.运料排矸系统

采区石门、采区车场、轨道上山及各区段的回风平巷内,均铺设 600 mm 轨距的轨道。运料排矸采用平板车和矿车,在绞车的牵引下提升和下放物料。材料和设备自下部车场 3,经轨道上山 4、上部车场 6,然后经回风平巷 10 送至两翼采煤工作面。区段回风平巷 8、8′和运输平巷 9、9′所需材料、设备,沿轨道上山 4 经中部车场 7、7′运入。

掘进巷道所出的煤和矸石,利用矿车从各平巷经中部车场、轨道上山运到采区下部车场,通过采区运输石门运出采区。

3.通风系统

(1)采煤工作面通风系统

为建立畅通的通风系统,避免新鲜风流和污浊风流的交汇混合,在工作面回采前,需设置必要的通风构筑物。如图 5-4 所示,在第一区段工作面开采期间,需在巷道 10 与上部车场 6 交汇处左右两侧设置两道风门,在巷道 9、8 与运输上山 5 交汇处设置三道风门。采煤工作面所需的新鲜风流,从采区运输石门 1 进入,经下部车场 3、轨道上山 4、中部车场 7,分两翼经回风平巷 8、联络巷 11、运输平巷 9 到达采煤工作面。从工作面出来的污风,经区段回风平巷 10,右翼工作面出来的污风直接进入采区回风石门 2,左翼工作面出来的污风则需经车场绕道 6 进入采区回风石门 2,排出采区。

第一区段工作面采完后,将上部车场 6、第一区段平巷 9、10 按要求进行采后密闭,保留第二区段回风平巷 8。拆除平巷 8 与运输上山连接处的风门,在中部车场甩车道 7′,运输平巷 9′与运输上山 5 连接处两侧各设置一道风门,形成第二区段开采期间的通风系统。第二区段采煤工作面的新风,从轨道上山经中部车场 7′分两翼进入 8′,经 11、9′到工作面。工作面污风经回风平巷 8 和中部车场 7 进入到运输上山 5,由运输上山排至采区回风石门。

(2)掘进工作面通风系统

图 5-4 所示的平巷掘进采用的是双巷掘进方法。在图所示的 8′ 和 5 连接处设置风门,按要求在每个掘进工作面进风巷安装局部通风机,形成掘进通风系统。掘进工作面的新风,从轨道上山经中部车场 7′ 进入两翼的区段回风平巷 8′,在由局部通风机通过风筒送到掘进工作面,冲洗工作面后的污风经联络巷 11、运输平巷 9′、运输上山,进入采区回风石门。

(3)硐室通风系统

采区绞车房和变电所所需的新风是由轨道上山直接供给。绞车房的回风经联络小巷处的调节风窗回入采区回风石门 2。变电所的回风是经输送机上山回入采区回风石门的。煤仓不通风,而煤仓上口、带式输送机机头硐室的新风,则由采区运输石门 1 通过行人斜巷中的调节风窗供给。

4. 动力供给系统

采区动力供给主要有电力供给和压缩空气供给。

高压电由井底中央变电所通过高压电缆,经水平运输大巷、采区运输石门 1、下部车场 3、运输上山 5 到采区变电所 13。经采区变电所降压后的低压电,通过低压电缆分别送到采煤、掘进工作面附近的配电点,以及上山输送机、绞车房等用电地点。

压缩空气是为岩巷掘进或锚杆支护使用的凿岩机提供动力的。压缩空气由地面压气机房,通过专用管道送到采区各用气地点的。

5. 供水系统

采煤工作面、掘进工作面以及平巷、运输上山转载点等所需防尘喷雾用水,由地面储水池通过专用管道送到各采煤、掘进工作面和运输平巷、运输上山、煤仓上口等用水地点。

三、采煤系统分析

1. 采区上(下)山坡度

(1)运输上(下)山和自溜上山

除个别小型矿井采用上(下)山串车提升的轨道运煤外,一般采区都采用输送机上(下)运煤或自溜上山溜放煤炭。缓斜煤层一般采用输送机上(下)山,倾斜和急倾斜煤层多采用自溜上山。

坡度小于 15° 的上(下)山,可以采用带式输送机或刮板输送机运煤;坡度在 15°~25° 的上(下)山,可以采用刮板输送机运煤;坡度超过 25° 的上(下)山,可以采用搪瓷溜槽或铸石溜槽溜煤,自溜坡度为 30°~35°。自溜上山的布置形式有直线式和变坡式。直线式是按一定坡度和方向布置在煤层中或煤层底板岩层中的自溜上山。直线式自溜上山在溜煤过程中,容易因溜煤距离过长而砸坏溜槽,降低煤炭块煤率。为减缓溜煤速度,可采用变坡自溜上山,将上山布置成多段溜槽斜巷,在段与段之间设置输送机斜巷或溜煤眼来过渡。变坡自溜上山溜槽斜巷,每段斜长一般控制在 60~80 m。

(2)轨道上(下)山

轨道上(下)山的提升方式,一般采用绞车牵引的串车方式或无极绳运输方式。采用串车提升的,要求坡度小于 25°;采用循环绞车运输的,要求坡度不超过 10°。当煤层倾角小于 25° 时,无论是煤层轨道上(下)山,还是岩层轨道上(下)山,其坡度应与煤层倾角一致;当煤层倾角大于 25° 时,应将上(下)山坡度控制在 25° 以下。上(下)山坡度在 6°~25°,可采用单滚筒绞车提升方式。

2. 区段参数

区段参数主要是指区段走向长度和区段斜长。

区段走向长度就是采区走向长度。区段一翼走向长度减去采区上山一侧的保护煤柱宽度和采区边界煤柱,为采煤工作面的推进长度。采煤工作面推进长度,爆破采煤时一般不小于500 m,普通机械化采煤不小于800 m,综合机械化采煤不小于1 500 m。

区段斜长,为采煤工作面长度、区段煤柱宽度和区段上下两条平巷的巷道宽度之和。

综采工作面长度一般为150～250 m,普采工作面长度一般为120～180 m,炮采工作面长度一般为80～150 m。

为了易于区段平巷的维护,一般在上下两个区段平巷之间留设一定宽度的煤柱,使平巷处于工作面上、下方固定支承压力影响较小的区域。缓斜、倾斜薄及中厚煤层,区段煤柱宽度一般为8～15 m,厚煤层约为30 m。

区段平巷的巷宽,对于普采和炮采为2.5～3.0 m,综采、综放开采为4.0～5.0 m。

3. 区段平巷的坡度和方向

区段运输平巷和回风平巷实际上并不是绝对的水平巷道。在生产实际中,为了便于排水和运送材料设备,区段平巷通常是以5‰～10‰的坡度掘进。由于坡度很小,一般在巷道布置和分析时都将它们视作水平巷道,只有在巷道施工设计才需加以注明。

区段运输平巷一般采用带式输送机或多台刮板输送机串联运煤。为保证输送机的正常运行和发挥设备效能,运输平巷在布置上可以有一定的坡度变化,但要求在一台输送机长度范围内必须保持直线方向。区段回风平巷中一般铺设轨道,采用矿车或平板车运送材料和设备。轨道平巷在布置上允许有一定的弯曲,但要求巷道要按一定的流水坡度尽量保持水平。同时,为了便于平巷与采煤工作面的连接,要求两条区段平巷都必须布置在所开采煤层的层位上,而且尽量保持相互平行,形成等长的工作面长度,为采煤工作面创造优良的技术条件。

在生产实际中,受地质条件和开采条件的影响,煤层起伏变化往往较大,运输平巷和回风平巷在布置上不易满足上述要求。要根据煤层走向变化情况和平巷运输设备的特点,采取直线式、折线—弧线式或双弧线式的布置形式。

(1)双直线式布置

双直线式布置是指两条区段平巷均按中线掘进,在平面上两条巷道呈平行直线状,在剖面

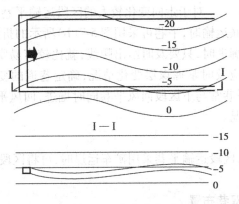

图 5-5　双直线式布置

1—区段回风平巷;2—区段运输平巷

上则有起伏变化,如图5-5所示。由于区段运输平巷和区段回风平巷均布置成直线巷道,能基本上保持采煤工作面的长度不变,便于组织生产和发挥机械效能,有利于综合机械化采煤。区段运输平巷可以铺设长距离带式输送机,减少运输设备占用台数和煤炭转载次数。但由于巷道有一定的起伏,在巷道低洼处需设小功率水泵排水,在轨道平巷要设小绞车解决材料设备的运输问题。双直线式布置只适用在煤层起伏变化不大的稳定煤层中。

(2)折线—弧线式布置

当煤层沿走向起伏变化较大时,运输平巷可采用折线式布置,回风平巷则采用弧线式布置。这样既能满足输送机平巷要求直、允许有一定的坡度变化的要求,又能满足轨道平巷要求保持一定坡度、允许有一定弯曲的要求。

以图5-6为例,在煤层底板等高线图上从A点向E点开掘区段平巷,如果沿煤层底板按腰线掘进平巷,掘成平巷的轴线方向就随煤层走向变化而弯曲变化,可铺设轨道使用矿车运输,而不适宜铺设输送机。为了适应输送机铺设对巷道取直的要求,如果从A点按中线在煤层中掘进巷道,如图中虚线$ABCDE$所示,掘出的巷道起伏变化将会很大,在垂直面上呈弯曲状,也不完全适合于输送机的运转。在煤矿生产实际中,常选取几个主要的转折点,同时考虑每台输送机的适宜长度,取折线式布置,如图中的点画线$AFGH$所示。

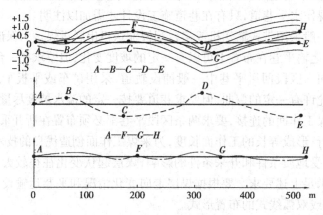

图5-6 区段平巷坡度变化图

这就是在矿井巷道实测平面图上经常见到的,区段回风平巷呈弧线弯曲状,区段运输平巷呈折线形状,如图5-7(a)所示。对于走向变化较大的区段运输平巷,铺设带式输送机有困难,而采用多台刮板输送机串联运输时,平巷可采用图5-7(b)所示的折线式布置。

轨道平巷沿煤层走向掘进时,只要及时给出腰线,就比较容易掌握巷道掘进方向和位置。而运输平巷在掘进之前就应及时掌握煤层变化情况,确定巷道的变向转折点,以便按中线掘进。因此,上区段的运输平巷常与下区段回风平巷同时掘进,回风平巷超前一段距离,为运输平巷定向探明煤层变化情况。

(3)双弧线式布置

在煤层走向变化较大,区段运输平巷采用矿车运煤时,可将区段运输和回风两条平巷均沿煤层走向布置成弧线形。

4. 区段平巷的单巷和双巷布置

(1)平巷的双巷布置

对于普通机械化采煤和爆破采煤,在煤层走向变化较大的情况下,采用双巷布置时通常区

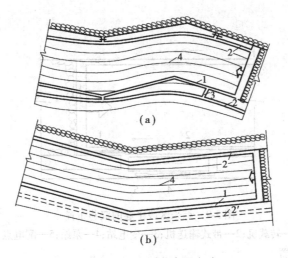

图 5-7　区段平巷布置方式

（a）折线—弧线式布置；（b）折线布置

1—区段运输平巷；2、2′—区段回风（轨道）平巷；3—联络巷；4—煤层底板等高线

段轨道平巷超前于区段运输平巷掘进，这样既可探明煤层变化情况又便于辅助运输和排水。对于煤层瓦斯含量较大、一翼走向长度较长的采区，采用双巷掘进有利于掘进通风和安全。煤层瓦斯含量很大的矿井，需要在工作面采煤前预先抽放瓦斯时，或者工作面后方采空区瓦斯涌出量很大，需加强通风和排放采空区瓦斯时，可将区段回风平巷布置成双巷。图 5-8 所示的就是将靠近采空区的一条回风平巷作为瓦斯尾巷，专用作排放采空区瓦斯。

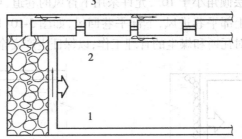

图 5-8　排放采空区瓦斯的区段平巷布置

1—区段运输平巷；2—区段回风平巷；3—瓦斯尾巷

对于综合机械化采煤，区段平巷采用双巷布置时，可以缩小巷道断面，将输送机与移动变电站、泵站分别布置在两条巷道内，运输平巷随采随弃，而对移动变电站、泵站所在的平巷加以维护，作为下区段的回风平巷，如图 5-9 所示。这种布置方式的缺点是，配电点到用电设备的输电电缆以及乳化液输送管、水管等需穿过两条平巷之间的联络巷，工作每推进一个联络巷的距离时，需移置电站、泵站并将电缆、油管等管线拆下来在另一条联络巷中重新布置，给生产和维修带来不便。综合机械化采煤工作面的等长布置，要求下一区段轨道平巷也要沿中线取直，随煤层底板起伏变化，这样双巷布置在普通机械化采煤所表现的回风平巷探煤作用和便于排水就基本消失，仅可对区段运输平巷中的积水起到疏导作用。此外，下区段回风平巷的断面积应保证下区段综采工作面的通风要求，有时还需要重新扩巷。

采用双巷布置时，当上区段采煤工作面一结束，就应立即转到下区段进行回采，以减少回风平巷的维护时间。

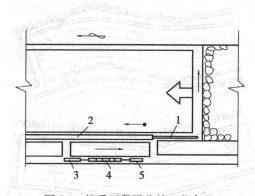

图 5-9　综采区段平巷的双巷布置

1—转载机;2—带式输送机;3—变电站;4—泵站;5—配电点

（2）平巷的单巷布置

当煤层瓦斯含量较低,煤层埋藏稳定,涌水量较小时,常采用单巷布置。单巷布置的区段平巷掘进时,只要加强掘进通风,减少风筒漏风,掘进长度可达 1 000 m 以上。综合机械化采煤单巷布置时,区段运输平巷内的一侧需设置转载机和带式输送机,另一侧设置泵站及移动变电站等电气设备,因而巷道断面较大,一般达 12 m² 以上;区段回风平巷由于产量高、通风风量大,其断面也较大,与运输平巷断面基本相同或略小,如图 5-10（a）所示。由于平巷巷道断面大,不利于掘进和维护,要求采用强度较高的支护材料。根据围岩条件可采用梯形支架或 U型钢拱形可缩型支架,条件适宜的应采用锚杆支护。

在低瓦斯矿井中,煤层倾角小于 10°,允许采用下行风的巷道,可将配电点、变电站等布置在区段上部平巷中,区段上部平巷进风,下部平巷回风,如图 5-10（b）所示。这种布置方法可减小平巷断面,但应加强对瓦斯和煤尘的管理工作,以保证生产安全。

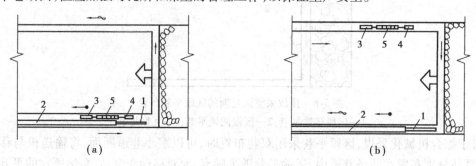

（a）　　　　　　　　　　　（b）

图 5-10　综采区段平巷的单巷布置

1—转载机;2—带式输送机;3—变电站;4—泵站;5—配电点

5.区段无煤柱护巷

用区段与区段之间留设煤柱的方法来维护区段平巷,使得区段平巷处于固定支承压力影响,造成煤炭回采率低。为了避开或削弱固定支承压力的影响,改善巷道维护状态,减少煤炭损失,可采用沿空留巷和沿空掘巷等无煤柱护巷的方法。

（1）沿空留巷

沿空留巷就是在采煤工作面采过之后,将区段平巷用专门的支护材料进行维护,作为下区段的平巷。这种方法与留煤柱护巷相比较,可以少掘一条巷道,减少煤柱损失,而且巷道处于采空区边缘,避开了固定支承压力的影响,巷道维护条件好。但是巷道要受上、下工作面的两次采动影响。沿空留巷的巷旁支护方法主要考虑三个方面:

①巷道支架要有一定的支护强度和可缩量;

②采煤工作面与巷道连接的端头处要加强支护;

③巷道靠采空区一侧采取适宜的支护方法。

巷旁支护的种类很多,应用较广的主要是木垛、密集支柱、矸石带、人工砌块和刚性充填带等支护。

木垛支护如图 5-11(a)所示,在靠采空区一侧支单排或双排木垛,其优点是顶底板接触面积大,比较稳定,挡矸效果好,架设方便灵活;缺点是木材消耗量大,支护刚度低,仅用在围岩比较松软、煤层倾角较大的条件下。密集支柱支护如图 5-11(b)所示,在巷道靠采空区一侧支两排密集支柱,特点是架设方便,支护强度和刚度高,对采高适应性好,一般用于顶底板较坚硬的中厚煤层中。图 5-11(c)所示为矸石带巷旁支护,是一种经济性支护类型,适合于顶板比较稳定的中厚煤层和厚煤层中。人工砌块是用料石、混凝土预制块、轻质砌块等材料代替矸石的支护类型。刚性充填带是采用水力或风力将遇水凝固的硬石膏和碎矸石等充填到巷旁,具有较好的性能和护巷效果,有利于机械化作业。

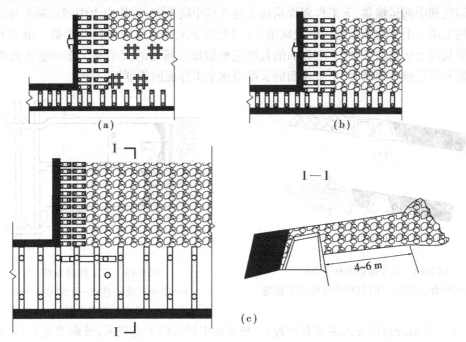

图 5-11　巷旁支护的几种类型
(a)木垛;(b)密集支柱;(c)矸石带

为减少沿空留巷的维护时间,在开采顺序上要求上区段采煤结束后应立即转入下区段进行回采。沿空留巷适用于厚度在 2 ~ 3 m 以下的薄及中厚煤层、煤层顶板为易冒落或中等冒落、底板不发生严重底鼓的条件下。

(2)沿空掘巷

沿空掘巷是在上区段采煤工作面回采结束后,经过一段时间,待采空区上覆岩层移动基本稳定之后,沿上区段运输平巷采空冒落区边缘,掘进下区段工作面的区段回风平巷。根据煤层赋存情况、地质条件及所采取的技术措施不同,沿空掘巷又分为完全沿空掘巷、留窄小煤柱沿空掘巷,如图 5-12 所示。

沿空掘巷的位置应避开固定支承压力影响较大的区域,并且要求在采空区上覆岩层垮落稳定之后才能开始掘进。一般情况下掘进与上区段采煤工作面之间间隔时间应不少于 3 个月,通常为 4~6 个月,特殊情况为 8~10 个月,坚硬顶板比软顶板所需间隔时间要长一些。

沿采空区掘进巷道时,要尽量减少掘进时的空顶面积,适当缩小爆破进度,减少炮眼个数和装药量,加大巷道支架密度,用木板或荆(竹)笆刹好顶帮,以防止采空区矸石窜入巷道,防止冒顶事故。

沿空掘巷方法多用于开采缓斜、倾斜中厚煤层和厚煤层,是目前应用较为广泛的一种无煤柱开采方式。

6. 单工作面布置与双工作面布置

单工作面布置如图 5-4 所示,在区段上、下部各布置一条平巷,准备出一个采煤工作面。

双工作面布置如图 5-13 所示,双工作面也称作对拉工作面,就是利用三条区段平巷准备出两个采煤工作面。采煤过程中,中间的区段平巷铺设输送机作为区段运输平巷,上工作面煤炭向下运送到中间运输巷,下工作面煤炭向上运送到中间平巷,再集中由中间运输平巷运送到采区运输上山。上下两条平巷内铺设轨道,分别为两个工作面运送材料及设备。由于下工作面的煤炭是向上运输的,因此下工作面的长度应根据煤层倾角的大小及工作面输送机的能力而定。随着煤层倾角的增大,下工作面的长度应比上工作面的长度短一些。

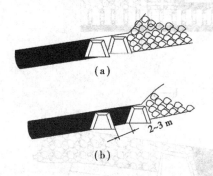

图 5-12　沿空掘巷的巷道位置
(a)完全沿空掘巷;(b)留窄小煤柱沿空掘巷

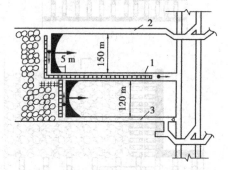

图 5-13　双工作面布置
1—中间运输平巷;2—上轨道平巷;
3—下轨道平巷

上、下工作面的通风方式主要有两种:一种是由中间运输平巷进风,分别清洗上、下工作面之后,由上、下区段轨道平巷回风,或者是从上、下平巷进风中间运输巷回风。无论哪种都存在有一个工作面出现下行风的问题。这种通风方式只适用于煤层倾角不大的情况下。第二种是由下部区段轨道平巷及中间运输巷进风,由上部轨道平巷集中回风的串联掺新风通风方式,这种方式存在上、下区段工作面串联通风及上区段工作面风速可能超限的问题。双工作面通风方式,要根据煤层倾角和瓦斯涌出量情况,按有关规定选择合适的通风路线。

在采煤过程中,上、下工作面之间要保持一定的错距,错距一般不超过 5 m,在上、下工作面与中间巷道交汇处用木垛加强支护,否则会造成靠采空区一侧的一段中间巷道维护困难。上、下工作面的推进度应保持一致,上部工作面或下部工作面均可超前开采。当工作面有淋水时,一般采用下部工作面超前的方式。

双工作面的明显优点是可以减少区段平巷的掘进量和相应的维护量,提高采出率。两个工作面同采并共用一条运输平巷,可以减少设备,使生产集中,便于管理,提高效率,因而在实际生产中取得了良好效果。一般是用于炮采、普采,煤层倾角小于15°,顶板中等稳定以上,瓦斯含量不大的条件下。

7. 采煤工作面回采顺序

采煤工作面回采顺序有后退式、前进式、往复式及旋转式等几种。

工作面由采区边界向采区上山方向推进的回采顺序,称作后退式。如图5-14(a)所示,区段上、下平巷和开切眼等回采巷道掘出并安装设备后,工作面才开始回采,采空区后方的区段平巷随工作面推进而报废垮冒,是最常用的一种回采顺序。

工作面由采区上山向采区边界方向推进回采,称为前进式。如图5-14(b)所示,其区段平巷不需要预先掘出,只需在采空区留下上区段的运输平巷,以作为下区段的回风平巷。为保证工作面有通畅的生产系统,工作面采空区两侧必须留出两条区段平巷,即沿空留巷。前进式的优点是减少了掘进工作量,工作面准备时间短,回采率高。但巷道必须采取有效的支护措施和防止漏风措施。

往复式回采实质上是前进式和后退式的混合方式,如图5-14(c)、(d)所示。主要特点是:一个区段采用后退式,另一个区段采用前进式,上区段工作面采煤结束后可直接搬迁到下区段工作面,缩短了设备搬运距离,节省搬迁时间。

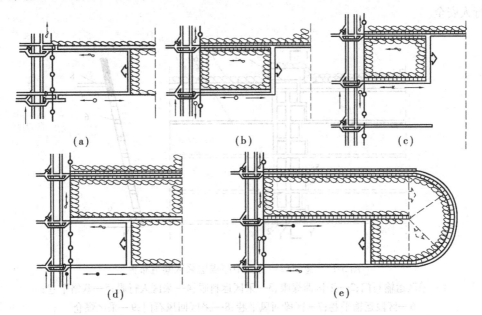

图5-14　采煤工作面回采顺序
(a)后退式;(b)前进式;(c)往复式;(d)往复式;(e)旋转式

旋转式回采是指在上区段采煤工作面结束前,逐渐将工作面调斜,最后达到180°旋转状态直接推进到下一个区段工作面,实现工作面不搬迁而连续推进的回采顺序,如图5-14(e)所示。但旋转期间工作面调斜的顶板控制和采煤工艺比较复杂,旋转时的产量和效率低,边角煤损失较多。为提高综采设备的可靠性,必须加强设备维护,综采设备上井大修周期一般不超过两年,因此旋转往复式回采一般只宜旋转一次。

任务3 急倾斜煤层采区生产系统的建立

开采急倾斜煤层的矿井,常采用集中运输大巷和采区石门的开拓方式。采区的划分沿走向以采区石门为标志,一般多采用双翼采区。单翼采区走向长度一般为200~300 m,双翼采区为400~600 m。采区倾斜长度取决于两个开采水平之间高度,一般为80~150 m。随着采矿技术发展和生产集约化的需求,采区走向长度和采区倾斜长度有进一步加大的趋势。

急倾斜煤层采区巷道布置,有单层布置和联合布置两种方式。

一、单层布置

急倾斜单一薄及中厚煤层采区巷道布置,如图5-15所示。在采区中央沿煤层倾斜方向掘进3~5条上山眼,用于溜煤、运料、行人和溜矸等。当工作面涌水量大时,还需设置放水眼。采区溜煤眼应靠近采区运输石门,沿倾斜方向成直线,坡度要均匀一致,以保证溜煤顺畅;溜煤眼下端与采区煤仓相连,采区煤仓穿过底板与采区运输石门连通;采区运料眼与人行眼分别布置在石门两侧,运料眼要直通回风水平,使用特制带撬板的小罐笼等运输设备运输;人行眼一般紧靠溜煤眼设置,在与联络平巷交接处要左右错开2~3 m,并在人行眼上口设置防坠栏,以保证行人安全。

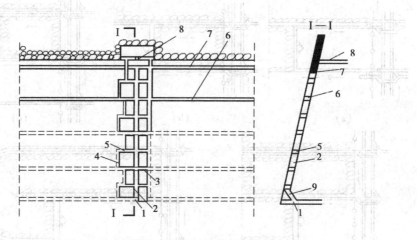

图5-15 急斜单一薄及中厚煤层采区巷道布置

1—采区运输石门;2—采区溜煤眼;3—采区运料眼;4—采区人行眼;5—联络平巷;
6—区段运输平巷;7—区段回风平巷;8—采区回风石门;9—采区煤仓

上山眼的间距主要根据煤层硬度、煤层厚度、维护工程量和安装通风安全设施需要确定,一般为8~15 m。为了保证施工、通风、运输的方便及行人安全,各上山眼间沿倾斜方向每隔10~15 m用联络平巷连通。采区上山眼多为矩形、正方形或圆形断面。运料眼、人行眼常为矩形或正方形断面,多使用木质盘料箍制。人行眼要钉上拉板,以便于人员上下;运料眼应沿底板侧钉上木板或铁皮,以防提运材料时破坏运料眼。溜煤(矸)眼断面常为矩形、正方形或圆形。当溜煤(矸)眼断面为矩形时,多使用木质盘料箍制而成,净断面为1.2~1.3 m²;当溜煤(矸)眼断面为正方形时,常使用工字钢或旧钢轨制成的金属盘料箍制而成,净断面为 1.0 m²;当溜煤(矸)眼断面为圆形时,常使用混凝土预制块砌壁,净直径约为 1.0 m,壁厚为 150 ~ 200 mm。

在采区边界布置一组由区段运输平巷至区段回风平巷的开切眼,开切眼一般应包括下煤眼和人行眼,两眼间距一般为 5 ~ 8 m;当工作面涌水量较大时,还应增加放水眼。

二、近距离煤层群联合布置

根据开采煤层数目、层间距、顶底板岩性等因素,急倾斜近距离煤层群联合布置可以采用分组小联合布置和大联合布置两种形式。

1. 分组小联合布置形式

当采区内开采煤层数目较多,层间距远近不一时,根据煤层层间距远近、煤质、自然发火倾向性、采煤方法等因素,将采区内煤层划分为若干开采组。在每一组最下一层顶底板稳定的薄及中厚煤层或底板岩石中,布置共用的集中上山眼或区段集中平巷,用石门或斜巷联系其他煤层。

图 5-16 所示为急倾斜煤层群分组小联合采区巷道布置形式。其中:m_1、m_2、m_3、m_4 煤层间距较近,划为一组联合布置采区,布置共用采区上山;m_5、m_6、m_7 煤层间距较近,划为另一组联合布置采区,布置共用采区上山,采区运输石门和采区回风石门均贯穿 7 个煤层。

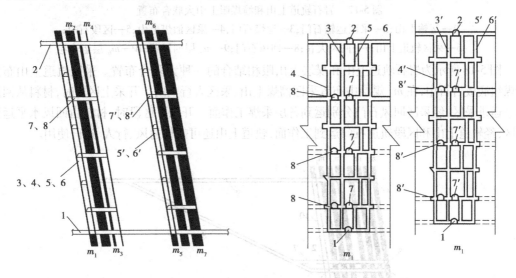

图 5-16　急斜煤层群分组小联合采区巷道布置
1—采区进风石门;2—采区回风石门;3、3′—采区溜煤眼;4、4′—采区溜矸眼;
5、5′—采区人行眼;6、6′—采区运料眼;7、7′—区段输送机石门;8、8′—区段轨道石门

2. 大联合布置方式

在分组小联合布置中,继续使用煤层上山眼方式,上山眼坡度大、断面小,维护、通风、运料、行人都比较困难,无法适应采区生产能力扩大的要求。在井田内煤层数目多、间距较大时,采用不分组集中大联合或分组大联合布置方式。采用大联合布置时,可以把采区轨道上山及溜煤眼均布置在底板岩石中;也可只把采区轨道上山布置在底板岩石中,而在适当的煤层中布置溜煤眼、人行眼。

图 5-17 所示为轨道上山和溜煤眼均布置在底板岩石中的一种大联合布置方式。井田范围内共有六层可采煤层采用联合布置采区巷道进行开采。采区沿倾斜划分为两个区段，采区运输石门、采区回风石门贯穿六个层煤，在底板岩石中掘进采区溜煤上山和轨道上山，以区段石门贯穿所有煤层。溜煤上山由运输石门向上掘进至上区段石门，轨道上山由区段石门按 25°向上掘进至回风石门。开采上区段各煤层时，区段石门作运煤、进风使用。材料由回风水平运到采煤工作面，轨道上山可作为安全出口。开采下区段时，区段石门及轨道上山作运料、行人使用。另掘运煤石门通达采区煤仓上口，供下区段开采时运煤使用。

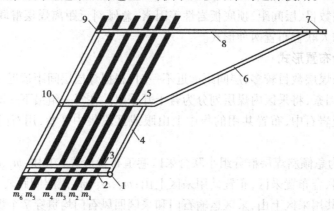

图 5-17　岩石轨道上山和溜煤眼上山大联合布置
1—运输上山；2—采区运输石门；3—运煤石门；4—采区溜煤上山；5—区段石门；
6—采区轨道上山；7—回风大巷；8—回风石门；9—m_6 层回风巷；10—m_6 层运输巷

图 5-18 所示为岩石轨道上山和煤层上山眼相结合的一种大联合布置。采区轨道上山布置在煤组底板岩石中，在 m_1 煤层中布置采区溜煤上山、采区人行上山。开采上区段时，材料从回风水平运进采区，经采区回风石门分别运到各层采煤工作面。开采下区段时，材料由回风水平运到采区，经轨道上山和区段轨道石门运到工作面，轨道上山还可兼作通风、行人、运矸使用。

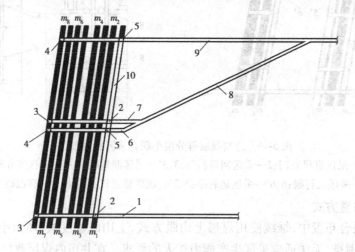

图 5-18　岩石轨道上山和煤层上山眼相结合大联合布置
1—采区运输石门；2—m_1 层运输巷；3—m_8 层运输巷；4—m_8 层回风巷；5—m_1 层回风巷；
6—区段轨道石门；7—区段运煤石门；8—采区轨道上山；9—采区回风石门；10—采区上山眼

分组大联合采区巷道布置,如图 5-19 所示。采区内共有八个可采煤层,根据煤层间距、煤质、自然发火倾向性等因素将其分为三个煤组,第一组为 m_1、m_2、m_3;第二组为 m_4、m_5、m_6;第三组为 m_7、m_8。在第一组 m_1 煤层掘进一组共用上山眼,在第二组 m_4 煤层掘进本组共用运料眼和人行眼,在第三组 m_7 煤层掘进本组共用运料眼和人行眼。m_1 煤层掘出的采区溜煤眼要为八层煤服务。

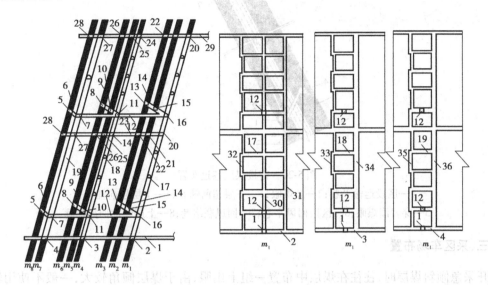

图 5-19　混合石门分组大联合巷道布置

1—采区运输石门;2— m_1 平巷;3— m_4 平巷;4— m_7 平巷;5— m_8 超前运输巷;6— $m_7 \sim m_8$ 溜煤斜巷;

7— m_7 运输平巷;8— m_6 超前运输巷;9— $m_4 \sim m_6$ 溜煤眼;10— m_5 超前运输巷;11— m_4 运输平巷;

12—区段运输机石门;13— m_3 超前运输巷;14— $m_1 \sim m_3$ 溜煤眼;15— m_2 超前运输巷;16— m_1 运输平巷;

17— m_1 联络平巷;18— m_4 联络平巷;19— m_7 联络平巷;20— m_1 回风平巷;21— m_2 回风平巷;

22— m_3 回风平巷;23—区段回风石门;24— m_4 回风平巷;25— m_5 回风平巷;26— m_6 回风平巷;

27— m_7 回风平巷;28— m_8 回风平巷;29—采区回风石门;30— m_1 溜煤眼;31— m_1 运料眼;

32— m_1 人行眼;33— m_4 人行眼;34— m_4 人行眼;35— m_8 人行眼;36— m_8 运料眼

当两层煤间距小于 2～4 m 时,由于采动压力和采掘爆破的相互影响,致使两煤层中的巷道维护困难,采煤工作面开采时互有影响。根据安徽淮南矿区、重庆中梁山矿区生产经验,在这种情况下,只需在下部煤层中掘进区段运输平巷及区段回风平巷,上部煤层中可以不再掘进区段平巷;只需由下部煤层区段运输平巷沿走向每隔 5～8 m 开掘倾角为 30°～35° 穿层溜煤斜巷通达上部煤层,在溜煤斜巷中铺设溜槽,使上部煤层工作面破落的煤溜入下部煤层区段运输平巷集中运出。其布置形式如图 5-20 所示的密接煤层巷道布置。上部煤层的开采应超前下部煤层 8～10 m,上下部煤层可实现同步推进。这种布置形式既减少了巷道掘进工程量,又改善了区段运输平巷维护条件,实现了上下煤层集中生产。

以上几种联合布置形式在实际应用时,要根据煤层间距、煤厚、顶底板岩性、涌水量、自然发火倾向性、瓦斯涌出量等矿井地质条件和设备、生产能力、掘进工程量、维护工程量、运输、通风等技术条件进行经济技术分析,择优选取最优方案。

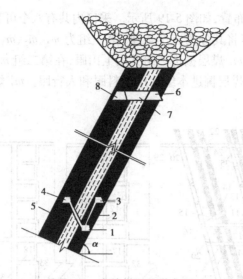

图 5-20　密接煤层巷道布置

1—区段运输平巷;2—溜煤眼;3—下层超前辅巷;4—上层超前辅巷;
5—穿岩溜煤眼;6—区段回风平巷;7—回风联络巷;8—上层超前回风辅巷

三、采区车场布置

开采急倾斜煤层时,往往在煤层中布置一组上山眼,由于煤层倾角较大,一般不使用轨道运输,可以不布置上部车场和中部车场,但必须设置下部车场。急倾斜煤层采区下部车场多为石门车场。当采用岩石轨道上山布置方式时,仍需设置上部车场、中部车场、下部车场,其布置原则与缓倾斜煤层基本相同。

四、采区生产系统

1. 伪斜柔性掩护支架采煤法生产系统

伪斜柔性掩护支架采煤法是指在急斜煤层中,沿伪倾斜布置采煤工作面,用柔性掩护支架将采空区和工作空间隔开,沿走向推进的采煤方法。

伪斜柔性掩护支架采煤法经过 40 多年的发展,已在安徽、河北、江苏、四川、重庆、贵州、浙江、新疆、云南、青海、广东、广西、吉林、陕西等省(市)急倾斜煤层中广泛使用,成为我国开采急斜煤层的一种主要采煤方法。

伪斜柔性掩护支架采煤法区段高度一般为 30 ~ 50 m,当煤层赋存稳定、构造简单、区段高度可以达到 80 ~ 100 m,在区段范围内,区段运输平巷和区段回风平巷掘到边界后,距采区边界 5 m 处开掘一处开切眼。开切眼包括溜煤眼和人行眼,两眼间距 5 ~ 8 m,沿倾斜每隔 10 ~ 15 m 用联络平巷贯通。开切眼贯穿区段回风平巷后,便可从区段回风平巷边界起铺设掩护支架。根据重庆中梁山矿区生产经验,区段回风平巷至开切眼中人行眼的距离应达到 5 ~ 10 m,以保证掩护支架工作面下倒角沿开切眼顺利下放。利用开切眼逐步把水平铺设的掩护支架下放到与水平面成 30°~ 35°夹角的伪斜位置,形成伪倾斜采煤工作面。伪斜柔性掩护支架采煤法工作面布置如图 5-21 所示。

正常采煤过程中,应安排专人在回风平巷扩巷、采地沟、铺设掩护支架,在工作面下端掩护

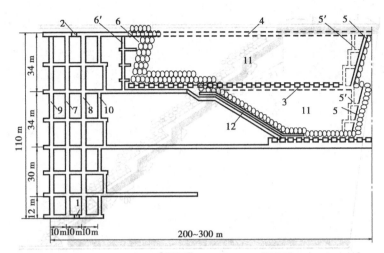

图 5-21　伪斜柔性掩护支架采煤法巷道布置

1—采区运输石门；2—采区回风石门；3—工作面运输巷；4—工作面回风巷；

5—开切溜煤眼；6—收尾眼；7—溜煤眼；8—溜矸眼；9—运料眼；

10—行人眼；11—采空区；12—掩护支架

支架下放到运输平巷时应按作业规程、操作规程要求拆除掩护支架，并及时运至运输石门，经转运后重复使用。在工作面推进过程中，应在采区上山眼隔离煤柱外侧开掘一对收尾眼，逐步将支架下放成水平位置。然后全部回收。根据重庆南桐、中梁山矿区的生产经验，煤厚小于 2 m 掩护支架采煤工作面可以不掘收尾眼，而采用沿空留巷方式进行收尾。

①通风系统　新鲜风流自采区运输石门进入，经运输平巷到采煤工作面。污浊风流从采煤工作面经回风平巷到回风石门排出。

②运料系统　支架等材料由回风石门运进，经回风平巷运到支架安装地点。

③运煤系统　工作面破煤经自溜到运输平巷，经刮板输送机转到运输石门，到采区溜煤眼，大巷装车。

2. 伪斜短壁采煤法生产系统

伪斜短壁采煤法，又称正台阶采煤法。它是指在急斜煤层的阶段或区段内，沿伪斜方向布置成上部超前的台阶形工作面，并沿走向推进的采煤方法。

为了克服倒台阶全部垮落和倒台阶矸石充填采煤法存在的控顶面积大、坑木消耗高、煤炭回收率低、工作面内行人及运料不便、台阶上方易于瓦斯积聚等缺点，重庆中梁山南矿于1984年试验成功伪斜短壁采煤法，取得较好技术经济效果，安全状况进一步得到改善。

将一个长壁工作面划分为若干个长 5～8 m 的短壁工作面，短壁工作面呈正台阶形布置，沿层面与走向线30°夹角的伪斜方向上下台阶错距为 15～20 m，各短壁工作面上方利用单体液压支柱、竹笆，使采空区垮落矸石堆积形成的垫层构成人工假顶来隔离采空区，沿采空区维持一条伪斜小巷，用于工作面通风、行人、运料、溜煤。伪斜小巷内铺设搪瓷溜槽，以便煤炭自溜，如图 5-22 所示。

3. 俯伪斜走向长壁采煤法生产系统

俯伪斜走向长壁采煤法，又称俯伪斜走向长壁分段密集采煤法，它是由伪斜短壁采煤法逐渐演变而形成的。俯伪斜走向长壁采煤法的主要特点是采煤工作面沿伪斜方向呈直线布置，沿走向推进；用分段水平密集支柱切顶挡矸隔离采空区与采煤空间；工作面分段爆破方式破

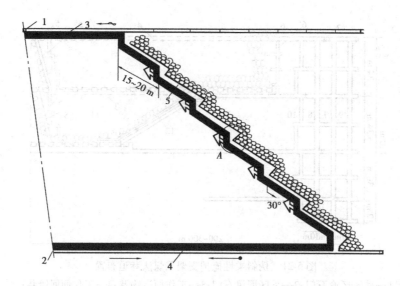

图 5-22　伪斜短壁采煤法巷道布置

1—回风石门;2—运输石门;3—工作面回风巷;4—工作面运输巷;5—伪斜小巷

煤,煤炭自溜运输。

1987 年首次在四川芙蓉巡场矿试验成功,已在四川广旺、湖南白沙及涟邵、江西萍乡、河北开滦等矿区广泛采用,取得较好经济效果。

俯伪斜走向长壁采煤法工作面呈伪斜直线布置,放顶密集支柱呈近水平排列,工作面沿走向推进,如图 5-23 所示。通过对正台阶采煤法的改进,改善了工作面近煤壁处的通风条件,提高了工作面煤壁有效利用率,大大改善了工作面顶板管理,为采煤机械化创造了条件。工作面伪斜角应满足煤炭自溜、人员行走和减轻工人劳动强度要求,一般取 30° ~ 35°。在目前技术条件下,区段垂高一般为 50 ~ 60 m,工作面伪斜长度为 80 ~ 90 m。为了溜煤、通风、行人和掘进方便,工作面下部的溜煤眼不得少于 3 个,掘成漏斗状,以便溜煤。

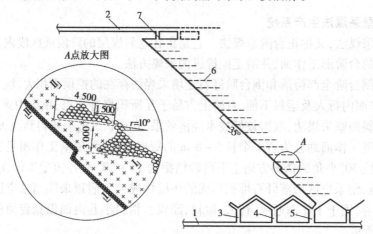

图 5-23　俯伪斜走向长壁采煤法巷道布置

1—区段运输平巷;2—区段回风平巷;3—超前准备眼;
4—下安全出口;5—溜煤眼;6—分段密集;7—上安全出口

4. 倒台阶采煤法生产系统

倒台阶采煤法是指在急倾斜煤层的阶段或区段内,布置下部超前的台阶形工作面,并沿走向推进的采煤方法。它是我国 20 世纪 80 年代以前开采急斜煤层应用较广的一种方法。

(1)倒台阶全部垮落采煤法生产系统

倒台阶采煤法实质上是走向长壁采煤法在急斜煤层的应用,它在采区巷道布置和生产系统上与缓斜煤层单一走向长壁采煤法基本相同,图 5-24 所示为倒台阶采煤法巷道布置情况。在采区走向中部沿煤层掘进一组采区上山眼,一般包括溜煤眼、运料眼、人行眼。采区内沿倾斜方向一般划分 1 ~ 2 个区段,每个区段布置一个倒台阶工作面,倾斜长度一般为 60 ~ 80 m,工作面沿倾斜方向一般划分为 4 ~ 6 个台阶,每个台阶长度一般为 10 ~ 15 m,上下台阶错距称为阶檐宽度,一般为 2 ~ 3 m。

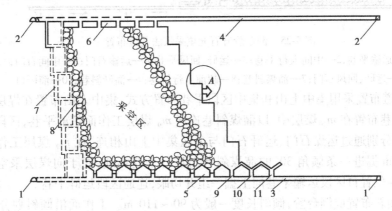

图 5-24　倒台阶全部垮落采煤法工作面布置

1—运输石门;2—回风石门;3—运输平巷;4—回风平巷;5—下护巷煤柱;6—上护巷煤柱;
7—开切人行眼;8—开切溜煤眼;9—下煤眼;10—下安全出口;11—超前出口

在第一区段上下边界,从采区上山向两翼沿煤层掘进区段运输平巷和回风平巷,留足 5 ~ 7 m 采区隔离煤柱,由区段运输平巷向上掘进开切眼至回风平巷。一般开切眼包括溜煤眼和人行眼,两眼间距为 5 ~ 8 m。

为了维护第一区段运输平巷,以便作为第二区段回风平巷使用,需在第一区段运输平巷上视煤层硬度、厚度等留设 3 ~ 5 m 的区段护巷煤柱,在煤柱上方掘进超前顺槽,沿走向每隔 5 ~ 6 m 掘一个净断面不小于 1 m² 的溜煤眼,贯通运输平巷和超前顺槽。超前顺槽和溜煤眼并不需要沿走向一次掘完,在工作面生产过程中只需超前掘进 2 ~ 3 个溜煤眼和 10 ~ 15 m 超前顺槽。从开切眼下部开始,按选定台阶长度将开切眼分段,先采最下部台阶,依次采上部台阶,逐步形成倒台阶工作面,然后上下台阶保持一定错距同步向采区上山眼方向推进。为使工作面自溜下来的煤能暂时堆放,以保证工作面正常通风和安全出口畅通,最下一个台阶作为贮煤台阶,一般阶檐宽为 5 ~ 6 m,台阶长度为 8 ~ 10 m。

①运煤系统　工作面破煤自溜到下部贮煤台阶,由区段运输平巷中的运输机运至溜煤上山,下放至采区煤仓,由采区运输石门装车运至井底车场。

②运料系统　由采区运输石门、回风石门运进,经运料上山提运至区段平巷,经人工转运至工作面运输平巷和回风平巷,再转到各台阶。

③通风系统　新鲜风流由采区运输石门进入,经人行上山进入区段运输平巷到采煤工

面,污浊风流经区段回风平巷、采区回风上山到上部采区回风石门排出。

(2)倒台阶矸石充填采煤法生产系统

倒台阶矸石充填采煤法巷道布置,如图5-25所示。

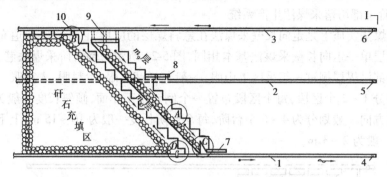

图5-25　倒台阶矸石充填采煤法巷道布置

1—运输平巷;2—中间人行平巷;3—运矸、回风平巷;4—运输石门;5—中间石门;
6—运矸、回风石门;7—溜煤斜巷;8—超前人行斜巷;9—溜矸斜巷;10—溜矸口

工作面巷道布置采用集中上山和集中区段平巷布置方式,集中上山布置在煤层底板岩石中,区段集中平巷布置在 m_{10} 煤层中,以溜煤斜巷连通 m_9 煤层工作面超前平巷,区段集中运输平巷、运矸平巷分别通过运煤石门、运矸石门与采区集中上山相连,在 m_9 煤层工作面上部沿走向每隔 5~8 m 掘进一条倾角30°的溜煤斜巷与运矸平巷相通,便于向煤层采空区进行充填。在采区边界位置自区段运输平巷向上掘一组开切眼,连通区段运矸平巷。

工作面沿倾斜布置成倒台阶,倾斜长度一般为 90~110 m。工作面沿倾斜划分为 10~12 个台阶,每个台阶一般为 8~10 m,上下台阶阶檐错距为 4.5~7.2 m。m_9、m_{10} 煤层工作面交替开采和充填。

①运煤系统　m_{10} 煤层工作面破煤自溜到下部贮煤台阶,由区段集中运输平巷中的运输机运至溜煤上山,下放至采区煤仓,由采区运输石门装车运至井底车场。m_9 煤层工作面破煤自溜到下部贮煤台阶,由溜煤斜巷放至区段集中运输平巷中的运输机运至溜煤上山,下放至采区煤仓,由采区运输石门装车运至井底车场。

②运料系统　由采区运输石门、运矸石门运进至区段集中平巷,人工转运至 m_{10} 煤层工作面各台阶;m_9 煤层工作面所需材料由区段集中运输平巷、区段运矸平巷经溜煤斜巷和溜矸斜巷,人工转运至工作面各台阶。

③通风系统　m_{10} 煤层工作面新鲜风流由采区运输石门进入,经区段集中运输平巷至 m_{10} 采煤工作面;污浊风流经区段运矸平巷至采区运矸、回风石门排出;m_9 煤层工作面新鲜风流由采区运输石门进入,经区段集中运输平巷、溜煤斜巷至 m_9 采煤工作面;污浊风流经溜矸斜巷、区段运矸平巷至采区运矸、回风石门排出。

任务4　倾斜长壁采煤法采(带)区生产系统的建立

开采近水平煤层时,将井田上、下两部分划分成带区,在带区内布置采煤工作面进行开采。采煤工作面沿煤层走向布置,沿煤层倾斜向上或向下推进的采煤法为倾斜长壁采煤法。工作面自下而上推进采煤的为仰斜开采,工作面自上向下推进采煤的为俯斜开采。

一、单一薄及中厚煤层倾斜长壁采煤法的巷道布置

单一薄及中厚煤层倾斜长壁采煤法,其巷道系统比较简单。图5-26所示为俯斜推进的倾斜长壁采煤法巷道布置系统图。

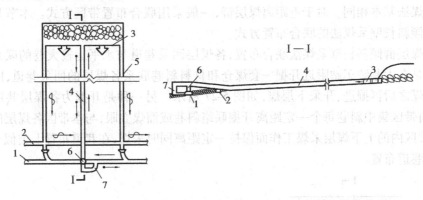

图5-26 单一薄及中厚煤层倾斜长壁采煤法巷道布置
1—水平运输大巷;2—水平回风大巷;3—采煤工作面;4—带区运输斜巷;
5—带区回风斜巷;6—煤仓;7—进风行人斜巷

1.巷道掘进顺序

采用倾斜长壁采煤法时,井田阶段内的划分方式为带区式划分,在水平大巷的一侧,沿煤层走向按一定长度(为采煤工作面长度、工作面两条斜巷和条带煤柱宽度之和)划分出若干带区。工作面沿煤层走向布置,工作面两侧的带区斜巷沿煤层倾斜布置,并分别与运输大巷和回风大巷连接。图5-26为双工作面布置形式,利用三条带区斜巷开采两个带区,两个工作面共用一条带区运输斜巷。

自运输大巷1开掘下部车场和行人进风斜巷7、煤仓6,然后沿煤层倾斜向上掘带区运输斜巷4,同时沿煤层倾斜向上掘带区回风运料斜巷5与回风大巷2连通,这些回采巷道掘至井田上部边界后,可掘开切眼布置采煤工作面。

倾斜长壁采煤工作面的长度为100~150 m,甚至可以达到200 m,工作面推进距离1 000~1 500 m。在运输斜巷中铺设刮板输送机或可伸缩带式输送机运送煤炭。回风斜巷内铺设轨道,用无极绳绞车运送材料和设备。

2.生产系统

(1)运煤系统

采煤工作面采出的煤炭,经运输斜巷4,运至煤仓6,然后在运输大巷1装车运出。

(2)运料系统

工作面所需的材料和设备,由运输大巷1运至下部车场,经回风斜巷5运到采煤工作面。

(3)通风系统

采煤工作面所需要的新鲜风流,自运输大巷1经进风行人斜巷7,通过运输斜巷4送到采煤工作面。冲洗工作面后的污风,经回风斜巷5到水平回风大巷2,由风井排出。

掘进工作面的通风,新风经设置运输大巷的局部通风机及风筒送到掘进工作面。掘进工

作面的污风,则通过巷道排到回风大巷。

二、煤层群倾斜长壁采煤法巷道布置

倾斜长壁采煤法开采近水平煤层群时,同样有单层布置和联合布置两种方式。对于层间距较大的煤层群,可在各个煤层中单独布置带区分别开采,其巷道布置、生产系统与单一煤层倾斜长壁采煤法基本相同。对于近距离煤层群,一般采用联合布置带区方式。本节只讨论近距离煤层群倾斜长壁采煤法的联合布置方式。

近距离煤层群倾斜长壁采煤法联合布置,各煤层回采巷道与水平运输大巷的联系方式有两种。一种是在大巷装车站附近开掘一套煤仓和材料斜巷联系各煤层的回采巷道,同一带区内采完上层煤之后再掘进、开采下层煤,如图 5-27 所示。另一种是开掘为各煤层共用的带区集中斜巷,由带区集中斜巷每个一定距离开掘联络斜巷或溜煤立眼,与本带区各煤层的回采巷道联系,同带区内的上下煤层采煤工作面保持一定距离同时采煤,在巷道布置上类似于厚煤层分层同采的巷道布置。

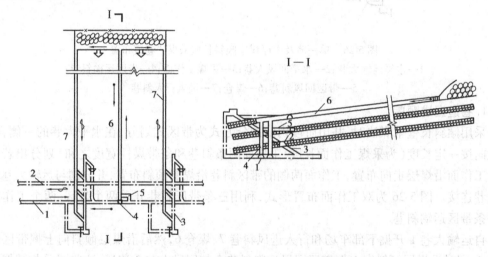

图 5-27　近距离煤层群倾斜长壁采煤法联合布置

1—运输大巷;2—回风大巷;3—材料斜巷;4—煤仓;5—行人进风斜巷;
6—带区运输斜巷;7—带区回风斜巷

上述的两种联系方式相比较,第一种方式巷道掘进工程量小,掘进费用低,特别是当采煤工作面机械化水平高、单产较高,不需要安排多个工作面生产就能达到产量要求时,就比较容易解决采掘衔接问题,而且生产系统简单,管理方便,多数矿井采用的是这种方式。如图 5-27 所示为采用第一种联系方式的距离煤层群联合布置巷道布置。

分煤层联合开采时,各分层回风运料斜巷与运输大巷的材料斜巷布置形式,除了布置成图 5-27 所示的形式之外,还可以布置成与各煤层运料回风斜巷平行的材料斜巷,通过甩车场与各层回风斜巷联系。

1. 巷道布置及掘进顺序

运输大巷和回风大巷,一般布置在煤层群最下一层薄及中厚煤层之中,或布置在最下一层煤底板岩层中,自运输大巷布置一条运料斜巷与各层煤的带区回风运料斜巷联系,并使运料斜巷与回风大巷连通,运输大巷与各层的带区运输斜巷通过溜煤眼和行人进风斜巷连通。

掘进顺序是由运输大巷1,开掘通达各煤层煤仓4及进风行人斜巷5,同时由运输大巷1开掘材料车场和运料斜巷3穿各煤层,并掘出材料斜巷3的绞车房和甩车场。然后沿倾斜向上开掘第一层煤层的带区运输斜巷6和带区回风运料斜巷7直至上部边界,再掘出开切眼。

最上层煤采煤工作面生产的同时,应及时准备出下层煤回采巷道,以保证生产正常接续。

2. 生产系统

（1）运煤系统

各采煤工作面采出的煤炭,经带区运输斜巷6运到带区煤仓4,在运输大巷中装车运出。

（2）运料系统

各层煤工作面所需的材料和设备,由运输大巷1到材料斜巷3下部车场,在通过绞车提升到上部甩车场,经带区回风斜巷7送到各层采煤工作面。

（3）通风系统

新鲜风流由运输大巷1,经进风行人斜巷5、带区运输斜巷6进入各层煤采煤工作面。冲洗工作面后的污风,则通过带区回风斜巷7到材料斜巷3,经回风大巷2由风井排出。

三、厚煤层倾斜分层倾斜长壁采煤法巷道布置特点

厚煤层倾斜分层倾斜长壁采煤法,与倾斜分层走向长壁采煤法的巷道布置相似,有分层分采和分层同采两种开采方式。

1. 分层同采的巷道布置特点

分层同采时,需在每一个带区布置集中运输斜巷和集中回风斜巷。带区集中斜巷为该带区范围内所有分层开采服务。在带区集中运输斜巷中,每隔一定的距离向各分层掘进进风行人斜巷、溜煤眼与分层运输斜巷相连。同样,在带区集中回风斜巷中,每隔一定的距离掘进运料斜巷与各分层回风斜巷相连接。各分层的运输斜巷、回风斜巷,在保持有两条斜巷与集中斜巷相连接的前提下,超前于分层采煤工作面一定距离随采随掘,即为带区超前斜巷的方式。

第一分层工作面采过一定的距离,就可以掘进第二分层工作面的超前运输和超前回风斜巷。上、下分层工作面错开一定的距离同采。

厚煤层倾斜长壁分层同采的优点是,同时生产的工作面个数多,带区生产能力大,生产集中。但是,分层同采需要掘进大量的岩石巷道,巷道工程量大,生产系统复杂,占用的运输设备多。特别是上下分层同采时的,相互之间的干扰比较大,分层工作面的采煤与分层平巷的超前掘进相互干扰大。随着采煤机械化程度的逐步提高,各煤炭生产基地朝着建立一矿一面高产高效现代化矿井方向发展,高产高效采煤工作面的出现,分层同采采煤方式的优越性就越来越不明显了。

2. 分层分采的巷道布置特点

分层分采时各带区一般不设集中运输斜巷和集中回风斜巷,其巷道布置与单一煤层倾斜长壁采煤法巷道布置基本相同。

采用分层分采方式开采厚煤层时,采完一个带区的上分层,采煤工作面要搬迁到邻近条带去采煤,等待上分层采空区垮落稳定3~4个月之后,再掘进下分层的带区斜巷和开切眼。为了保证工作面的正常接续,需安排好带区和分层之间的采掘接续顺序。

四、倾斜长壁采煤法生产系统分析

1. 单工作面布置与双工作面布置

倾斜长壁采煤法的采煤工作面，可以布置成单工作面，也可以布置成双工作面。

单工作面布置的特点是每一个采煤工作面有两条回采巷道，一条为运煤和进风的运输斜巷，另一条为运料和回风的回风斜巷。带区之间可采用留煤柱的方法护巷，也可采用无煤柱护巷法。采用煤柱护巷时，在相邻带区之间留 8~15 m 宽的煤柱，掘相邻带区工作面的斜巷。采用无煤柱护巷时，一般沿空掘进回风斜巷，或者是将相邻带区回采后的回风斜巷保留维护，作为另一带区的沿空留巷。留煤柱护巷的煤柱尺寸及无煤柱护巷的技术措施，与走向长壁采煤法相同。

而双工作面布置的布置特点是两个工作面布置三条回采巷道，其中中间为两个工作面共用巷道的运输斜巷，两侧为各自工作面运料和回风的回风斜巷。

倾斜长壁采煤工作面，基本上是沿煤层走向呈水平状布置的，不存在走向长壁采煤法工作面有向下运输和向上运输的问题。因此，倾斜长壁采煤法采用双工作面布置时，两个工作面的长度可以等长。工作面风流也不存在上行风和下行风问题，工作面的通风状况都同样良好。双工作面布置方式减少了一条运煤巷道及其相关联络巷道，降低了巷道掘进工程量，节省了一套运输设备，生产比较集中。所以，在顶板条件较好的薄及中厚煤层，特别是采用爆破采煤或普通机械化采煤工艺时，一般都采用双工作面的布置形式。

2. 采煤工作面推进方向

倾斜长壁采煤法按工作面推进方向不同，由俯斜开采和仰斜开采两种。当煤质坚硬或顶板淋水较高时，宜采用仰斜开采；当煤层厚度较大，煤质松软容易片帮或瓦斯含量较高时，宜采用俯斜开采。对于倾角很小的近水平薄及中厚煤层，煤层顶板和地质条件较好的情况下，在大巷上方的煤层采用俯斜开采，而在大巷下方的煤层采用仰斜开采。

采煤工作面的开采顺序，按工作面推进方向有前进式、后退式和往复式三种。

采煤工作面由大巷附近向上（下）部边界推进，其运输巷道和回风巷道随工作面推进而向前掘进且采后沿空留巷，为前进式开采，如图 5-28 所示。

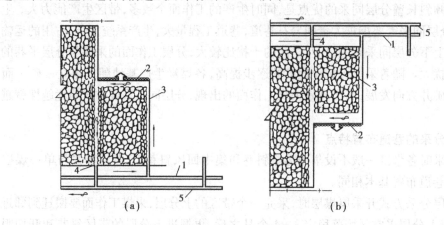

图 5-28 前进式开采

1—水平运输大巷；2—采煤工作面；3—运输斜巷；4—回风斜巷；5—水平回风大巷

这种开采顺序的优点是工作面准备期短,出煤早。缺点是在采空区维护巷道技术复杂、维护费用高;工作面通风系统漏风多,而且采空区瓦斯涌到工作面风流中,加大了采空区遗煤的自燃发火危险;工作面采煤和工作面巷道掘进同时进行,相互干扰大,生产和组织管理工作复杂,难以掌握前方煤层的变化情况,因此在我国采用这种方式的不多。

采煤工作面由上(下)部边界向大巷方向推进,带区运输斜巷和回风斜巷在工作面采煤前就预先掘出,采空区后方的斜巷则垮落报废,这种采煤方式为后退式开采,如图 5-29 所示。这种方式的优缺点与前进式相反,目前在我国大多采用这种方式。

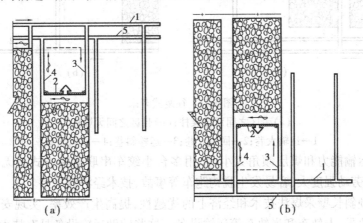

图 5-29　后退式开采

1—水平运输大巷;2—采煤工作面;3—运输斜巷;4—回风斜巷;5—水平回风大巷

当水平运输大巷和水平回风大巷分别位于带区的上部和下边边界时,采煤工作面的两条斜巷中的一条需预先掘出,另一条则需随着工作面推进随采随掘且采后要沿空留巷,既有前进式特点,又有后退式特点的混合式采煤方式,如图 5-30 所示。混合式开采可采用一个带区为仰斜采煤,邻近带区则为俯斜采煤的往复式开采,如图 5-31 所示。

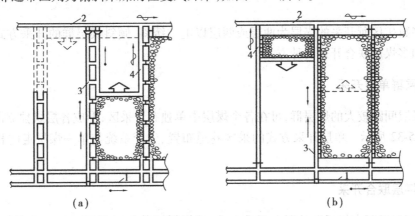

图 5-30　混合式开采

(a)分带间留煤柱;(b)分带间无煤柱

1—运输大巷;2—回风大巷;3—采煤工作面;4—运输斜巷;5—回风斜巷

3.辅助运输方式

倾斜长壁采煤法取消了采区(盘区)上(下)山,带区斜巷通过联络巷道直接与运输大巷和回风大巷连接,运输系统少了一个环节,但带区斜巷一般都比较长,辅助运输比较困难。当前

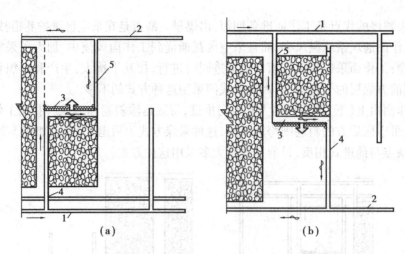

图 5-31 往复式开采

(a)带区之间留设煤柱;(b)带区之间无煤柱

1—运输大巷;2—回风大巷;3—运输斜巷;4—回风斜巷

不少矿井按照运输能力和煤层倾角大小,采用多台小绞车串联运输方式或无极绳运输方式。这种方式,工人劳动强度大,容易发生脱钩跑车等事故,技术经济效果差。

为了发挥倾斜长壁采煤法技术和经济上的优越性,提高生产效率,实现安全生产,目前一些矿井采用单轨吊、卡轨车和齿轨车等运输设备。这些辅助运输设备具有技术先进、运输系统简单、运输能力大、运输距离长和实现安全运输等优点,提高了采煤工作面辅助运输的机械化水平。

任务 5 煤层群走向长壁采区生产系统的建立

我国多数矿区所开采的煤层为两层或两层以上。缓斜、倾斜煤层群的开采方式有煤层群单层开采和多煤层联合开采两种方式。

一、煤层群单层开采

对于煤层间距较大的煤层群,可在各个煤层中单独布置采区,形成各层煤独立的采区生产系统,如图 5-32 所示。单层开采方式的采区巷道布置、生产系统与单一煤层走向长壁采煤法基本相同。

二、多煤层联合开采

缓斜、倾斜近距离煤层群的联合开采方式,根据煤层数目、层间距离、地质条件、煤层底板岩石性质、煤层厚度及倾角、采区巷道布置的总体合理性等因素,分为采区集中上(下)山联合布置、采区集中上(下)山区段集中平巷联合布置。

1.采区集中上(下)山联合布置

如图 5-33 所示,该采区开采两个煤层,上层煤为中厚煤层,下层煤为薄煤层,两层煤之间相距 15 m,煤层倾角 15°,煤层顶底板岩层中等稳定,地质构造简单,瓦斯涌出量较小。采区双

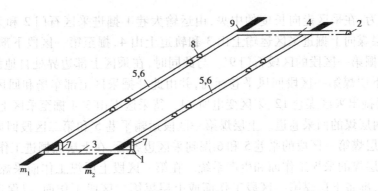

图 5-32　煤层群单层开采

1—运输大巷；2—回风大巷；3—采区运输石门；4—采区回风石门；5—运输上山；
6—轨道上山；7—采区煤仓；8—区段运输平巷；9—区段回风平巷

翼走向长度 1 000 m，倾斜长度 600 m，划分为三个区段。

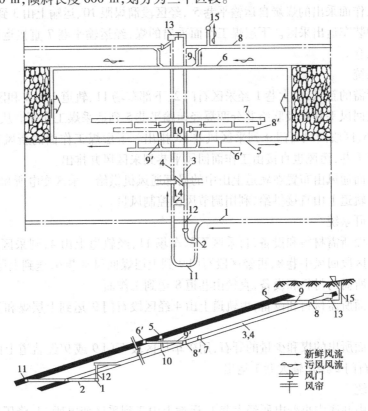

新鲜风流
污风风流
风门
风帘

图 5-33　采区集中上山联合布置

1—运输大巷；2—采区石门；3—运输上山；4—轨道上山；5—上层煤区段运输平巷；
6—上层煤区段回风平巷；7—上层煤区段运输平巷；8、8′—下层煤区段回风平巷；
9、9′—区段石门；10—溜煤眼；11—采区下部车场；12—采区煤仓；13—绞车房；
14—采区变电所；15—采区风井

（1）采区巷道掘进顺序

由于下层煤顶底板岩层比较稳定，可将采区运输上山和轨道上山布置在下层煤中，两条上山相距 20 m，上层煤和下层煤之间用区段石门及溜煤眼联系。

115

掘进顺序为:在采区走向长度的中央,由运输大巷 1 掘进采区石门 2 和采区下部车场 11,由此沿下层煤向上掘进采区运输上山 3 和轨道上山 4,掘至第一区段下部边界后,由上山向上层煤开掘第一区段的区段石门 9′。与此同时,在采区上部边界处自地面向下开掘采区风井 15 到下层煤第一区段回风平巷标高,并由此开掘采区上部车场和回风石门 9、绞车房 13。同时要掘出采区煤仓 12、采区变电所 14。待采区上山 3、4 掘至采区上部车场后,便可掘进上、下两层煤的回采巷道。上层煤第一区段运输平巷 5 和第二区段回风平巷 6′为双巷掘进。当上层煤第一区段的平巷 5 和 6 掘到采区边界后,在上层煤掘进工作面开切眼,形成第一区段上层煤的采煤工作面和生产系统。在第一区段上层煤工作面采煤期间,根据开采程序的要求,准备下层煤第一区段工作面或上层煤第二区段工作面,以保证采区内采煤工作面正常接续。

(2)采区生产系统

①运煤系统

上层煤工作面采出的煤炭自运输平巷 5,经区段溜煤眼 10、运输上山 3 到采区煤仓 12,在运输大巷 1 中装车运出采区。下层煤工作面采出的煤,经运输平巷 7 直接运到采区运输上山 3,装入采区煤仓。

②通风系统

工作面所需的新风,由大巷 1 经采区石门 2、下部车场 11、轨道上山 4 和区段石门 9′,经上层煤第二区段回风平巷 6′及联络巷分两翼经运输平巷 5 到达采煤工作面。从工作面出来的污风,经回风巷 6、区段回风石门 9 到采区风井 15 排出。下层煤工作面的新风直接由采区上山进入到工作面平巷,污风也直接由工作面回风平巷到采区风井排出。

掘进工作面通风由布置在轨道上山中的局部通风机供给。采区变电所和采区绞车房所需的新鲜风流由轨道上山直接供给,利用调节风窗控制风量。

③运料排矸系统

采煤工作面所需材料和设备,自采区下部车场 11,经轨道上山 4,到采区上部区段石门 9 进入到下分层区段回风平巷 8,再经区段石门 9 到上层煤回风平巷 6,送到上层煤采煤工作面。下层煤工作面所需的材料和设备,直接由巷道 8 送到工作面。

掘进工作面所需材料和设备,由轨道上山 4 经区段石门 9′运到上层煤和下层煤的掘进工作面。

掘进工作面所出的煤和少量的矸石,用矿车从区段石门 9 或 9′经轨道上山 4 运到下部车场 11,由采区石门 2 经运输大巷 1 运出。

④供电系统

高压电缆由井底中央变电所经大巷 1、运输上山 3 到采区变电所 14,降压后通过电缆分别送到采煤和掘进工作的配电点及运输上山、轨道上山、绞车房等用电地点。

⑤供水系统

采掘作业点和运输转载点所需要防尘喷雾用水,由地面水池通过采区风井用专用管道送到用水地点的。也可以从井底净化水池经过水泵加压后,通过专用管道经大巷、采区石门、运输上山送到用水地点。

(3)巷道布置的优缺点及适用条件

多煤层采区集中上山联合布置方式,其巷道布置简单,生产系统简单,工程量较小。但各煤层的区段平巷需要全长一次掘出,巷道维护时间长,维护费用高,而且各煤层的区段运输平巷都要沿巷道全长铺设输送机,占用设备台数多,设备搬迁频繁,如果煤层走向变化较大,则不利于输送机的铺设和运行。

这种布置方式适合于煤层层数少,层间距较大,多为薄或中厚煤层,或者是厚煤层分层分采,由于采煤机械化程度高,工作面单产高,采区内同时开采的工作面数目只有 1~2 个的开采技术条件下。

2.集中上(下)山,上层煤无区段集中平巷、下层煤有区段集中平巷的联合布置

如图 5-34 所示,上层煤为中厚煤层采用单一走向长壁采煤法开采,利用集中上山通过区段石门 8、9、10 在本层煤中布置区段平巷。下层煤为厚煤层,采用倾斜分层走向长壁下行垮落采煤法,利用运输集中平巷 13 和联络斜巷 16 同下层煤各分层平巷联系。两层煤共用一组上山,但不共用区段集中平巷。

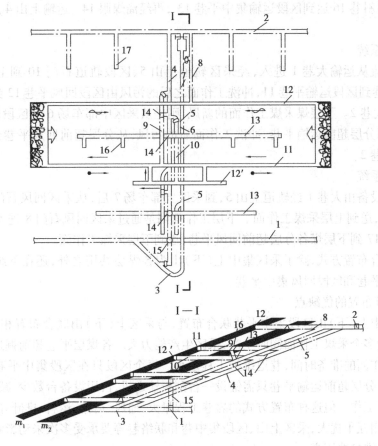

图 5-34　采区集中上山,下层煤区段集中平巷联合布置

1—运输大巷;2—回风大巷;3—采区下部车场;4—运输上山;5—轨道上山;6—中部车场;

7—上部车场;8—采区回风石门;9—区段运输石门;10—区段轨道石门;

11—上层煤区段运输平巷;12、12′—上层煤区段回风平巷;

13—下层煤区段运输集中平巷;14—溜煤眼;15—采区煤仓;16—联络斜巷;17—回风石门

（1）采区巷道掘进顺序

从大巷 1 开掘采区下部车场 3,向上掘进采区运输上山 3 和轨道上山 5,与回风大巷 2 相

通。在第一区段上部开掘采区回风石门 8 和绞车房等巷道,在第一区段下部掘出区段运输石门 9 和区段轨道石门 10,分别与上层煤贯通后,在上层煤分别开掘区段运输平巷 11、区段回风平巷 12,到达采区边界后掘采煤工作面的开切眼,形成上层煤工作面。同时在第一区段下部,掘采区中部车场 6 ,并由此通过轨道石门 10,在下层煤的底板岩层中掘进下层煤区段运输集中平巷 13,每隔一部相当于输送机长度的距离掘一条联络斜巷 16,与下层煤的各分层运输平巷联系,掘下层煤上分层的超前运输平巷和开切眼,同时利用回风大巷 2 和回风石门 17,在下层煤的上分层掘超前回风平巷,超前回风平巷与开切眼贯通后,形成下层煤上分层工作面。

(2)采区生产系统

①运煤系统

上层煤工作面采出的煤,由区段运输平巷 11 通过区段运输石门 9、溜煤眼 14,运到采区运输上山 4、采区煤仓 15,由大巷 1 运到井底车场。下层煤分层工作面的煤,则由分层超前运输平巷,经联络斜巷 16 运到区段运输集中平巷 13 ,再经溜煤眼 14 、运输上山 4、采区煤仓 15 到运输大巷。

②通风系统

新鲜风流从运输大巷 1 进入,经采区轨道上山 5、区段轨道石门 10 到上层煤轨道平巷 12′,由联络巷到区段运输平巷 11,冲洗工作面之后的污风由区段回风平巷 12 到采区回风石门 8 排进回风大巷 2。下层煤采煤工作面的新风,则是从采区中部车场 6 经区段轨道石门 10、联络斜巷 16 到分层超前运输平巷,冲洗工作面后的污风,从分层超前回风平巷到回风石门 17,排进回风大巷 2。

③运料系统

材料和设备由大巷 1 经轨道上山 5,到采区上部车场 7 后,从采区回风石门 8 到上层煤的轨道平巷 12,送到上层采煤工作面。下层工作面则是通过采区回风石门 8 进入回风大巷 2,再从回风石门 17 到下层煤各分层超前回风平巷,送到下层采煤工作面。

这种联合布置方式,除了采区集中上(下)山为各煤层共用之外,还在下组煤层内布置区段运输集中平巷和区段回风集中平巷。

(3)巷道布置的优缺点

采区集中上(下)山区段集中平巷联合布置,与采区上(下)山联合布置相比较,生产更为集中,可布置多个采煤工作面同时生产,采区生产能力大。各煤层平巷超前掘进,随采随掘,缩短了采煤工作面的准备时间,巷道维护工程量小。每个区段只在区段集中平巷布置带式输送机,各煤层或分层超前运输平巷只需铺设一台刮板输送机,占用设备台数少,减少了设备安装、拆卸、搬迁等工作。但这种布置方式的岩巷工程量大,通风、运输、运料、排矸等系统复杂,生产和准备之间相互干扰大,采区上山、区段集中巷和联络巷等要承受多次采动影响,维护长度大,维护时间长,维护费用高。

三、煤层群分组集中采区联合布置

在煤层层数较多的情况下,可按层间距大小将煤层群分成若干组,每个组内采用集中联合布置方式,而在组与组之间,由于组间距较大则不宜联合开采。可从水平大巷通过采区石门贯穿各个煤层组,在各组煤层分别布置一组采区上山,如图 5-35 所示。这种布置方式实际上是将煤层群分成为若干个采区,每个煤层组采区都具有独立的生产系统。

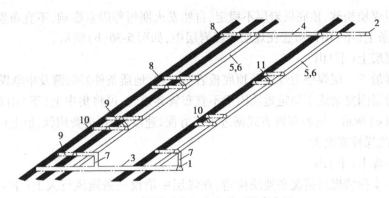

图 5-35　煤层群分组集中采区联合布置

1—运输大巷；2—回风大巷；3—采区运输石门；4—采区回风石门；5—运输上山；
6—轨道上山；7—采区煤仓；8—区段平巷；9—区段运煤石门；10—区段轨道石门；11—溜煤眼

四、联合布置采区巷道分析

1. 采区上（下）山的数目和位置

（1）采区上（下）山数目确定

联合布置采区的特点主要是各煤层共用一组集中上（下）山。一般情况下，至少需要两条集中上（下）山，其中一条上（下）山铺设输送机，用作运煤、回风（或进风）以及敷设管线，另一条上（下）山铺设轨道用作运料、排矸及进（回）风等。

但在下列情况下，则需要布置三条上（下）山：

①煤层层数多，生产能力大的煤层群联合布置采区。

②生产能力较大，瓦斯涌出量也很大的采区，特别是需要有专用排出瓦斯的回风上（下）山。

③生产能力较大，经常出现上下区段同时生产，需要简化通风系统的采区。

④集中运输上山和轨道上山均布置在底板岩层中，需要探清煤层赋存情况或为提前掘进其他采区巷道的采区，或需要专用泄水巷道的采区。

增设的上（下）山一般可专作运煤或通风用，也可兼作行人、辅助提升用。增设的上（下）山特别是服务年限不长的上（下）山，多数可沿煤层布置，以便减少掘进费用，并起到探明煤层变化情况的作用。

（2）采区上（下）山位置的确定

采区集中上（下）山的层位选择，要根据煤层群联合开采的煤层厚度、采区储量和采区上（下）山服务年限、围岩性质、地质条件和运输设备装备等因素，综合技术和经济比较分析，确定其合理位置。一般有以下几种布置方式：

①一煤一岩上（下）山

当煤层群最下一层煤层为煤质及顶底板岩石坚硬、地质条件好的薄及中厚煤层时，可将轨道上（下）山布置在该煤层中，运输上（下）山布置在底板岩层中，如图 5-36（a）所示。这种布置可减少一些岩石巷道工程量，适用于产量不大、瓦斯涌出量较小、服务年限不长的采区。

②两条岩石上（下）山

对于煤层层数多，总厚度较大的联合布置采区，若煤层群最下一层为厚煤层，或者虽为薄及中厚煤层但煤质松软、顶底板岩层不稳定、自然发火期短等因素影响,不宜布置煤层上(下)山时,可将两条上(下)山都布置在煤层底板岩层中,如图5-36(b)所示。

③两条煤层上(下)山

当煤层群最下一层煤层为煤质及顶底板岩石坚硬、地质条件好的薄及中厚煤层,或者为厚煤层其底板岩层因复杂或不稳定地质因素不宜布置巷道时,可将集中上(下)山布置在煤层之中,如图5-36(c)所示。这种布置方式掘进施工方便,速度快,掘进费用低,但上(下)山维护工作量大,留设的煤柱宽度大。

④两岩一煤上(下)山

为了进一步探清煤层情况和地质构造,在煤层中增设一条通风行人上(下)山,在煤层底板岩层中布置两条岩石上(下)山,如图5-36(d)所示。掘进时一般先掘煤层上(下)山,为两条岩石上(下)山探清地质变化情况。

⑤三条岩石上(下)山

在煤层底板岩层中布置三条上(下)山,如图5-36(e)所示。适用于开采煤层层数多、厚度大、储量丰富或瓦斯涌出量大、通风系统复杂的采区。

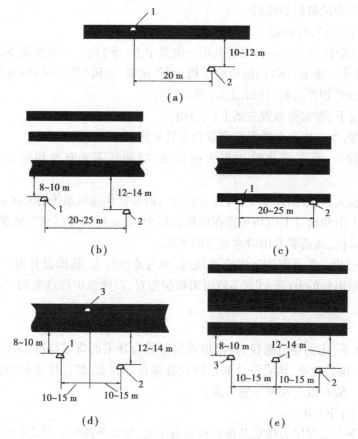

图5-36 采区上山布置类型

1—轨道上山;2—运输上山;3—通风行人上山

(3)上(下)山间的位置关系

联合布置的采区上(下)山,在层面上需要保持一定的距离。采用两条岩石上(下)山布置的,其水平间距一般取 20~25 m;三条岩石上(下)山的,其间距可缩小到 10~15 m;如果是煤层上(下)山的,则间距要增大到 25~30 m。上(下)山间距,过大会使上(下)山之间的联络巷长度加大,过小则不利于巷道维护,不便在其间布置机电硐室,给中部车场的布置和施工会带来困难。

采区上(下)山在垂直层位上,可以布置在同一层位上,也可以使两条上(下)山之间在层位上保持一定的高差,如图 5-36 所示。为便于运煤可将运输上(下)山设在比轨道上(下)山低 3~5 m 的层位上。如果采区涌水量较大,为使运输上(下)山中不流水,可将轨道上(下)山布置在低于运输上(下)山的层位位置上。当两条上(下)山都布置在同一煤层中,且煤层厚度又大于上下山断面的高度时,一般是将轨道上(下)山沿煤层顶板布置,运输上(下)山则沿煤层底板布置,以便于处理区段平巷与上下山的交叉关系。

2. 区段集中平巷的布置

煤层群采用区段集中平巷联合布置时,区段集中平巷可布置在最下层的煤层中,也可布置在煤层群下部的底板岩层中。具体位置要根据开采的煤层层数、煤层厚度、围岩条件和服务年限等因素,综合考虑来确定。许多情况下是将区段运输集中平巷布置在下部底板岩层中,而将区段轨道集中平巷布置在煤层中。

通常用作上区段的运输集中平巷,在下区段回采时又作为区段回风集中平巷。

根据煤层赋存条件和采区巷道布置的总体需要,煤层群区段集中平巷的布置方式有:

(1)机轨分煤岩巷布置

将运输集中平巷布置在煤层底板岩层中,轨道集中平巷布置在煤层之中,如图 5-37 所示。这种方式比双岩集中平巷布置少掘一条岩石平巷,而且轨道集中平巷沿煤层超前掘进,还可探明煤层的变化情况,为岩石运输集中平巷的掘进取直提供保证条件,在煤层顶板淋水较大的情况下,可利用轨道集中平巷泄水,以不影响运输集中平巷的正常运输。但轨道集中平巷布置在煤层中,易受多次采动影响,维护比较困难,因此可将轨道集中平巷布置在围岩条件好的薄及中厚煤层中。

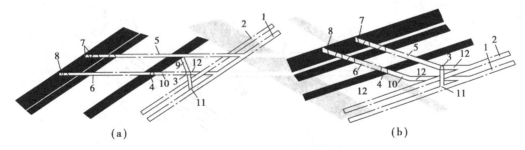

图 5-37　机轨分煤岩巷布置

(a)石门联系方式;(b)斜巷联系方式

1—运输上山;2—轨道上山;3—运输集中平巷;4—轨道集中平巷;5—层间运输联络石门;
6—层间轨道联络石门;7—上区段分层超前运输平巷;8—下区段分层超前轨道平巷;
9—层间溜煤眼;10—区段轨道石门;11—区段溜煤眼;12—中部甩车场

区段集中平巷必须每隔一定距离开掘一条联络巷道,以与各煤层的超前平巷相联系。区段集中平巷与各分层超前平巷的联系方式,有石门联系、斜巷联系和立眼联系三种。

(2)机轨双岩巷布置

将运输集即中平巷和轨道集中平巷均布置在煤层底板岩层中,如图 5-38 所示。双岩巷布置的优点是,巷道受到的支承压力小,可大幅度减少巷道维护费用,且有利于上下区段的同时开采,有利于增大采区生产能力。但岩石巷道掘进工程量大,掘进费用高,采区准备时间长。适合于开采煤层数目较多或煤层厚度大、区段生产时间长,以及布置煤层集中平巷难以维护等条件下采用。

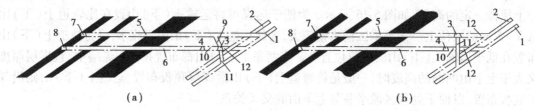

图 5-38　机轨双岩巷布置

（a）双岩巷同标高布置；（b）双岩巷不同标高布置

1—运输上山;2—轨道上山;3—运输集中平巷;4—轨道集中平巷;5—层间运输联络石门;
6—层间轨道联络石门;7—上区段分层超前运输平巷;8—下区段分层超前轨道平巷;
9—层间溜煤眼;10—区段轨道石门;11—区段溜煤眼;12—中部甩车场

（3）机轨合一巷布置

机轨合一巷布置是将运输集中平巷和轨道集中平巷,合为一条断面较大的岩石集中平巷,如图 5-39 所示。这种布置方式减少了一条集中平巷及相关联络巷,掘进和维护工程量较少。但机轨合一巷加大了巷道的跨度和断面积,缺少了煤层巷道的定向引导,巷道层位不好控制,而且施工相对比较困难,施工进度慢。尤其是机轨合一巷与采区上山的连接处,在与通往分层超前平巷的联络巷道连接处,存在着轨道运输和输送机运输的交叉穿越问题,造成运煤和运料极其不方便。为解决轨道运输和输送机运输的交叉问题,需要对巷道和线路、设备进行复杂的设计布置和施工。

机轨合一巷布置适合于煤层底板岩层较好、煤层稳定、采区生产能力不大的采区。

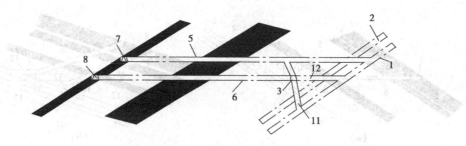

图 5-39　机轨合一巷布置

1—运输上山;2—轨道上山;3—机轨合一集中平巷;4—轨道集中平巷;5—层间运输联络石门;
6—层间轨道联络石门;7—上区段分层超前运输平巷;8—下区段分层超前轨道平巷;
9—层间溜煤眼;10—区段轨道石门;11—区段溜煤眼;12—中部甩车场

（4）机轨双煤巷布置

机轨双煤巷布置时将运输集中平巷和轨道集中平巷均布置在煤层中,如图 5-40 所示。这种布置方式的优点是岩巷工程量少,掘进容易,速度快,掘进费用低廉,可缩短采区准备时间,而且有利于上下区段之间的同时回采,扩大采区生产能力。但在煤层中布置集中平巷,受采动影响大,特别是当煤层层数多、间距小的情况下,集中平巷要受多次采动影响,再加上集中平巷服务期较长,造成巷道维护量大,巷道围岩变形破坏严重时,还会影响安全生产。

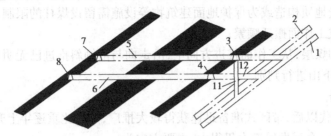

图 5-40　机轨双煤巷布置

1—运输上山;2—轨道上山;3—运输集中平巷;4—轨道集中平巷;5—层间运输联络石门;

6—层间轨道联络石门;7—上区段分层超前运输平巷;8—下区段分层超前轨道平巷;

9—层间溜煤眼;10—区段轨道石门;11—区段溜煤眼;12—中部甩车场

联合布置的采区,若煤层群最下部有围岩稳定性好的薄及中厚煤层时,可以考虑采用双煤集中平巷布置。

任务6　采区准备方式的发展趋势分析

我国煤矿地质条件和开采技术条件的多样性、复杂性,技术结构及管理体制的多层次性,区域经济发展的差异性,决定了在不同类型的同压域矿井中,准备方式的多样性和发展的不平衡性。准备方式的改革与发展,可以归纳为:准备方式的多样化;采(盘、带)区的大型化;采区布置的单层化和全煤巷化等。

一、准备方式多样化

国有重点煤矿中,主要采用采区式、盘区式和带区式准备,其产量比重分别占 65%、20%和 15%,分段式准备仅在个别矿井中采用。

1. 采区式准备

20 世纪 70 年代及以前,除近水平煤层外,均采用采区式准备。20 世纪 80 年代以后,我国在倾角 12°以下煤层,推广发展倾斜长壁开采的带区式准备。由于多种原因,12°以下煤层采用采区式准备仍有相当的比重。从今后发展趋势分析,采区式仍然是我国主要采用的一种准备方式。采区式准备的系统及参数在不同时期、不同类型矿井中,有着不同的发展方向:

①扩大采区尺寸及生产能力,增大采煤工作面连续推进长度;

②普采采区发展多种形式的联合布置,减少矿井同采采区数、生产集中化;

③综采采区及单产较高的变更采区内,在区段、采区范围内发展单层化布置,减少岩石巷道及大量联络巷,简化生产系统。

2. 盘区式准备

20 世纪 70 年代及以前,近水平煤层均采用盘区式准备。20 世纪 80 年代以后,在倾角 12°以下煤层推广应用倾斜长壁带区式准备后,盘区式准备产量比重呈下降趋势,但目前仍占一定的比重,这是因为:

①过去设计的大型盘区,服务年限有的达 15~20 年,目前正在继续生产;

②开采块段内走向断层较多,采用倾斜分带布置较困难;

③开采块段受地质构造或为保护地面建筑物等设施需留设煤柱的限制,倾斜长度较短,用采分带布置易造成工作面搬迁频繁;

④倾角很小的煤层,从工作面推进方向上,沿走向与沿倾斜推进已无明显区别。主要依据区内是否设有上、下山进行判别。

3. 带区式准备

20 世纪 80 年代以后,带区式准备迅速获得较大推广,产量比重逐年上升,我国 12°以下煤层可采储量占 55%,今后发展潜力仍很大,主要方向为:

①12°以下煤层,进一步发展各种形式的带区式布置;

②扩大分带、带区尺寸,增加采煤工作面连续推进长度;

③适应不同地质、开采技术条件,分别采用仰斜开采、俯斜开采、伪斜开采;

④我国煤层倾角在 10°～15°的矿区很多,在井田内因地制宜地采用盘区式、带区式混合布置方式,以适应不同地质、开采技术条件。特别是井田构造较复杂时,为适应沿断层布置回采巷道,工作面小角度旋转调斜,在开采块段内出现了不同回采方向、不同倾角的开采单元。

二、采区大型化

采区大型化含义包括:采区尺寸增大、可采储量增多、生产能力增大等几个方面。

20 世纪 50 年代初期,采(盘)区走向长度一般不超过 500～600 m(双翼),20 世纪 70 年代末,大中型矿井采区走向长度在 1 000 m 左右,各时期规定的参数取值见表 5-1。20 世纪 50 年代制订的煤矿矿井设计技术方向,主要是参考国外的数据,尚缺乏我国实际经验;自 20 世纪 60 年代起,历次制订"设计规范"、"技术方向"和"技术政策"时都经过实际的调查研究,基本上反映了当时较为合理的参数,从表中也可看出这些参数的变化趋势。

表 5-1 不同时期采区有关参数

时期及规定	工作面长度/m	工作面年进度/m·a^{-1}	采区走向长度/m
1956 年"第一个五年计划期间煤矿矿井设计技术方向"	80～100($M \leq 0.7$) 120($M = 0.7 \sim 0.8$) 150($M = 0.8 \sim 2.5$) 80～120(急斜 $M \leq 2.5$)	480($M \leq 3.5$ 后退式) 420($M \leq 3.5$ 前进式)	
1963 年"煤矿设计规范"	≤ 60($M < 0.6$) 60～130($M = 0.6 \sim 1.3$) 80～100($M = 1.3 \sim 3.0$) 70～100(分层开采)	360～420 (新区) 420～480 (老区)	600～800(双翼) 300～400(单翼)
1973 年"煤矿矿区总体和矿井设计规范"	120～130(普采) 70～150(炮采)	480～600(普采) 360～540(炮采)	600～1 000(双翼)
1978 年"煤炭工业设计规范"	≥ 150(综采) 120～150(普采) 80～150(炮采)	900～1 200(综采) ≥ 600(普采) 420～540(炮采)	1 500～2 000(综采、双翼) 1 000～1 200(综采、双翼、跨上山开采) 800～1 000(普采、炮采、双翼)

时期及规定	工作面长度/m	工作面年进度/m·a⁻¹	采区走向长度/m
煤炭工业矿井设计规范(GB 50215—94)	≥160(综采) ≥140(普采,中厚煤层) ≥120(普采,薄煤层)	≥1 200(综采,M = 1.4~3.2) ≥1 000(综采,$M > 3.2$ 或,$M < 1.4$) ≥700(普采)	≥1 000(综采、单翼) ≥2 000(综采、双翼) 1 000~1 500(普采、炮采双翼)
煤炭工业矿井设计规范 GB 502.5—2005	≥160(综采) ≥140(普采,中厚煤层) ≥120(普采,薄煤层)	≥1 200(综采,M = 1.4~3.2) ≥1 000(综采,$M > 3.2$ 或,$M < 1.4$) ≥700(普采)	缓倾斜综采,不少于采煤工作面连续推进一年的长度。 普采 >600 盘区 >3000

20 世纪 80 年代以来,我国开始推广带区式布置,系统大为简化与集中,效果显著。

随着煤矿开采技术的发展,新设备、新工艺及机械化程度不断提高,生产日益集中,致使采区参数不断发生阶段性变化。其发展主要方向:

①新设计采区,炮采、普采采区走向长度为 1 000~1 500 m,综采采区为 2 000~3 000 m;

②大型上山采区,为了达到投产快及避免煤的长距离折返运输,后上山的单翼采区呈发展趋势,走向长 1 000~2 000 m,有的达 3 000 m 以上;

③分带斜长一般在 1 000~1 500 m,有的达到 3 000 m 以上;

④改造合并采区,扩大采(盘)区尺寸,普采采区联合布置。

⑤采区生产能力不断加大。

采区联合准备的发展促进了采区的大型化。联合布置采区加大采区尺寸,增大了可采储量和服务年限,可适当多布置工作面,提高采区生产能力,减少矿井同采采区数,有利矿井集中生产;集中巷布置改善了巷道维护条件,促进了采区尺寸进一步加大;提高了采出率。

随着综采、综掘配套设备发展,布置大量岩石巷道已不适应,综采采区、单产较高的普采采区在区段乃至采区范围内出现了单层化布置的趋势。由于煤层赋存及生产技术条件的不平衡性,单层布置采区目前仅占少数,我国大量综采采区仍以集中上山联合准备为主,上山大多布置在底板岩石中,实现跨上山开采,取消上山煤柱。集中平巷的联合准备在综采采区已日趋减少。

采(盘)区生产能力不断提高,20 世纪 80 年代的国有重点煤矿采区平均生产能力约 23 万吨/年,20 世纪 90 年代中期已提高到 29.24 万吨/年。目前多数矿井综采采区实现一区一面,综采采区能力达 100~300 万吨/年,个别达 500 万吨/年以上。

三、单层化和全煤巷化

20 世纪 60 年代以前,我国部分矿井按单层布置采区并采用全煤巷布置,在煤层群中分煤层布置采区上山,煤层巷道维护十分困难,特别是在厚煤层,加上工作面单产低,同产工作面数目多,生产分散。自 1960 年起,逐步改用多层联合布置,取得了显著的效果。20 世纪 80 年代出现新的单层开采全煤巷布置系统,其基本的布置方式与早期没有特殊区别,但在采掘运装备、支护手段、布置参数、机械化水平及新技术应用及单产、效率指标等方面提高到一个新的水平。

随着高产高效综采的发展,工作面单产大幅度提高,为采区单层化和全煤巷化创造了条件。在单一煤层中,进行集中准备、集中生产及采用全煤巷布置,出现了高效、简单、连续的布置方式,是煤矿准备方式发展的方向。

我国单层化全煤巷布置可以在不同范围内发展应用,首先实现区段(分带)范围内单层开采,取消岩石集中巷,我国大多数综采采区已经实现。其次,逐步实现水平采区范围内单层化、全煤巷化开采。全煤巷布置的优点:

①大幅度或全部取消岩石巷道,最大限度利用综掘设备,加快进度,降低成本,减少辅助工作量。我国目前掘进综合机械化程度仅占13%,与综合机械化采煤发展不相适应。

②可减少大量联络巷道的工程量及费用。这些巷道多为岩石巷,施工不便,增加矿井生产环节、系统复杂,增加人员及生产成本,减少这些巷道可提高矿井技术效果和经济效益。

③为实现运煤系统连续化创造了条件。可简化运输系统,便于实现自动化集中控制,大幅度提高运输效率。

④辅助运输一直是我国煤矿的薄弱环节,采用单层化全煤巷布置,减少了联络巷,便于实现辅助运输的机械化、连续化。

任务7 采区巷道布置及生产系统模拟实训

一、实训目的

通过采区巷道布置及生产系统模拟实训,掌握不同煤层赋存条件下,采(盘)区巷道布置方式,生产系统构成;掌握采(盘)区巷道布置的空间位置关系,层间联系方式;建立采(盘)区巷道空间立体概念;采(盘)区巷道布置平、剖面图识读。

二、实训内容及模型配备

①单一薄及中厚煤层走向长壁采煤法上山采区巷道布置模型;
②单一厚煤层倾斜分层走向长壁采煤法采区巷道布置模型;
③近距离煤层群联合布置走向长壁采煤法采区巷道模型;
④石门盘区走向长壁采煤法盘区巷道布置模型;
⑤单一薄及中厚煤层倾斜长壁采煤法带区巷道布置模型;
⑥近距离煤层群联合布置倾斜长壁采煤法带区巷道布置模型;
⑦急倾斜煤层采煤法的采区巷道布置模型;
⑧其他特殊采煤方法的巷道布置模型。

三、实训过程

①按每小组10~15人分组,采用观摩、讨论、绘图等方式进行实训;
②指导教师介绍模拟实训目的、方法、要求和注意事项;

③完成一组模拟实训之后,小组之间互相交换模型,进行另一组模拟实训;

④指导教师对实训开展情况进行指导和检查;结束前,对实训进行情况进行总结。

四、实训要求

①实训前,学生必须复习课程的相关知识,预习实训指导书,做好实训前的准备工作。

②实训教学的重点和难点是建立采区巷道空间概念,分析采(盘)区巷道布置方式及特点,分析采区生产系统。具体要求是:掌握各类型的采(盘)区巷道布置,掌握巷道的名称、作用;掌握采(盘)区巷道的空间位置,准备巷道与开拓巷道、回采巷道与准备巷道的联系方式;主要生产系统的构成;对照实训模型,分析采(盘)区巷道布置的特点;会对照实训模型,分析采(盘)区的主要生产系统。

五、实训考核

学生按实训要求,撰写实训报告书。

实训成绩由两部分组成。一是考核学生在实训教学中的态度和独立完成能力,二是考核学生的实训教学报告书。实训成绩按优秀、良好、中等、及格与不及格评定。

六、实训报告主要内容

选择一个采(盘)区巷道布置模型,绘制其巷道布置平面图、剖面图;标注主要巷道的名称;叙述采区运输系统、通风系统、行人系统、运料系统、排水系统、供电系统;分析该采(盘)区布置方式的特点、优缺点,提出技术改进意见。

巩固与提高

5.1　采区准备方式有哪几类? 确定采区准备方式应遵循哪些基本原则?

5.2　对照图5-4,分析采区巷道是由哪几类巷道组成的? 简述各巷道的名称、用途、主要技术装备及其巷道形式,分析采区运煤、通风、运料等生产系统。

5.3　分析区段运输平巷和区段回风平巷在布置上有什么特点。

5.4　分析比较区段平巷的单巷布置、双巷布置特点。

5.5　无煤柱护巷的原理是什么? 无煤柱护巷方法有几种? 试分析各种方法的优缺点和适用条件。

5.6　什么是对拉工作面? 布置对拉工作面时应注意哪些问题?

5.7　绘图说明厚煤层倾斜分层采煤时分层平巷的几种布置方式及适用条件。

5.8　试分析区段集中平巷与上山、与分层平巷之间的几种联系方式,各适用于什么条件?

学习情境 **6**

爆破采煤工艺选择

 学习目标

☞ 能正确选择煤矿许用炸药和雷管；

☞ 会正确选择炮眼布置方式；

☞ 会正确选择炮眼角度、深度、装药量；

☞ 会正确确定起爆顺序；

☞ 会制定毫秒爆破的安全技术措施；

☞ 会正确选择装煤方式；

☞ 能正确选择和使用单体液压支柱和铰接顶梁；

☞ 能正确选择特种支架和采空区处理方法；

☞ 能正确绘制炮采工作面布置图。

任务 1 爆破采煤工艺分析

一、爆破采煤工艺的发展

爆破采煤工艺,简称炮采,其特点是爆破破煤,爆破及人工装煤,机械化运煤,用单体支柱或悬移液压支架支护工作空间顶板。随着技术装备的发展,我国炮采工艺经历了三个主要发展阶段:建国初期改革采煤方法,推行长壁采煤工艺,工作面采用拆移式刮板输送机运煤、木支柱支护顶板,生产效率很低,劳动条件差;20 世纪 60 年代中期开始,采用能力较大、能整体前移的可弯曲刮板输送机运煤,用摩擦式金属支柱和铰接顶梁支护顶板,使工作面单产和效率有较大提高;进入 20 世纪 80 年代,炮采工作面的装备和技术手段更新速度加快,用防炮崩单体液压支柱代替金属摩擦支柱,工作空间顶板得到有效控制,生产更加安全,支护工作效率提高,而且工作面输送机装上铲煤板和可移动挡煤板,使 80% ~ 90% 的煤在爆破和推移输送机时自行装入输送机,同时工作面采用大功率或双速刮板输送机运煤和毫秒爆破技术,进一步提高了生产效率;进入 20 世纪 90 年代,用 II 型长钢梁组成的迈步抬棚取代金属铰接顶梁,支护强度和工作效率进一步提高;进入 21 世纪,炮采工作面出现了分体或整体式悬移液压支架,实现了支护机械化。

爆破采煤的工艺过程包括打眼、爆破破煤和装煤、人工装煤、刮板输送机运煤、移置输送机、支护和回柱放顶等主要工序。

二、爆破破煤

爆破破煤包括打眼、装药、填充炮泥、爆破线路连接、爆破、炮后检查等工序。

由于钻眼爆破是炮采工艺中首道工序,钻眼爆破效果好坏直接影响着后续工序的工作量、工作难度和安全。爆破破煤要求保证规定进度、工作面平直,不留顶煤和底煤,不破坏顶板,不崩倒支柱和不崩翻工作面输送机,崩破煤炭的高度和块度适中,尽量降低电雷管和炸药消耗。因此,要根据煤层的强度、厚度、节理和裂隙的发育状况及顶板条件,正确确定钻眼爆破参数,包括炮眼排列、角度、深度、装药量、一次起爆的炮眼数量以及爆破次序等。根据爆破破煤所用电雷管不同,分为瞬发雷管爆破、毫秒延期雷管爆破两种。

1. 瞬发雷管爆破

(1)炮眼布置

一般有单排眼、双排眼、三排眼三种。

①单排眼　一般用于薄煤层或煤质软、节理发育的煤层,如图 6-1(a)所示。

②双排眼　其布置形式有对眼、三花眼和三角眼等,一般适用于采高较小的中厚煤层。煤质中硬时可用对眼,煤质软时可用三花眼,煤层上部煤质软或顶板较破碎时可用三角眼,如图 6-1(c)所示。

③三排眼　三排眼也称五花眼,用于煤质坚硬或采高较大的中厚煤层,如图 6-1(b)所示。

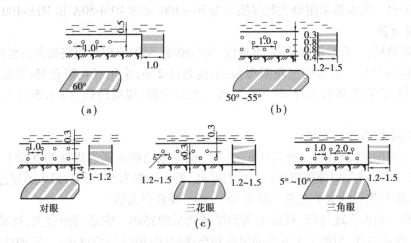

图 6-1　炮眼布置图
(a)单排眼;(b)双排眼;(c)三排眼

(2)炮眼角度的要求

①炮眼与煤壁的水平夹角一般为 50°~80°,软煤取大值,硬煤取小值。为了不崩倒支架,应使水平方向的最小抵抗线朝向两柱之间的空当;

②顶眼在垂直面上向顶板方向仰起5°~10°,要视煤质软硬和煤层粘顶情况而定,应保证不破坏顶板的完整性;

③底眼在垂直面上向底板方向保持10°~20°的俯角,眼底接近底板,以不丢底煤和不崩翻刮板输送机为原则。

炮眼深度根据每次的进度而定。一般每次进度有0.8 m、1.0 m、1.2 m三种,与单体支架铰接顶梁长度相适应。每个炮眼的装药量根据煤质软硬、炮眼位置和深度以及爆破次序而定,通常为150~600 g。

(3)爆破采用串联法连线,一般将可弯曲刮板输送机移近煤壁。每次起爆的炮眼数目,应根据顶板稳定性、输送机启动及运输能力、工作面安全情况而定。条件好时,可同时起爆数十个炮眼;如顶板不稳定,每次只能爆破几个炮眼,甚至留煤垛间隔爆破。

2.毫秒延期雷管爆破

近年来推广毫秒延期电雷管爆破技术,使炮采工艺发生了深刻变化,从使用瞬发电雷管分段(次)爆破,发展到使用毫秒爆破一次起爆,顶板震动次数减少,在极短时间内爆破产生的震波因互相干扰而消减,从而减轻了对顶板的震动,有利于顶板的管理;同时毫秒延期爆破有利于提高爆破装煤量,缩短爆破时间,提高炮采工作面的单产和效率。毫秒延期爆破在炮采工作面应用时使用的爆破器材、炮眼布置、爆破技术参数、安全技术措施等均与瞬发雷管不同。

(1)爆破器材

①炸药　根据矿井的瓦斯等级,低瓦斯矿井选用二级煤矿许用炸药;高瓦斯矿井选用三级煤矿许用炸药;有煤与瓦斯突出危险工作面选用三级煤矿含水炸药。

②毫秒雷管　选用1~5段合格的煤矿许用毫秒延期电雷管,桥丝为镍铬丝,铁脚线,电雷管电阻一般为5.5~6.0 Ω。

③其他器材　发爆器采用最大起爆能力为50~100发的MFB-50A和MFB-100A型。

(2)炮眼布置

炮眼布置原则,一般是根据采高、推进度、煤的硬度、裂隙节理与顶底板岩石性质及有无夹矸而定。采高小于1.6 m,采用三花眼布置;采高超过2 m,采用五花眼布置;采高在1.6~2 m,视煤质软硬而定:煤质较软,$f = 1~1.5$,按三花眼布置;煤质较硬,$f = 1.5$以上,按五花眼布置。

(3)炮眼间距、深度与角度

炮眼深度视推进度而定,一般为0.8~1.25 m;炮眼角度在垂直煤壁的立面上,一般仰角为2°~3°,最多5°~8°,但顶板破碎时只能打平孔;俯角一般为5°~10°,最大不超过15°,如图6-2所示。炮眼与煤层的水平夹角一般为55°~80°,煤软取大值。

炮眼间距与角度合理与否,直接关系到爆破效果的好坏。炮眼间距过大,爆破后煤块度大,有时需要再次破碎,增加了工人劳动强度和出煤时间;炮眼间距过小,会增加炸药、雷管的消耗量,增加了打眼工作量。根据部分矿井生产实践经验,煤质中等硬度时,顶眼间距为1.1~1.3 m,底眼间距为0.9~1.0 m,装药量为300~500 g,可取得较好的爆破效果。

(4)确定合理的间隔时间与起爆顺序

合理的间隔时间,应大于4~6 ms的弹性震动延续时间和4.3~5.8 ms的煤(岩)层开始移动到形成裂隙时间。确定合理间隔时间的办法是通过现场试验,当炸药消耗量低,炮眼利用率高,震动小,为合理的间隔时间。

起爆顺序合理与否,是决定毫秒爆破效果好坏的关键。根据生产实践经验,底眼依次 1～5 段起爆,顶眼 2～5 段起爆。前段炮眼爆破后,对后段爆破相当于增加一个自由面,爆破效果好、装煤率高,且不崩倒支柱。

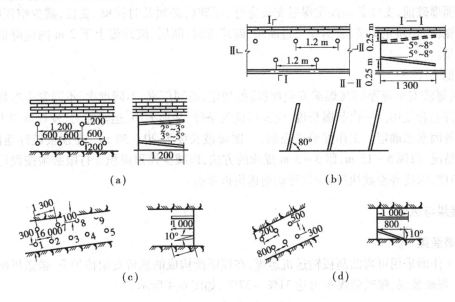

图 6-2　用毫秒延期雷管爆破工作面炮眼布置

据测试,用瞬发雷管崩动支柱的占 50%～70%,而毫秒雷管仅占 3.5%,爆破顺序合理时可降至 0.5%。具体炮眼起爆顺序如图 6-3 所示。

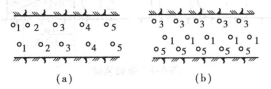

图 6-3　用毫秒延期雷管起爆顺序
(a)中厚煤层;(b)厚煤层

(5)毫秒延期爆破的安全技术措施

①装药

必须使用与矿井瓦斯等级相适应的煤矿许用炸药和合格的煤矿许用毫秒延期雷管,1～5段总延期量不得超过 130 ms。采用正向连续装药,药卷间不许留有间隔。必须装水炮泥,炮孔剩余部分还要用炮泥封满。每装好一个炮眼,其雷管脚线须及时扭结短路,按设计的起爆顺序装药,不准装错。

②爆破

炮眼间必须采用串联,不允许使用并联或串并联。爆破前要采用数字欧姆表或光电导通表检查爆破网路的导通情况,确定无误,方可起爆。工作面爆破时,必须使用一台发爆器,发爆器要保证起爆电流不小于 1.5～2.0 A,并要定期检查发爆器参数和更换电池,保证有足够的起爆能力。

③通风和瓦斯管理

工作面要有足够的风量,设好防尘水管,爆破前后都必须洒水降尘。坚持装药前、爆破前、爆破后的瓦斯检查,发现瓦斯超过1%时,不许装药爆破。

④顶板管理

工作面爆破前,支柱必须保质保量支设完好,爆破后必须及时挂梁、支柱,减少空顶时间,如有崩翻棚柱,必须先扶棚,后出煤。过断层、破碎带时,断层、破碎带上下2 m内应降低一次爆破装药量。

⑤其他

根据《爆破安全规程》和《煤矿安全规程》的规定,不同厂家、不同批次、不同发火参数的毫秒雷管不许混合使用。一次起爆长度,应根据顶板条件、瓦斯大小、运输能力、发爆器能力和劳动力配备等因素来确定。工作面分段爆破,一次爆破长度为20~30 m。在顶板破碎地段,可根据具体情况,每隔5~15 m,留3~5 m煤垛的方法,以减少控顶面积。打眼必须按设计的炮眼间距、角度、深度等参数执行,应先开动输送机再爆破。

三、装煤与运煤

1. 爆破装煤

炮采工作面采用可弯曲刮板输送机运煤,在顶梁所构成的悬臂支架掩护下,输送机贴近煤壁,有利于爆破装煤,爆破装煤率可达31%~37%,如图6-4所示。

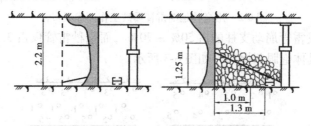

图6-4 爆破装煤

2. 人工装煤

炮采工作面人工装煤量主要由两部分构成:输送机与新煤壁之间松散煤安息角线以下的煤,如图6-4所示;崩落或撒落到输送机采空侧的煤。因此,浅进度可减少煤壁处人工装煤量;提高爆破技术水平,减少人工装煤量。

3. 机械装煤

人工装煤是炮采工作面工序中的薄弱环节,为此各矿区研制了多种装煤机械。目前使用最多的是在输送机煤壁侧装上铲煤板,爆破后部分煤自行装入输送机,然后工人用铁铲将部分煤铲入输送机,余下部分底部松散煤靠大推力千斤顶推移,用铲煤板装入输送机。

图6-5所示为兖州北宿矿炮采工作面爆破破煤机械装煤作业布置图,其布置特点是:在输送机的煤壁侧装上铲煤板;在输送机的采空侧装上挡煤板。挡煤板靠其底座上的支撑杆支撑,通过操纵手柄可使支撑杆带动挡煤板竖起或向采空侧放倒;工作面装备 SGD 型双伸缩切顶墩柱。切顶墩柱通过大推力千斤顶的收缩实现自行前移,并可在推移输送机时铲装煤。打眼和装药时将挡煤板放倒,爆破时挡煤板立起,防止煤被崩过而撒落入采空侧,可使60%以上的煤自行装入输送机,余下的煤在大推力千斤顶的推动下被铲煤板铲入输送机。

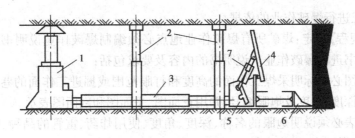

图6-5　兖州北宿矿炮采工作面机械装煤作业布置图
1—双伸缩切顶墩柱;2—单体支柱;3—千斤顶;4—挡煤板;
5—挡煤板底座;6—铲煤板;7—支撑杆

4.运煤及移溜

炮采工作面运煤,取决于工作面的坡度与煤的湿度及块度。一般在煤层倾角为25°以下的湿煤可采用刮板输送机运输。倾角为25°～30°的采用搪瓷溜槽,大于30°采用铸石溜槽自溜运煤,一般情况下,多用输送机运煤。输送机推移简称移溜。输送机推移器多为液压式推移千斤顶,其布置如图6-6所示。

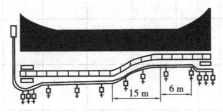

图6-6　移置输送机示意图

工作面内每6 m设一台千斤顶,输送机机头、机尾各设3台千斤顶。推移输送机时,应从工作面的一端向另一端依次推移,以防输送机槽起拱损坏。移溜时溜槽间弯曲度不大于允许的最大弯曲度,一般不超过3°～5°,弯曲段长度不小于15 m。

任务2　爆破采煤工艺选择

一、爆破采煤工艺的选择

炮采工艺技术装备投资少,适应性强,操作技术容易掌握,生产技术管理比较简单,是我国目前仍然采用较多的一种采煤工艺,2006年国有重点煤矿炮采产量占25%左右。但是,由于炮采单产和效率低、劳动条件差,根据我国煤炭工业技术政策,凡条件适于机采的炮采面,特别在国有重点煤矿都要逐步改造成为普采面。在炮采工艺方式上,应积极推广使用新技术、新设备、新材料,尽量提高装煤机械化水平,减小劳动强度。

二、爆破采煤工艺设计

爆破采煤工艺设计主要是爆破设计和支护设计两个方面,爆破设计主要是编制爆破设计说明书。爆破作业说明书是作业规程的主要内容之一,是爆破作业贯彻《煤矿安全规程》的具体措施,是爆破工进行爆破作业的依据。

《煤矿安全规程》规定:煤矿所有爆破作业地点必须编制爆破作业说明书,爆破工必须依据爆破作业说明书进行爆破作业。说明书的内容及要求包括:

①炮眼布置图必须标明采煤工作面的高度和打眼范围或掘进工作面的巷道断面尺寸,炮眼的位置、个数、深度、角度及炮眼编号,并用正面图、平面图和剖面图表示。

②炮眼说明表必须说明炮眼的名称、深度、角度、使用炸药、雷管的品种、装药量、封泥长度、连线方法和起爆顺序(见表6-1)。

表6-1 炮眼说明表

炮眼名称	循环个数	角度/(°)			眼深/m	眼距/m			炸药			雷管			封孔	
		炮眼角	仰角	俯角		距顶板	距底板	间距	种类	每眼装药量/kg	每循环装药量/kg	种类	段数	循环用量/发	水炮泥/个	封孔长度/m
掏槽眼																
辅助眼																
周边眼																
每循环炮眼数		每循环总药量/kg					每循环雷管数/发				每循环水炮泥数/个					

③爆破作业说明书必须编入采煤作业规程,根据不同地质和技术条件及时修改补充。

除上述《煤矿安全规程》规定的要求外,爆破作业说明书还必须有预期爆破效果表,说明炮眼利用率、每循环进尺和炮眼总长度,炸药和雷管总消耗量及单位炸药消耗量等主要技术经济指标。

巩固与提高

6.1 什么是爆破采煤?

6.2 爆破采煤的工序有哪些?

6.3 简述瞬发雷管爆破和毫秒雷管爆破的异同?

6.4 爆破采煤工艺如何选择?

学习情境 **7**
普通机械化采煤工艺选择

学习目标

☞ 能正确选择滚筒位置、旋转方向；
☞ 能正确选择采煤机割煤方式、进刀方式；
☞ 能正确选择支架布置方式；
☞ 能正确选择工作面端头支架；
☞ 掌握工作面支护技术要点；
☞ 能正确进行工作面工艺参数分析；
☞ 能正确选择中厚煤层普采设备；
☞ 能正确绘制机采工作面布置图。

任务1 普通机械化采煤工艺分析

一、普通机械化采煤工艺的发展

普通机械化采煤工艺,简称普采,其特点是用采煤机械同时完成破煤和装煤工序,而运煤、顶板支护和采空区处理与炮采工艺基本相同。20 世纪 60 年代,普遍采用截深 0.6~1.0 m 的浅截式采煤机械。按照技术装备的发展过程,我国浅截式普采经历了三个发展阶段。20 世纪 60 年代初采用浅截式采煤机械、整体移置的可弯曲刮板输送机、摩擦式金属支柱和铰接顶梁相配套的采煤机组,使普采单产和效率有较大提高。20 世纪 70 年代后期采用第二代普采装备,对第一代浅截式普采设备进行技术更新,提高配套水平,主要是采用了单体液压支柱管理顶板,使普采生产出现了新的面貌。20 世纪 80 年代中期开始,对第二代普采设备实行进一步更新换代,形成第三代普采,采用了无链牵引双滚筒采煤机,双速、侧卸、封底式刮板输送机以及 II 型长钢梁支护顶板等新设备和新工艺,使普采的单产、效率和效益上了一个新台阶。进入 21 世纪,普采工作面出现了分体或整体式悬移液压支架,实现了支护机械化,形成第四代普采。

二、普采工作面工艺参数确定

普采工作面端部切口对采煤机进刀、架设端头支架、操纵和维修设备以及出入人员、运送材料和设备均是有用的，是工作面安全出口。切口的尺寸与平巷宽度、采煤机和输送机的结构特点以及工作面工艺方式有关。当平巷较宽、输送机机头和机尾的一部分可以布置在其内、采煤机的摇臂较长而没有切口也能进刀时，仍需有一定长度的切口，以保证能支设端头支架，并使其顺利前移。

通常，普采工作面的下切口长度为 3~4 m。若使用单滚筒采煤机，上切口长度视机身长度和采煤机牵引的终点位置而定，一般为 6~10 m；采用双滚筒采煤机、大宽度平巷，可以不开切口，切口实际被宽平巷所代替。普采工作面端部切口的深度，一般为截深的 2~3 倍；截深 0.8 m 和 1.0 m 时，切口深度应不小于 2 倍截深；截深 0.5 m 和 0.6 m 时，应大于 3 倍截深，以确保迈步式端头抬棚的顺利前移。

采煤机采用工作面端部斜切方式进刀时，斜切段长度与输送机机头（尾）布置的位置和长度、采煤机机身长度、输送机弯曲段长度等因素有关。当输送机机头（尾）完全布置在平巷时，斜切段长度等于采煤机机身长度加输送机弯曲段长度。输送机弯曲段长度与机槽尺寸、机槽间水平可转角度、每次推移步距等参数有关。几种输送机弯曲段长度见表 7-1 所示。

表 7-1　几种国产输送机弯曲段可达最小长度

输送机型号	机槽尺寸（长×宽）/m	槽间水平可转角/(°)	输送机弯曲段长度/m			
			B = 500 mm	B = 600 mm	B = 800 mm	B = 1 000 mm
SGB-764/264	1 500×767	2	13.5	15.0	15.0	16.5
SGB-630/150	1 500×630	3	10.5	10.5	12.0	13.5
SGB-630/180	1 500×630	2	13.5	15.5	15.0	16.5
SGB-630/80	1 500×630	3	10.5	10.5	12.0	13.5

注：表中参数 B 为输送机机槽的宽度尺寸。

三、普采工作面的设备配套

1. 普采工作面设备横向配套尺寸

如图 7-1 所示的普采工作面，通常把割一刀煤的全部工序完成以后，前排柱中心线至煤壁的距离称为机道宽度（D）；机道宽度加截深称为无立柱空间宽度（R）。很显然，机道宽度 D 取决于输送机机槽总宽度 W，图 7-1 中 W 为铲煤板宽度 F、中部槽宽度 G、导轨宽度 J、电缆槽宽度 V 之和。

当煤壁不直或采煤机进入输送机弯曲段时，为避免滚筒截割铲煤板，应在煤壁和输送机铲煤板之间留有一个间隙 Z，一般 $Z = 50~150$ mm；此外，机道宽度还应包括输送机电缆槽与前排支柱之间的空距 X，以保证在支柱向煤壁方向偏斜或输送机移设不直时，电缆及水管等不被挤坏，一般 $X = 50~100$ mm；从前排柱中心线算起，还应包括支柱半径 $d/2$。这样无立柱空间宽度 R 为：

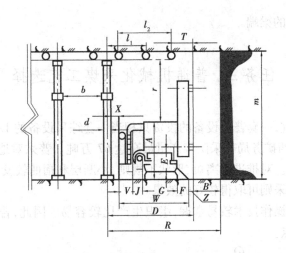

图7-1　普采面设备横向配套尺寸

$$R = D + B = F + G + J + V + Z + X + \frac{d}{2} + B \tag{7-1}$$

式中　　B——采煤机滚筒截深,mm;

　　　　d——单体液压支柱缸体直径,mm。

影响无立柱空间宽度 R 的主要尺寸是机道宽度 D 和截深 B。而机道宽度 D 主要是由输送机机槽总宽度 W 决定的,而 W 值则取决于配套采煤机底托架的导向与支承部分的宽度和生产率。采煤机和输送机的生产率必须相匹配,并受机槽宽度的制约。因此,要保证普采面有一定生产能力,也必须相应保证普采工作面设备有一定的横向配套尺寸。

从控顶角度考虑,无立柱空间宽度 R 越小越好,但设备型号确定后,机道宽度已定,只有考虑改变截深 B。因此,在普采设备选型中,应根据煤层地质条件特别是顶板稳定性选择不同型号的设备和采煤机截深。

2. 端面距的确定

端面距是普采工作面能否管好机道上方顶板的关键因素之一。当设备型号确定后,T 值大小取决于顶梁长度、截深、单体支架的结构及尺寸,如图7-1 所示。当采用正悬臂支架时,端面距 T 值可表示为

$$T = D - l_1 \tag{7-2}$$

式中　　l_1——支架前探梁长度,mm。

当支架为倒悬时,可能会出现两种情况:一是可以挂上一棵无立柱顶梁,如图7-1 中所示 l_2;二是不能挂上无立柱顶梁。两种情况之端面距 T 值可分别表示为

$$T_1 = D - l_1 - L \tag{7-3}$$
$$T_2 = D - l_1 \tag{7-4}$$

式中　　T_1、T_2——采用倒悬臂支架时的端面距,m;

　　　　L——顶梁长度,mm。

当煤壁易片帮时,片帮后增加了空顶宽度,有时在 $D < (L + l_1)$ 情况下,仍需再挂上一棵无立柱顶梁,有利于顶板管理。

为了缩小端面距,管好机道上方顶板,特别是当顶板较破碎时有的矿采用活动短梁,当端面距较大而又挂不上一棵无立柱顶梁时,则可挂上一棵短梁,割完下一刀煤挂上顶梁后,短梁

又可取下,重新挂到新的梁端。

任务2　普通机械化采煤工艺选择

普采设备价格便宜,一套普采设备的投资只相当一套综采设备的1/4,而产量可达到综采产量的1/3~1/2。汾西矿务局普采队年产量最高达67万吨。普采对地质变化的适应性比综采强,工作面搬迁容易。对推进距离短、形状不规则、小断层和褶曲较发育的工作面,综采的优势难以发挥,而采用普采则可取得较好的效果。

与综采相比,普采操作技术较易掌握,组织生产比较容易。因此,普采是我国中小型矿井发展采煤机械化的重点。

巩固与提高

7.1　什么是普通机械化采煤工艺?

7.2　普通机械化采煤工艺参数如何确定?

7.3　普通机械化采煤工艺如何选择?

综合机械化采煤工艺选择

学习目标

☞ 能正确选择采煤机滚筒转向和位置；

☞ 能正确选择采煤机割煤方式、进刀方式、移架方式；

☞ 熟悉移架方式对移架速度的影响；

☞ 熟悉顶板管理受移架方式的影响；

☞ 能正确选择及时支护与滞后支护方式；

☞ 能正确选择综采工作面端头支护方式；

☞ 熟悉综采工作面平巷相对位置与端头作业；

☞ 能正确选择综采设备配套参数；

☞ 能正确绘制综采工作面布置图。

任务 1 综合机械化采煤工艺分析

一、综合机械化采煤工艺的发展

综合机械化采煤工艺,简称综采,破、装、运、支、处五个主要工序全部实现机械化,是目前最先进的采煤工艺。世界上以长壁开采为主的先进的煤炭生产国已全部或大部分实现了综合机械化采煤。采煤机实现电牵引,最大装机功率将增至 2 000 kW,牵引速度达 30 ~ 40 m/min,将实现自适应水平控制煤岩分界面的滚筒自动调高;工作面输送机最大装机功率将达 3 × 1 000 kW 以上,运力达 4 kt/h 以上,液压支架绝大多数用两柱式,架宽将达 2 m 以上,每架工作阻力达 10 MN 以上,移架时间不超过 5 s。工作面自动调直系统、机电设备遥控遥测系统和工况数据信息图像传输系统的成功应用,将实现由地面直接远程指挥无人工作面。

国家煤炭产业政策和煤炭工业技术政策都明确指出,综合机械化采煤技术是我国煤炭工业的发展方向,是实现矿井安全生产的技术保障。我国从 20 世纪 70 年代初期开始组织国产综采技术攻关,通过引进、吸收国外综采技术,逐步实现了综合机械化成套设备的研发和制造,满足了我国煤炭工业发展的需要,为国民经济的可持续发展作出了应有的贡献。到2005年底,国有重点煤矿采煤机械化程度达到82.7%。预计到2010年大型煤矿采掘机械化程度达到95%以上,中型煤矿达到80%以上,小型煤矿机械化、半机械化程度达到40%。

二、综采工作面主要设备的布置

图8-1和图8-2分别为综采工作面三机布置立体图和工作面布置平面图。

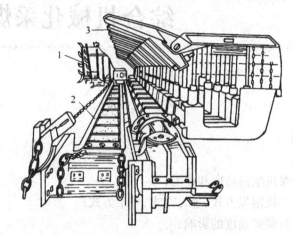

图8-1 综采工作面三机布置立体图
1—滚筒采煤机;2—可弯曲刮板输送机;3—液压支架

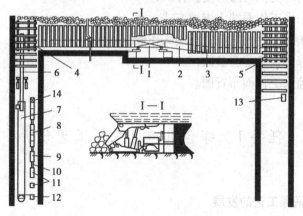

图8-2 综采工作面设备布置图
1—采煤机;2—刮板输送机;3—支架;4—下端头支护;5—上端头支护;
6—转载机;7—带式输送机;8—配电箱;9—乳化液泵站;10—设备平板列车;
11—移动变电站;12—喷雾泵站;13—液压绞车;14—集中控制台

工作面可弯曲刮板输送机靠近煤壁,沿工作面全长铺设在底板上。为满足采煤机自开缺口的需要,可弯曲刮板输送机的机头、机尾应尽量伸入工作面两端的区段平巷内;在可弯曲刮板输送机煤壁侧的槽帮上设有铲煤板,用于清理底板上的浮煤;在刮板输送机采空区侧设有挡煤板,挡煤板的上端有电缆槽,用于采煤机链式电缆夹板的拖移运行;为防止可弯曲刮板输送机机头、机尾翻撬和下滑,在机头和机尾上设有锚固装置。

采煤机骑在可弯曲刮板输送机上,沿刮板输送机上下运行割煤。

液压支架位于工作面可弯曲刮板输送机的采空区侧,沿工作面全长呈直线布置,支撑于工作面顶、底板之间。一台液压支架对应一节刮板输送机溜槽,在每台液压支架底座与对应的溜槽之间设有推移装置,用于移架和推溜。在工作面的两端还设有端头支架,用于支护端头顶板。

在工作面下端的运输平巷内沿工作面推进方向布置有转载机,转载机的后部的水平段搭接于工作面可弯曲刮板输送机机头的下方,其机头搭接于带式输送机上方。

在工作面运输平巷的上帮侧,铺设轨道,轨道上停放设备平板列车,列车上装有控制机电设备、通信、照明设备的集中控制台、配电箱、乳化液泵站、移动变电站和喷雾泵站等。有的综采工作面采用下行通风时,将设备列车及其设备布置在进风平巷内。

在轨道平巷内设有运送设备和材料的单轨吊车或搬运绞车,以及在工作面倾角较大时防止采煤机下滑的液压安全绞车。

三、双滚筒采煤机工作方式

1. 滚筒的转向和位置

综合机械化采煤工艺均采用双滚筒采煤机,不开切口进刀。当我们面向煤壁站在综采工作面时,通常采煤机的右滚筒应为右螺旋,割煤时顺时针旋转;左滚筒应为左螺旋,割煤时逆时针旋转。采煤机正常工作时,一般其前端的滚筒沿顶板割煤,后端滚筒沿底板割煤。这种布置方式司机操作安全,煤尘少,装煤效果好,如图 8-3(a)所示。在某些特殊条件下,如煤层中部含硬夹矸时,可使用采煤机的右滚筒为左螺旋,逆时针旋转;左滚筒则为右螺旋,顺时针旋转,如图 8-3(b)所示。运行中,前滚筒割底煤,后滚筒割顶煤,在下部采空的情况下,中部硬夹矸易被后滚筒破落下来。

有一些型号的薄煤层采煤机滚筒与机体在一条轴线上,前滚筒割出底煤以便机体通过,因此也采用"前底后顶"式布置,如图 8-3(c)所示。有时,过地质构造也需要采用"前底后顶"式,后滚筒割顶煤后,立即移支架,以防顶煤或碎矸垮落,如图 8-3(d)所示。

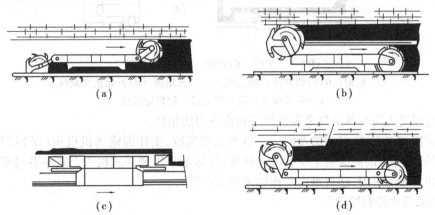

(a)　　　　　　　　　　(b)

(c)　　　　　　　　　　(d)

图 8-3　综采面采煤机滚筒的转向和位置
(a)"前顶后底"、"右顺左逆";(b)"前底后顶"、"右逆左顺";
(c)薄煤层"前底后顶"(俯视图);(d)"前底后顶"、"右顺左逆"

2. 双滚筒采煤机割煤方式

综采面采煤机的割煤方式是综合考虑顶板管理、移架与进刀方式、端头支护等因素确定的,主要有两种:

①往返一次割两刀。这种割煤方式也称为穿梭割煤,多用于煤层赋存稳定、倾角较缓的综

采面,工作面为端部进刀。

②往返一次割一刀,即单向割煤,工作面中间或端部进刀。该方式适用于顶板稳定性差的综采面;煤层倾角大、不能自上而下移架,或输送机易下滑、只能自下而上推移的综采面;采高大而滚筒直径小、采煤机不能一次采全高的综采面;采煤机装煤效果差、需单独牵引装煤行程的综采面;割煤时产生煤尘多、降尘效果差,移架工不能在采煤机的回风平巷一端工作的综采面。

3. 采煤机的进刀方式

(1)工作面端部斜切进刀

该方式分为割三角煤和留三角煤两种。割三角煤方法进刀过程为:

①当采煤机割至工作面端头时,其后的输送机槽已移近煤壁,采煤机机身处尚留有一段下部煤,如图8-4(a)所示;

②调换滚筒位置,前滚筒降下、后滚筒升起并沿输送机弯曲段反向割入煤壁,直至输送机直线段为止。然后将输送机移直,如图8-4(b)所示;

③再调换两个滚筒上下位置,重新返回割煤至输送机机头处,如图8-4(c)所示;

④将三角煤割掉,煤壁割直后,调换上下滚筒,返程正常割煤,如图8-4(d)所示。

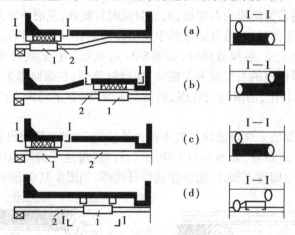

图8-4　工作面端部割三角煤斜切进刀

(a)起始;(b)斜切并移直输送机;(c)割三角煤;(d)开始正常割煤

1—综采面双滚筒采煤机;2—刮板输送机

留三角煤进刀法与单滚筒采煤机留三角煤进刀法相似。

综采面斜切进刀,要求运输及回风平巷有足够宽度,工作面输送机机头(尾)尽量伸向平巷内,以保证采煤机滚筒能割至平巷的内侧帮,并尽量采用侧卸式机头。若平巷过窄,则需辅以人工开切口方能进刀,这就难以发挥综采的生产潜力。

(2)综采面中部斜切进刀

图8-5所示是综采面中部斜切进刀过程,其特点是输送机弯曲段在工作面中部。

综采面中部斜切进刀操作过程为:

①采煤机割煤至工作面左端;

②空牵引至工作面中部,沿输送机弯曲段斜切进刀,继续割煤至工作面右端;

③移直输送机,采煤机空牵引至工作面中部;

④采煤机自工作面中部开始割煤至工作面左端,工作面右半段输送机移近煤壁,恢复初始状态。

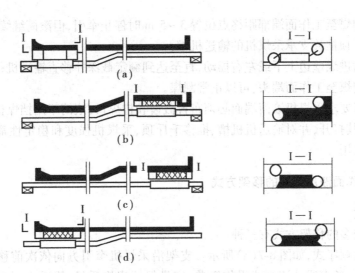

图 8-5　综采面中部斜切进刀
（a）采煤机割煤至工作面左端部；（b）返回中部斜切；
（c）移直输送机，采煤机割右半段；（d）输送机右半段移近煤壁，采煤机重新割左半段

端部斜切进刀时，工作面端头作业时间较长，采煤机要长时间等待推移机头和移端头支架，影响有效割煤时间。而采用中部斜切进刀方式可以提高开机率，它适用于：较短的综采面，采煤机具有较高的空牵引速度；工作面端头空间狭小，不便于采煤机在端头停留并维修保养；采煤机装煤效果较差的综采面。但是采用该方式，工作面工程规格质量不易保证。

（3）滚筒钻入法进刀

图 8-6 所示为滚筒钻入法进刀的过程。

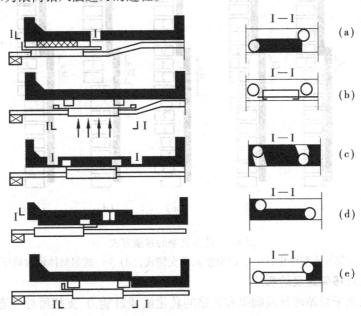

图 8-6　采煤机钻入法进刀
（a）停止牵引，滚筒继续旋转；（b）推移机槽；（c）钻进煤壁，移直输送机；
（d）向端部牵引；（e）正常割煤

①采煤机割煤至工作面端部距终点位置 3 ~ 5 m 时停止牵引,但滚筒继续旋转;

②开动千斤顶推移支承采煤机的输送机槽;

③滚筒边钻进煤壁边上下或左右摇动,直至达到额定截深并移直输送机;

④采煤机割煤至工作面端头,可以正常割煤。

钻入法进刀要求采煤机滚筒端面必须布置截齿和排煤口,滚筒不用挡煤板,若用门式挡煤板,钻入前需将其打开,并对输送机机槽、推移千斤顶、采煤机强度和稳定性都有特殊要求,采高较大时不宜采用。

四、综采工作面液压支架的移架方式

1. 移架方式

我国采用较多的移架方式有三种:

①单架依次顺序式,如图 8-7(a)所示。支架沿采煤机牵引方向依次前移,移动步距等于截深,支架移成一条直线。该方式操作简单,容易保证规格质量,能适应不稳定顶板,应用比较多;

②分组间隔交错式,如图 8-7(b)和(c)所示。该方式移架速度快,适用于顶板较稳定的高产综采面;

③成组整体依次顺序式,见图 8-7(d)和(e)所示。该方式按顺序每次移一组,每组二、三架,一般由大流量电液阀成组控制,适用煤层地质条件好、采煤机快速牵引割煤的日产万吨综采面。我国采用较多的分段式移架属于依次顺序式。

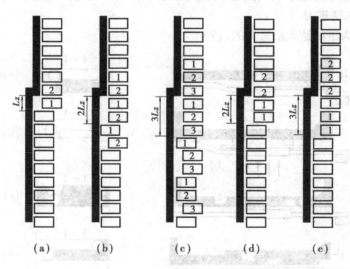

图 8-7 液压支架的移架方式

(a)单架依次顺序化;(b)、(c)分组间隔交错式;(d)、(e)成组整体依次顺序化

2. 移架方式对移架速度的影响

移架速度取决于泵站流量及阀组和管路的乳化液通过能力、支架所处状态及操作方便程度、人员操作技术水平等因素。而当这些因素相同时,决定移架速度的关键因素则是移架方式。支架的移架速度 v_z(m/min)可用下式表示:

$$v_z = \frac{NL_z}{t_z} = \frac{NL_z}{t_e + Nt_d} \tag{8-1}$$

式中　v_z——移架速度,m/min;

　　　　L_z——架支架的宽度,m;

　　　　t_z——移设一架支架或一组支架的总时间,$t_z = t_e + Nt_d$,min;

　　　　t_e——移设一架支架的操作调整时间,min;

　　　　t_d——移设一架支架的供液时间,min;

　　　　N——采用分组间隔交错式和成组整体依次顺序式移架方式时,表示同时移动的架数;分段依次顺序移架时,表示所分段数。

　　实测表明,移架中操作调整时间占移架总时间的 60% ~ 70%。当泵站流量不变时,同时前移的支架数增加到 N,供液时间也相应增加,但调整操作时间 t_e 仍等于单架的调整操作时间,由于 t_d 远小于 t_e,故移架速度可加快。

　　若同时前移的支架数增加到 N,泵站流量也增加到 N 倍,则多架支架同时前移时的供液时间也没有增加,故可使移架速度进一步提高。兖州矿业集团南屯矿综采面采用分段移架,同时移架的段数与乳化液泵站开动的台数相一致,大大加快了移架速度,保证了支架移架后的额定初撑力,这是该工作面实现高产高效的关键技术措施之一。

3. 顶板管理受移架方式的影响

　　选择移架方式不仅要考虑移架速度,还要考虑对顶板管理的影响。一般说来,单架依次顺序移架虽然速度慢,但卸压截面积小,顶板下沉量比后两种小得多,适于稳定性差的顶板。即使顶板稳定性好,采用后两种移架方式时,同时前移的支架数 N 也不宜大于 3,以防顶板情况恶化。由于顶板状况多变,还要依照具体情况考虑移架方式。

　　①依次顺序移架时沿工作面支架工作阻力分布,如图 8-8(a) 所示。图中 1 ~ 2 段对应未采煤段,支架为恒阻,2 ~ 3 段对应割煤,支架工作阻力稍有下降,5 表示支架卸载,4 ~ 5 对应该段支架在原位置的阻力下降,5 ~ 7 表示支架移架后工作阻力的逐渐上升,至 7 ~ 8 段又达到了恒阻。在采煤机工作范围内移架,虽可防止伪顶垮落,但割煤和移架同时进行,悬顶面积剧增,下沉速度加快,有可能出现顶板失控。这种情况下,采煤和移架要保持合理距离。

　　②在某些特定顶板条件下,尽管设备和顶板条件完全相同,依次顺序式移架需要经过较长时间支架才能达到额定工作阻力,而分组间隔交错式移架则能较快地达到额定工作阻力,矿压显现比前者缓和。

　　③与单向、双向割煤相适应的单向、双向移架,对顶板管理效果影响很大。单向移架时,先移支架先达到额定工作阻力,支架阻力沿煤壁方向分布大致相同,有利于顶板管理;双向移架时,工作面端部支架短时间内两次移动,长时间处于初撑状态,不利于顶板管理。

　　④全卸载与带载移架对顶板管理影响较大,如图 8-8(b) 所示。不卸载或部分卸载移架时,有利于控制顶板,应尽量采用。

　　⑤采用分段依次顺序式移架时,由于段与段之间的接合部位在时间与空间上交叉,导致顶板下沉量叠加,容易造成顶板破碎、煤壁片帮和倒架。

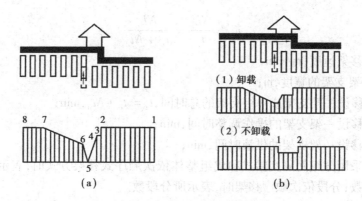

图 8-8　移架时沿工作面的支架阻力分布
(a)依次顺序移架;(b)卸载与不卸载

五、液压支架支护方式

综采面割煤、移架、推移输送机三个主要工序,按照不同顺序有及时支护方式(图 8-9)和滞后支护方式(图 8-10)两种配合方式。

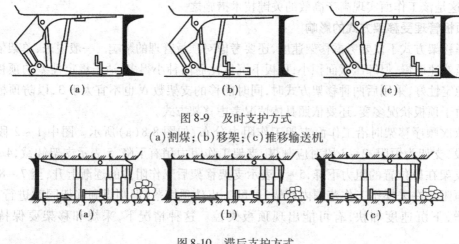

图 8-9　及时支护方式
(a)割煤;(b)移架;(c)推移输送机

图 8-10　滞后支护方式
(a)割煤;(b)推移输送机;(c)移架

1.及时支护方式

采煤机割煤后,支架依次或分组随机立即前移、支护顶板,输送机随移架逐段移向煤壁,推移步距等于采煤机截深。这种支护方式,推移输送机后,在支架底座前端与输送机之间有一个截深的宽度,工作空间大,有利于行人、运料和通风;若煤壁容易片帮时,可先于割煤进行移架,支护新暴露出来的顶板。但这种支护方式增大了工作面控顶宽度,不利于控制顶板。为此,有的综采设备,支架和输送机采用插底式和半插底式配合方式,如图 8-11 所示。

插底式支架如图 8-11(a)所示,在前移时,将底座前段插入输送机机槽下方,推移输送机后,底座前端与机槽相接,控顶减少了一个截深的宽度,适用于稳定性差的顶板。但是,其通风断面小,行人运料不便,同时增加机槽高度,不利于装煤。为克服插底式装煤困难的缺点,研制了半插底式如图 8-11(b)所示,机槽向煤壁倾斜。

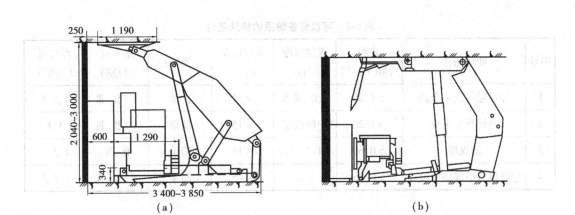

图 8-11　插底式和半插底式支架

(a)全插底式支架；(b)半插底式支架

2.滞后支护式

割煤后输送机首先逐段移向煤壁,支架随输送机前移,二者移动步距相同。这种配合方式在底座前端和机槽之间没有一个截深富裕量,能适应周期压力大及直接顶稳定性好的顶板,但对直接顶稳定性差的顶板适应性差。为了克服该缺点,在某些综采面支架装有护帮板,前滚筒割过后将护帮板伸平,护住直接顶,随后推移输送机,移架。

无论是及时支护式或滞后支护式,均由设备的结构尺寸决定,使用中不能随意改动。

任务2　综合机械化采煤工艺选择

从煤矿开采技术发展趋势分析,综采是采煤工艺的重要发展方向,它具有高产、高效、安全、低耗以及劳动条件好、劳动强度小的优点。

但是,综采设备价格昂贵,综采生产优势的发挥有赖于全矿井良好的生产系统、较好的煤层赋存条件以及较高的操作和管理水平。根据我国综采生产的经验和目前的技术水平,综采适用于以下条件:煤层地质条件较好、构造少,上综采后能很快获得高产、高效,见优先装备综采条件表(表 8-1)。某些地质条件特殊,但上综采后仍有把握取得好的经济效益,见可以装备综采条件表(表 8-2)。综采工艺方式有:缓斜中厚、薄煤层、单一长壁综采、缓斜厚煤层倾斜分层综采、缓斜厚煤层一次采全高大采高综采、缓斜厚煤层放顶煤综采。因此,应根据不同的条件和其他因素合理选择。

表 8-1　优先装备综采的条件

序号	使用条件	井型 /Mt·a⁻¹	煤层厚度 /m	煤层倾角 /(°)	地质构造	基本顶 (级别)	直接顶 (类型)	备　注
1	中厚煤层	>1.20	1.3～3.5	<15	比较简单	Ⅰ、Ⅱ、Ⅲ	1、2、3	大型矿井
2	厚煤层开采	>1.20	>5	<15	比较简单	Ⅰ、Ⅱ、Ⅲ	1、2、3	大型矿井
3	厚煤层一次采全高	>1.20	3.5～4.0	<15	比较简单	Ⅰ、Ⅱ、Ⅲ	1、2、3	大型矿井
4	经济型综采	>0.60	3.0 以下	<25	比较简单	Ⅰ、Ⅱ、Ⅲ	1、2、3	大型矿井

表 8-2 可以装备综采的特殊条件

序号	使用条件	井型 /(Mt·a^{-1})	煤层厚度 /m	煤层倾角 /(°)	地质构造	基本顶 （级别）	直接顶 （类型）
1	厚煤层一次采全高	>1.20	4.0 4.5	<15	简单	Ⅰ、Ⅱ、Ⅲ	1、2、3
2	坚硬难冒顶板	>1.20	中厚煤层	<15	简单	Ⅰ、Ⅱ、Ⅲ	3、4
3	薄煤层	>0.60	>1.1 1.3	<15	简单	Ⅲ、Ⅳ	1、2、3
4	急倾斜特厚煤层放顶煤	>0.45	>15	<45	简单	Ⅰ、Ⅱ、Ⅲ	1、2、3

巩固与提高

8.1 什么是综合机械化采煤？

8.2 综合机械化采煤工艺主要有哪些设备？

8.3 综合机械化采煤工作面进刀方式有哪几种？各有什么优缺点？

8.4 综合机械化采煤工艺工作面移架方式有哪些？各适用什么条件？

8.5 综合机械化采煤工艺工作面液压支架方式有哪些？各适用什么条件？

8.6 综合机械化采煤工艺如何选择？

学习情境 **9**
综合机械化放顶煤采煤工艺选择

学习目标

☞ 熟悉放顶煤采煤法及其基本特点；

☞ 能正确选择放顶煤采煤法类型；

☞ 能正确选择放顶煤开采的支护设备；

☞ 能正确描述顶煤的变形和破坏发展规律；

☞ 能正确进行放顶煤综采采煤工艺分析；

☞ 能正确进行初采和末采放顶煤工艺分析；

☞ 能正确确定放煤步距；

☞ 能正确确定放煤方式、端头放煤方式；

☞ 能正确进行选择放顶煤采煤法。

综合机械化放顶煤采煤法就是在厚煤层中,沿煤层底部布置一个采高 2~3 m 的长壁工作面,用综合机械化采煤工艺进行回采,利用矿山压力的作用或辅以人工松动方法使支架上方的顶煤破碎成散体后由支架后方(或上方)放出,并予以回收的一种采煤方法。

20 世纪初放顶煤采煤法在法国、西班牙出现,法国、前苏联、南斯拉夫等国家于 20 世纪 50 年代初开始应用放顶煤采煤法。1957 年前苏联研制出 KTY 型放顶煤支架,在库兹巴斯煤田的托姆乌辛斯矿使用。1963 年法国研制出香蕉形放顶煤支架,于 1964 年用于法国布朗齐矿区达尔西矿,试验取得成功。之后,英国、法国、南斯拉夫、匈牙利等国家都相继引进了这一技术,综放开采曾一度成为欧洲厚煤层开采的主要方法。但是,由于受到煤炭资源不断减少和放顶煤技术不过关等原因,导致国外综放开采技术未能得到进一步发展和完善。

我国 20 世纪 50 年代初在开滦、大同、峰峰和鹤壁等矿区采用放顶煤采煤技术。在 1982 年引进了综采放顶煤技术,1984 年在沈阳蒲河矿开始工业性试验,未取得预期效果;后在甘肃窑街矿煤矿进行水平分段放顶煤开采试验,取得成功。由于综采放顶煤技术具有掘进率低、效率高、适应性强,易于实现高产等明显的优势。1998 年兖州东滩煤矿综合机械化放顶煤工作面实现年产 500 万吨,工作面工效达到 235 吨/工。经过二十多年的不断探索和生产实践,目前我国综采放顶煤技术使用的数量、范围、技术先进性和取得的效果已处于世界领先水平,同时开始向国外输出综采放顶煤的成套技术。

任务1   综合机械化放顶煤特点分析

综合机械化放顶煤采煤法的实质就是在厚煤层中,沿煤层(或分段)底部布置一个采高 2~3 m 的长壁工作面,用常规方法进行回采,利用矿山压力的作用或辅以人工松动方法,使支架上方的顶煤破碎成散体后由支架后方(或上方)放出,并经由刮板输送机运出工作面,如图 9-1 所示。综合机械化放顶煤工艺过程为在沿煤层(或分段)底部布置的综采工作面中,采煤机割煤后,液压支架及时支护并移到新的位置,推移工作面前部输送机至煤帮。操作后部输送机专用千斤顶,将后部输送机相应前移。这样,采过 1~3 刀后,按规定的放煤工艺要求打开放煤窗口,放出已松碎的煤炭,待放出煤炭中的矸石含量超过一定限度后,及时关闭放煤口。完成采放全部工序为一个采煤工艺循环。

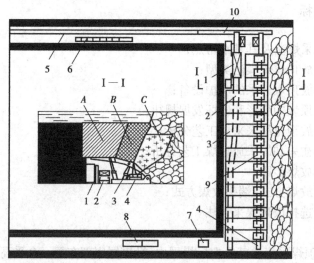

图 9-1   综合机械化放顶煤工作面设备布置

1—采煤机;2—前输送机;3—放顶煤液压支架;4—后输送机;5—平巷带式输送机;
6—配电设备;7—安全绞车;8—泵站;9—放煤窗口;10—转载破碎机
A—不充分破碎煤体;B—较充分破碎煤体;C—待放出煤体

依据煤层赋存条件的不同,放顶煤长壁采煤法可分为如图 9-2 所示的三种主要类型。

一、一次采全厚综合机械化放顶煤开采

沿煤层底板布置机采工作面如图 9-2(a)所示,一次采出煤层的全部厚度。这种方法一般适用于厚度 6~12 m 的缓斜厚煤层,是我国目前使用的主要方法。

二、预采顶分层网下综合机械化放顶煤开采

首先沿煤层顶板布置一个普通长壁工作面,而后沿煤层底板布置放顶煤工作面,将两个工作面之间的顶煤放出,如图 9-2(b)所示。

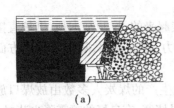 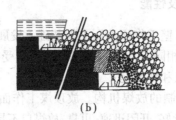 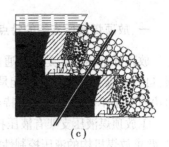

（a）　　　　　　　　　　　（b）　　　　　　　　　　　（c）

图9-2　放顶煤开采工艺类型

（a）一次采全高放顶煤；（b）预采顶分层网下放顶煤；（c）倾斜分段放顶煤

这种方法一般适用于厚度大于12 m，直接顶板坚硬或煤层瓦斯含量高，需要预先排放瓦斯的缓斜煤层。某些矿区由于已形成的开采条件，需在顶分层已采的条件下进行放顶煤开采，如兖州鲍店矿、徐州三河尖矿等已成功地进行了下分层放顶煤开采，取得较好效果。

三、倾斜分段综合机械化放顶煤开采

当煤层厚度超过15～20 m以上时，可自煤层顶板至底板将煤层分成8～10 m的分段，依次进行放顶煤开采，如图9-2中（c）所示。这种方法一般适用于厚度大于15 m的缓斜煤层。南斯拉夫维林基矿曾用该方法开采厚度为80～150 m的煤层。但目前我国尚无应用先例。

任务2　综合机械化放顶煤开采支护设备选择

综合机械化放顶煤工作面设备布置如图9-3所示。其工艺过程为：在煤层底部布置的综采工作面中，采煤机割煤后，液压支架及时支护并移至新的位置，随后将工作面前部刮板输送机推移至煤壁。操作后部刮板输送机使用千斤顶，将后部刮板输送机前移至相应位置。

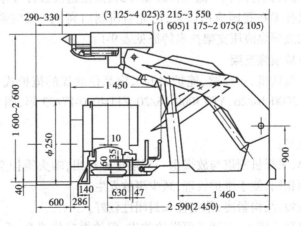

图9-3　YFY2000-16/26型

采煤机割过1～3刀后，按规定的放煤工艺要求，打开放煤窗口，放出已松散的煤炭，待放出的煤炭中含矸量超过一定限度后，及时关闭放煤口。完成采放全部工序为一个放顶煤开采工艺循环。

一、放顶煤液压支架的特点及性能

放顶煤液压支架是在普通长壁工作面液压支架基础上发展起来的,控制基本顶、维护直接顶,自移和推移输送机的功能是相同的,但放顶煤机构、支架受力、排头支架、降尘及其他方面的功能则是不同的。其主要特点和性能是:

①放顶煤液压支架有液压控制的放煤机构。放顶煤工作面生产的煤炭大多数由放煤口放出,要求放煤机构的液压控制性能好、开闭迅速、可靠,放煤口不易堵塞,有良好的喷雾降尘装置。

②工作面放煤时,会有大块煤冒落,放煤机构必须有强力可靠的二次破煤性能。

③多数放煤支架采用两部刮板输送机,后部刮板输送机专门运送放出的顶煤,因而支架应有推移后部刮板输送机和清理后部浮煤的性能和机械。应考虑支架后部留有通道,作为维修后部刮板输送机和排矸使用。

④由于邻近支架放煤时顶煤的运动,会使未放煤的支架受到侧向力,因此,支架结构必须有较强的抗扭和抗侧向力的功能。

⑤对于双输送机放顶煤支架,要求有足够工作空间,因此支架控顶距较大,顶梁较长。

⑥放顶煤工作面的顶部为煤,在多次反复支撑作用下较为破碎,因此支架必须全封闭顶板,有更好控制端面冒顶和防止架间漏矸的性能。

⑦放顶煤工作面采煤机的采高是根据最佳工作条件人为确定的,采高在 2.5～3.0 m 之间。不需要使用双伸缩立柱或带加长段的立柱。

⑧由于放顶煤支架重量大,工作面浮煤较多,支架必须有较大的拉架力,拉架速度要快,能够带压擦顶移架。

二、放顶煤液压支架分类

放顶煤支架可分为掩护式、支撑掩护式、支撑式和简易式四种类型。在这四种类型中,根据放煤窗口的位置不同,又有高、中、低三种放煤方式;按输送机数目可分为单输送机和双输送机两类。综采放顶煤技术在我国应用以来,已先后研制出高、中、低位系列放顶煤支架 30 多种。我国设计研制的放顶煤液压支架技术特征见表 9-1。

1. 单输送机高位放顶煤支架

这类支架是指单输送机、短顶梁、掩护梁开天窗高位放煤的掩护式支架。其主要型号有 FYD4400-26/32、YFY3000-16/26、YFY3000-16/20、ZFD4000-17/33 等,图 9-3 所示为 YFY2000-16/26 型放顶煤支架。

这类支架的特点是:

①支架结构简单,采煤机割煤与放煤由一部输送机运出,端头维护空间小,工作面整体布置与普通长壁工作面相同,便于维护管理,减少事故发生。

②支架的长度较短,结构紧凑,稳定性和封闭性较好。

③掩护梁放煤口尺寸较大,有利于顶煤的放出,但放煤口位置高,丢煤多,采出率较低,煤尘大,支架通风断面较小。

④由于顶梁短,放煤口位置距煤壁较近,因此对煤层冒放性的要求较高。一方面要求梁端顶煤完整,不冒顶,不片帮;另一方面要求顶梁后顶煤破碎,即放煤口能顺利放出。

⑤放煤槽在放煤状态时与底座呈 35°夹角,难以达到 40°。如果当仰角为 10°时,放煤不流

畅,向左右溢出。

⑥采放同用一部输送机,不能平行作业,影响工作面产量的提高。

单输送机高位放顶煤支架适用于煤质中硬,节理裂隙比较发育,煤层厚度 7 m 左右。

2. 双输送机中位放顶煤支架

这类支架是指双输送机运煤,在掩护梁上开放煤口,中位放煤的支撑掩护式液压支架。主要型号见表9-1。图9-4 所示为 FYS3000-19/28 型放顶煤支架。

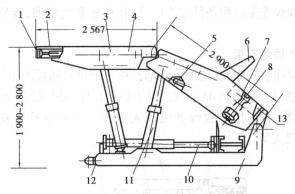

图 9-4 FYS3000-19/28 型放顶煤支架

1—伸缩梁;2—伸缩梁千斤顶;3—侧推千斤顶;4—顶梁;5—摆杆千斤顶;

6—摆动杆;7—掩护梁;8—放煤千斤顶;9—底座;10—后输送机千斤顶;

11—立柱;12—推移千斤顶及框架;13—放煤板

表 9-1 我国典型放顶煤液压支架的技术特征

分类	支架型号	工作阻力（初撑力）/kN	支护强度/MPa	推输送机力（拉架力）/kN	外形长/m	结构特点	放煤口尺寸/m	碎煤机构	质量/t	睫用地点
高位单输送机	FYD4400-26/32	4 315(2 925)	0.55~0.89	157.6(325)270(480)	4.2	单铰放煤槽	1.9×1.9	破煤筋	13.3	平顶山
	YFY3000-16/26	1 960(1 254)	0.52~0.71		3.55		1.2×0.8		7.7	辽源
	ZFD4000-17/23	4 000(1 623)	0.763		5.38		2.03×0.82		17	潞安
中位双输送机	ZFS4400-16/26	4 400(4 000)	0.81	120(362)	5.7	单铰	1.7~0.90.9×0.7	摆动放煤插板	14.2	阳泉
	FYS3000-19/28	2 940(2 522)	1.67~0.75	157(382)	4.9				11	乌鲁木齐
	ZFS4500-16/26	4 312(3 920)	2.85	157(324)	3.26				13.3	沈阳
	ZFS4400-19/28	4 260(4 400)	0.55	308(483)	5.17				12	兖州
	BC4800-20/30	4 704(3 920)	0.88	182(462)	5.0				16.2	抚顺
低位双输送机	ZFS2560-14/24	2 560(1 932)	0.61~0.62	121(260)	3.3	中四连杆	插板式无脊背	摆动尾梁	6.5	郑州
	ZFS4000-14/28	3 921(2 508)	0.66~0.72	340(480)	3.83				11.2	沈阳
	FY2800-14/28	2 746(1 961)	0.50~0.52	123(254)	4.51				9.2	窑街
	FZ3000-15/30	2 940(2 509)	0.44~0.50	158(331)	5.63				11.1	鹤壁
	ZFS5200-17/32	5 200(4 552)	0.76	155(395)	4.46				18	兖州
	BC6000-14.2/28	5 880(4 704)	0.71~0.78						16	晋城

这类支架的特点是:

①支架稳定性和密封性好,抗偏载和抗扭能力大,不易损坏。

②放煤口距煤壁远,有助于工作面前方顶煤的维护。支架顶梁长,有利于反复支撑顶板,增加顶煤的破坏程度。

③由于采煤和放煤使用两部输送机,可以实现采放平行作业,达到高产高效目的。

④放煤口位置较高,丢煤多,采出率较低,煤尘较大。

⑤后输送机放在支架底座上,后部空间有限,造成大块煤通过困难,移架阻力较大。

⑥掩护梁不能摆动,二次破煤能力差。

双输送机中位放顶煤支架适用条件较为广泛,在矿压显现剧烈,有悬顶危险的条件下,具有较好的适应性。

3. 双输送机低位放顶煤支架

这类支架是指双输送机运煤,在掩护梁后部铰接一个带有插板的尾梁,低位放顶煤的支撑掩护式液压支架。尾梁可上下摆动45°左右,用于松动顶煤,并维持一个破煤空间。尾梁中间有一个液压控制的放煤插板,用于放煤和破碎大块煤。主要型号见表9-1。图9-5所示为FZ3000-15/30型放顶煤支架。

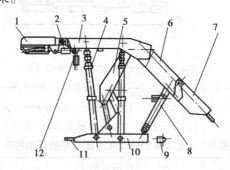

图9-5　FZ3000-15/30型放顶煤支架

1—前梁;2—梁千斤顶;3—顶梁;4—支柱;5—上连杆;6—掩护梁;

7—摆动尾梁;8—支撑板;9—后部千斤顶;10—底座;11—推杆;12—操纵阀

这类支架主要特点是:

①由于具有连续的放煤口,放煤效果好,采出率高。

②顶梁长,放煤口距煤壁远,经顶梁反复支撑,使顶煤充分破碎,对放煤极为有利。

③后输送机沿底板布置,浮煤容易排出,移架轻快,同时尾梁插板可以破碎大块煤,放煤口不易堵塞。

④低位放煤,煤尘小,有利于降尘。

⑤支架的稳定性较差。

双输送机低位放顶煤支架,适应性强,在急斜煤层、缓斜中硬煤层和三软煤层综放开采中取得成功,是目前我国应用最广泛的放顶煤液压支架架型。

4. 轻型放顶煤液压支架

放顶煤开采工作面矿山压力显现一般不强烈,支架受力低于分层开采。针对国内普通放顶煤支架比较重、外形尺寸大、结构复杂、拆装运输困难且不适应复杂煤层地质条件的煤矿等特点,我国科技人员目前已研制和开发出单摆动杆和单铰接两大类轻型放顶煤液压支架,如图9-6所示。

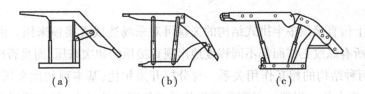

图 9-6　轻型放顶煤液压支架

(a)单摆杆式;(b)单铰接式;(c)单铰接四柱支顶梁式

轻型放顶煤支架的主要特点有:

①支架结构简单、紧凑,重量轻,便于拆装运输。

②支架空间较大,便于清理浮煤和拆装检修后部输送机。

③支架稳定性好,造价低。

④单铰接轻型放顶煤液压支架,具有较高的封闭能力,能较好地解决"三软"煤层和较薄的厚煤层综放开采端面易冒落的问题。

该系列支架在下列条件范围内均可取得较好的使用效果:

①煤层普氏系数 $f < 2.5$,来压强度不大,煤层厚度 $3 \sim 8$ m,煤层倾角 $< 25°$。

②工作面尺寸较小,断层较多,地质条件较为复杂的工作面。

③边角煤或煤柱的开采,厚度不稳定的煤层,较薄厚煤层。

总之,轻型放顶煤支架,具有对不同条件适用性强的特点,特别适用于中小矿井较薄的厚煤层、三软煤层、厚度变化大煤层,也适用于边角煤、煤柱的放顶煤开采。轻型放顶煤液压支架是一类有发展前途的架型。

任务 3　综合机械化放顶煤破碎机理分析

放顶煤开采是集机械破煤和矿压破煤于一体的开采方法,因此顶煤的破碎过程及其效果是确定放顶煤工艺参数以及综放开采适应性的重要依据。

一、岩层活动及矿压显现特点

放顶煤开采时,由于煤层一次采出厚度的增大,直接顶的垮落高度成倍增加,可达煤层采出厚度的 $2.0 \sim 2.5$ 倍,其中 $1.0 \sim 1.2$ 倍范围内的直接顶为不规则垮落带,而在上位直接顶中则可形成某种临时性小结构,其活动可对采场造成明显影响。

综放采场上方可形成稳定的砌体梁式基本顶结构,如图 9-7 所示。但其形成的位置远离采场。由于直接顶垮落高度较大,在某些条件下,上位直接顶中可形成半拱式小结构,并与其上的砌体梁结构相结合,共同构成综放开采覆岩结构的基本形式。因而采场矿压显现不仅取决于上覆岩层的活动,更主要地取决于顶煤及直接顶的刚度。由于松软顶煤的参与,缓和了支架和基本

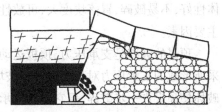

图 9-7　综放工作面顶板结构

顶之间的相互作用,因而支架阻力通常不大于分开采的支架阻力。这也是综放开采矿压显现

的主要特点之一。

需要指出,上位直接顶中半拱式结构的失稳可对采场造成直接顶来压。由于岩层的分层垮落特性,几乎所有综放工作面都不同程度地出现直接顶的初次来压,而是否出现直接顶周期来压则取决于两种结构的相互作用关系。与分层开采相比,基本顶初次来压步距增大,可达50 m以上;由于应力集中程度的提高和顶板超前破坏范围的增大,基本顶周期来压步距相对减小,约为其初次来压步距的1/3。

二、顶煤破碎机理

综放开采时,实现顶煤的有效破碎和顺利放出是放顶煤工作的核心问题,而顶煤的有效破碎又是顶煤顺利放出的前提,同时也是支架选型及确定放顶煤工艺的依据。顶煤由原始状态到放煤状态,主要经历了变形、碎胀、移动和垮落等一系列复杂的过程。研究结果表明,顶煤的破碎既有顶煤内部的因素,也有外部因素。概括起来主要包括:开采深度、煤层的厚度和强度、煤层的夹矸层数和夹矸厚度、节理裂隙的发育程度、直接顶岩性及厚度、基本顶岩性及厚度以及支架结构等。

对于普氏系数 f 不同的煤体,传递顶板应力的结果不同,顶煤在煤壁前方开始变形移动的位置也不同。煤的普氏系数 f 越小,表明强度越低,顶煤在煤壁前方的起始活动点越远,支承压力峰值工作面也较远,从而顶煤受力作用的时间也越长,有利于顶煤的放出。但如果顶煤太软,也会给工作面支架端面的维护造成困难。相反, f 值越大,支承压力峰值越大,离工作面煤壁越近,顶煤的破坏过程越短,顶煤的变形、位移越小。因此,当 f 值大时,如采用放顶煤开采就要采取破煤的辅助手段,如注水软化、爆破预裂等使顶煤破碎,否则达不到理想的放煤效果。生产实践表明,煤的普氏系数 $f<3$ 的煤层更适合放顶煤开采。

顶煤中的夹矸不仅影响到放出煤的含矸率,而且影响顶煤的放出效果。顶煤夹矸对顶煤放出的影响比较复杂,其影响程度不仅与夹矸的岩性、硬度、层数等有关,还与夹矸层与煤层的胶结性质有关。对于比较软而与顶煤胶结差的夹矸层,则变成了顶煤的一个弱面,夹矸层的存在增加了顶煤的冒放性;对于比较硬且与顶煤胶结比较好的夹矸层,则对顶煤的冒放性有不利的影响。对于顶煤中的夹矸层处理,如果位于顶煤的上部,为保证放出煤炭的质量,一般不予放出。因此,位于顶煤中部的夹矸层则是应重点考虑的对象。

顶煤中节理发育,节理延伸性好,开张度大,充填物胶结性差,煤体相对松软,易破碎,冒落块度小,可放性好;相反,节理分布密度小,延伸不好,成闭合状,充填物胶结强度高,煤体的整体性好,不易破碎,冒落块度大,可放性差。支承压力的大小是煤体内产生次生裂隙的另一个主要因素。

顶煤的破碎是支承压力、顶板运动及支架反复支撑共同作用的结果。其中,由于工作面回采所形成的支承压力对顶煤具有预破坏作用,是顶煤实现破碎的关键;顶板回转对顶煤的再次破坏使顶煤进一步破碎,但它是以支承压力的破煤作用为前提的,而支架的反复支撑只对顶煤下位2 m左右的范围有明显的破坏作用。支架反复支撑的实质是对顶煤多次加载和卸载,使顶煤内的应力发生周期性的变化,形成交变应力作用促使顶煤破坏发展。

支架对顶煤反复支撑的次数 N 与顶梁的长度 L 及采煤机截深 B 有关,可表示为

$$N = L/B \tag{9-1}$$

当顶煤强度小或节理裂隙发育时，顶梁宜短；相反，顶梁宜长。顶梁长度过短，对顶煤破碎不利；而顶梁过长，将使顶煤破碎加剧，易出现架前或架上冒空现象，并增加煤炭损失。根据顶煤的变形和破坏发展规律，沿工作面推进方向可将顶煤划分为图9-8所示的四个破坏区，依次为完整区 A、破坏发展区 B、裂隙发育区 C 和垮落破碎区 D。

由于工作面的移动特性，顶煤将依次经历完整区、破坏发展区、裂隙发育区到垮落破碎区，由放煤口放出。

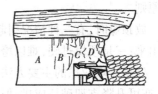

图9-8　顶煤破坏区
A—完整区；B—破坏发展区；
C—裂隙发育区；D—垮落破碎区

任务4　综合机械化放顶煤采煤工艺选择

一、放顶煤综采主要工艺过程

中、低位放顶煤优点突出，使用广泛，是放顶煤开采的主要方向。一次采全厚放顶煤开采的综采工艺过程为：

1. 采煤机割煤

放顶煤综采工作面采用双滚筒采煤机沿工作面全长截割煤体，工作面两端采用斜切进刀方式。截深一般为 $0.6 \sim 0.8$ m，采高 $2.4 \sim 2.8$ m。采煤机破煤由滚筒螺旋叶片、挡煤板及前输送机铲煤板相互配合装入前输送机运出工作面。当煤层倾角较大时，为防止设备下滑，可采用由下向上单向割煤。

2. 移架

为维护端面顶煤的稳定性，放顶煤液压支架一般均有伸缩前探梁和护帮板。在采煤机割煤后，立即伸出伸缩前探梁支护新暴露顶煤。采煤机通过后，及时移架，同时收回伸缩前梁，并用护帮板护住煤壁。

3. 推移前部输送机

移架后，移置前输送机。若采用一次推移到位，可以在距采煤机15 m处逐节一次完成输送机的推移。若采用多架协调操作，分段移输送机，可在采煤机后5 m开始推移输送机，每次推移不超过300 mm，分 $2 \sim 3$ 次将输送机全部移近煤壁，并保证前输送机弯曲段不小于15 m，输送机推移后呈直线状，不得出现急弯。

4. 移后输送机

在拉架和移置前输送机后，操作移后输送机的专用千斤顶，将后输送机移到规定位置。操作时要注意邻架和溜槽的连接部位，防止错槽和掉链等事故发生。

5. 放顶煤

放顶煤为综放开采的关键工序，要根据架型、放煤口位置及几何尺寸、顶煤厚度及破碎状况，合理确定放顶煤的步距与作业方式。一般情况下采用"二采一放"或"三采一放"，即采煤机割两刀或三刀放一次顶煤。顶煤的放出顺序，可以从工作面一端开始，顺序逐架依次放煤，如果顶煤较厚,也可以隔架轮换或 2~3 架一组,隔组轮换放煤。放煤时,要坚持"见矸关门"的原则。

放顶煤时,有三种情况引起放煤不正常:一是碎煤成拱放不下来;二是大块煤堵放煤口,放不出来;三是顶煤过硬,难以垮落。

处理碎煤成拱的主要方法是通过摆动支架的尾梁或掩护梁,一般情况下能破坏成拱的碎煤,亦可升降支架破坏成拱,但这种方法不可常用,对支架有所损害。

当大块顶煤堵塞放煤口时,可通过支架上的插板、搅动杆等结构破碎或松动顶煤,在工作面顶板稳定情况下,可以适当摆动支架尾梁将顶煤松动破碎。遇到特大块煤时,可以采用打眼爆破的方法破碎,但每个炮眼的装药量要严格控制。放落的大块煤在输送机上要及时用人工或机械的方式进行破碎,以免在工作面端头因输送机的过煤高度产生阻煤现象。

顶煤过硬难以垮落时,必须预先对顶煤进行破碎处理,目前主要采取从工作面向顶煤打眼爆破的方法,其爆破方式及爆破参数可根据顶煤的性质来决定。若由工作面无法破碎顶煤或在高瓦斯矿井中,则应考虑布置工艺巷进行专门的爆破作业。另外,一些矿井采用高压注水软化顶煤,也取得良好效果。

综上所述,放顶煤开采的主要工艺过程为:采煤机割煤→移架及时支护→推移前部输送机→拉后部输送机→打开放煤口放顶煤。放顶煤开采一个循环是以放煤工序完成为标志的。

二、初采和末采放煤工艺

在我国推行放顶煤开采的初期,为防止顶板垮落对采煤工作面造成的威胁,通常采取初采推进 10~20 m 不放顶煤,但实践证明这种措施的实际意义不大。目前在大多数综放工作面,推出开切眼后便及时放煤,根据采煤工作面顶板的结构和顶煤的性质,为减小初次放顶煤步距,提高初采回收率,常采用深孔爆破技术和切顶巷技术。深孔爆破技术将在爆破工程有关内容中介绍,这里主要介绍切顶巷技术。

其方法是在工作面开采前在开切眼外上侧沿顶板开掘一条与开切眼平行的辅助巷道,称为切顶巷。同时,在巷道的一帮打眼爆破,扩大切顶效果。兖州矿业集团鲍店矿采用这一技术,取得较好的效果。据观测,当工作面推进 3~4 m 时,顶煤开始冒落,推进 7~8 m 时,直接顶垮落,比相邻工作面的顶煤垮落步距减少 5.2 m。鹤岗矿业集团南山煤矿利用切顶巷技术解决了特厚煤层放顶煤工作面初次来压步距增加、压力集中、顶煤冒落不充分、丢煤严重、工作面采出率低的问题。当工作面推过切顶巷时顶煤全部垮落,而没有切顶巷的工作面,采出 24 m 后顶煤才全部冒落。

在应用放顶煤开采技术初期,通常在工作面结束前 20 m 铺双层金属网停止放煤,或使沿底板布置的工作面向上爬坡至顶板时结束,这样造成了大量煤炭损失。为此,近年来在综放开采的实践中普遍缩小了不放顶煤的范围,一般可提前 10 m 停止放顶煤并铺顶网,但应注意解决好两个问题:一是选择合理的停采线位置,使撤架空间处于稳定的顶板条件之下;二是有效地防止后方矸石窜入工作面,即矸石应能够压住金属网。如不铺网,应在综放设备允许的坡度范围内加大爬坡度,减少放煤量,在到停采线时,使支架基本贴近顶板,将易燃的碎煤变为底板上的实体煤。

三、放煤步距

放煤步距指沿工作面推进方向前后两次放煤的间距。合理地选择放煤步距,对提高采出率、降低含矸率十分重要。放煤步距与顶煤厚度、破碎质量、松散程度及放煤口的位置有关。放煤步距过大时,所需放出煤的体积也较大,若打开放煤口,随破碎顶煤的放出,上方矸石也将不断向放煤口移动,由于待放的煤较多,在上方矸石到放煤口后,其采空区后面仍有一部分顶煤没有放出,造成顶煤的过多损失。放煤步距过小时,后方矸石易混入放煤口,影响煤质,并容易误认为煤已放尽而停止放煤,造成上部顶煤的丢失。放煤过程中不能保证既不混矸又不丢煤,合理的放煤步距只是把煤炭采出率和混矸率控制在一定范围内,图9-9所示为不同放煤步距下煤矸运动状态。

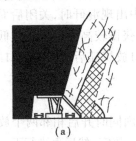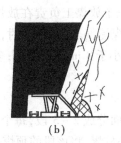

（a）　　　　　　　　　　　（b）　　　　　　　　　　　（c）

图9-9　不同放煤步距下煤矸运动状态
（a）大放煤步距;（b）合理放煤步距;（c）小放煤步距

放顶煤支架架型确定后,放煤步距应考虑与支架放煤口的纵向尺寸的关系。对于综放工作面,放煤步距应与移架步距(或采煤机截深)成整倍数关系,割一刀、两刀或三刀煤放一次顶煤,也就是说,支架放煤口的纵向尺寸应与采煤机循环进刀量成整倍数关系。如果放煤步距大于支架放煤口的纵向尺寸,则会有一部分冒落的顶煤留在支架放煤口的后方而丢到采空区;如果放煤步距小于支架放煤口的纵向尺寸,则必然有一部分矸石处于放煤口的上方,放煤时这部分矸石被一并放出。

根据我国放顶煤工作面的实际情况,确定放顶煤步距时可借鉴经验公式:

$$L = (0.15 \sim 0.21)h \tag{9-2}$$

式中　　L——放顶煤步距,m;

　　　　h——放煤口至煤层顶部的垂高,m。

四、放煤方式

综采放顶煤工作面每个放顶煤支架均有一个放煤口,放煤可分为连续放煤和不连续放煤两种,其中低位放顶煤支架为连续放煤,中、高位放顶煤支架为不连续放煤。放煤方式按放煤轮次不同,可分为单轮放煤和多轮放煤。打开放煤口,一次将能放出的顶煤全部放完的称单轮放煤;每架支架的放煤口需打开若干次才能将顶煤放完的称多轮放煤。放煤方式按放煤顺序不同,可分为顺序放煤和间隔放煤。顺序放煤是指按支架排列顺序(1、2、3、…)依次打开放煤口的方式;间隔放煤是指按支架排列顺序每隔1架或几架(如1、3、5、…或1、4、7、…)依次打开放煤口。无论是顺序放煤还是间隔放煤都可以采用单轮或多轮放煤,我国常用的放煤主要方式是单轮顺序放煤、多轮顺序放煤及单轮间隔放煤。

1. 单轮顺序放煤

单轮顺序放煤方式是一种常见的放煤方式,从端头处1号支架开始放煤,一直放到放煤口见矸,顶煤放完后关闭放煤口;再打开2号支架放煤口,2号支架放完后再打开3号支架放煤口,直到最后支架放完煤为一轮。这种放煤方式的优点是操作简单,工人容易掌握,放煤速度也较快。放煤时,坚持"见矸关门"的原则,但并不是见到个别矸石就关门,只有矸石连续流出,顶煤才算放完;见到矸石连续放出,必须立即关门,否则大量矸石将混入煤中,造成含矸率增加。

为提高单轮顺序放煤的速度,实现多口放煤,可采用单轮顺序多口放煤方式。多个放煤口同时顺序单轮放煤方式可将放煤能力提高,而含矸率反而可能降低。实际操作中,经常2~3个放煤口同时放煤,三个放煤工同时工作,第一个放煤工负责顺序打开放煤口放煤,第二个放煤工负责中间支架的正常放煤,第三个放煤工负责在放煤中出现混矸时,关闭后面的放煤口。这种放煤方式当顶煤强度不大、放煤流畅、煤流均匀时,可获得较高的产量和较低的混矸率。双放煤口同时放煤适用于煤层厚度小于8 m的工作面;多口放煤滞后关闭放煤口的方式适用于8~10 m的厚煤层。

2. 多轮顺序放煤

多轮顺序放煤是将放顶煤工作面分成2~3段,每个段内同时开启相邻两个放煤口,每次放出1/3到1/2的顶煤,按顺序循环放煤,将该段的顶煤全部放完,然后再进行下一段的放煤,或者各段同时进行。多轮顺序放煤的优点是:可减少煤中混矸,提高顶煤回收率。其主要缺点是:每个放煤口必须多次打开才能将顶煤放完,总的放煤速度较慢;每次放出顶煤的1/2或1/3,操作上难以掌握。对于煤层厚度大于10 m的工作面采用多轮顺序放煤,混矸率较低;顶煤太厚的工作面移架后中部顶煤冒落破碎情况一般较差,多轮放煤可使上部顶煤逐步松散,有利于放煤。目前,我国高产长壁放顶煤工作面很少使用这种放煤方式。

3. 单轮间隔放煤

单轮间隔放煤是指间隔一架或若干支架打开一个放煤口。每个放煤口一次放完,见矸关门,如图9-10所示。具体操作时,先顺序放1、3、5…号支架的煤,相邻两架支架间将形成脊背高度较大,两侧对称,暂放不出的脊背煤。放单号放煤口时,一般不混矸,放完全或部分单号支架后,再顺序打开2、4、6…号支架放煤口,放出单号架之间的脊背煤。这是常见的单轮间隔一架的放煤方式,当煤层厚度大于12 m时,可采取间隔两架或三架打开放煤口再放脊背煤的放煤方式。

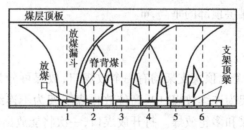

图9-10 单轮间隔放煤

单轮间隔放煤的主要优点是:扩大了放煤间隔,避免矸石窜入放煤口,减少混矸;顶煤放出率高于上述两种放煤方式,工作面采出率接近90%;单轮间隔放煤可实现多口放煤,提高了工作面产量和加快了放煤速度,易于实现高产高效,是一种好的放煤方式。

五、端头放煤

由于特种端头支架架型很少,大多数放顶煤工作面用改进过渡支架或正常放顶煤支架进行端头维护,加上输送机在端头过渡槽的加高,支架放煤后过煤困难,因此只有在工作面两端各留2~4架不放煤,增加了煤炭损失。

随着工作面输送机和支架的不断改进,使端头设备布置也不断更新。目前解决端头放煤的途径主要有三种:

①加大巷道断面尺寸,将工作面输送机的机头和机尾布置在巷道中,取消过渡支架;

②使用短机头和短机尾工作面输送机或侧卸式工作面输送机;

③采用带有高位放煤口的端头支架,实现端头及两巷放顶煤。

六、综采放顶煤开采技术优缺点和适用条件

1. 放顶煤采煤法的优点

①放顶煤工作面单产高。

②放顶煤工作面效率高。

③放顶煤工作面成本低。

④放顶煤工作面巷道掘进量小。

⑤放顶煤开采工作面搬家次数少。

⑥放顶煤开采对地质构造、煤层构造、煤层厚度变化适应性强。

2. 放顶煤采煤法的缺点

①煤炭采出率低是困扰综合机械化放顶煤开采发展的主要技术问题。

②放顶煤开采,易造成煤层自然发火。有效防止煤层自燃是综放的关键技术之一。

③放顶煤开采煤尘大。放顶煤开采工作面煤尘来源有采煤机割煤过程产尘、支架放煤和架间漏煤。尤其是高位放煤时放煤工序产生的煤尘最多。

④放顶煤开采瓦斯易于积聚。综放开采瓦斯防治面临的问题是瓦斯抽放技术及效果的提高、上隅角瓦斯积聚的治理及可靠的瓦斯监控手段。

3. 适用条件

①煤层厚度　一次采出厚度以6~8 m为宜;煤厚过小易发生超前冒顶,增大含矸率;煤厚过大,破坏不充分,降低资源采出率。

②煤层硬度　一般应小于3。

③煤层倾角　缓斜煤层放顶煤效果显著;最大不应超过30°。

④煤层结构　夹矸厚度不超过0.5 m,硬度系数小于3。

⑤顶板条件　直接顶应具有随顶煤下落特性,冒落高度应大于煤厚1.0~1.2倍。

⑥地质构造　适用于地质破坏严重、构造复杂、断层较多和使用长壁综采较困难地段,上下山煤柱等地方。

⑦自然发火、瓦斯及水文地质条件　对自然发火期短、瓦斯涌出量大及水文地质条件复杂的煤层,应先采取相应安全技术措施后才能采用放顶煤采煤法。

巩固与提高

9.1 试述综合机械化放顶煤采煤法的主要工艺过程。

9.2 综合机械化放顶煤采煤方法主要有哪几种类型,各有何特点?

9.3 简述综合机械化放顶煤支架的主要形式和分类依据,以及不同架型的主要优缺点。

9.4 综合机械化放顶煤采煤工作面岩层活动及矿压显现有何特点?

9.5 试述顶煤破碎机理、破坏分区及其含义。

9.6 综合机械化放顶煤工艺的含义及主要内容是什么?

9.7 综合机械化放顶煤采区的巷道布置有何特点? 在确定采区主要参数时应考虑哪些因素?

9.8 影响顶煤采出率的主要因素是什么? 为什么说顶煤损失是可控的,但也是不可避免的?

9.9 简述综采放顶煤技术的主要优缺点。

9.10 试分析综采放顶煤技术对厚煤层开采的适应性。

学习情境 **10**
倾斜长壁采煤工艺选择

学习目标

☞ 能正确设置人工假顶；
☞ 熟悉再生顶板的形成过程；
☞ 能正确进行假顶下的支护及顶网管理；
☞ 能正确进行放顶工艺、分层采高的控制；
☞ 熟悉矿压显现及支护特点；
☞ 能正确进行倾斜长壁面采煤工艺分析；
☞ 熟悉仰斜和俯斜工作面的支护特点；
☞ 熟悉仰斜和俯斜工作面的工艺特点；
☞ 掌握倾斜长壁采煤法的优缺点和适用条件。

任务1 倾斜长壁采煤工艺特点分析

倾斜长壁采煤工艺的实质是长壁采煤工作面沿走向布置，沿倾斜推进。它具有生产系统简单，工作面搬家次数少，掘进率低等优点。在近水平煤层中，不论工作面采用仰斜推进还是俯斜推进，其工艺过程和走向长壁采煤工艺相类似。但随着煤层倾角的增大，工作面矿山压力显现规律及采煤工艺又有一些特点，若仍采用和走向长壁采煤工艺相同的设备，就会带来一定的困难。若解决了这些设备和技术上的问题，仍具有一定的优越性。

一、支护特点

对于仰斜工作面，由于倾角的影响，顶板将产生向采空区方向的分力，如图 10-1(a)所示。在该分力作用下，顶板的悬臂岩层将向采空区方向移动，使顶板岩层受拉力作用。因此，它更容易出现裂隙和加剧破碎，并有将支柱推向采空区侧的趋势。

对于俯斜工作面，沿顶板岩层的分力指向煤壁侧，顶板岩层受压力作用，使顶板裂隙有密

163

合的趋势,有利于顶板保持连续性和稳定性,如图 10-1(b)所示。

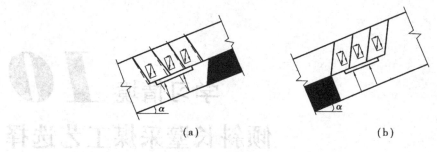

图 10-1　倾斜长壁工作面直接顶板稳定状态

(a)仰斜工作面;(b)俯斜工作面

由图 10-1 可以看出,倾角 α 越大,仰斜工作面的顶板越不稳定,而在俯斜工作面的顶板越稳定。

对于仰斜工作面,采空区顶板冒落矸石多数涌向采空区,这时支架的主要作用是支撑顶板,如图 10-2(a)所示。因此,可选用支撑式或支撑掩护式支架。当倾角大于 12°时,为防止支架向采空区侧倾斜,支柱应斜向煤壁 6°,并加强复位装置或设置复位千斤顶,以确保支柱与煤壁的正确位置关系。煤层倾角较大时,工作面长度不能过大,否则由于煤壁片帮造成煤量过多,输送机难以启动。煤层厚度增加时,需采取防片帮措施。如打锚杆控制煤壁片帮;液压支架应设防片帮装置等。仰斜开采移架困难,当倾角较大时,可采用全工作面小移量多次移的方法,同时优先采用大拉力推移千斤顶的液压支架。倾角较大时,垛式支架有向后倾倒的现象且移架困难。支撑掩护式支架则可加大掩护梁坡度,使托梁受力作用方向趋向底座内,对支护工作有利,稳定性较好。如鸡西城子河矿开采 37 号煤层,倾角大于 18°时,采用 ZY2B 型支撑掩护式支架,稳定性能良好。

对俯斜工作面,采空区顶板冒落的矸石可能会直接涌入采煤工作空间,这样支架的作用除支撑顶板外,还要防止破碎矸石涌入。因此,根据具体情况可选用支撑掩护式或掩护式支架。由于碎石作用在掩护梁上,其载荷有时较大,所以,掩护梁应具有良好的掩护性和承载能力。为防止顶板岩石冒落时直接冲击掩护梁,可增加顶梁的后臂长度,如图 10-2(b)所示。掩护式支架容易前倾,在移架过程中当倾角较大,采高大于 2.0 m,降架高度大于 300 mm 时,经常出现支架向煤壁倾倒现象。为此,移架时严格控制降架高度不大于 150 mm,并收缩支架的平衡千斤顶,拱起顶梁的尾部,使之带压擦顶移架,以有效地防止支架倾倒。

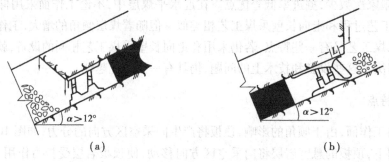

图 10-2　支架维护工作空间状况

(a)仰斜工作面;(b)俯斜工作面

二、采煤工艺特点

1. 仰斜开采

仰斜开采时,水可以自动流向采空区,工作面无积水,劳动条件好,机械设备不易受潮,装煤效果好。当煤层倾角小于 10°时,采煤机及输送机工作稳定性尚好。如倾角较大,采煤机在自重影响下,截煤时偏离煤壁减少了截深;输送机也会因采下的煤滚向溜槽下侧,易造成断链事故。为此,要采取减少截深、采用中心链式输送机、下部设三脚架把输送机调平、加强采煤机的导向定位装置等一系列措施。在煤层夹矸较多时,滚筒切割反弹力较大,使采煤机受震动和滚筒易"割飘",导向管在煤壁侧磨损严重。当倾角大于 17°时,采煤机机体常向采空区一侧转动,甚至出现翻倒现象。仰斜开采的工作面布置如图 10-3 所示。

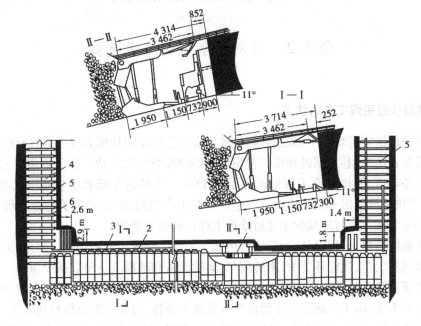

图 10-3　仰斜开采综采工作面布置图

1—采煤机;2—输送机;3—液压支架;4—转载机;5—工字钢支架;6—木支架

2. 俯斜开采

在俯斜开采时,如图 10-4 所示,随着煤层倾角的加大,采煤机和输送机发生事故会增加,装煤率降低。由于采煤机重心偏向滚筒,俯斜开采将加剧机组不稳定,易出现机组掉道或断牵引链事故,采煤机机身两侧导向装置磨损严重。鸡西矿区小恒山矿通过采取加高滚筒滑靴的措施,在煤层倾角 17°时,仍取得了较好的效果。俯斜开采最大的问题是装煤困难。城子河矿开采倾角 20°的煤层,采取下述措施较好地解决了装煤困难的问题。最初,该矿选用采煤机的滚筒是相向旋转的,滚筒螺旋叶升角小,装煤率低,牵引负荷大,安全阀经常开启,无法正常割煤。为此,将采煤机两滚筒对换位置,改为背向旋转,且割底煤滚筒用弧形挡煤板,70% 的煤能靠采煤机装入输送机,30% 的煤由铲煤板装入输送机。但这种方法使采煤机负荷加大。为此,应适当降低割煤速度。当煤层倾角大于 22°时,采煤机机身下滑,滚筒钻入煤壁,煤装不进输送机中,经试验采取把输送机靠煤壁侧先吊起来,使溜槽倾斜度保持在 13°~15°,采煤机割底煤时卧底,使底板始终保持台阶状,采煤机可正常工作。

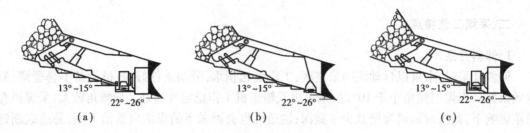

图 10-4　倾角较大时俯斜开采
(a)采煤机处于正常割煤状态,割底形成台阶;
(b)利用支架及绳套吊起输送机,然后推移输送机进入下一个台阶;
(c)割完一刀移输送机后,进入正常割煤

任务 2　倾斜长壁采煤工艺选择

一、倾斜长壁采煤工艺的优点

在地质条件适宜的煤层中,采用倾斜长壁采煤工艺比走向长壁采煤工艺具有以下优点:

①巷道布置简单,巷道掘进和维护费用低,准备时间短、投产快。由于取消了采区上(下)山等部分准备巷道,使得巷道工程量减少了近 15%。当井底车场和少量水平大巷工程完成后,就可以很快地准备出采煤工作面投入生产。在生产期间,由于减少了巷道工程量,工作面接续也较容易掌握。同时还减少了巷道维护工程量和维护费用。

②运输系统简单,占用设备少,运输费用低。采煤工作面生产的煤炭,经分带运输斜巷、煤仓直接到达运输大巷,运输环节少,系统简单,运输设备和辅助人员可以减少 30% ~40%。

③由于倾斜长壁采煤工作面的回采巷道可以沿煤层掘进,能够保持固定方向,可保持采煤工作面的长度不变,给工作面创造了优良的开采技术条件,有利于综合机械化采煤。

④通风路线短,风流方向转折变化少,减少了风桥、风门等通风构筑物,漏风少,通风效果好。

⑤对地质条件的适应性较强。采煤工作面的倾斜和斜交断层比较发育时,布置倾斜长壁工作面可减少断层对开采的影响。当煤层顶板淋水较大或采空区采用注浆防火时,采用仰斜开采则有利于疏干工作面,创造良好的工作环境。当瓦斯涌出量较大时,采用俯斜开采则有利于减少工作面瓦斯含量,防止工作面瓦斯积聚。

⑥技术经济效果好,工作面单产、巷道掘进率、煤炭采出率和劳动生产率、吨煤成本等指标,都比走向长壁采煤工艺有明显的改善和提高。

二、倾斜长壁采煤工艺存在的问题

长距离的倾斜巷道,使得掘进和辅助运输、行人比较困难;现有的采煤工作面设备都是按走向长壁工作面的开采条件设计和制造的,不能完全适应倾斜长壁工作面的生产要求;每 2 ~4 个分带布置一个煤仓与大巷联系,大巷装车点较多,特别是当同时开采的工作面数目较多时,相邻分带之间的大巷运输干扰较大;有时还存在着污风下行的问题。

这些问题,在采取相应措施后可逐步得到解决。例如,采用先进的辅助运输设备,改善工作面运料的不便;改进现有工作面设备,以适应工作面倾斜推进和较大倾角的需要;加强通风管理,加强对瓦斯的检查,消除污风下行的不利影响等。

三、倾斜长壁采煤工艺的适用条件

①倾斜长壁采煤工艺主要适用于煤层倾角小于 12°的煤层。煤层倾角越小越有利。目前作为推广应用的重点。

②当对采煤工作面设备采取有效技术措施后,倾斜长壁采煤工艺可适用在 12°~17°的煤层。

③对于倾斜或斜交断层比较发育的煤层,在能大致划分成比较规则带区的情况下,可采用倾斜长壁采煤法或伪斜长壁采煤工艺。

④对于不同开采深度、顶底板岩石性质及其稳定性、矿井瓦斯涌出量和矿井涌水量的条件,均可采用倾斜长壁采煤工艺。

巩固与提高

10.1　什么是倾斜长壁采煤法?

10.2　简述倾斜长壁采煤法支护的特点?

10.3　简述倾斜长壁采煤法采煤工艺的特点?

10.4　试述倾斜长壁采煤法的优点?

10.5　简述倾斜长壁采煤法存在的问题?

10.6　简述倾斜长壁采煤法的适用条件?

学习情境 11

急倾斜煤层采煤工艺选择

 学习目标

☞ 熟悉急倾斜煤层开采围岩移动规律；

☞ 能正确表述急倾斜煤层开采对未采煤层的影响；

☞ 能正确表述急倾斜单一煤层走向长壁采煤法爆破采煤工艺；

☞ 根据给定条件，能正确选择正台阶采煤工艺；

☞ 能正确设置俯伪斜走向长壁工作面分段密集支柱；

☞ 能正确进行工作面初采和末采的安全技术管理；

☞ 根据给定条件，能正确选择俯伪斜走向长壁采煤工艺；

☞ 能正确进行伪斜柔性掩护支架的结构选择和设计；

☞ 能正确进行伪斜柔性掩护支架的安装和拆除；

☞ 能正确处理伪斜柔性掩护支架工作面常见故障；

☞ 根据给定条件，能正确选择伪斜柔性掩护支架采煤工艺；

☞ 根据给定条件，能正确选择倒台阶采煤工艺。

任务 1 急倾斜煤层开采的特点分析

急倾斜煤层开采原则和方法与缓倾斜、倾斜煤层开采基本一致。由于急倾斜煤层倾角大，煤层地质因素和矿山压力显现与缓倾斜、倾斜煤层有着较大的差异，在矿井开拓方式、采区巷道布置、采煤方法以及提升运输、采煤机械化、安全生产等方面都独具特点。

一、构造复杂、开采困难

矿井地质构造复杂、开采难度大、生产能力小。因为煤层由水平状态变为急倾斜状态，必然经过漫长地质年代中多次剧烈地质构造变化。在构造应力作用下，含煤岩系地层发生变形和破坏，通常使得急倾斜煤层中断层和褶曲比较发育，煤层倾角和厚度变化较大，煤层与岩层节理发育,易于垮落,所以急倾斜煤层开采条件普遍较差、储量少、开采困难、矿井生产能力小。开采急倾斜煤层的矿井多数是中、小型矿井。

二、生产过程中不安全因素增加

由于煤层倾角已经超过岩石自然安息角,采煤工作面破落的煤块会沿底板自动向下滑滚,简化了采煤工作面的装运工作。但向下滑滚的煤块和矸石会冲倒支柱,砸伤人员,给生产带来不安全因素,必须采取相应的安全技术措施。

三、主要工序操作困难

采煤工作面的行人、破煤、支护、采空区处理、运料等各项工序的操作困难,增加了采煤机械化的难度。因为急倾斜煤层采煤机械在设计时都要考虑工作时的稳定性和防倒防滑问题,所以国内外急倾斜煤层的采煤机械化问题尚未得到根本解决,仍然主要依靠爆破或风镐破煤、单体液压支柱支护,工人劳动强度大。

四、支柱稳定性差

急倾斜煤层顶板压力垂直作用于支柱或煤柱上的分力比缓斜要小,而沿倾斜作用的分力要大,煤层顶底板都有可能沿倾斜方向滑动、垮落,支柱稳定性差,增加了破煤和支柱工作的复杂性。

急倾斜煤层工作面采空区垮落的矸石会自动向下滑滚,采空区下部空间得到局部充填,对顶底板起着自然支撑作用。在正常开采初期,由于顶板尚未得到垮落矸石的充填,或在顶板岩层坚硬不能及时垮落时,顶板在初次垮落之前,并不出现明显的移动和下沉,而在悬露面积达到极限值后会突然发生垮落,易于造成垮顶事故。

五、近距离煤层群开采上、下部会相互影响

由于煤层倾角超过底板岩层移动角,煤层开采后顶板会发生移动垮落,底板也会发生滑动和垮落。当开采急倾斜近距离煤层时,上部煤层的开采会使下部煤层受到破坏。

为使煤层开采时顶底板移动不会对未采煤层造成破坏,上部、下部煤层之间必须留有适当的距离。先采上部煤层时的 M_1,如 11-1(a)所示。

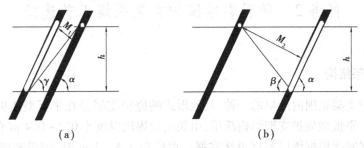

图 11-1　急倾斜煤层群开采对未采煤层的影响
(a)上部煤层开采底板移动影响未采煤层;(b)下部煤层开采顶板移动影响未采煤层

$$M_1 > \sin(\alpha - \gamma)h/\sin\gamma \qquad (11\text{-}1)$$

或 $$h < \sin \gamma \cdot M_1 / \sin(\alpha - \gamma) \tag{11-2}$$

先采下部煤层时的 M_2，如图11-1（b）所示。

$$M_2 > \sin(\alpha + \beta) \cdot h / \sin \beta \tag{11-3}$$

或 $$h < \sin \beta \cdot M_2 / \sin(\alpha + \beta) \tag{11-4}$$

式中 M_1、M_2——开采煤层与未采煤层的层间距，m；

       α——煤层倾角；

       h——区段垂高，m；

       β、γ——顶、底板岩层移动角。

如果煤层间距小，则应缩小区段垂高，以使上部、下部煤层开采时不相互影响。

六、下部采空区产生局部充填

由于急倾斜煤层倾角大于岩石自然安息角，采空区垮落矸石会自动由上部向下部滚落，对下部采空区产生局部充填作用。因此，开采急倾斜煤层时垮落带、裂隙带及下沉带的分布与缓斜及倾斜煤层正好相反，如图11-2所示。

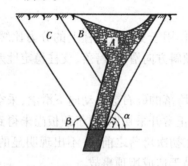

图11-2   急倾斜煤层开采围岩移动规律

A—垮落带；B—裂隙带；C—下沉带

α—煤层倾角；β—顶板岩层移动角；γ—底板岩层移动角

因为煤层倾角较大，使用水平投影图无法将急倾斜煤层开采状态表述清楚，所以急倾斜煤层开采的工程图纸一般是以立面投影图、水平切面图和剖面图来反映的。

任务2   伪斜柔性掩护支架采煤工艺选择

一、掩护支架结构

平板型掩护支架是国内最早的一种，其他形式的掩护支架是在平板型掩护支架的基础上演变而形成的。平板型掩护支架结构简单，由长度比煤层厚度小0.2~0.4 m直钢梁及钢丝绳构成。钢梁排列密度根据煤层厚度灵活掌握。煤厚在2.5~4 m时，钢梁密度为3~5根/m，煤厚在4~5 m时，钢梁密度为5~6根/m，钢梁可采用矿用工字钢、U形钢及旧钢轨。钢梁的规格应根据开采煤层厚度选用不同型号。架宽在2 m以下时，可选用矿用工字钢10号、18 kg/m钢轨；架宽在2.0 m以上时，选用矿用工字钢11号、U形钢18或24 kg/m钢轨。为便于运输,单根钢梁长度不宜超过 3.0~3.2 m。单根钢梁平板型掩护支架的主要规格为 2.2 m、2.4 m、2.6 m、2.8 m、3.0 m、3.2 m。理想适用条件:倾角大于 60°,厚度 2.4~3.6 m,赋存稳定的煤层。钢梁垂直于煤层顶底板,沿走向布置 4~5 根/m,钢梁间夹方木荆条捆,使钢梁保持200~300 mm 间距,排列好后用直径为 22~43.5 mm 的钢丝绳、夹板和螺栓将钢梁连接成一柔性掩护体。图 11-3 所示为平板型掩护支架结构。

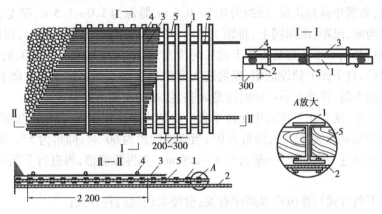

图 11-3 平板型掩护支架结构
1—工字钢;2—钢丝绳;3—荆笆;4—压木;5—撑木

钢丝绳根数依据架宽确定。根据河北开滦、安徽淮南、重庆天府及中梁山矿区生产经验,架宽在 2 m 以下时用 4~5 根。为了防止钢丝绳松捻,要在其两端封口,每段钢丝绳长度为15~20 m,接头处用 5~6 个绳卡搭接。钢梁上交替铺设竹笆、荆笆或金属网,并用铁丝与钢梁拴紧,以隔离采空区矸石。竹笆宽度应稍小于钢梁长度,以避免支架下放过程中,竹笆挂住顶底板矸石被拉开,而发生漏矸现象。

二、采煤工艺

伪斜柔性掩护支架采煤法的采煤工作包括安装掩护支架、正常破煤、下放掩护支架和掩护支架拆除,可分为三个工作阶段。

1. 准备阶段

准备阶段的工作主要是扩巷、挖地沟、铺设掩护支架、调架。安装支架前,先将区段回风平巷扩至煤层顶底板,从开切眼以外 5 m 处开始挖倒梯形地沟。煤厚在 1.3~3.0 m 时,地沟深度不小于 0.8 m;厚度大于 3.0 m 时,地沟深度不小于 1 m。

扩巷及地沟挖好后,可以安装掩护支架。第一根支架应从距开切眼以外 3~5 m 的地方开始铺起,其一端紧靠顶板,垫高 0.2~0.4 m,使钢梁与水平方向呈 3°~5°,以便于支架、钢丝绳连接,有利于支架下放。钢丝绳、支架、方木(荆条捆)用螺栓夹板连接成整体后,应在支架上铺设竹笆。安装工作沿走向推进 15 m 后应将回风平巷支架拆除,使上部煤矸垮落,保证掩护支架上有 2~3 m 厚的垫层,以避免开采过程中大块顶底板岩石垮落砸坏掩护支架。

垫层厚度小于煤厚 2 倍以下时,应采用爆破方法强制获取。为了防止掩护支架在下放过程中出现褶皱或变形,应使煤矸垮落点距伪斜工作面上部拐点的距离经常保持在 5 m 以上。当掩护支架安装水平长度达到 15 m,就可以调放掩护支架,下放支架利用开切眼来完成。在开切眼中打眼爆破,使支架的尾端由水平状态逐步调斜下放,使其与水平面成 30°~35°。在伪斜工作面中,应始终使每根支架垂直于煤层顶底板。

2. 正常采煤阶段

在正常采煤阶段,除了在掩护支架下破煤外,同时要在回风平巷铺设支架,在工作面下端掩护支架放平位置撤除部分支架。掩护支架下采煤可采用爆破方式或风镐方式。爆破方式破煤包括打眼、装药、爆破、铺设溜槽出煤、调架工作。炮眼布置根据架宽和煤层硬度确定。架宽在 2 m 以下时,布置单排地沟眼,眼距为 0.5 ~0.6 m,眼深为 1.0 ~1.5 m;架宽在 2 ~ 3 m 时,应布置双排地沟眼,眼距、眼深同上,排距为 0.4 ~0.5 m;架宽在 3 m 以上,顶底煤硬度较大时,应增加帮眼,帮眼水平位置是支架下放后的位置,炮眼深度以不超出支架的两端为限。工作面炮眼爆破后,自下而上铺设溜槽,煤炭装入溜槽自溜到下部运输平巷。随着煤层的破落,掩护支架会自动下落,操作人员应随时注意调整,使掩护支架落到预定位置。一般采用点柱来控制掩护支架下落,使它在工作面中保持平直。支架应垂直顶底板,并根据煤层倾角不同而保持 2° ~5°。当煤层倾角为 90°时,仰角为 0°;当煤层倾角为 60°时,仰角为 5°。破煤清除后,支架会整体沿走向推进一定距离,一般为 0.8 ~0.9 m。先拆除溜槽,再进行下循环打眼爆破、出煤调架工作。

掩护支架下放方式与爆破出煤顺序有关,曾经采用过两种方式:

①工作面分段爆破。伪斜柔性掩护支架工作面采用自下而上分段爆破的方式。工作面上、下段可以交替打眼爆破出煤,使工作面工时利用比较合理。其缺点是放架时形成图 11-4(a)所示的情况,下段爆破出煤后,掩护支架将由 ab 变为 acdeb 的位置,因 acdeb 段长度大于 ab 段长度,掩护支架受拉易变形损坏。

②工作面全长一次爆破。伪斜柔性掩护支架工作面全长一次爆破后出煤,掩护支架将由 ab 变为 a'b' 位置,如图 11-4(b)所示。爆破出煤后,掩护支架可以全工作面同步向下滑移到新的位置,掩护支架不会受拉变形。其缺点是打眼与出煤不能平行作业,工时利用差,单产低,有时还会造成碎煤堵塞工作面。

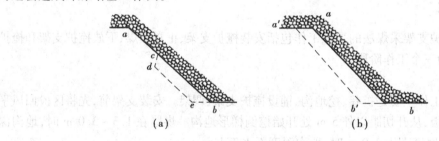

图 11-4　掩护支架下放长度变化

(a)工作面分段爆破掩护支架下放长度变化;(b)工作面全长一次爆破掩护支架下放长度变化

在工作面采煤时,同样要在回风平巷中不断铺设掩护支架,以便连续采煤。随着工作面不断向前推进,要及时拆除工作面下端的掩护支架。拆除掩护支架时,将工作面下端掩护支架放平在运输辅巷中,如图 11-5(a)所示。在放平段尾部,由地沟向煤层顶底板两帮扩巷,到支架两端露出为止。这时支架失去两侧煤台的支撑,应及时打上点柱支撑悬露出来的掩护支架,下部回收巷道高度不应小于 1.2 m,如图 11-5(b)所示。拆架工作自最后一根支架开始,卸掉螺栓、夹板,将支架由下煤眼运出,钢绳由小眼拉出。后方悬露出的假顶应及时架设点柱维护,当达到一定控顶距时回柱放顶,如图 11-5(c)所示。

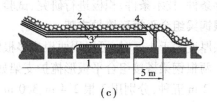

（a）　　　　（b）　　　　　　（c）

图 11-5　掩护支架回撤

1—区段运输巷;2—假顶材料;3—绳接头;4—戴帽点柱;5—溜眼

拆架工作也可以直接在下区段的运输平巷中进行,如图 11-6 所示。下区段回风平巷可以在被假顶隔离垮落矸石下方直接沿空掘进,不留设区段煤柱,以提高采区回收率。

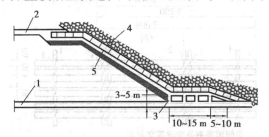

图 11-6　在区段运输平巷回撤掩护支架

1—工作面运输巷;2—工作面回风巷;3—联络巷;4—掩护支架;5—采煤工作面

3. 收尾阶段

当伪斜柔性掩护支架工作面推进到区段停采线前,在停采线靠工作面一侧掘进两条收尾眼。两眼相距 8 ~ 10 m,沿倾斜每隔 10 ~ 15 m 用联络巷连通。掩护支架铺设至收尾眼时,应停止铺架。利用收尾眼将支架前端逐渐下放,减少工作面伪斜角度,拆除上端多出的一段支架,使支架下放到回架处的水平位置。用上述拆架方法将掩护支架全部拆除,如图 11-7 所示。在拆除掩护支架过程中应始终保持支架落平部分与区段运输平巷不少于 3 个溜煤眼相通,以满足通风、行人和拆架的需要。但最多不超过 5 个溜煤眼,避免压力过大给拆除掩护支架造成困难。

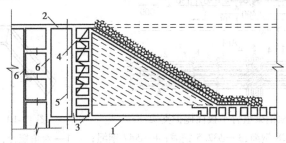

图 11-7　掩护支架工作面收尾

1—工作面运输巷;2—工作面回风巷;3—收尾上山眼;

4—通风联络巷;5—停采线;6—采区上山眼

三、改进支架结构、扩大使用范围

为扩大伪斜柔性掩护支架采煤方法的使用范围,50 年来,我国众多急斜煤层矿井根据实际煤层赋存条件、技术条件,积极进行研究、试验,因地制宜开发出多种结构的掩护支架。

1. 多根钢梁组合平板形掩护支架

当煤层厚度大于 4 m 时,可以用两根或多根钢梁对接或搭接,形成两根或多根钢梁组合平板形支架。两根钢梁搭接组合平板形掩护支架如图 11-8 所示,主要规格为 3.6 m、4.0 m、4.5 m、5.0 m、5.2 m 五种,分别用 2 根 2.4 m、3.0 m、3.6 m 长的 11 号矿用工字钢搭接组合而成。使用条件为煤层倾角大于 60°、厚度 3.8 ~ 5.5 m、赋存稳定煤层。

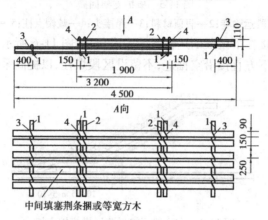

图 11-8 两根钢梁组合平板形掩护支架

1—主钢绳;2—背绳;3—大圆钢卡;4—小圆钢卡

多根钢梁组合平板形掩护支架如图 11-9 所示。其主要规格有:5.6 m、6.0 m、6.4 m、6.8 m、7.2 m,分别用 1.6 m、2.0 m、2.4 m、2.8 m、3.2 m、3.6 m、4.0 m 长的 11 号矿用工字钢组合而成,适宜条件为倾角大于 60°、厚度 5.8 ~ 10 m、赋存稳定煤层。目前国内已能用多根钢梁组合平板形掩护支架开采 8 m 以上煤层。如开滦马家沟矿曾经采用钢梁组合平板形掩护支架,成功开采厚度为 8 ~ 12 m 的煤层,取得了良好的技术经济效果。

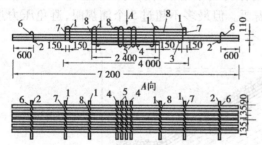

图 11-9 多根钢梁组合平板性掩护支架

1—背绳 φ22 钢绳;2—φ28 钢绳;3—φ32.5 钢绳;4—φ47 钢绳;
5—φ43.5 钢绳;6—小圆钢卡;7—大圆钢卡;8—中圆钢卡

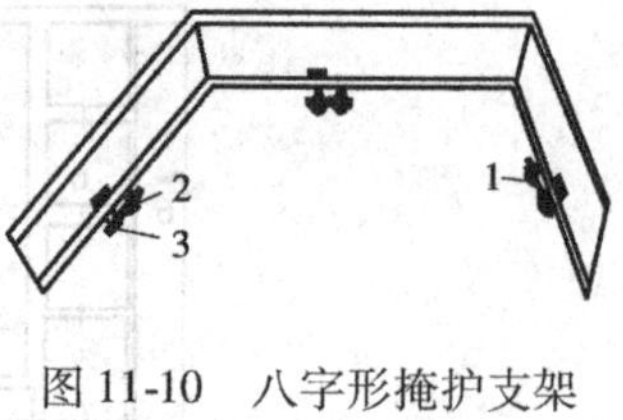

图 11-10 八字形掩护支架

1—六角螺栓;2—小垫板;3—钢丝绳

2. 八字形掩护支架

当煤层厚度为 1.1 ~ 3.0 m 时,由于掩护支架下地沟断面小,操作不方便、通风不良,因此一般不采用平板形掩护支架,而采用八字形掩护支架,其结构如 11-10 所示。八字形掩护支架高度 h 可以在 0.3 ~ 0.5 m 范围内变化,以增大掩护支架下工作空间高度。适于煤层倾角 60°以上,八字形掩护支架主要规格有:1.06 m、1.3 m、1.5 m、1.8 m、2.0 m、2.5 m、3.0 m、4.2 m、

6.0 m,用 9 号或 11 号矿用工字钢焊接或冷压弯曲而成。适于煤层倾角 60°以下的八字形掩护支架采用 11 号矿用工字钢经过油压千斤顶冷压弯曲而成。

3."〈"形掩护支架

当煤层倾角小于 60°时,为了增加掩护支架下的工作空间,便于向下移动,无论煤层薄厚,都不宜采用平板形支架,可以采用图 11-11 所示用 11 号矿用工字钢加工而成的"〈"形掩护支架。生产实践表明,"〈"形掩护支架可以用来开采倾角为 55°~60°的煤层,支架上肢和下肢长度之比(肢长比)、肢间夹角和支架跨度都会影响掩护支架下滑性能。尤其是肢长比更为重要,肢长比过大时,支架会头重脚轻,容易切入底板;肢长比过小时,容易出现窜矸,而且空间小、操作不便。当煤层倾角为 55°时,肢长比采用 1∶1 为宜,肢间夹角可用 140°,支架跨度可比煤层厚度小 0.5~1.0 m,支架工作角度应保持在 65°~80°之间,防止支架出现啃底后仰现象。

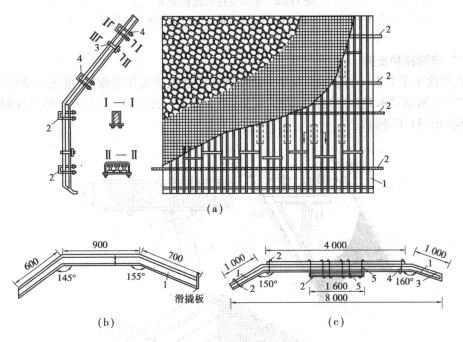

图 11-11　"〈"形掩护支架
1—钢梁;2—钢丝绳;3—小圆钢卡子;4—大圆钢卡子;5—中圆钢卡子

4.单腿支撑式掩护支架

当煤层倾角为 45°~60°时,为使支架能顺利下放而不切入底板,安徽淮南矿区成功地使用单腿支撑的"〈"形或"["形掩护支架。这种掩护支架已能顺利开采倾角 45°~50°、厚度为 2.0~3.5 m 的煤层。掩护支架由"〈"形或"["形钢梁和连接这些钢梁的走向钢梁组成,在伪斜工作面中每隔 1 m 在掩护支架下打上一根木撑柱或单体液压支柱,撑柱与水平面的交角为 75°~80°,如图 11-12 所示。它适用于倾角在 40°以上、厚度在 1.45 m 以上、产状和赋存较稳定的煤层。

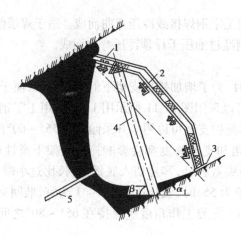

图 11-12　单腿支撑式掩护支架
1—单腿;2—走向钢梁;3—滑橇板;4—钢丝绳;5—炮眼

5."7"字形掩护支架

为在厚度小于 1.3 m 的急倾斜煤层中使用伪斜柔性掩护支架采煤法,重庆中梁山矿区试验成功"7"字形钢梁木混合结构柔形掩护支架,用于开采厚度为 0.7 ~ 1.3 m 的急倾斜煤层,支架结构如图 11-13 所示。

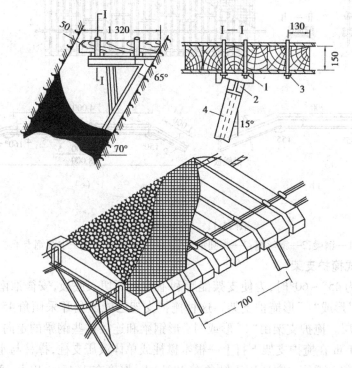

图 11-13　"7"字形掩护支架
1—槽钢楔块;2—钢梁;3—U 形螺栓;4—钢梁腿

"7"字形掩护支架由木梁排成的平板结构和木梁下工作空间内每隔 0.7 m(5 根木梁)安装一根"7"字形的钢梁,木梁之间以及与"7"字形钢梁之间用 U 形的螺栓将其与钢丝绳联合一个柔形整体,并在其上部铺设竹笆,"7"字形钢梁起支撑及导向作用。工作面采用爆破或风镐破煤,在伪斜工作面沿底板一侧煤炭必须采净,以保证"7"字形钢梁的腿紧贴底板向下滑行,防止钢脚离开底板发生"撬脚"。

四、改进巷道布置,减少支架安装和拆除次数

为了进一步提高采区生产能力,减少支架及机电设备的安装和拆除次数,减少区段隔离煤柱损失,以节省人力、减少材料消耗,可以改进巷道布置,增加区段高度,加大工作面长度,用伪倾斜上山或溜煤眼把工作面分段。

1. 上下区段构成连续工作面

图 11-14 所示为采区上下区段构成连续工作面。在上下区段中均安设刮板输送机,分别运送上下工作面的生产煤炭,但上下工作面仍是连续的。在上区段处保持 10~15 m 的临时放平巷段,图 11-14(a)也可以将上下工作面取直,如图 11-14(b)所示。上下工作面生产的煤炭均由下区段运输平巷中刮板输送机运出。

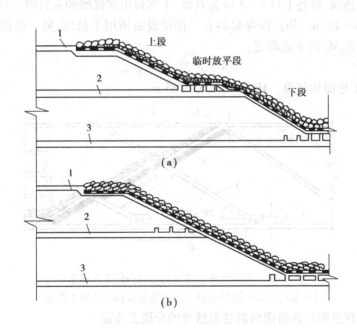

图 11-14　上、下区段构成连续工作面
(a)上区段平巷保持临时放平段;(b)上、下工作面取直
1—回风巷;2—上区段运输巷;3—下区段运输巷

2. 工作面分段连续推进

增大区段高度,加大工作面倾斜长度,采用长工作面分段连续推进的巷道布置方式。

3. 加掘溜煤眼的分段工作面

图 11-15 所示为加大区段高度,用沿煤层底板掘进的垂直溜煤眼将工作面分段。先选定适宜每班一次推进的分段工作面长度 L,然后计算溜煤眼距 M_1。

$$M_1 = L \cdot \cos \beta \tag{11-5}$$

式中　　β——工作面伪斜角。

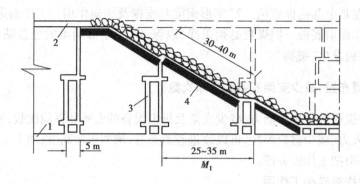

图 11-15　加掘直溜煤眼的分段工作面布置
1—运输巷;2—回风巷;3—直溜煤眼;4—伪斜工作面

4. 加掘伪倾斜溜煤斜巷的分段工作面

图 11-16 所示为用 25°~30° 伪斜溜煤眼斜巷将工作面分段的布置方式。为便于伪斜溜煤斜巷与回风平巷连接,斜巷上口 2~3 m 为直眼,下部掘出溜煤眼和人行眼,其高度为护巷煤柱高度,其间距为 8~10 m。伪斜溜煤眼斜巷一侧铺设溜槽用于溜煤,另一侧供通风、行人。伪斜溜煤巷水平间距 M_2 由下式确定:

$$M_2 = 2L \cdot \cos \beta \tag{11-6}$$

式中　　β——工作面伪斜角。M_2 一般取 55~65 m。

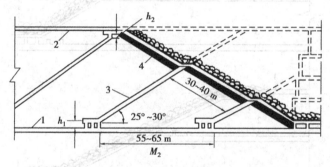

图 11-16　加掘伪倾斜溜煤斜巷的分段工作面布置
1—运输巷;2—回风巷;3—伪斜溜煤眼;4—伪斜工作面

5. 真倾斜溜煤直眼与伪斜溜煤斜巷相结合的分段工作面

当区段高度较大时,无论是单独采用真倾斜溜煤直眼还是伪斜溜煤斜巷,掘进及维护工作都较为困难,因此,可以采用两者相结合方式,如图 11-17 所示。真倾斜溜煤直眼间距不能过大,否则会使分段工作面超过预定的长度。根据上述原理可以计算出工作面的各项参数。

五、主要故障处理措施

伪斜柔性掩护支架采煤法支架下放过程中容易出现的主要故障有:

1. 支架下放时产生扭斜

产生故障的原因是:分段开采时,采深不一致或开采速度不协调;铺架时支架未安装紧固或支架多次下放,钢丝绳受反复拉伸使连接钢梁的螺栓、绳卡松动,造成部分支架移动,离开柔性整体,而出现扭斜。

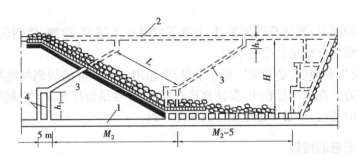

图 11-17　直溜眼与伪斜溜眼结合的分段工作面布置
1—运输巷;2—回风巷;3—伪斜溜煤上山;4—倾斜溜煤眼

预防这种故障的措施有:注意支架安装质量,经常对工作面支架连接件进行检查,及时拧紧螺丝帽。发现支架扭斜时,需及时用点柱支撑逐步调整其恢复正常状态。发现支架部分离开钢丝绳的,必须及时用短钢丝绳将其两端用 4~5 个绳卡拴牢在主钢丝绳上。

2. 支架切入顶底板

产生故障的原因是:爆破时炮眼布置不当,装药过量,崩坏地沟和底板一侧的煤帮,使支架失去支撑,向一侧倾斜而逐渐切入顶板或底板;因煤层变薄卡住支架,使支架切入顶板;底板一侧煤炭坚硬未采净,使支架切入顶板。

处理方法:及时去除顶板或底板局部岩石,加大支架切入端的下放距离,使其逐步恢复正常状态,如图 11-18 所示。

3. 窜矸

产生故障的原因是:当工作面顶底板破碎或煤层增厚、煤质松软时,支架顶端的煤炭垮落后,支架顶部与顶板间会出现部分空隙,支架上部顶板侧采空区矸石会大量窜入;或由于爆破时炮眼布置不当、装药量过大、崩坏地沟两侧煤帮和顶底板。

处理方法是及时用斜撑支住支架,用方木、木板、笆片做成假顶,堵塞孔洞,防止继续漏矸,如图 11-19 所示。

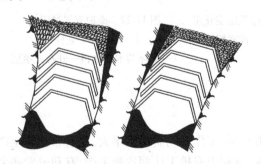

图 11-18　掩护支架切入顶、底板

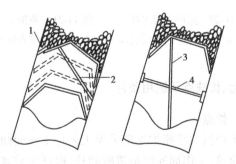

图 11-19　掩护支架窜矸及悬空
1—人工假顶;2—撑木;3—立柱;4—木支柱

4. 支架悬空

产生故障的原因是:煤层变厚,煤质变软,发生顶底煤片帮,造成支架失去支撑,悬空。

处理方法是利用立柱、撑木支柱支架及顶底板空间,逐步将支架下放到正常位置,如图 11-19 所示。

5. 断绳

产生故障的原因是：操作及管理不当，支架下放时产生扭斜、褶皱，使钢丝绳受张力过大；绳卡松动、脱落，致使支架扭斜受力不均。

处理方法：发生断绳后，必须立即停止采煤，迅速用 8～10 m 的短钢丝绳和 8～12 个绳卡将断脱两端连接好。在生产过程中，要注意检查绳卡、螺栓是否拧紧；严重锈蚀、断丝超过规定的钢丝绳必须及时更换；尽量保证全工作面采深一致。

六、过断层、旧巷的措施

1. 支架过断层或煤层变化带

当断层断距大于 1 m，使煤层完全断脱时，只能撤架重新铺设掩护支架。若断层断距小于 1 m，褶曲、煤厚变化不大，可适当挑顶、破底，借助于留顶煤或底煤，调大支架仰角或俯角，经多次调整，可使支架处于正常位置。掩护支架过断层如图 11-20 所示；掩护支架过煤层变化带如图 11-21 所示。

2. 支架过旧巷

支架过旧巷可以支设立柱、斜撑支撑悬空支架和破碎顶板，撤除巷道中损坏支架，利用煤矸填满底板空隙作为假底，注意加强管理顶板，使支架安全通过旧巷，如图 11-22 所示。

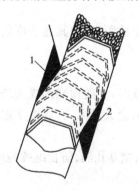  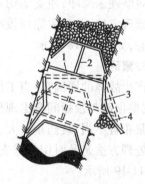

图 11-20　掩护支架过断层　　图 11-21　掩护支架过煤层变化带　　图 11-22　掩护支架过旧巷
　1—留设顶煤；2—留设底煤　　　　1—留设底煤；2—排底板　　　　　1—撑柱；2—立柱；
　　　　　　　　　　　　　　　　　　　　　　　　　　　　　　　　3—损坏的木支柱；4—矸石充填层

七、优缺点及适用条件

1. 优点

①伪斜柔性掩护支架采煤工艺将工作面倾角变缓，工作面伪斜长度增大，巷道布置和生产系统简单，工作面连续推进时间长，搬迁次数减少，有利于安排工作面均衡生产，有利于发展采煤机械化，降低掘进率。同时，工作面破煤能自溜运输。

②伪斜柔性掩护支架采煤工艺利用掩护支架把采煤工作面空间与采空区隔开，简化复杂繁重的顶板管理工作，减少了繁重的体力劳动，安全可靠性增加，支护材料消耗降低。

③掩护支架安装和拆除工作，在空间上能与工作面的正常采煤工作分开，三者可以平行作业，互不影响，采煤工艺简单，可以实现三班连续破煤，单产高，技术经济效果好。

2. 缺点

①掩护支架结构固定,在下放过程中,对煤层厚度、倾角等产状变化的适应性差。

②采煤工艺尚未实现机械化,限制了各项技术经济指标的进一步提高。

③在含有夹矸的煤层中使用时,无法排除矸石,降低了煤炭质量。

④当工作面出现淋水时,劳动条件较差,煤炭自溜困难。

3. 适用条件

煤层赋存稳定,倾角和厚度变化较小,夹矸层较薄,煤层厚度在 1.1 ~ 8 m 的急倾斜煤层。

4. 改进方向

为了扩大伪斜柔性掩护支架采煤工艺的应用范围,提高技术经济效果,改进方向是:

①在倾角为 45° ~ 60°、厚度不同的急倾斜煤层中应用时,掩护支架下放容易发生事故,要求具有较高技术及管理水平,因此对这种条件下的掩护支架结构及其下放方式需要进一步研究和改进。

②在倾角大于 60°、厚度小于 1.3 m 及厚度大于 8 ~ 10 m 的急倾斜煤层中应用时,现仍存在一定困难。煤厚小于 1.3 m 时,掩护支架下工作空间小,劳动条件恶化,风速高,产尘量大;煤厚大于 6 ~ 10 m 时,掩护支架笨重,安装和拆卸工作繁重,支架下放难以控制。因此对这两种条件下的掩护支架结构及其下放方式需要进一步研究和改进。

③伪斜柔性掩护支架采煤的所有工序目前均是人工作业,劳动强度较大。生产现场迫切需要实现部分工序的机械化,以改善作业人员的劳动条件。

任务 3　伪斜短壁采煤工艺选择

一、采煤工艺

伪斜短壁工作面采用风镐破煤。各短壁采出的煤炭堆积在其下部伪斜小巷溜煤槽内,各伪斜小巷下口均设置挡煤板,以防止短壁工作面采煤时,伤及下短壁工作面作业人员。当煤堆积到一定高度时,应由下向上逐步取掉挡煤板自溜放煤。为防止大块煤、矸打落支柱和伤及人员,可在伪斜小巷下口的正前方挂设胶皮挡板,使煤流沿伪斜小巷运动。如图 11-23 中的 A 点放大图。

各短壁工作面采用单体液压支柱,排柱距视顶底板岩性、工作面涌水量等因素取 0.8 ~ 1.0 m,支柱支设在沿顶底板护板上,假顶支柱、假顶加强支柱支设时必须有 3° ~ 5° 的迎山角,保证支柱有足够的初撑力。

伪斜短壁工作面采用专用卸载手把远距离人工回柱。回撤工作面支柱前,先设置人工假顶支柱,假顶加强支柱,铺上竹笆,沿顶板一侧掏出不少于 0.3 m 厚的矸石垫层,然后按矸石堆积斜面由上而下,由采空区向煤壁回撤支柱,使矸石滚落到新设置的人工假顶上。回柱时若遇"死柱",要先打好替柱,用松顶或掏底方式回柱。回柱放顶时,短壁工作面必须停止采煤和其他工作。

各短壁工作面每日三班采煤,边采边准,日循环 3 个,循环进度 0.9 m,日推进 2.7 m。

采空区采用全部垮落法进行处理,最大控顶距为 4.5 m,最小控顶距为 1.8 m。

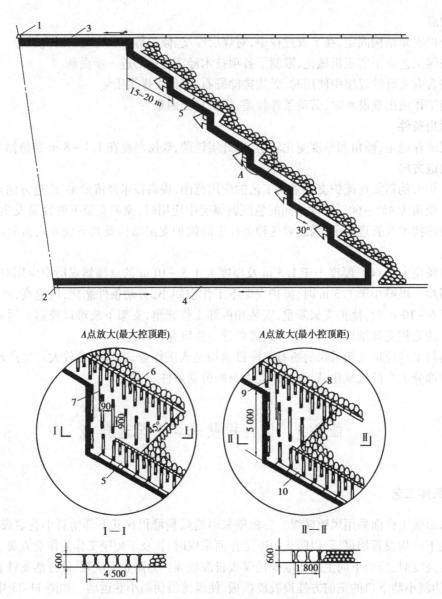

图 11-23 伪斜短壁采煤工艺工作面布置

1—回风石门;2—运输石门;3—工作面回风巷;4—工作面运输巷;5—伪斜小巷;
6—竹笆;7—胶皮挡煤板;8—支柱;9—放煤插板;10—铁皮溜槽

二、优缺点及适用条件

1.优点

①安全可靠性好。该采煤工艺采用全部垮落法管理顶板,但又具备局部充填法的某些特点。因煤壁整体伪斜沿走向顶板支承压力传递稳定,缩短工作面真倾斜方向控顶范围长度,减少顶底板的滑动,改善采场顶底板受力状态,增强了顶板稳定性,顶板压力减小,周期来压现象不明显,从而提高工作面安全可靠性。

②工作面位于采空区下方,不容易积聚瓦斯,为采空区瓦斯抽采创造条件。

③工作面浮煤少,减少了顶板垮落、采空区煤层自然发火及瓦斯、煤尘爆炸危险性。

④对煤层厚度、倾角变化、瓦斯涌出量等地质条件适应性较强。

⑤巷道布置简单,掘进率低。

⑥无煤掉入采空区,资源回收率高。

2. 缺点

①短壁工作面多,溜煤相互干扰,工作面利用率降低。

②伪斜小巷断面偏小,产尘量大。

③片帮、滑底事故未能充分控制,安全生产受到影响。

④破煤方法、支护设备有待进一步改进。

3. 适用条件

该采煤工艺对地质条件适应性较强,用于煤层厚度、倾角有变化及小型地质构造,厚度在 2.4 m 以下,工作面涌水量小于 5 m^3/h,不宜选用伪斜柔性掩护支架采煤法的急倾斜煤层。

任务4　俯伪斜走向长壁采煤工艺选择

一、采煤工艺

俯伪斜走向长壁采煤工作面呈伪斜直线布置,放顶密集支柱呈近水平排列,工作面沿走向推进。俯伪斜走向长壁采煤工艺工作面布置如图 11-24 所示,工作面初采由开切眼与区段回风平巷交接处开始,按工作面伪斜角要求自上而下推进,工作面斜长逐渐增大。

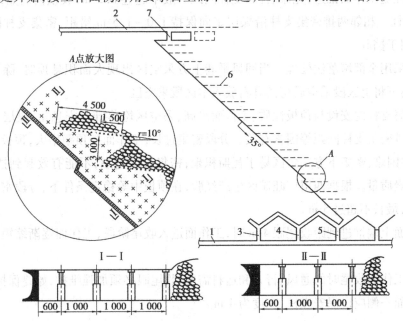

图 11-24　俯伪斜走向长壁采煤工艺工作面布置

1—区段运输平巷;2—区段回风平巷;3—超前准备眼;4—下安全出口;

5—溜煤眼;6—分段密集;7—上安全出口

为便于初采工作面出煤和人员通行,开切眼沿伪斜方向布置,随工作面推进开切眼自上而下逐段报废。当工作面下端距区段回风平巷 4 m 时,开始支设分段密集支柱。当第一分段密集长度达到 5 m,直接顶不垮落时应采取强制放顶措施,打眼爆破获取垫层。随着工作面继续推进,不断增设新的分段密集,当工作面煤壁达到图 11-25 所示位置时,初采工作结束。

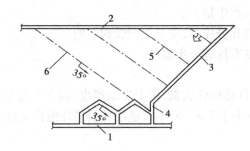

图 11-25 俯伪斜工作面初采

1—区段运输平巷;2—区段回风平巷;3—开切眼;4—溜煤、人行眼;

5—调整中工作面煤壁;6—调整结束时工作面煤壁

工作面采用爆破破煤,自上而下分段爆破。支护采用单体液压支柱和铰接顶梁,支护形式采用倒悬壁齐梁齐柱布置,柱、排距均为 0.9 m。单体液压支柱架设时应采取防倒措施。沿煤层倾斜方向,每隔 4~5 m 设置一排水平密集支护,每排密集支柱沿走向长 4 m,上铺竹笆或荆笆。密集支柱随工作面推进,先添后回,支柱间距一般不超过 0.3 m,放顶前后始终保持 13~15 根带帽点柱。相邻两排密集支柱沿煤层走向保持 1.0~1.5 m 错距,密集支柱除起到切顶作用外,还用于挡矸。

采空区采用全部垮落法处理。当回风平巷上方采空区出现大面积悬顶时,除采用人工强制放顶外,还可将上区段采空后垮落矸石放入本区段采空区。

分段密集支柱的安设与顶板性质、工作面采高、采空区垮落矸石安息角、煤层瓦斯涌出量以及相邻两排密集支柱间距等因素有关。分段密集过长,工作面控顶距增大,顶板压力随之增大,造成回柱困难,密集下方三角区易于瓦斯积聚;密集长度过短,不能有效起到挡矸作用,影响工作面煤炭质量。根据四川广旺矿区生产经验,在顶板中等稳定条件下,分段密集走向长度以 4 m 为宜,最长不超过 5 m。

当工作面上端推进到距收尾眼 4 m 时,工作面进入收尾阶段,工作面逐渐缩短,如图 11-26 所示。

为满足工作面收尾时的通风、行人和运料需要,收尾眼必须加强维护,始终保持畅通,在收尾眼靠工作面一侧应设保安煤柱,宽度为 4 m。

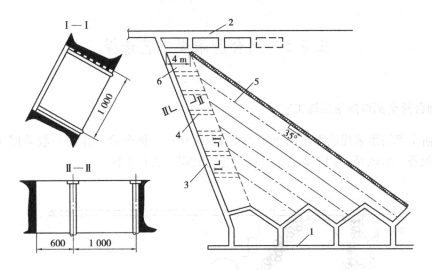

图 11-26　俯伪斜工作面收尾
1—区段运输平巷;2—区段回风平巷;3—收尾眼;4—联络平巷;
5—收缩中工作面煤壁;6—收尾眼煤柱

二、优缺点及适用条件

1. 优点

①工作面沿俯伪斜直线布置,减少煤矸下滑速度,有利于防止冲倒支架和砸伤人员,改善了工作面安全生产条件;

②因工作面伪斜直线布置,改善了工作面顶底板受力状况,相对增加了稳定性,出现大面积底推和顶板拉裂的可能性减小;

③工作面有效利用率提高,为提高单产,改善工作面近煤壁处的通风状况和采煤机械化的发展提供了技术支持;

④分段走向密集除切顶外,主要起挡矸作用,拦截采空区矸石,在工作空间与采空区垮落区之间形成一个自然充填带,使基本顶来压滞后,减缓了基本顶来压作用,减少了工作面支柱损耗量及维修工作量;

⑤减少了煤炭自溜过程中因窜入采空区造成的煤炭损失,提高了采区回收率,有利于工作面煤层自然发火的防治。

2. 缺点

①工作面支、回柱工作量大,工人操作不便;

②分段密集下方三角区通风条件较差,易于瓦斯积聚;

③区段煤柱损失较大;

④煤层顶板有淋水时,作业环境较差。

3. 适用条件

俯伪斜走向长壁采煤工艺适用于倾角为 40°~75°,顶板中等稳定,易片帮、采高不超过 2.0 m 的低瓦斯煤层,或不宜使用伪斜柔性掩护支架采煤法的不稳定的急倾斜薄及中厚煤层。它是当前开采地质条件较复杂的急倾斜薄及中厚煤层的一种较好方法。

任务5 倒台阶采煤工艺选择

一、倒台阶全部垮落法采煤工艺

倒台阶全部垮落采煤法工作面布置如图 11-27 所示。倒台阶工作面一般采用风镐破煤，每个台阶配备一台风镐，由 1～2 名工人配合进行破煤和支柱工作。

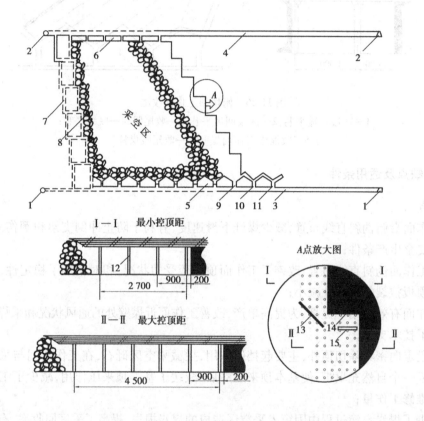

图 11-27 倒台阶全部垮落采煤法工作面布置

1—运输石门；2—回风石门；3—运输平巷；4—回风平巷；5—下护巷煤柱；6—上护巷煤柱；
7—开切人行眼；8—开切溜煤眼；9—下煤眼；10—下安全出口；11—超前出口；
12—支柱；13—溜煤板；14—护身板；15—脚手板

工作面多采用两采一准循环方式，每日完成一个循环，循环进度为 1.8～2.0 m。台阶长度一般按每班能采、支一排支柱的进度为原则确定。工作面一般采用木支柱进行支护，由于支柱既要防止顶底板岩石垮落、滑动，又要作为工人操作、人员上下的脚手架，还要承受煤块、岩块的冲击、挤压，因而支柱必须支设牢固、可靠。支柱应有 3°～5° 的迎山角以抵抗顶板向下滑移。如果底板较为破碎，有滑动或垮落危险时，应设底梁，垫方木，并砍墩口；如果顶底板比较坚固，可支设点柱。为了保证支架的稳定性，应采用平行于工作面一梁两柱或一梁三柱对结棚，排、柱距均为 0.8～1.0 m，常用 0.9 m。为防止煤块砸伤人员，采空区垮落矸石滚入工作面,减少煤炭资源损失,应沿工作面在适当位置设置溜煤板。阶檐处要用背板背紧背牢,以防阶檐煤壁垮塌伤人。工人破煤作业地点必须设置脚手板,以保证作业安全。当工作面压力较大时,上下出口处必须设置丛柱、密集支柱或木垛,以保证安全出口畅通。

倒台阶工作面安全脚手板、护身板和溜煤板统称为"三板",它是保证安全生产的重要技术措施。

倒台阶工作面一般采用全部垮落法处理采空区,工作面控顶距以上部台阶面为准,一般不超过 4 ~ 5 排支柱。如果工作面过长,台阶过多,必然导致下部台阶控顶距加大,可用分台阶错茬放顶方法,也就是上下台阶的密集支柱错开两排支柱,上台阶新密集支柱与下台阶老密集支柱相连接,这样可使所有台阶都保持 5 ~ 7 排支柱控顶。为了减少采煤工作面顶板管理难度,可以利用上区段采空区矸石充填本区段采空区。

二、倒台阶全部垮落法采煤工艺的优缺点和适用条件

1. 倒台阶全部垮落法采煤工艺的优点
①巷道布置简单、采区生产系统简单可靠;
②对地质条件变化适应性较强;
③掘进率较低,煤炭回收率较高。

2. 倒台阶全部垮落法采煤工艺的缺点
①人工破煤、支柱,工人劳动强度大,劳动生产率低;
②工作面采用木支柱支护,坑木消耗高;
③台阶上隅角容易积聚瓦斯,工人高空作业,安全性较差;
④对支柱操作技术要求高,不利于实现采煤机械化。

3. 倒台阶全部垮落法采煤工艺的适用条件
由于倒台阶全部垮落法采煤工艺存在安全性较差、技术经济指标低、材料消耗高等缺点,在全国煤矿应用越来越少。目前,仅在华南、西南局部地区中小煤矿煤层赋存条件变化大,或因其他安全原因不适于选择其他采煤方法,煤层的倾角大于 45°,厚度小于 2 m 的薄及中厚煤层中有少量应用。

三、倒台阶矸石充填法采煤工艺

倒台阶矸石充填法工作面布置如图 11-28 所示,倒台阶矸石充填法采煤工艺与倒台阶全部垮落法基本相同,一般采用风镐破煤,每个台阶配备一台风镐,由 1 ~ 2 名工人负责破煤、支柱工作。一般采用两采一准循环方式作业,每日完成一个循环,循环进度为 1.8 ~ 2.0 m。由于 m_9、m_{10} 煤层间距较小,采用联合布置。当层间距小于 2m 时,m_9 工作面应超前 m_{10} 工作面 20 ~ 25 m 同时推进;当层间距大于 2 m 时,m_9 工作面应超前 m_{10} 工作面 25 ~ 30 m 同时推进。当工作面连续推进,完成一个循环时应停止破煤,对工作面进行矸石充填。充填前,应先将充填矸石带上的浮煤收净,在待充空间的下部设置牢固可靠的挡矸墙,同时回收采空区支柱,撤离矸石运行线路上的所有人员。充填时,充填矸石利用运矸平巷中的底卸式矿车或带式输送机运至工作面上端充填口,沿煤层底板自动滑入 m_9、m_{10} 煤层工作面采空区,按矸石自然安息角 42° 自然堆积。充填用矸石主要来自井下全岩掘进工作面和半煤岩巷道,不足部分由地面采石场补充。对充填矸石块度含水量含泥量的要求:井下掘进矸石块度应控制在 10 ~ 200 mm

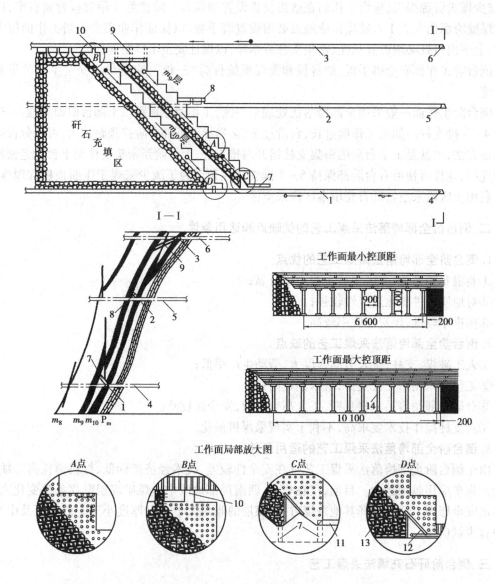

图 11-28　倒台阶矸石充填采煤工艺工作面布置
1—运输平巷;2—中间人行平巷;3—运矸、回风平巷;4—运输石门;5—中间石门;
6—运矸、回风石门;7—溜煤斜巷;8—超前人行斜巷;9—溜矸斜巷;
10—溜矸口;11—超前平巷;12—溜煤板;13—挡矸墙;14—支柱

以内,地面采石场矸石块度应控制在 10～100 mm 以内,含水量为 5%～8%,含泥量为 5%～
10%。充采比一般为 0.75～0.90。为了减少碴源供应,开采下区段时可将上区段部分矸石溜
到下区段采空区。

四、倒台阶矸石充填法采煤工艺优缺点及适用条件

1. 倒台阶矸石充填法采煤工艺的优点

①改善了急倾斜近距离煤层开采的顶底板管理,安全可靠性增加。

②消除了煤层自然发火隐患,提高了采区煤炭回收率。

③矸石充填采空区,降低了采区压力,坑木消耗降低。

④矸石充填采煤法比垮落法工作面单产明显提高。

⑤井下掘进矸碴可以不出井,减少矸碴运输环节,节约生产成本。

2. 倒台阶矸石充填法采煤工艺的缺点

①新增采矸、运矸设备及其系统,生产环节复杂,用人多,生产成本高。

②台阶工作面短,台阶数目多,采煤工效低。

③台阶上隅角通风困难,容易积聚瓦斯。

3. 倒台阶矸石充填法采煤工艺的适用条件

倒台阶矸石充填采煤工艺适用于开采层间距小于 3~5 m、容易自然发火、地表需要保护的急倾斜近距离煤层。

任务6　采煤工艺模拟实训

一、实训目的

通过采煤工艺模拟实训,掌握采煤工作面布置及主要技术装备、采煤工艺过程,各道工序的工作方式及其在时间与空间上的配合关系等内容。

二、实训内容及模型配备

①爆破采煤工作面布置模型;

②普通械化采煤工作面布置模型;

③综合机械化采煤工作面布置模型;

④综合机械化放顶煤采煤工作面布置模型;

⑤滚筒采煤机工作方式模型;

⑥可弯曲刮板输送机运行方式模型;

⑦各种类型的液压支架和单体液压支柱工作原理模型;

⑧采煤工作面采空区处理方式模型。

三、实训过程

①按每小组 10~15 人分组,采用观摩、讨论、绘图等方式进行实训;

②指导教师介绍模拟实训目的、方法、要求和注意事项;

③完成一组模拟实训之后,小组之间互相交换模型,进行另一组模拟实训;

④指导教师对实训开展情况进行指导和检查;结束前,对实训进行情况进行总结。

四、实训要求

①实训前,学生必须复习课程的相关知识,预习实训指导书,做好实训前的准备工作。

②实训教学的重点是熟悉采煤工艺的工艺过程及主要设备工作方式。具体要求是:

a. 掌握炮采、普采、综采的主要工序进行方式及其相互配合关系；

b. 掌握采煤工作面主要机电设备及其工作方式；

c. 分析并能合理地布置采煤工作面支护方式；

d. 了解工作面端头、切顶线、机道等地方的特种支护方式；

e. 合理确定采煤工作面的最大、最小控顶距。

五、实训考核

学生按实训要求，独立撰写实训报告书。

实训成绩由两部分组成。一是考核学生在实训教学中的态度和独立完成能力，二是考核学生的实训教学报告书。实训成绩按优秀、良好、中等、及格与不及格评定。

六、实训报告主要内容

绘制炮采或普采或综采工作面平面布置示意图，用文字描述炮采或普采或综采工作面主要机电设备型号、数量及位置；描述各种采煤工艺过程、运煤系统、通风系统和喷雾降尘系统等；特别要描述采煤工作面支护方式和端头支护方式、平巷超前支护方式。

巩固与提高

11.1　简述急倾斜煤层开采的特点。

11.2　伪斜柔性掩护支架采煤工艺的采煤工作包括哪三个阶段？

11.3　为扩大伪斜柔性掩护支架采煤工艺的使用范围，开发出哪些结构的掩护支架？

11.4　伪斜柔性掩护支架采煤工艺支架下放过程中容易出现的主要故障有哪些？

11.5　简述伪斜柔性掩护支架采煤工艺过断层、旧巷的措施。

11.6　简述伪斜柔性掩护支架采煤工艺的优缺点及适用条件。

11.7　什么是伪斜短壁采煤工艺？

11.8　简述伪斜短壁采煤工艺的优缺点及适用条件。

11.9　什么是俯伪斜走向长壁采煤工艺？

11.10　简述俯伪斜走向长壁采煤工艺的优缺点及适用条件。

11.11　什么是倒台阶全部垮落法采煤工艺？

11.12　简述倒台阶采煤工艺的优缺点和适用条件。

特殊条件下的煤层采煤工艺选择

学习目标

☞ 了解"三下一上"采煤工艺;

☞ 了解煤炭气化和液化采煤工艺;

☞ 熟悉大倾角综合机械化采煤工艺;

☞ 能正确进行薄煤层采煤机的选型;

☞ 能正确进行薄煤层机采面人行道、运输机道和割煤道维护;

☞ 能正确选择大采高综采成套设备;

☞ 能正确处理大采高综采工作面局部冒落;

☞ 能正确进行大采高综采工作面端头管理;

☞ 能正确采取大倾角机采工作面防止运输机下滑措施;

☞ 能正确采取大倾角机采工作面液压支架防倒防滑措施;

☞ 能正确采取大倾角机采工作面采煤机防滑的措施。

任务1 薄煤层机械化采煤工艺选择

我国国有重点煤矿薄煤层可采储量所占比重为 25.38%,其产量比重只占 9.65%,而薄煤层的机采产量比重更低,因此要特别重视薄煤层机采。

一、薄煤层滚筒采煤机采煤的特点

薄煤层工作面采高低,要求采煤机的机身应当矮一些,要有足够的功率,通常功率为100～200 kW;机身应尽可能短,以适应煤层的起伏变化;要有足够的过煤和过机空间高度;尽可能实现工作面不用人工切口进刀;有较强破岩、过地质构造能力;结构简单、可靠,便于维护和安装。根据这些要求,薄煤层采煤机分为骑输送机式和爬底板式两类,如图 12-1 所示。

骑输送机式采煤机由输送机机槽支承和导向,如图 12-1(a)所示,只能用于开采厚度大于

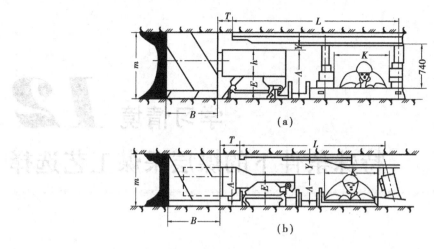

图 12-1　薄煤层采煤机

（a）骑输送机式；（b）爬底板式

0.8～0.9 m 煤层,因为当电动机功率为 100 kW 时,其高度 $h = 350$ mm,过煤空间高度 $E \geqslant 160 \sim 200$ mm,过机空间富裕高度为 $Y \geqslant 90 \sim 200$ mm,输送机中部槽高度为 $180 \sim 200$ mm,因此最小高度为 0.8 m。爬底板式采煤机机身位于滚筒开出的机道内,机面高度低,当采高相同时与骑输送机式相比过煤空间高,电机功率可以增大,具有较大生产能力,并且工作面过风断面大、工作安全,可用于开采 0.6～0.8 m 的薄煤层,见图 12-1（b）所示。但是,爬底式采煤机装煤效果差,结构较复杂,在输送机导向管及铲煤板上均有支承点和导向点,采煤机在煤壁侧也要设支承点。

　　薄煤层采煤机的滚筒转向是正向对滚的,即左滚筒用右螺旋叶片、并顺时针旋转;右滚筒则相反,如图 12-2 所示,防止摇臂挡煤,以提高装煤效果。爬底板式采煤机前滚筒割底煤,以便于机身通过;后滚筒割顶煤,因煤量少,可用输送机铲煤板装煤。

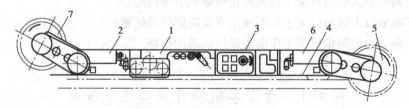

图 12-2　BM-100 型薄煤层采煤机

1—牵引部;2、6—左右截割部;3—电动机;4—底托架;5、7—左右滚筒

　　薄煤层工作面矿压显现相对缓和,故支架工作阻力和初撑力相对较低;支架在最低状态时,必须保证顶梁下面有高 400 mm、宽 600 mm 的人行道,如图 12-3 所示。

　　支架调高范围大,伸缩比要达到 2.5～3.0;顶梁和底座的厚度小,但应有足够强度,底座一般为分体式结构,便于排矸;为减小控顶距,一般为滞后支护式;通常为单向或双向邻架控制,以保证安全和减小劳动强度。

　　薄煤层机采面一般使用轻型、边双链、矮机身可弯曲刮板输送机。

　　无论是骑输送机式还是爬底板式采煤机,均要保持机采面的人行道、输送机道和割煤道控顶距,以便最大限度地缩小控顶距。

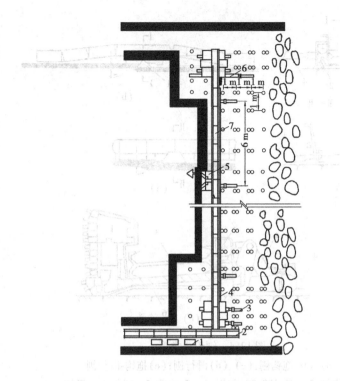

图 12-3 刨煤机普采工作面布置
1—电控设备;2—平巷输送机;3—千斤顶;4—刨链;5—煤刨;
6—防滑梁;7—工作面输送机

二、刨煤机采煤工艺的特点

刨煤机采煤是利用带刨刀的煤刨沿工作面往复破煤和装煤,煤刨靠工作面输送机导向。刨煤机结构简单可靠,便于维修;截深一般为 50~100 mm,只刨破煤壁压松区表层,故刨落单位煤量能耗少;刨破煤的块度大,煤粉及煤尘量少,劳动条件好;司机不必跟机作业,可在平巷内操作,移架和移输送机工人的工作位置相对固定,劳动强度小。因此,刨煤机对开采薄煤层是一种有效的破煤和装煤机械。

刨煤机类型很多,目前国内外主要使用静力刨,刨刀靠锚链拉力对煤体施加静压力破煤。

1. 静力刨按其结构特点分类

(1)拖钩刨

如图 12-4(a)、(b)所示,煤刨 1 与掌板 3 连在一起,以保持刨煤时的稳定性。掌板压在输送机机槽下方,由牵引链 2 带动往复运行破煤和装煤。煤刨通过后,靠千斤顶 4 将输送机推进一个刨深 h。

拖钩刨的刨体宽度 c 大于刨深 h,因而煤刨经过处输送机机槽被推向采空侧一个宽度 c,煤刨过后机槽在千斤顶作用下又重新移向煤壁。另外,煤刨经过处机槽被掌板抬起,煤刨过后又落下。机槽的后让和上下游动,使整个刨煤机产生很大的摩擦阻力,破煤和装煤功率仅占其总功率的 30% 左右,机槽、掌板也极易磨损。

(2)滑行刨

如图 12-4(c)、(d)所示,是为克服拖钩刨的缺点而发展起来的。其特点是取消了掌板,用

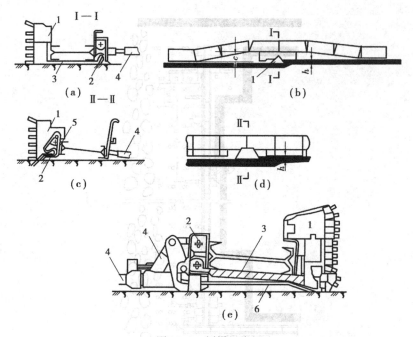

图 12-4 刨煤机类型

(a)、(b)拖钩刨;(c)、(d)滑行刨;(e)拖钩-滑行刨

1—煤刨;2—牵引链;3—掌板;4—千斤顶;5—滑架;6—滑板

滑架 5 来支承煤刨并导向,机槽不再后让和上下游动,运行阻力大为减小,机械效率提高。滑行刨的主要缺点是结构较为复杂,机道需加宽,稳定性不如拖钩刨。

(3)拖钩-滑行刨

如图 12-4(e)所示,其结构特点与拖钩刨相似,煤刨由掌板支承,稳定性好。为了减小摩擦阻力,在输送机机槽下面装有与每节机槽长度相同的滑板,使掌板在滑板上滑动,可降低能耗、扩大使用范围。

刨煤机可用于普采工作面,也可以用于综采工作面,其工作面的布置方式和滚筒采煤机工作面基本相同。

2. 刨煤机的生产能力计算

刨煤机的生产能力,取决于煤刨的刨煤能力和刨煤方法。

刨煤机的刨煤能力可用下式表示:

$$Q_b = 3\,600\,mv_bh\gamma C_0K \tag{12-1}$$

式中 Q_b——煤刨的刨煤能力,t/h;

v_b——煤刨的刨速,m/s;

h——煤刨的刨深,m;煤体抗压强度 $\sigma_y > 20$ MPa 时,取 $h = 0.04 \sim 0.06$ m;$\sigma_y < 20$ MPa 时,取 $h = 0.05 \sim 0.15$ m;

K——刨煤机的日开机率;

m——煤层采高,m;

γ——煤层平均密度,kg/m³;

C_0——采煤工作面采出率,%。

3.刨煤机的刨煤方法

刨煤机的刨煤方法是指煤刨的运行速度和输送机刮板链的链速之间的相对关系。按照煤刨和刮板链的速度关系,目前有三种刨煤法:

(1)普通刨煤法

煤刨的速度 v_b 小于输送机的链速 v_1,两者速度不变。该刨煤法在煤刨下行时,需要较大的装载截面,输送机能力相同时煤刨生产能力最低。

(2)组合刨煤法

链速不变,煤刨上行速度大于或等于链速,下行时小于链速。这种刨煤方法输送机装载量较均衡,其他条件相同时煤刨生产能力较大。

(3)超速刨煤法

煤刨速度大于链速,两者保持不变。该刨煤法适合于高速刨煤机,其生产能力最大。

4.刨煤机的适用条件

随着刨煤机技术的发展,刨煤机对煤层地质条件的适应性不断提高。其使用效果较好的地质条件有:

①软及中硬以下的脆性煤,当节理裂隙较发育时刨煤效果尤为显著。大功率滑行刨和拖钩—滑行刨可用于开采中硬以上煤层。

②要求顶板中等稳定以上,底板平整,拖钩刨要求底板中硬以上,其余两类刨煤机可用于较软底板条件下。

③断层落差要小于 0.3~0.5 m;硬结核含量少、块度小,夹矸位置不影响刨煤。

④适用于采高 1.4 m 以下薄煤层,采高超过 1.4 m 时,要求煤不粘顶,顶煤能自行垮落。

⑤煤层倾角 15°以下,超过 15°时要设全工作面锚固装置。

任务 2　大采高综合机械化采煤工艺选择

一、大采高一次采全高综合机械化采煤工艺的应用现状

大采高一次采全高综合机械化采煤工艺是近 30 年来伴随着大采高液压支架、大功率采煤机和强力刮板输送机的出现而产生的一种新工艺,满足了厚度在 3.5~5 m 主采煤层的开采需要。这类煤层若采用分层综采,则采高较小,影响经济效益。若采用放顶煤综采,则煤层又较薄时,不太适宜。我国从 20 世纪 80 年代开始,在引进国外设备的基础上研制出适应我国煤矿地质条件的一系列产品,进行工业性试验和实际生产,取得一定的实践经验。

20 世纪 80 年代中期,我国在邢台东庞矿试验成功,典型配套产品经不断改进,特征为:MXA-300/4.5 型采煤机,功率 300 kW,牵引速度 0~8.6 m/min;SGZC-730/400 型侧卸式双中链刮板输送机,功率 2×160 kW,链速 1.08 m/s;BY3600-25/50 型二柱掩护式液压支架,支撑高度为 2.5~5.0 m,该支架装有可伸缩的前探梁和两段护帮板,能够防止片帮。该套设备年产能力可达到 255 万吨。

20 世纪 90 年代,神华大柳塔矿全部引进国外大功率大采高综采装备。采煤机为美国久益公司生产的 6LS-03 双滚筒电牵引采煤机,主要特点是多电动机驱动,遥控操作,保护装置先

进,总功率1 500 kW,设备的生产能力达2 000~2 800 t/h。液压支架由德国DBT公司生产。支架采用电液控制系统,完成全部移架动作仅8 s,支架设有位移和压力传感器。可实现单架和成组移架及采煤机—支架联动。支架具有阻力大、动作快、操作方便等优点。刮板输送机是久益公司生产,功率1 400 kW,主要特点是溜槽为铸钢封底式,与采煤机辅助牵引装置一体化;机头、机尾均有液压马达,机尾设有刮板链自动张紧装置。2000年产量达到800万吨。

二、大采高一次采全高综合机械化采煤工艺

大采高一次采全高综合机械化采煤工艺过程与普通综采基本相同,但由于设备高度大,煤壁容易片帮,管理难度大,布置方式多用走向或俯斜长壁,其采煤工艺与普通综采相比有以下特点:

1. 支架容易歪斜、倾倒

由于支架的支撑高度大,支架各部件的连接销轴与孔之间存在轴向和径向间隙,即使在水平煤层的工作条件下,支架也会产生歪斜、扭转甚至倒架。经计算和实际测量,当支架高度为4.5 m水平放置时,立柱横向偏斜角可达3.4°,顶梁横向偏移距离为300~400 mm;当支架向前或后倾斜±1°时,梁端距变化±70 mm;若采煤机向煤壁侧倾斜6°,端面距将增加到800 mm,容易发生冒顶事故;若采煤机向采空侧倾斜6°,滚筒就要割支架顶梁。而如果煤层有倾角以及底板不平,支架更容易歪斜、倾倒,从而导致顶梁互相挤压,支架难前移,或顶梁间距过大而发生漏矸现象。为防止以上现象发生,除设备结构上进一步完善外,在采煤工艺上也应采取以下相应措施:

①支架工作状态是否正常,主要是由采煤机司机操作割煤质量决定的,因此应加强采煤机司机的训练和检查指导,将底板割平。

②把煤壁采直,并防止输送机下滑,使支架垂直煤壁前移,架间保持平衡,防止邻架间前梁和尾端相互推挤,严格控制支架高度和采高,使之不超高。

③移架时,顶梁不脱离顶板,但又要防止过分带压移架,以防碎矸冒落和支架后倾;发现小的歪斜时,立即调整,防止进一步恶化。

④工作面出现断层等地质构造时,必须制定相应技术措施,保证工作面工程质量。

2. 容易造成冒顶事故

大采高综采面容易出现煤壁大面积片帮,片帮后端面距加大,顶板失去煤壁支撑,常常造成冒顶事故。大采高综采面片帮程度是不同的,有的基本不片帮;有的虽片帮,但靠支架的护帮板和伸缩梁就可以解决问题;也有的片帮严重,特别是周期来压时,靠支架自身机构护不住煤帮,需采取下列特殊措施:

①改变工作面推进方向。由于煤层节理面方向的原因,有的综采面在同一煤层中采煤,推进方向不同时,片帮程度不同,月产量可相差30%以上。

②用木锚杆或薄壁钢管锚杆加固煤帮,煤帮上锚杆布置的密度、深度依据煤层特点和片帮严重程度而定。

③用聚氨酯或其他化学树脂固结煤壁,增加煤体强度。目前,主要有药包法和注入法。

a.药包法是指用两种体积成一定比例的液体树脂成分,分别装在互相套在一起的塑料袋中,药卷外径43 mm、长300 mm、重500 g。施工时,将药卷装入直径为50 mm的钻孔中,每米钻孔长度装1.5~2个药卷,然后用锚杆将药卷绞破,使两种液体树脂混合,用木塞将孔口封

住。两种树脂混合后,迅速产生化学反应并发泡,充满钻孔,不仅将锚杆与煤体固结在一起,而且可将周围煤岩的层理、裂隙粘固。该法也可以用于巷道掘进中加固围岩。

b. 注入法是指所用设备主要是两台齿轮泵,分别吸入多异氰酸酯及多元醇聚醚两种树脂浆液,通过三通接头注入注浆管混合器中混合,然后经封孔器进入孔中。可将泵站放在工作面,也可放在平巷内利用长距离高压软管输入。压注系统原理如图12-5 所示。

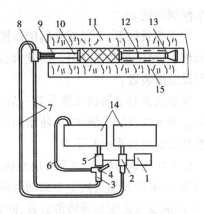

图 12-5　聚氨酯压注系统原理

1—动力设备;2、5—压注泵;3—逆止阀;
4—三通阀;6—循环软管;7—高压软管;
8—三通接头;9—搅拌器;10—钢管;
11—密封器;12—辅助器;13—逆止阀;
14—多异氰酸酯和多元醇聚醚容器;15—煤体

3. 端头管理困难

大采高综采工作面端头管理困难,因此运输及回风巷最好沿底留顶掘进,这样有利于端头管理。但有些厚煤层顶煤留不住,因此常常采用沿顶留底的方法掘进平巷,在工作面端部留下较厚的底煤,使端头管理造成困难。为了有利于端头管理,应按下述原则留设底煤:自工作面中底板过渡到端部底煤高度应有一段缓和的曲面,使支架和输送机槽都能适应,否则会发生倒架、挤架、损坏输送机等事故;在工作面端部输送机机头位置,沿煤壁方向应有一段 3~4 m 长的水平底面,以便于输送机头的锚固和排头支架的稳定,同时,加强工作面端头支护和超前支护。加强支护的具体方法有:

①上、下端头的巷道末端采用丛柱切顶、挡矸;

②排头、排尾各三架支架,可用伸缩梁或护帮板作临时支护,其移架落后于中间支架一个步距,待移机头、机尾后再移架,使工作面梁端保持一致;

③工作面回风平巷和运输平巷采用单体液压支柱配铰板顶梁超前支护 20 m,平行巷道架设,一般回风巷两排,运输平巷三排,均为一梁二柱。

4. 初采高度较小

大采高综采工作面初采高度较小,一般为 3.5 m。在工作面推进到初次直接顶垮落后,逐渐沿走向将采高调整到全高。沿倾斜方向则在直接顶初次垮落之前,先将工作面两端 7.5 m 范围内的采高由巷道高度渐增至 3.5 m。在直接顶初次垮落后,在工作面 15~20 m 范围内,将采高渐增至正常采高。严格控制采高,尽量做到不留顶煤,使支架直接支撑于顶板。实践证明,当大采高工作面留有顶煤时,往往会由于顶煤的松动和冒落,使支架空顶,从而因支架顶部约束力减少而引起支架失稳倾倒。因此,当顶板出现冒顶时,应及时在支架顶部用木料接顶,背严刹紧,以有效地控制顶板。

任务 3　大倾角综合机械化采煤工艺选择

大倾角综合机械化采煤工艺除与缓斜煤层综合机械化采煤工艺存在同样一些特点外,由于煤层倾角大,需要采取特殊措施,防止和处理采煤机、刮板输送机、液压支架下滑移动和液压支架倾倒问题。

在干燥条件下,金属对金属的摩擦系数为 0.23~0.30,其相应的摩擦角为 13°~17°;在潮湿条件下,摩擦系数要降低。因此,以输送机为导向和支承的采煤机,在煤层倾角大于 12°时必须设防滑装置。

煤层底板对金属的摩擦系数一般为 0.35~0.40,相对应的摩擦角为 18°~20°。由于工作面常有淋水以及降尘洒水,可使摩擦系数进一步降低,致使煤层倾角在 12°时就有可能由于输送机和支架的自重引起下滑。

综上所述,倾角 12°以下煤层是机采的最有利条件,设备不会因自重而下滑。生产中出现的倒架、歪架以及输送机上下窜动等问题,可以通过工艺措施加以解决;当煤层倾角大于 12°时,工作面设备必须加设防滑装置,同时采取相应的工艺措施。

一、防止输送机下滑

输送机下滑,是机采面最常见的影响生产的严重问题。输送机下滑往往牵动支架下滑,损坏拉架移输送机千斤顶,输送机机头与转载机机尾不能正常搭接,煤滞留于工作面端头,导致工作面条件恶化。

1. 输送机下滑主要原因

①重力原因引起下滑,当煤层倾角达到 12°~18°时,就有可能因自重而下滑。

②推移不当,次数过多地从工作面某端开始推移。

③输送机机头与转载机机尾搭接不当,导致输送机底链反向带煤,或者底板没割平或移输送机时过多浮煤及硬矸进入底槽,导致底链与底板摩擦阻力过大,能引起输送机下窜。多数情况是几种因素综合作用的结果。根据现场观测,煤层倾角 5°~8°时也有下滑现象。

2. 防止输送机下滑的技术措施

①防止煤、矸等进入底槽,以减小底链运行阻力。

②工作面适当伪斜,伪斜角随煤层倾角的增加而增加。当煤层倾角为 8°~10°时,工作面与平巷成 92°~93°角,当工作面长 150 m 时,下平巷比上平巷超前 5~8 m 为宜。调整合适时,输送机推移的上移量和下滑量相抵消。一般伪斜角不宜过大,否则会造成输送机上窜和煤壁片帮加剧。

③严格把握移输送机顺序。下滑严重时可采取双向割煤、单向移输送机,或单向割煤、从工作面下端开始移输送机。

④用单体液压支柱顶住机头(尾),推移时,将先移完的机头(尾)锚固后,用单体支柱斜支在底座下侧,然后再继续推移。

⑤在移输送机时,不能同时松开机头和机尾的锚固装置,移完后应立即锚固,必要时在机头(尾)架底梁上用单体液压支柱加强锚固。

⑥煤层倾角大于 18°时,安装防滑千斤顶。防滑千斤顶的安装形式多样,图 12-6 所示便是其中一种。每隔 6 m 装设于支架底座一个拉曳锚固千斤顶锚固机槽。

推移输送机时,千斤顶处于拉紧状态,但推移千斤顶推力大,仍能使输送机前移但不下滑,移架时防滑千斤顶松开,移架后仍处于拉紧状态。安装专门防滑千斤顶,会增加操作工序、降低移架速度,应尽量不用。

二、液压支架防倒防滑

1. 液压支架的稳定性分析

煤层倾角较大时,液压支架的稳定性问题通常表现为:

①由于煤层倾角较大,支架重力沿煤层倾向的分力大于支架底座和底板间的摩擦力,便可产生侧向移动,如图 12-7 所示。

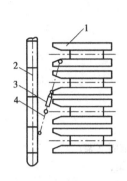

图 12-6　输送机防滑装置

1—底座;2—输送机;

3—防滑千斤顶;4—链条

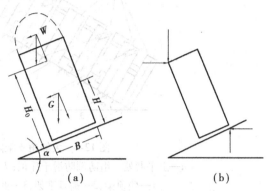

图 12-7　支架侧向稳定性

（a）支架侧向倾倒；（b）支架偏心受载

②随煤层倾角增大,支架重力的作用线超出支架底座宽度边缘时便会倾倒。此外,煤层倾角较大时,顶板移动方向偏离煤层顶底板的法线方向,也会使支架倾倒。

③支架前后端下滑特性不同以及垮落矸石沿底板的下冲作用,也会使支架在煤层平面内移动。

④支架顶底所受力的合力偏心,产生力矩而使支架倾倒。

2. 防止支架失稳应采取措施

①始终自工作面下部向上移架,以防采空区滚动矸石冲击支架尾部。

②为防止新移设支架处于初撑力阶段与顶底板的摩擦力小可能产生下滑,应采取间隔移架,并使支架保持适当迎山角,以抵消顶板下沉时的水平位移量。

③要严防输送机下滑牵动支架下滑。工作面下端头排头支架的稳定是稳定中间支架的关键因素之一,要采取特殊支护措施,确保排头支架的稳定。

《煤矿安全规程》规定,倾角大于 15° 时,液压支架必须采取防倒、防滑措施。防滑装置的形式较多,图 12-8 所示为其中的一种。

在靠近上下平巷处分别设标准支架作为防滑和锚固用,各支架用导轨滑槽连在一起,互为导向和防滑,同时用防倒千斤顶将支架互相拉在一起,用于防倒和一旦倒架时扶架。一般支架为三架一组,互相导向。移架时不使用拉架—推移输送机千斤顶,而是先由左右两架将中间支架推出,待中间支架撑紧之后再移上架,最后移下架。支架组与组之间的移设顺序由下向上。其端头支架一般水平装设于上下平巷内,并有可靠锚固装置。

三、采煤机防滑

工作面倾角在 15° 以上时,滚筒采煤机必须有可靠的防滑装置。有链牵引采煤机除防止

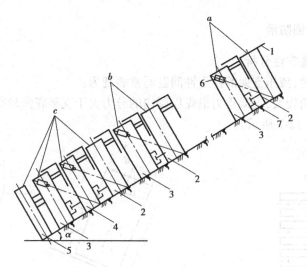

图 12-8　大倾角支架防倒防滑装置

a—上平巷处一组防倒防滑千斤顶；b,c—下平巷处两组锚固支架；

1—侧顶梁；2—高基准架；3—低基准架；4—中间支架；

5—二柱支架；6—防倒千斤顶；7—导向装置

断链和下滑外，还可为采煤机上行割煤时提供缠绕力、增加割煤的牵引力。无链牵引采煤机装备有可靠的制动器，可用于 40°～54°以上煤层而无须其他防滑装置。有的轻型采煤机装有简易防滑杆，如图 12-9 所示。

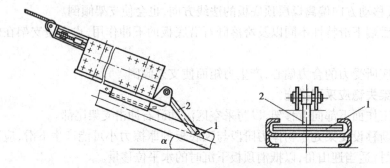

图 12-9　采煤机防滑杆

1—输送机刮板；2—防滑杆

当煤层倾角较小时，虽不会出现由自重而引起的下滑现象，但可能出现大块煤矸或物料在输送机刮板链带动下推动采煤机下滑，因此新型采煤机牵引部具有下滑闭锁性能。

任务 4　"三下一上"采煤工艺选择

"三下一上"采煤是指在建筑物下、铁路下、水体下和承压水体上采煤。在建筑物下和铁路下采煤时，既要保证建筑物和铁路不受到开采影响而破坏，又要尽量多采出煤炭。在水体下和承压水体上采煤时，要防止矿井发生突水事故，保证矿井安全生产。

一、岩层与地表移动的基本特征

1.岩层移动的基本特征

地下开采破坏了岩体内原有应力平衡状态,使采空区周围岩层至地表产生移动和变形。由于地质和开采条件不同,岩层和地表的移动与变形的表现形式、分布状况和程度大小也各不相同。煤层开采后,采空区周围的岩层移动和变形,一般表现为采空区上方顶板的弯曲下沉、断裂、垮落,底板岩层鼓起、开裂、滑动,以及采空区周围煤壁的压出、片帮等。

采煤过程中所引起的岩层移动同采煤工作结束、移动过程停止后有所不同;上覆岩层结构不同,岩层移动情况也有所不同;初次采动和重复采动时有所不同。开采高度和深度、地质构造、采煤方法、回采工作面的推进速度等,也都是影响岩层移动的重要因素。采用全部充填法管理顶板时,一般只出现裂缝带和整体移动带,不出现垮落带。开采浅部厚煤层时,垮落带可能直达地表。开采薄煤层时,如顶板为塑性大的岩层,则可能只出现整体移动带。

2.地表移动的基本特征

地表移动和破坏的主要形式有:地表移动盆地;裂缝;台阶状塌陷盆地;塌陷坑。

二、建筑物下压煤开采

1.地表移动和变形对建筑物的影响

地下采煤对地表的影响主要有垂直方向的移动和变形与水平方向的移动和变形等。不同性质的地表移动和变形,对建筑物的影响也不相同,大致可分四种情况:

(1)地表下沉的影响

当建筑物所处地表出现均匀下沉时,建筑物中不会产生附加应力,因而对建筑物本身不会产生破坏,但是主要管路的坡度会发生变化,四周的防水坡可能造成损坏。特别是由于地表下沉使潜水位相对上升,造成建筑物长期积水或过度潮湿时,就会影响建筑物的强度,缩短建筑物的使用寿命。

(2)地表倾斜的影响

地表倾斜后,建筑物随之歪斜,重心偏移,影响其稳定性,而且承重结构内部将产生附加应力,基础的承压会发生变化。特别是水塔、烟囱、高压线铁塔等基础底面积小而高度大的建筑物,对于由地表倾斜带来的影响比较敏感,必须进行强度和稳定性的核算。另外,熔铁炉、炼焦炉、水泥窑、锅炉房、成排房屋等对地表倾斜也是比较敏感的,必须检验地表倾斜变形对它们工艺流程和技术安全的影响,以保证其正常使用。

(3)地表曲率的影响

由于曲率的出现,使地表产生凸起或凹陷的曲面,建筑物的基础底面出现悬空状态,如果建筑物强度和刚度较小,或因地基坚实,建筑物基础不能压入地基,则房屋将出现裂缝,以至遭到破坏,如图 12-10 所示。建筑物愈大愈高时,受地表曲率的影响愈严重。

(4)地表水平变形的影响

地表水平变形对建筑物的影响较大。地表的水平变形通过建筑物的底面和侧面,使建筑物受到附加的拉伸和压缩应力。由于一般建筑物抵抗拉伸变形的能力小,在较小的拉伸变形作用下,建筑物的薄弱部位就会出现裂缝。如果地表压缩变形较大,则可能使建筑物的墙体受到挤压而破坏,如图 12-10 所示。

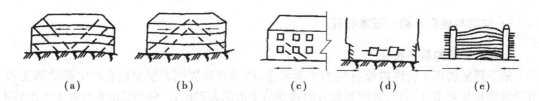

图 12-10　地表移动和变形对建(构)筑物的影响

(a)正曲率;(b)负曲率;(c)地表拉伸;(d)、(e)地表压缩

2.减少地表移动和变形的开采措施

在建筑物下采煤时,当预计的地表变形超过建筑物能承受的变形时,应从开采方面采取合适的技术措施,以利于减少地表变形。

(1)防止地表突然下沉

①造成可能发生地表突然下沉的四种情况

a.开采急倾斜煤层,特别是浅部或顶板不易冒落的急倾斜煤层;

b.浅部开采,特别是在浅部开采厚煤层,或开采缓斜煤层,其采深与采高的比值小于20时,地表常出现塌陷坑;

c.采用不正规的采煤方法;

d.建筑物下有岩溶地层及老空区。

②防止地表突然下沉的开采措施

a.应在一定的开采深度以下,进行建筑物下采煤。如果建筑物位于煤层露头附近,或在建筑物下面有浅部煤层,或者煤层上方有石灰岩地层时,需查明建筑物下方是否有老窑、废巷、岩溶等空硐以及它们的填实程度。如果这些空硐未填实而充满积水,应采用灌浆等方法将空硐填满,排除积水,防止地表突然塌陷。

b.开采急倾斜煤层时,在煤层露头处应留设足够的煤柱,以防止突然塌陷。在采煤方法上,应尽量采用长走向小阶段间歇式采煤法,避免使用沿倾斜方向一次暴露较大空间的落垛式采煤法,并严禁落垛式无限制放煤。当顶底板坚硬不易冒落时,应采取人工强制放顶或采用充填法处理采空区。

c.在缓倾斜或倾斜厚煤层浅部开采时,应尽量采用倾斜分层长壁式采煤法,并适当减少第一、第二分层的开采厚度。

(2)减少地表下沉的技术措施

①采用充填采煤法时,覆岩的破坏比较小,因而减少了地表的下沉。其减少程度取决于充填方法和充填材料。常用的充填方法有水砂充填和风力充填。

②使用条带开采法。条带开采法是将煤层划分为分带,相间地采出一个分带,保留一个分带,用保留煤柱支撑顶板及上覆岩层,以减少地表下沉和变形值。

合理确定采出分带宽度和保留煤柱宽度,是条带开采法的关键问题。留宽过大,采出率低,留宽过小,煤柱易遭破坏;采宽过大,地表可能出现不均匀下沉,对保护建筑物不利,采宽过小,则采出率低。正确地确定分带尺寸的原则是:保证煤柱有足够的强度和稳定性。采出分带的宽度限制在不使地表出现波浪式下沉盆地的范围内,尽量提高采出率。

③使用房柱式采煤。在开采安全煤柱时,用房柱式采煤,仅采出煤房的煤,不进行煤房间煤柱的开采,可以防止或减少地表下沉和变形。

④减少一次开采厚度。

（3）消除或减少开采影响不利叠加的措施

①分层间隔开采　一个煤层的开采影响完全或大部分消失后，再采另一个煤层或分层。

②合理布置各煤层或分层的开采边界　地下开采对地表的有害影响主要出现在开采边界两侧，尽量避免在建筑物保护煤柱范围内出现永久性的开采边界，或者合理布置各煤层开采边界的位置，就可以消除或减少开采边界上方地表的不利变形。两层煤的开采边界错开一定距离后，一个开采边界的地表压缩变形被另一个开采边界的拉伸变形所抵消，使得最终的地表水平变形得以减少。

③尽量使用较长的采煤工作面，实行无煤柱开采　利用地表移动盆地中央区地表变形很小的特点，尽量利用一个长工作面，包括建筑物保护煤柱全部范围一次采出，使建筑物位于移动盆地的中央区，承受最小的静态变形值。

④尽量不残留尺寸不适当的煤柱　若煤柱尺寸不适当，则会引起不利的地表变形叠加。

⑤协调开采　协调开采是指几个邻近煤层、厚煤层几个分层或同一煤层几个相邻工作面同时开采时，合理布置同采工作面之间的位置、错距和开采顺序，使一个工作面的地表变形与另一个工作面的地表变形互相抵消，以减少开采引起的地表动态变形或静态变形。

实践表明，协调开采不仅能减小地表水平变形值，也可以减小垂直方向的变形值。

（4）消除或减少开采边界的影响

保护煤柱很大时，一般应不停顿地采煤，避免在煤柱范围内形成永久性的开采边界，使本来只承受动态变形的地表发展到承受静态变形，对建筑物造成损害。实践表明，在有断层、采区边界、阶段或水平边界时，容易形成采煤工作面的长期停顿和永久性边界。因此，应在断层两侧事先做好开拓准备工作，尽可能地保证采煤工作连续进行。

三、铁路下压煤开采

1.铁路压煤开采的特点和要求

铁路线路是特殊的地面构筑物，列车重量大，速度快，对线路规格质量要求严格，如果线路受到采动影响超过一定的限度，列车的安全运行便得不到保证。铁路线路的另一特点是可以维修。地下开采若引起线路移动和变形，可以在不间断线路营运的条件下，用起道、拨道、顺坡、调整轨缝等方法消除。

2.开采技术措施

铁路下压煤开采，应采取有效的开采技术措施，以防止地表突然下沉，保证不出现非连续性的地表变形，并尽可能减少开采对地表的影响，以利于地面线路的维修工作。

①在采区布置上，应尽量使采动线路处于盆地主断面附近，避免线路处于移动盆地的边缘。尽可能地使采煤工作面推进方向与线路纵向方向一致。

②严禁使用非正规的采煤方法。

③根据开采深厚比的大小，结合矿区开采技术条件，选择合适的采煤方法和顶板管理方法。开采浅部厚煤层时，应考虑使用全部充填法。

④在缓倾斜和倾斜厚煤层浅部开采时，应尽量采用倾斜分层采煤法，适当减小分层开采的厚度，禁用一次采全高采煤法。

⑤开采急倾斜煤层时，应尽量采用沿走向推进的小阶段伪倾斜掩护支架采煤法，水平分层

采煤法。禁用沿倾斜方向一次暴露空间大的落垛式采煤法。

⑥煤层顶板坚硬,不易冒落时,应进行人工放顶,以防止空顶面积达到极限时突然冒落而引起地表突然下沉。

⑦如果铁路位于煤层露头附近,或在其下方浅部有煤层或石灰岩时,需调查铁路下方是否有老空区、废巷道、岩溶等,如果这些空硐充水,则采前应将水排干,并用注浆法填实空硐。

⑧浅部非正规采过的老空区,是铁路下采煤的重大隐患,要严格防止受到重复采动或水文地质条件变化时,地面线路突然出现塌陷。在开采过程中要划定范围,派专人巡视,监督地表移动情况,做好相应的应急准备。

四、水体下压煤开采

1. 影响水体下采煤的地质及水文地质因素

（1）煤层上方水体类型

根据我国煤田地质及水文地质条件,可以分为七种常见的水体:

①单纯的地表水体,指江、湖、河、海、沼泽、坑塘、水库、水渠、采空区地表下沉盆地积水、洪水、溪沟水、农田水等水体,水体底部有黏性土层,地表水与松散层及基岩含水层无直接的水力联系。

②单纯的松散含水层水体,指松散层中的砂层、砂砾层及砾石层水体,这类水体属孔隙水,其特点是流速小,补给速度慢。

③单纯的基岩含水层水体,指砂岩、砾石、砂砾岩和石灰岩岩溶含水层水体。这类水体属孔隙、裂隙及岩溶水类型。

④地表水体和松散含水层构成的水体,指松散含水层与地表水有密切水力联系的水体。

⑤松散含水层和基岩含水层构成的水体,指基岩含水层与松散含水层有密切水力联系的水体。

⑥地表水体和基岩含水层二者构成的水体。指基岩含水层直接接受地表水补给的水体。

⑦地表水体、松散含水层和基岩含水层三者构成的水体。指当基岩含水层受到松散层水的补给时,而地表水又补给松散含水层的水体。

（2）岩性及地层结构

岩性及地层结构既是岩土层含水性和隔水性的决定因素,又是决定覆岩破坏和地表塌陷特征的关键。许多国家都把有无泥质岩土层及其在覆岩中含量的比例大小,作为评判能否在水体下采煤的标准。

体现岩性影响的主要因素主要有:岩土的颗粒组成;岩石的矿物成分及微观结构特征;力学性质;水理性质。

（3）断裂构造

影响水体下采煤的主要断裂构造是断层和节理裂隙。它们本身可能成为水体一部分,也可能成为水体补给通道。因此,研究断裂构造的特征及分布,是水体下安全采煤的重要内容。

（4）煤（岩）层赋存状态

煤（岩）层赋存状态包括煤（岩）层厚度、倾角、埋深及其与水体位置的关系,这是决定水体下采煤时应采取何种途径的重要因素。

2. 水体下压煤开采的技术途径

根据我国煤矿在水体下压煤开采的大量实践与成功经验,处理水体下压煤和采煤问题,有顶水采煤、疏堵、留设煤柱等途径。

（1）顶水采煤

顶水采煤就是对水体不作任何处理,只在水体与煤层之间保留一定厚度的安全煤岩柱情况下进行采煤。顶水采煤留设防水、防砂和防塌等三种类型安全煤岩柱。在留设防水煤岩柱的情况下,矿井涌水量基本上不增加;在留设防砂煤岩柱的情况下,矿井涌水量有所增加,但不会涌砂溃水;在留设防塌煤岩柱的情况下,则可避免泥土塌向工作面。

（2）疏干采煤

疏干采煤是指先疏后采,或边疏边采两种情况。

先疏后采适应的条件:煤层直接顶板或底板为砂岩或石灰岩岩溶含水层,能够实现预先疏干时;松散含水层为弱或弱中含水层、水源补给有限,通过专门疏干措施或长期开拓与回采工程可以预先疏干时。

边疏边采指的是砂岩或石灰岩岩溶含水层为煤层基本顶,回采后,基本顶含水层的水由采空区涌出,不影响工作面作业,但在工作面内需要采取疏水措施。

（3）顶、疏结合开采

在受多种水体威胁的条件下进行水体下采煤时,对远离煤层的水体,可以实行顶水采煤,而对直接位于煤层直接顶或离煤层一定距离的水体,则应实行疏干采煤。

（4）帷幕注浆堵水

通常将水泥、黏土等材料注入含水层中,形成地下挡水帷幕,以切断地下水的补给通道。

3. 水体下采煤的开采技术措施

水体下采煤时,除留设相应的安全煤岩柱外,还必须采取适宜的开采技术措施和安全措施,以确保安全煤岩柱的可靠性和有效性。根据水体及安全煤岩柱的类型、地质、水文地质和开采技术条件,可选用下列开采技术措施和安全措施:

①保留防砂和防塌安全煤岩柱开采缓斜及倾斜厚煤层时,应采用倾斜分层长壁采煤方法,尽量减少第一、二分层的采高,增加分层之间的间歇时间,上下分层同一位置的回采间隔时间应不小于 4~6 个月,如果岩性坚硬,间隔时间应适当增加。

②开采急倾斜煤层时,应采用分小阶段间歇采煤方法,同时加大走向方向连续采煤长度,第一、二小阶段的垂高应小于其余小阶段。严禁超限开采设计范围之外的煤量,如果顶底板岩层坚硬、煤质松软,易发生煤体垮落时,则在第二水平甚至第三水平开采时,也应按上述规定执行。

③当松散含水层或基岩含水层处于预计冒落带和导水裂缝带范围内,但煤层顶板与含水层之间有隔水层存在时,工作面应当组织正规循环作业,保证工作面匀速推进,加大工作面支护密度,防止工作面顶板隔水层超前断裂。同时加强疏排水工作,保持水沟畅通,避免工作面作业条件恶化。

④如果松散层底部为强含水层,且与基岩含水层有密切的水力联系时,矿井初期应按防水煤岩柱要求确定开采上限或只将总回风巷标高提高。待对底部含水层疏干后再按防砂煤岩柱或防塌煤岩柱要求进行开采。

⑤在试采条件困难和地质、水文地质资料不足的情况下,可先采远离水体、隔水层较厚,且

分布稳定、采深较大、地质和水文地质条件简单或易于进行观测试验的煤层，积累经验和数据后，再逐步扩大试采规模和范围。

⑥开采石灰岩岩溶水体下煤层时，应在开采水平、采区或煤层之间留设隔离煤柱或建立防水闸门(墙)，设计隔离煤柱尺寸时，必须注意使煤柱至岩溶水体之间的岩体不受到破坏；或者在受突水威胁的采区建立单独的疏水系统，加大排水能力及水仓容量，或建立备用水仓。在水体上采煤时，可采用底板注浆加固等措施。导水断层两盘和陷落柱周围应留设煤柱，留设方法可依照《矿井水文地质规程》进行。

⑦在积水采空区和基岩含水层附近采煤，或有充水断层破碎带、陷落柱等存在时，应采用巷道、钻孔或巷道与钻孔相结合等方法，先探放、疏降，后开采，或边疏降边开采。

⑧当地表水体和松散强含水层下无隔水层时，开采浅部煤层，以及在采厚大、含水层水量丰富，水体与煤层的距离小于顶板导水裂缝带高度时，应用控制裂缝带发展高度的开采方法，如充填法或分带法开采，限制开采厚度等措施。

⑨近水体采煤时，应采用钻探或物探方法详细探明有关的含、隔水层界面和基岩面起伏变化，以保证安全煤岩柱的设计尺寸。

⑩在水体下采煤时，应对受水威胁的工作面和采空区的水情加强监测，对水量、水质、水位动态进行系统观测，及时分析；应设置排水巷道，定期清理水沟、水仓，正确选择安全避灾路线，配备良好的照明、通讯与信号装置；应对采区周围井巷、采空区及地表积水区范围和可能发生的突水通道做出预计，采取相应预防措施。

五、石灰岩承压含水层上带压开采

1.石灰岩承压含水层上带压采煤防治途径

①疏水开采　将含水层水全部疏干，或将含水层水位降低到安全高度后开采。

②堵水开采　将含水层补给水源采用帷幕注浆堵水方法堵截疏排后进行开采。

③带(水)压开采　在煤层与含水层之间有足够厚度和阻水能力的隔水层岩柱，允许含水层水有一定的水头高度的情况下进行开采。

④综合治理　疏、堵及带压开采相结合。

2.石灰岩承压含水层上采煤技术应用的特点

①带压开采的石灰岩有 $5\sim 8$ m 的太原群、本溪群厚层灰岩、$400\sim 800$ m 的奥陶系巨厚层灰岩及 $200\sim 500$ m 的二叠系巨厚层茅口灰岩；

②含水层水压一般在 $1\sim 1.5$ MPa 以下，少数达 $2\sim 3$ MPa，水压较大时，容易发生采掘工作面突水；

③一旦发生突水，水量大，来势迅猛，在地质和水文地质条件复杂的条件下，当突水量超过矿井排水能力时，会造成淹井事故；

④采动影响下的底板突水形式有突发型和滞后型两种。滞后型突水多为掘进突水。

3.石灰岩承压含水层上带压开采的技术条件

(1)含水层的富水特征

石灰岩承压含水层上带压开采的可能性与安全可靠性，取决于含水层的富水性及其分布特征。

（2）断裂构造的导水性

断层破坏带是矿井突水的最常见通道，无论断层的落差大小，都可能发生突水，特别在数条断层的交叉分叉地点，断层尖灭处和大小陷落柱附近，在采动影响下，突水的可能性最大。背斜轴部张性岩溶裂隙发育，导水性强；向斜轴部属压性结构，裂隙不发育，导水性弱。

（3）底板岩柱的阻水能力

底板岩柱的阻水能力大小是决定带压安全开采可能性与可靠性的关键。底板岩柱阻水能力大小又决定于岩柱的尺寸、岩性及地层结构。岩柱的地层结构特征，对其受采动后的影响程度和阻水能力有一定的影响。

（4）采动影响程度

煤层底板内采动影响程度，取决于采煤方法及工作面尺寸。采煤工作面大部分突水常出现在初次放顶和基本顶垮落时，多出现在长壁工作面上、下两端。

4.石灰岩承压含水层上带压开采的适用条件及技术措施

（1）含水层上带压开采的适用条件

①疏干开采适用于石灰岩承压含水层为煤层的直接底板，石灰岩承压含水层的富水性及水源补给条件有限的情况。

②综合治理、带压开采的适应条件是：有足够的厚度和阻水能力的岩柱；断裂构造较少或断裂构造导水能力弱；有堵截补给水源的条件。

（2）综合治理、带压开采的主要技术措施

①先采深部煤层，后采浅部煤层。

②先采弱富水地段和地下水弱径流带。

③堵截石灰岩含水层的主要补给水源或加固岩柱阻水能力薄弱带。

④合理布置工作面及留设断层煤柱。掘进巷道过断层时，采用加强支护、封闭式支架和局部注浆堵水等措施。

⑤采用能减少集中应力在底板岩层中传递深度的采煤方法。如局部充填采煤法、全部充填采煤法和分带采煤法。缩短工作面长度、减少工作面悬顶长度、控制采高、及时放顶等，都有利于减少采动影响的破坏深度。

⑥分区隔离和采区大后退开采。为了限制突水灾害的影响范围，应尽可能实行分区隔离和大后退开采，以便在突水时封闭采区。

⑦配备相当能力的井下排水设备，增设事故水仓。

⑧对巷道中的集中突水点进行注浆封堵，以减少矿井涌水量。

⑨有疑必探，先探后掘，先探后采。

任务 5　煤炭地下气化采煤工艺选择

一、煤炭地下气化原理

煤炭地下气化是将含碳元素为主的高分子煤，在地下燃烧转变成低分子燃气，直接输送到地面的化学采煤方法。煤炭地下气化原理是由俄国化学家于1888年提出来的。其特点是将

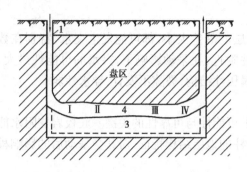

图 12-11　煤炭地下气化原理图
1—鼓风巷道；2—排气巷道；
3—灰渣；4—燃烧工作面
Ⅰ—气化带；Ⅱ—还原带；Ⅲ、Ⅳ—干馏干燥带

埋藏在地下的煤炭直接变为煤气，通过管道把煤气供给企事业单位、城镇居民等各类用户，使现有矿井的地下作业改为采气作业。煤炭地下气化产物不仅可以作为燃料直接发电、工业燃料和居民生活用气，还可以直接作为化工原料，生产众多的化工产品。煤炭地下气化的实质是将传统的物理开采方法转变为化学开采方法。

煤炭地下气化的原理如图 12-11 所示。首先从地表沿煤层开掘两条倾斜的巷道 1 和 2，然后在煤层中靠下部用一条水平巷道将两条倾斜巷道连接起来，被巷道所包围的整个煤体，就是将要气化的区域，称之为气化盘区，或称地下发生炉。

最初，在水平巷道中用可燃物质将煤引燃，并在该巷形成燃烧工作面。这时从鼓风巷道 1 吹入空气，在燃烧工作面与煤产生一系列的化学反应后，生成的煤气从另一条倾斜的巷道即排气巷道 2 排出地面。随着煤层的燃烧，燃烧工作面逐渐向上移动，而工作面下方的采空区被烧剩的煤灰和顶板垮落的岩石所充填，但塌落的顶板岩石通常不会完全堵死通道而仍会保存一个不大的空间供气流通过，只需利用鼓风机的风压就可使气流顺利地通过通道。这种有气流通过的气化工作面被称为气化通道，整个气化通道因反应温度不同，一般分为气化带、还原带和干馏—干燥带三个带。

1. 气化带

在气化通道的起始段长度内，煤中的碳和氢与空气中的氧化合燃烧，生成二氧化碳和水蒸气：$C + O_2 \longrightarrow CO_2$；$2H_2 + O_2 \longrightarrow 2H_2O$。在化学反应过程中同时产生大量热能，温度达 1 200 ℃~1 400 ℃，使附近煤层炽热。

$C + O_2 =\!=\!= CO_2 + 393 \text{ kJ/mol}$

$2C + O_2 =\!=\!= 2CO + 231.4 \text{ kJ/mol}$

2. 还原带

气流沿气化通道继续向前流动，当气流中的氧已基本耗尽而温度仍在 800~1 000 ℃以上时，二氧化碳与炽热的煤相遇，吸热并还原为一氧化碳：$CO_2 + C \longrightarrow 2CO$。同时空气中的水蒸气与煤里的碳起反应，生成一氧化碳和氢气：$C + 3H_2O \longrightarrow CO + H_2$。

$C + CO_2 =\!=\!= 2CO - 162.4 \text{ kJ/mol}$

$C + H_2O =\!=\!= H_2 + CO - 131.5 \text{ kJ/mol}$

3. 干馏—干燥带

在还原反应过程中，要吸收一部分热量，因此气流的温度就要逐渐降低到 700 ℃~400 ℃，以致还原作用停止。此时燃烧中的碳就不再进行氧化，而只进行干馏，放出许多挥发性的混合气体，有氢气、瓦斯和其他碳氢化合物。这段称为干燥带的干馏部分。

混合气体此时仍有很高的温度可气化其中的水分，混合气体干燥后，最后可得到：CO_2、CO、O_2、H_2、CH_4、H_2S 和 N_2 的混合气体，其中 CO、H_2、CH_4 等是可燃气体，它们的混合物就是煤气。

气化通道的持续推移，使气化反应不断地进行，这就形成了煤炭地下气化。根据国内外资料,燃烧 1 t 煤约产生 3 ~ 5 m³(热值为 4 200 kJ/m³)煤气。

二、煤炭地下气化方法

气化方法通常可分为有井式和无井式两种。上述的方法为有井式地下气化法,如图 12-11 所示。无井式地下气化是应用定向钻进技术,由地面钻出进、排气孔和煤层中的气化通道,构成地下气化发生炉,如图 12-12 所示。无井式气化法是用钻孔代替坑道,以构成气流通道。避免了井下作业和有井式气化的其他问题,使煤炭地下气化技术有了很大提高,目前它已在世界上被广泛采用。

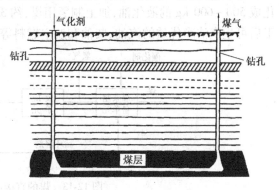

图 12-12　无井式地下气化法

有井式气化法需要预先开掘井筒和平巷等,其准备工程量大、成本高,坑道不易密闭,漏风量大,气化过程难于控制,而且在建地下气化发生炉期间,仍在地下进行工作。

三、适用条件及发展方向

多孔而松软的褐煤及厚度较大的烟煤较容易气化,薄煤层、含水分多的煤层和无烟煤较难气化。稳定而连续的煤层,顶底板的透气性小于煤层的透气性以及倾角超过 35°的中厚煤层对气化更加有利。利用气化技术去回收报废矿井煤柱、边角煤是国内外气化的一个发展方向,为报废矿井转产提供机会,不仅经济效益可观,而且社会效益显著。

当前,煤炭地下气化得到了较迅速发展,世界各国对煤炭地下气化技术均相当重视,投入大量的物力和人力来发展和完善这一新型采煤工艺。

任务 6　煤炭地下液化采煤工艺选择

一、煤炭液化技术

煤炭液化技术是把固体煤炭通过化学加工过程,使其转化成为液体燃料、化工原料和产品的先进洁净煤技术。根据不同的加工路线,煤炭液化可分为直接液化和间接液化两大类。

1. 煤的直接液化技术

煤的直接液化技术是指在高温高压条件下,通过加氢使煤中复杂的有机化学结构直接转化成为液体燃料的技术,又称加氢液化。煤直接液化技术是由德国人于 1913 年发现的,二战期间在德国实现了工业化生产,先后有 12 套煤炭直接液化装置建成投产,1944 年德国煤炭直接液化工厂的油品生产能力已达到 423 万吨/年。二战后,中东地区大量廉价石油的开发,煤炭直接液化工厂失去竞争力并关闭。20 世纪 70 年代初期,由于世界范围内的石油危机,煤炭直接液化技术又开始活跃起来。日本、德国、美国等工业发达国家,在原有基础上相继研究开发出一批煤炭直接液化新工艺,其中的大部分研究工作重点是降低反应条件的苛刻度,从而达到降低煤液化油生产成本的目的。目前世界上有代表性的直接液化工艺是日本的 NEDOL 工艺、德国的 IGOR 工艺和美国的 HTI 工艺。典型的工艺过程主要包括煤的破碎与干燥、煤浆制备、加氢液化、固液分离、气体净化、液体产品分馏和精制,以及液化残渣气化制取氢气等部分,特点是对煤种要求较为严格,但热效率高,液体产品收率高。一般情况下,1 t 无水无灰煤能转化成 500 ~ 600 kg 的液化油,加上制氢用煤,约 3 ~ 4 t 原料产 1 t 成品油,液化油在进行提质加工后可生产洁净优质的汽油、柴油和航空燃料等。如图 12-13 所示。

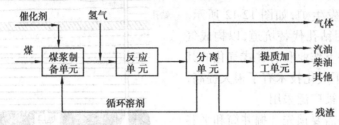

图 12-13　煤的直接液化工艺流程简图

　　该工艺是把煤先磨成粉,再和自身产生的液化重油(循环溶剂)配成煤浆,在高温(450 ℃)和高压(20 ~ 30 MPa)下直接加氢,将煤转化成汽油、柴油等石油产品。

2. 煤的间接液化技术

　　煤的间接液化技术是先将煤全部气化成合成气,然后以煤基合成气(一氧化碳和氢气)为原料,在一定温度和压力下,将其催化合成为烃类燃料油及化工原料和产品的工艺,包括煤炭气化制取合成气、气体净化与交换、催化合成烃类产品以及产品分离和改制加工等过程。一般情况下,约 5 ~ 7 t 原煤产 1 t 成品油,其特点是适用煤种广、总效率较低、投资大。煤的间接液化技术工艺流程如图12-14 所示。

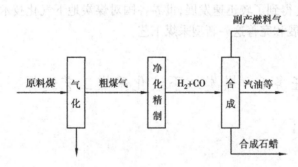

图 12-14　煤间接液化工艺流程简图

　　1923 年德国化学家首先开发出了煤炭间接液化技术。1941 年为了满足战争的需要,德国曾建成 9 个间接液化厂。二战后由于廉价石油和天然气的开发,间接液化厂相继关闭。随着铁系化合物类催化剂的研制成功、新型反应器的开发和应用,煤间接液化技术不断进步。煤炭间接液化技术主要有三种,即南非的萨索尔—费托合成法、美国的莫比尔法和正在开发的直接合成法。目前,煤间接液化技术在国外已实现商业化生产,全世界共有 3 家商业生产厂正在运行,它们分别是南非的萨索尔公司和新西兰、马来西亚的煤炭间接液化厂。南非萨索尔公司成立于 20 世纪 50 年代初,1955 年公司建成第一座由煤生产燃料油的一厂。20 世纪 70 年代石油危机后,1980 年和 1982 年相继建成二厂和三厂。3 个煤炭间接液化厂年加工原煤约 4 600

万吨,产品总量达 768 万吨,主要生产汽油、柴油、蜡、氨、乙烯、丙烯、聚合物、醇、醛等 113 种产品,其中油品占 60%,化工产品占 40%。该公司生产的汽油和柴油可满足南非 28% 的需求量,其煤炭间接液化技术处于世界领先地位。

美国 SGI 公司于 20 世纪 80 年代末开发出了一种新的煤炭液化技术——煤提油技术。该技术是利用低温干馏技术,从次烟煤或褐煤等非炼焦煤中提取固态的高品质洁净煤和液态可燃油。1992 年建成了一座日处理能力为 1 000 t 的次烟煤商业示范厂。

煤间接液化工艺先把煤全部气化成合成气(氢气和一氧化碳),然后再在催化剂存在下合成为汽油。

间接液化工艺特点:

①适用煤种比直接液化广泛;

②可以在现有化肥厂已有气化炉的基础上实现合成汽油;

③反应压力为 3 MPa,低于直接液化,反应温度为 550 ℃,高于直接液化;

④产品油成本比直接液化高。产品油的回收率低于直接液化,需要 5~7 t 煤才能生产出 1 t 汽油。

二、中国发展煤炭液化的必要性

1. 我国能源结构是以煤为主体

在可预见的将来,中国以煤为主的能源结构不会改变。与世界大多数国家相比,中国能源资源特点是煤炭资源丰富,而石油、天然气相对贫乏。最新资料表明,中国煤炭探明储量为 1 145 亿吨,储采比为 93,按同等发热量计算,相当于目前已探明石油和天然气储量总和的 17 倍。石油探明储量为 38 亿吨,占我国化石能源探明储量的 5.6%,储采比为 24。天然气探明可采储量为 1.37 万亿立方米,占化石能源探明储量的 2%,储采比为 56。由此可见,煤炭是中国未来的主要可依赖能源。从经济上看,煤炭也是最廉价的能源。我国是发展中国家,又是能源消费大国,经济实力和能源供应都要求我国的能源消费必须立足于国内的能源供应,这就决定我国的能源结构必须是以煤为主体。据预测,到 2050 年,煤炭在我国一次能源消费构成中的比重仍将占 50% 左右。

煤炭的大量使用,引发了严重的环境污染问题。中国 SO_2 排放量居世界第一,酸雨覆盖面已超过国土面积的 30%,二氧化碳排放量占全球排放量的 13%,列世界第二,而其中燃煤造成的 SO_2、CO_2 和氢氧化物排放量分别约占全国总量的 85%、85% 和 60%。我国以煤为主的能源消费结构正面临着严峻挑战,如何解决燃煤引起的环境污染问题已迫在眉睫。

2. 石油进口量剧增已对我国的能源供应安全构成威胁

石油是保障国家经济命脉和政治安全的重要战略物资。我国石油资源相对贫乏,到目前为止,其探明可采储量为 38 亿吨,占世界储量的 2.6%。近几年,我国的原油产量一直徘徊在 1.6 亿吨左右,且以后也不会有太大增长,这是由我国石油资源的分布特点和开发现状所决定的。但是随着经济发展和人民生活水平的提高,我国终端能源消费正逐步向优质高效洁净能源转化,石油消费量逐年增加。由于国产石油无法满足需求,对进口油依存度越来越高。自 1993 年成为石油净进口国后,石油进口量迅速上升,2000 年已达 6 969 万吨,对进口石油的依存度达 30%,预计未来 20 年内可达到 50%。进口量的剧增,依存度的加大,已对我国能源供应安全构成威胁。

3.有利于我国清洁能源的发展和长期的能源供应安全

煤炭通过液化可将硫等有害元素以灰分脱除,得到洁净的二次能源,对优化终端能源结构、减少环境污染具有重要的战略意义。

煤炭液化可生产优质汽油、柴油和航空燃料,尤其是航空燃料,要求单位体积的发热量高,即要求环烷烃含量高,而煤液化油的特点就是富含环烷烃,通过加氢处理即可得到优质航空燃料。

发展煤炭液化技术不仅可以解决燃煤引起的环境污染问题,充分利用我国丰富的煤炭资源优势,保证煤炭工业的可持续发展,满足未来不断增长的能源需求,而且更重要的是,煤炭液化还可以生产出经济适用的燃料油,大量替代柴油、汽油等燃料,有效地解决我国石油供应不足和石油供应安全问题,且经济投入和运行成本也低于石油进口,从而有利于我国清洁能源的发展和长期的能源供应安全。

任务7 采区生产系统布置技能训练

一、技能训练任务

1.技能训练题目

_____局(公司)_____矿_____采区巷道布置技能训练

2.基本条件

该采区位于_____矿_____水平,开采_____煤层,采区以_____为界,采区设计年产量_____万吨/年。

采区走向长_____m,倾斜长_____m,煤层走向为_____m,煤层平均厚度_____m,层间距_____m,倾角_____,容重_____t/m³。采区瓦斯绝对涌出量_____m³/min(掘)及_____m³/min(采),正常涌水量_____m³/h,煤层自然发火期_____个月,煤尘_____爆炸性,煤层_____突出危险性性,煤质_____。

地面无需保护地物,邻近采空区对本采区开采无影响,井底车场位于采区之_____侧,阶段回风大巷位于采区上部边界距_____煤层_____m的岩层中(或煤层中),运输大巷位于采区下部边界距_____煤层_____m的岩石中(或煤层中)。

主采煤层顶板描述:伪顶为_____岩,厚度为_____m,直接顶为_____岩,厚度为_____m,基本顶为_____岩,厚度为_____m。

采区煤层底板等高线图另附。

3.技能训练时间

技能训练时间为_____周,其中包括编写说明书和绘图。

4.技能训练的质量要求

(1)说明书的编写

设计说明书由文字说明、图表、附件等组成。具体要求是:

①叙述应当简明扼要,文理通顺,字体工整清楚。说明书正文一律用五号仿宋体字书写。章节标题用四号仿宋体字书写。

②说明书一律用 16 开纸抄写或 A4 纸打印。行距采用 20 磅的固定值。

③说明书正文之前应编写目录;正文统一在右下角用阿拉伯数字标注页码。

④说明书分章节书写,每一节分段落书写。说明书每章应重新开页。

⑤所引用的书籍、资料要列入参考文献,标明名称、作者名、出版时间、出版社名、出版时间等信息。

⑥说明书所应用的公式,应将所有符号及单位注明。

⑦说明书中附图必须有图名及说明,附表也必须有表名及说明。图、表中的所有标注,必须符合采矿制图标准。

⑧说明书的章节,应按技能训练指导的顺序编写。

(2)采区巷道布置平剖面图的绘制

①平面图的内容

绘出该采区巷道布置全貌,标出采区四周边界;留设各种保安煤柱边界线;工作面始采位置、停采线;采区机电设备配备;标明采区运煤、矸、材料系统,采区通风系统,采区各机电硐室,上、中、下部车场位置;标明采区和工作面编号、巷道名称、剖面线位置等。

②平面图尺寸标注

采区走向长度,倾斜长度;采区各种煤柱尺寸;上(下)山之间的距离;工作面长度、工作面错距等。

③剖面图内容

剖面线代号、地表、标高;主要可采煤层;直接剖到的地质构造;采区的各主要巷道(应标注名称);煤层顶底板(说明地层代号)等。

④剖面图尺寸标注

采区的倾斜长度(剖面线处的长度);工作面长度;沿倾斜方向留设的煤柱尺寸;煤层厚度、倾角、层间距;采区上山的长度、倾角和煤层的相对关系;一些主要联络巷道的长度、倾角;岩层巷道和煤层的相对关系等。

(3)制图要求

①明确反映技能训练内容,投影关系正确,符合工程要求。

②图纸符合采矿制图标准的规定。

③图面布置均匀整齐,图纸清洁美观,字体工整。

④图纸原则上采用铅笔手工绘制;经指导教师审查、同意,可采用计算机制图、打印。

⑤说明书中插图可不按比例绘制,要求其尺寸大体与实际相似。

二、技能训练指导

第一章　采区地质概况

1.资料来源

技能训练任务书;采区煤层底板等高线图、地质剖面图;储量计算图;煤层综合柱状图;井上下对照图等。

2.说明书内容

(1)采区概述

采区的位置、范围、煤层的赋存情况;采区上、下边界标高,采区走向、倾斜长度;煤系产状,煤层厚度;相邻采区情况,地面情况及其与开采的关系。

(2)采区煤层及其顶底板特征

采区内可采煤层层数、编号、厚度、间距、倾角及其变化规律,煤层内夹矸情况及其变化规律,煤层自燃倾向性、自然发火期,煤层厚度变化规律,煤层突出危险性、煤层硬度等。

采区内可采煤层伪顶、直接顶、基本顶的岩性、厚度、稳定性、物理机械性质描述。煤层底板岩性、厚度、稳定性、抗压特性等。

邻近采区同煤层的矿山压力观测结论。

附采区煤系地层综合柱状图。

(3)采区地质构造

采区内所有探明的褶曲构造的性质、特征、轴线位置及变化规律,对开采的影响。

采区内所有可能出现的断层情况,包括位置、断层面、产状规律、断层类型、落差、断层对煤层的破坏程度等。

陷落柱情况;火成岩侵入情况。

(4)煤质、瓦斯、煤尘

用表格形式说明采区内各煤层的煤种、煤质、含硫量、含磷量、灰分含量、挥发分指数、胶质层厚度、含矸率、发热量、灰熔点、用途等。

说明各煤层瓦斯含量、煤尘爆炸危险性、煤的突出危险性。

(5)采区水文地质特征

采区含水层的特征及充水条件;地面水系,塌陷区积水,老空水对本采区的影响;承压水的水位;采区预计涌水量。

第二章 采区储量与生产能力
第一节 采区储量
计算采区内工业储量及可采储量,确定设计损失量,填入储量计算表(表12-1)中。

表12-1 储量计算表

煤层名称	工业储量（万吨）	煤的损失量(万吨)					采出率（%）	可采储量（万吨）
		厚度损失				其他损失		
		名称	数量	名称或地点	数量			

第二节 采区生产能力及服务年限

1.采区生产能力

确定采区设计生产能力,并说明确定的依据。

2.服务年限

采区生产能力的递增期、递减期、正常生产期、采区的服务年限(要符合有关规定)。

3.采区生产能力及服务年限的验算。

第三章　采区巷道布置

采区巷道布置是技能训练中最重要、最难的一环,因此应予以高度重视。本章要求技能训练的内容有:采区形式及有关参数的确定,采区上(下)山的数目及其位置,区段平巷布置,采区车场的形式及布置,采区运输、通风等系统,采区主要巷道断面的确定等。

通过采区方案的技术经济比较,可以提高学生理论联系实际、解决问题与分析问题的能力。因此,必须要求学生应用采区地质条件及地质图纸,提出多种可行方案,并通过比较,而后确定采区的巷道布置。

采区巷道布置,应根据已知的采区走向长度和倾斜长度,采用方案比较法确定区段斜长和区段数目,进而确定采区形式、采区上(下)山的位置和数目、区段平巷、区段集中平巷和它们之间的联络形式。

采区巷道布置中各项问题提出一般的原则。

1.采煤工作面长度及区段斜长

要求说明采煤工作面长度、区段斜长、区段数目、护巷煤柱宽度。

2.采区形式

采区基本形式有单翼、双翼两种。而单翼采区又有采区上山在前方和后方两种。各种采区形式技术上的优缺点及适用条件可参考相关章节内容。

3.采区上(下)山的数目和位置

(1)采区上(下)山位置的要求

采区上(下)山是采区的主要巷道,应以有利于采区生产和巷道维护作为确定其位置的主要依据,同时考虑其经济效益。上(下)山根据层位可分为:岩层上(下)山和煤层上(下)山两种形式。

采区上(下)山在下列情况下,可以考虑在煤层中布置:

①对于开采单一煤层,薄及中厚煤层的采区,采区服务时间短;

②开采只有两个分层的单一厚煤层采区,开采深度小,顶底板岩石比较稳定,煤质在中硬以上,上山不难维护时;

③联合布置采区,下部为维护较好的薄及中厚煤层时;

④为部分煤层和区段服务的,维护年限不长的专用通风或运煤上山。

对于单一厚煤层和联合布置的采区,一般应将上山布置在煤层底板岩石中。但如果下部煤层的底板岩层距涌水量特大的含水层很近,不能布置上山,或者当上山只为采区上部煤层或部分区段服务,开采下部煤层便废弃不用时,可以考虑把上山布置在煤层群的中部或上部。

(2)采区上(下)山的数目

采区上(下)山至少为两条,一条为运输上山,一条为轨道上山,同时兼做通风和行人。

在生产能力很大的特厚煤层采区,联合布置的采区,产量较大,瓦斯涌出量很大的采区,必须增设一条专用上山。增设的上山如果服务年限不长,可沿煤层布置。

(3)采区上(下)山的布置方式

采区上(下)山数目一般为两条,其布置方式可以是两岩、两煤或一岩一煤等。但在特殊情况下,也可以布置三条上(下)山,此时可以是三岩上山或一煤两岩等布置方式。

上山之间应有一定的层位高差,一般运输上山布置在上层位,轨道上山布置在下层位,这样有利于巷道的排水及与区段巷道的衔接。当两条上山均在煤层中布置,煤层厚度有限,而一条上山可能处于软弱破碎的岩层中时,为便于巷道维护,仍应在同一层位布置上山。岩石上山应避开采动影响,布置在稳固岩层中,因此,上山距煤层底板应保持一定的距离。

4. 区段平巷的布置

(1) 区段平巷的布置要求

应保证采煤工作面的生产需要,尽可能获得较好的维护条件;尽量减少万吨掘进率和掘进费用;考虑通风、防自然发火、瓦斯等方面灾害的要求;应考虑有利于工作面的接续。

(2) 区段平巷的布置

对于开采缓斜、倾斜单一薄及中厚煤层的采区,区段平巷布置在煤层中,一般留有 8 ~ 15 m 煤柱维护。开采厚煤层时,各分层区段平巷,倾角小于 20° 时一般采用内错式布置;倾角小于 10° 的近水平煤层,一般采用重叠式布置。条件合适时,尽可能采用沿空留巷或沿空送巷的布置方式。

沿空留巷一般适用于开采缓斜或倾斜,厚度小于 2 m,顶板较好的煤层。

沿空送巷是目前无煤柱开采技术中应用最为广泛的一种布置方式。沿空送巷按巷道布置不同分为:完全沿空送巷和留 2 ~ 4 m 窄小煤柱的沿空送巷。前者适用于顶板垮落性能好,固定支承压力曲线靠采空区较陡时;后者适用于固定支承压力曲线较平缓时。

对于煤层起伏较大,采区一翼走向长度较长,采区接替不紧张时宜采用双巷布置方式。

对于煤层平稳,顶板条件较好,特别是薄煤层,砌筑矸石带维护方便时,宜采用单巷布置方式,以减少掘进工程量。

布置区段平巷时,第一区段回风平巷一般应采用单巷布置方式,其他各区段煤层平巷,可采用单巷或双巷布置方式。

5. 区段集中平巷布置

区段集中平巷是为区段内各煤层服务的巷道,分为集中运输平巷和集中轨道平巷。区段集中平巷适用于煤层群联合布置及厚煤层分层开采采区。根据煤层埋藏条件和生产需要,考虑到与采区上(下)山和区段平巷的配合,区段集中平巷的布置方式大致有五种。

6. 联络巷道布置

联络巷道是指区段平巷与区段集中平巷、采区上山与区段集中平巷及采区上山与区段平巷之间的连接巷道。

(1) 区段集中平巷与区段平巷联络方式有石门、斜巷和立眼三种。当煤层倾角大于 15° ~ 20°,区段平巷为水平布置时采用石门联系;煤层倾角小于 15° ~ 20°,层间距较大时用斜巷联系;而在近水平煤层,区段平巷为水平布置时则采用立眼联系。为了便于运煤,运输平巷与运输集中平巷之间则可采用斜巷或立眼联系,而轨道平巷与轨道集中平巷之间采用石门联系,以便于进行辅助运输和行人。

(2) 采(盘)区上(下)山与区段集中平巷之间的联络方式,根据运输需要确定,与区段集中平巷与区段平巷之间联系方式同时考虑和选定。缓斜和倾斜煤层,轨道上山与轨道集中平巷之间多用石门联系;煤层倾角较小或层间距较大时,采用斜巷布置联系,斜巷角度一般为 25°,且不宜太长。运输上山与集中运输平巷之间,则广泛采用溜煤眼的联系方式。

开采急倾斜煤层,间距很近、层数少时用斜巷联系;间距较远、层数较多,用石门联系。

7. 采区车场

对采区车场只做形式上的选择,不做具体设计。

8. 主要巷道断面确定

根据通风、运输等要求选择采区上山、区段平巷等的断面,并列表说明各断面面积、支护形式等参数,填入表12-2中。

表12-2 采区主要巷道断面、支护形式表

序号	巷道名称	断面面积/m^2		支护形式	断面形状	标准图号
		掘进断面积	净断面积			
1						
⋮						

第四章 采区巷道布置方案的技术经济比较

第一节 方案比较过程

采区巷道布置应提出几个可行方案,通过技术经济比较后确定:

①根据地质条件、煤层赋存情况、矿井开拓、矿井生产系统提出技术上可行的方案,保留2~3个在技术上各有优缺点的方案进行经济比较。

②在比较之前,先对所列的方案作简要的文字说明,描述本方案的主要特点,并绘制出本方案的图纸,图上应注明采区巷道的长度、断面、间距等。

③列出本方案在技术上的优缺点,填入表12-3内。各方案的共同点不必列入。

表12-3 方案技术比较表

方 案 名 称	
Ⅰ方案(名称) (附图)	Ⅱ方案(名称) (附图)
方 案 简 单 说 明	
1-阶段运输大巷 2-阶段回风大巷 3-采区运输上山 ⋮ (说明附图中各巷道的名称、用途、长度等)	(同左)
方 案 技 术 比 较	
巷道总掘进量、作业条件、维护条件等 运输环节、设备型号、台数、管理集中程度等 通风系统、瓦斯、煤尘积聚情况等 掘进出煤,排矸系统等 工作面长度、区段隔离煤柱尺寸等 其他	(同左)

④计算各方案不相同的经济费用,并把计算结果分别列入表12-4和表12-5中。

表 12-4　方案费用计算表

工程费用	单位	工程量	单价/元	费用/元
掘进费用 煤仓掘进 ⋮				
小　计				
生产经营费用 带式输送机运输				
小　计				
合　计				

表 12-5　方案费用汇总表

费用项目	方案 I		方案 II	
	万元	相对百分数	万元	相对百分数
掘进费用				
生产经营费用				
全部费用				

⑤对各方案的优缺点及经济计算结果,进行综合分析对比,确定最优方案。

第二节　相关费用计算

1.巷道掘进费

巷道掘进费可按下式计算:

$$F = KL$$

式中　F——巷道掘进费,元;

K——巷道单位长度掘进费,元/m;

L——巷道长度,m。

K 值可以从《井巷工程概算指标》和有关参考资料中查取,也可以从实训单位收集。

2.巷道维护费

巷道维护费必须根据不同条件进行计算。

(1)巷道长度为定值

巷道维护费 R 可按下式计算:

$$R = Ltr$$

式中　R——巷道维护费,元;

L——巷道长度,m;

t——巷道维护年限,a;

r——单位时间每米巷道维护费,元/(m·a)。

（2）巷道长度为变值

巷道维护费用下式计算：

$$R = \frac{L}{2}tr$$

式中各参量含义均同于上式。

（3）巷道各段维护时间 t 不同

其维护费用按下式计算：

$$R = (L_1t_1 + L_2t_2 + L_3t_3 + \cdots + L_nt_n)r$$

式中　R——巷道维护费，元；

r——单位时间每米巷道维护费，元/（m·a）；

$L_1,L_2,L_3,\cdots,L_n$——为巷道各段长度，m；

$T_1,T_2,T_3,\cdots,T_n$——为巷道各段的维护时间，a。

计算的各项数据，最后汇入表 12-6 中进行分析。

表 12-6　方案费用汇总表

费用项目	方案 I		方案 II	
	万元	相对百分数	万元	相对百分数
掘进费用				
生产经营费用				
全部费用				

巩固与提高

12.1　简述薄煤层滚筒采煤机采煤的特点。

12.2　简述刨煤机采煤工艺的特点。

12.3　简述大采高综采工作面采煤工艺的特点。

12.4　简述输送机下滑主要原因。

12.5　简述防止输送机下滑应采取的措施。

12.6　简述防止支架失稳应采取措施。

12.7　简述采煤机防滑措施。

12.8　简述岩层移动的一般特征。

12.9　简述地表移动的一般特征。

12.10　简述地表移动和变形对建筑物的影响。

12.11　简述减少地表移动和变形的开采措施。

12.12　简述铁路压煤开采的特点和要求。

12.13　简述铁路压煤开采的开采技术措施。

12.14　简述影响水体下采煤的地质及水文地质因素和开采的一般途径。

12.15　简述水体下采煤的开采技术措施。

12.16　简述石灰岩承压含水层上带压采煤防治途径。

12.17　简述石灰岩承压含水层上采煤技术应用的特点。

12.18　简述石灰岩承压含水层上带压开采的技术条件及影响因素。

12.19　简述石灰岩承压含水层上带压开采的适用条件及技术措施。

12.20　简述煤炭地下气化原理。

12.21　简述煤炭地下气化方法。

12.22　简述煤炭地下气化的适用条件及发展方向。

12.23　煤炭液化可分为哪两大类。

12.24　简述中国发展煤炭液化的必要性。

学习情境 **13**
采区生产组织管理

学习目标

☞ 能正确选择采煤工作面顶板控制方法；
☞ 能正确选择工作面循环方式、作业形式；
☞ 能正确安排采煤工作面主要工序,绘制工序流线图；
☞ 能正确选择采煤工作面劳动组织；
☞ 能正确编制采煤工作面技术经济指标表；
☞ 能正确建立采煤工作面质量和安全保证体系；
☞ 能正确应用采煤工作面质量标准化标准；
☞ 能正确编制采煤工作面质量管理措施；
☞ 能正确编制采煤工作面安全技术措施；
☞ 能正确选择采煤工作面安全管理方法。

采煤工作面生产组织管理是矿井生产管理中的重要组成部分,主要包括采煤工作面的组织管理、质量管理和安全管理,是实现矿井高产、高效和安全生产的基本保障。

任务1 采煤工作面顶板控制

根据煤层赋存条件及顶板岩石性质,顶板控制方法有全部垮落法、全部充填法、局部充填法、煤柱支撑法、缓慢下沉法等,其中以全部垮落法应用最广泛。

一、全部垮落法

全部垮落法是指使采煤工作面采空区的直接顶人为地有计划地垮落下来,以保持工作空间最小的悬顶面积,从而减轻顶板对工作面支架的压力,维护直接顶完整的岩层控制方法。同时,由于垮落岩块支撑采空区内裂缝带岩层,减弱上覆岩层对采煤工作面空间影响,如图13-1所示。

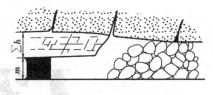

图 13-1　全部垮落法

使用全部垮落法时,常沿工作面顶板切顶线架设特种支架。当撤除特种支架以外的支架后,悬空的直接顶板随即垮落。

1. 放顶距

放顶距是指相邻两次放顶的间隔距离。

放顶距应根据顶板岩石性质而定,完整坚硬的顶板,放顶距应适当大些;松软的顶板,放顶距应该小些。放顶距过小,将增加放顶的次数,且顶板不易垮落。放顶距过大,采煤工作空间将会受到过大的压力,甚至导致冒顶事故。

放顶距应与工作面推进度相适应,通常工作面每推进一至两次进行一次放顶。

2. 控顶距

控顶距是指人为有效控制的工作空间在走向上的距离,也就是支护工作空间在走向上的距离。在保证采煤工作面正常工作的前提下,应当尽可能缩小控顶距,缩短支柱承载时间。常用的控顶距有"三、四排"或"四、五排"支柱的距离。支柱排距一般为 0.8～1.2 m。

3. 最大控顶距

最大控顶距是指放顶前人为有效控制工作面沿推进方向的最大宽度。

4. 最小控顶距

最小控顶距是指放顶后人为有效控制工作面沿推进方向的最小宽度。其大小依据顶板岩石性质和采煤工作面所需空间确定,一般含机道、人行道、材料道。

5. 特种支架

常用的特种支架种类有密集支柱、丛柱、木垛、切顶墩柱等。

①密集支柱是指架设在采空区一侧用于切顶或隔离采空区彼此紧挨的排柱。密集支柱有单排和双排等几种。两段密集支柱之间必须留有安全出口,出口宽度不得小于 0.5 m。

②丛柱是指一组排列成丛状的立柱,每组丛柱有 3～6 根顶柱,柱间距一般为 40 mm。

③木垛是指在顶底板之间用坑木垒砌成垛状支承式构筑物。常用矩形或圆形断面的坑木。木垛的形式有正方形、长方形和三角形三种。

④切顶墩柱是指以液压为动力可自动前移的重型放顶支柱。其结构由柱帽、立柱、底座、千斤顶、液压系统等组成。

6. 回柱方法

常用的回柱方法有机械回柱、人工回柱两种。一般采用回柱绞车或使用回柱器械进行机械回柱。

7. 放顶方法

常用的放顶方法:排柱放顶、无排柱放顶、墩柱放顶。其中排柱放顶较为常用。

排柱放顶是指放顶前,沿工作面放顶线超前回撤支柱一定距离支设密集支柱作为放顶排柱,撤除特种支架以外的支架后,悬空的顶板随即折断垮落的放顶方式。排柱放顶适用于直接顶比较稳定而基本顶来压明显的采煤工作面。

二、全部充填法

全部充填法是指用充填材料全部充填采空区的岩层控制方法,如图 13-2 所示。

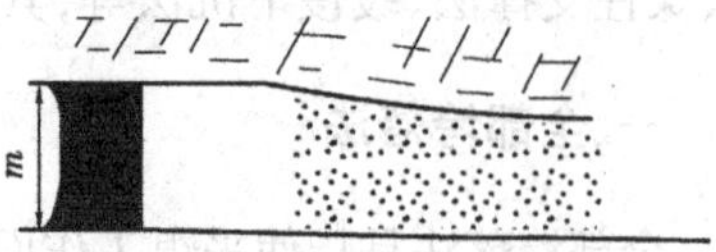

图 13-2　全部充填法

全部充填法按照向采空区输送材料的特点分为自重充填、机械充填、风力充填、水力充填等。目前我国除部分急倾斜煤层应用自重充填法外,其余均采用水力充填法。全部充填法适用于建筑物下、铁路下、水体下、承压水上的煤层开采。

三、局部充填法

局部充填法是指用充填材料局部充填采空区的岩层控制方法。

使用局部充填法时,用人工砌筑的矸石带支撑直接顶及基本顶,借以减轻顶板对工作面的压力。矸石带宽度一般为 4~6 m,矸石带间距为 8~22 m。

局部充填法只适用于顶板岩层坚硬的薄煤层。

四、缓慢下沉法

缓慢下沉法是指采煤工作面采空区后方的顶板和底板逐渐地合拢的岩层控制方法,如图 13-3 所示。

缓慢下沉法一般适用于厚度小于 1 m 的薄煤层。

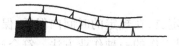 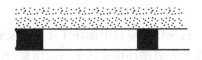

图 13-3　缓慢下沉法　　　　　　　　　　　图 13-4　煤柱支撑法

五、煤柱支撑法

煤柱支撑法是指在采煤工作面的采空区中,留适当宽度煤柱以支撑顶板的岩层控制方法,如图 13-4 所示。

煤柱的宽度和间距,主要是根据顶板岩石性质和煤层硬度确定。在实际工作中,煤柱的宽度一般为 4~10 m,煤柱间距为 40~60 m。煤柱支撑法适用于顶板岩层坚硬的煤层。

任务 2　采煤工作面生产组织管理

为了使采煤工作面各道工序在空间上、时间上相互协调,人力、物力和机械设备得到合理的利用,保证采煤工作面获得最佳的技术经济效果,必须对采煤工作面生产过程进行科学、合理的组织。

一、采煤工作面的循环作业

采煤工作面的循环就是完成工作面破煤、装煤、运煤、支护和采空区处理等工序的全过程,并且周而复始地进行下去。炮采、普采工作面多以工作面放顶工序作为完成一个循环的标志;综采工作面一般是以进刀或移架工序作为完成一个循环的标志;放顶煤采煤工作面则是按完成一次放煤工序过程作为循环的标志。

采煤工作面循环作业的主要内容包括循环方式、作业形式、工序安排及劳动组织等。

1. 循环方式

循环方式是循环进度和昼夜循环次数的组合。采煤工作面的循环方式主要分为单循环与多循环。

(1)循环进度

采煤工作面每完成一个循环向前推进的距离,是每次破煤的深度(截深)和循环破煤次数的乘积。炮采工作面的破煤进度,是根据工作面顶板的稳定状况和所选顶梁的长度确定的,一般取值为0.8~1.0 m。综采、普采工作面采煤机截深,应根据工作面顶板岩石性质、煤层特征、采煤机械设备性能以及支架结构、参数和工作面生产工序等特点合理确定。当前,我国一般取值为0.6~0.8 m,最大取值可达1.0 m。随着科学技术的不断进步,大功率高效重型成套综合机械化设备的推广应用,设备可靠性不断提高,为更好地发挥设备能力,加大采煤机截深已经成为综合机械化发展趋势。美国采煤机截深达到1.4 m,经济效益十分明显。

(2)昼夜循环次数

主要根据采煤工作面的顶板条件、采煤工艺方式、操作人员素质、管理水平、工作面的基本参数和作业方式合理确定。高产高效工作面可达12次以上。

(3)正规循环作业

按照作业规程中循环作业图表安排的工序顺序和劳动定员,在规定的时间内保质、保量、安全地完成循环作业的全部工作量,并周而复始地进行采煤工作的一种作业方法。符合规定的循环时间、循环进度、工作质量和劳动定员等是正规循环作业的四项基本要求,按照循环图表作业是正规循环的基本特点。因此,根据工作面的地质条件和生产技术设备制定出切实可行的正规循环作业图表,是工作面组织正规循环作业的前提。

(4)正规循环率

为了加强采煤工作面现场规范化、科学化、标准化管理,生产现场多采用正规循环率来评价工作面生产组织管理水平,即

$$月正规循环率 = \frac{月实际完成循环数}{月工作数日 \times 日计划循环数} \times 100\%$$

在一般情况下日进单循环和双循环作业,采煤工作面正规循环率不能低于80%;日完成3个以上循环的,正规循环率不能低于75%。例如,平顶山煤业集团公司规定:综采工作面正规循环率不低于80%,普采工作面正规循环率不低于85%,炮采工作面正规循环率不低于90%;对加班加点,挤占和取消设备检修及生产准备时间进行的循环作业,一律视为无效循环。

2. 作业形式

作业形式是采煤工作面在一昼夜内生产班与准备班的相互配合关系。确定工作面的作业形式应与矿井的工作制度相适应。

生产班是指在规定工作时间内从事采煤工作面各道工序作业的班组,又称为采煤班。准备班则是在工作时间内主要进行支护、运输、机电等设备的旧常维护、检修作业、巷道维护、工作面安全措施的施工等准备工作的班组。

我国大多数矿井的工作制度采用"三八"工作制,每天分成3个作业班,每班工作8 h。有的采煤工作面采用"四六"工作制或"四八"交叉工作制。"四六"工作制就是每天分4个作业班,每班工作6 h。"四八"交叉工作制就是每天分4个班,每班工作8 h,班与班之间交叉作业2 h。

"三八"工作制的作业形式,有"两采一准"、"边采边准"、"两班半采煤半班准备"等几种。"四六"工作制与"四八"交叉工作制的作业形式,有"三采一准"或"边采边准"等形式。

（1）两采一准作业形式

这种作业形式是昼夜 3 个作业班中 2 个班生产 1 个班准备。有专门的准备检修班,准备时间比较充分,可保证工作面支护、机械、电气等设备的正常检修时间,有利于保障支架和机械、电气设备的完好性。准备班还可进行工作面的安全工程施工,确保生产班安全顺利的进行生产。这种形式经常应用在机械化采煤工作面或开采有煤与瓦斯突出危险的工作面。

（2）边采边准作业形式

这种作业形式是昼夜 3 个作业班中 2 个班边生产边准备。其特点是生产的时间相对较长,可实现日进多循环;工作面推进速度比较快,有利于顶板控制。但这种作业形式没有专门的准备检修班,不能保障机械设备的正常维护、保养和检修,对设备的正常使用有一定的影响,必须 2~3 天安排一班进行设备的集中检修。这种作业形式在机械设备比较简单的炮采工作面应用较多。

（3）两班半采煤半班准备作业形式

针对边采边准作业形式无法保障每天正常的检修时间,该作业形式在 2 个班采煤的基础上,另一班则用半班准备半班生产。这样既增加工作面的生产时间又保证有固定的机械设备检修时间,可较好地保障工作面开采设备的可靠性和完好性。该作业形式主要在一些设备比较先进、检修工作量较少的机采和炮采工作面采用。

（4）三采一准作业形式

三采一准作业形式是"四六"工作制时经常采用的作业形式。每天 3 个生产班工作时间为 18 h,与两采一准形式相比增加有效生产时间 2 h,可较好地发挥设备效益又保证设备的检修时间。并有效地改善井下工人工作条件,对保障工人身心健康与矿井的安全生产非常有利。在工作地点较远的综采工作面多采用该作业形式。

（5）四班交叉三采一准作业形式

四班交叉三采一准作业形式是在"四六"工作制三采一准基础上,为使工人每天有效的工作时间达到 8 h 采用的一种作业形式。该作业形式每次交接班时两班工人在工作地点相互交叉 2 h,接班的提前进行生产准备工作。该作业形式保证工人有效的工作时间和提高设备利用率,可提高工作面的生产能力。但这种作业形式在交接班时在工作面的较长时间内有两班工作人员,组织管理比较复杂,不利于工作面安全管理。因此该作业形式只在一些中小型矿井中工作地点距离井口较近或有时为赶任务、抢循环等情况下采用,是一种临时性的作业形式。

此外,还有两采两准作业形式,就是 2 个生产班每班工作 8 h,2 个准备班穿插在两个生产班中间,每班工作 4 h。生产班主要完成工作面的破煤和支护工作,准备班主要进行放顶作业。目前炮采、普采工作面采用单体液压支柱支护顶板,工作面支护和放顶工序已成为采煤综合工种作业,工作面不再安排专门作业的放顶工,因此这种作业形式已很少采用。

3. 工序安排

确定工作面的循环方式和作业形式时,应合理安排采煤工作面的生产工序。工序安排的基本要求是:充分利用工作面的空间和作业时间,避免各工序的相互影响,提高工时利用率;保持工作面的均衡生产,最大限度地提高工作面的生产能力。

（1）安排工序时应注意的问题

①保证主要工序的顺利进行　采煤工作面的主要工序是破煤、装煤、推移输送机、支设支架和放顶。主要工序的安排，直接影响着采煤工作面的安全生产和经济效益，因此，在安排工序时，必须保证主要工序在时间和空间能顺利进行。

②处理好主要工序和辅助工序的关系　辅助工序与基本工序的作业关系可采用平行作业或顺序作业。工序的顺序安排，一定要符合工艺要求，确保前一工序按时转入后一工序，各工序之间有机配合，互不影响。如工作面的两端头作业，不能按时完成准备工作，采煤机就无法进刀；单体支柱支护的工作面，放顶工序不能按时完成，就不能进行下一循环破煤工序作业。

③采用平行作业，提高工作效率　在保证安全的前提下，工作面的工序应尽可能采用平行作业。充分利用工作面的有限空间和工作时间，缩短循环周期。安排平行作业，各工序在空间上要保持一定的距离。推移输送机要滞后采煤机 10～15 m；工作面破煤工序与放顶工序之间的距离要在 15 m 以上；单体支柱支护分段作业时，放顶工序分段距离必须大于 15 m。这样可避免工序间相互干扰，影响安全生产。

（2）工序流线图

利用统筹法原理，按各工序所占用的时间和它们的相互关系（如顺序作业、平行作业等关系），确定主要工序线路和辅助工序线路，主要工序线路用粗实线表示，辅助工序线路用细实线表示。顺序作业画在一条线上，用箭头表示先后关系。平行作业的工序，用上下平行的线段表示。超前或滞后一定时间依次开工的工序，用斜线表示。图 13-5 工作面的循环工艺流线图，虚线方框内表示由综合工种完成的工作。该循环工艺流线图主要工序是"采煤机割煤准备→割煤→端头斜切进刀"等工序组成；辅助工序线有两条，做缺口线和支护线，随采煤机割煤滞后进行挂梁、移输送机、支柱和放顶作业。次要工序与主要工序平行作业。

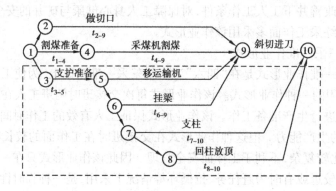

图 13-5　某矿普采工作面循环工艺流线图

根据循环工艺流线图各工序相互关系和所需占用时间，结合企业管理网络管理知识，确定工艺流线图中的关键线路，计算出完成循环作业所需时间。对关键线路进行优化减少循环作业时间，可增加工作面的日循环次数。

4. 劳动组织

劳动组织是各工作班中劳动力定员与各工种的相互配合关系。采煤工作面劳动组织对提高工作面的产量和劳动效率有很大影响。劳动组织应根据循环方式、作业形式和工序安排合理确定。根据循环方式确定一昼夜内工作面总的工作量及各工种的工作量定额，计算各工种所需定员,依据作业形式分配生产班与准备班的工作时间,然后按工种确定每个生产班的工作量、劳动定员及占据的时间与空间。

劳动组织包括工作面的劳动力配备和劳动组织形式。劳动力配备有关内容将在煤矿企业管理课程中讲述。采煤工作面劳动组织形式主要分为四种。

(1)追机作业

这种劳动组织形式一般和专业工种相配合。特点是依照普采工作面的生产过程,组织挂梁、推移输送机、支柱和回柱放顶等专业工作组,在采煤机割煤后顺序跟机进行作业。它的主要优点是,各工种之间分工明确,工种单一,便于新工人尽快掌握生产技术;有利于实现工种岗位责任制;适应机采工作的特点,各工种工作效果与采煤机工作效能一致;人力集中,在正常条件下可较好地发挥机械采煤的优势,加快采煤机割煤速度,提高采煤工效。其缺点是各工种分工过细,追机作业劳动强度较大;由于各工种要顺序作业,一个工种跟不上将影响整个采煤生产过程;在采煤机进刀过程中,可出现部分工种窝工现象。追机作业易出现各工种之间工作量的不平衡,造成忙闲不均的现象。

追机作业劳动组织形式主要使用在工作面长度较长、每生产班进刀数较少、顶板条件较好、采煤队管理水平较高的机采和综采工作面。

(2)分段作业

这种劳动组织形式一般和综合工种相配合。在工作面除采煤机司机、机电工、泵站工、钻眼爆破工、作缺口等与工作面长度无关的专职工种外,将工作面的采支工组成若干个工作小组,每小组2~3人,按工作面长度分为几段,各工作小组在本段内完成采煤过程中除破煤外的各项工作。根据工作难易程度和工作量大小,每段长度15~20 m。它的主要优点是各段劳动强度比较均衡;能实现定地点、定人员、定工作量,易保证工作面的工程质量;工人每天固定在某段工作便于掌握该段的顶板变化规律,可进行及时预防处理,有利于工作面的安全生产;能够培养一职多能,整体能力强的职工队伍;当工作面较短,工作面推进速度快,组织多循环作业更为有利。其缺点是采煤机进入该段时,工人工作量比较集中易出现工作时间内的忙闲不均;当工作面长度过长时,占用人员较多,可造成窝工现象;当煤层局部发生变化时,该段工作量显著增大,而处理人员较少,将影响整个工作面采煤工作顺利进行。

分段作业劳动组织形式主要适用于工作面长度较短、顶板条件较差、班进多循环的作业条件,在单体支柱支护的采煤工作面应用比较广泛。炮采、刨煤机开采的采煤工作面均采用分段作业形式。

(3)分段接力追机作业

这种劳动组织形式在工作面除少数专业工种外,采支工每2~3人为一小组,工作面共计6~7小组,每小组一次负责10~15 m范围内的采、支工作。完成一段工作后,再追机进行另一段的采煤工作。形成几个小组轮流接力前进的工作过程。该作业形式避免了在工作时间内出现忙闲不均的现象,可充分利用工时;遇到突发事件,可集中人员进行处理。其主要不足是工人工作地点不固定,不利于工作面的质量管理;回采准备时间不充分,工作面生产管理难度较大。

分段接力追机作业主要使用于工作面长度较大、顶板条件较好、出勤人员较少的机采或炮采工作面。

（4）分段综合作业

该劳动组织形式是将工作面分为 3~4 段,每段配置 6~8 名工人为一个工作小组,负责段内的各项采煤工作。各工作组由组长负责进行适当分工,可采用组内追机或分段作业,组内还可进行协调管理,相互帮助,有利于工作面的安全生产管理。

分段综合作业能较好地发挥工人的基本特长,是一种比较合理劳动组织形式。在工作组内相互协调配合,有利于工作面的生产管理,其使用条件与分段作业基本相同。

二、采煤工作面循环作业图表

采煤工作面循环作业图表是工作面作业规程的主要内容,主要包括工作面的循环作业图、劳动组织表、技术经济指标表和工作面布置图四部分。

1. 循环作业图

循环作业图用来表示采煤工作面个工序在时间上和空间上的相互关系。循环图以时间为横坐标,以工作面的长度为纵坐标,单位为米,用 m 表示,下端为工作面机头。按一定比例表示工作面的实际长度,按规定的符号在循环图的 h-m 坐标系中绘出各工序不同时间在工作面所处位置。采掘工作面循环作业图中常用规定符号见表13-1。

表 13-1　采煤工作面循环作业图常用符号

序号	工序名称	符　号	备　注	序号	工序名称	符　号	备　注
1	采煤机割煤		标准	8	打煤眼		标准
2	采煤机装煤		标准	9	放炮		标准
3	移输送机		标准	10	开切口		标准
4	移支架		标准	11	铺金属网		标准
5	支柱		标准	12	挂梁		非标准
6	准备及检修		标准	13	临时支柱		非标准
7	回柱放顶		标准	14	煤劈注水		非标准

图 13-6 所示为某综采工作面循环作业图。该工作面采用双向割煤,端头斜切进刀,作业形式为三采一准,工作面长度 152 m,每日循环数 12 个。

（1）编制循环作业图的步骤

①根据工作面的条件和作业形式,建立循环图的 h-m 坐标系。

②按主要工序运行方向、运行的速度与所需时间,在循环图的 h-m 坐标系中画出主要工序运行线。

③根据次要工序与主要工序相距的距离和滞后时间,画出次要工序线。超前主要工序画在左侧,滞后主要工序画在右侧。两工序线垂直距离表示工序在工作面的滞后距离,两工序线

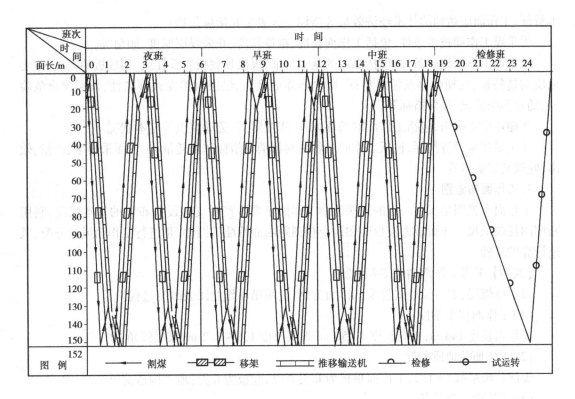

图 13-6　综采工作面循环作业图

的水平距离,表示工序间的滞后时间。

(2)绘制循环图的注意事项

①工序符号要使用规定的标准符号来表示。

②工序所需时间,要以平均的速度计算。如采煤机平均运行速度不同于采煤机实际割煤时的速度,要考虑采煤机开机率的影响。

采煤机开机率是采煤机运转时间占工作面每日可利用生产时间的百分比,它是综采工作面地质条件、管理水平、设备运行、工艺配合、作业人员综合素质及各生产系统可靠性的综合反映。

③分段作业各工序在空间和时间上要相互配合,不能在空间上出现间断和重复。

④单体支柱支护工作面支柱和放顶工序,要注意作业的方向。放顶作业在倾角大时必须从下向上进行,循环图中要正确绘制。

⑤循环图的比例要合适,力求美观,工序关系要表示清晰正确。

⑥画出不与主要工序平行作业的其他工序,如开缺口等。

2.劳动组织表

劳动组织表是根据工作面的作业形式与循环作业各工种工作量和企业劳动定额规定,计算确定各种工种所需定员数目,列表表示工作面各工作班不同工种应出勤人员数目、工作时间、各班及工作面需配备人员总数。

3.技术经济指标表

技术经济指标表是利用列表的方式简明表示采煤工作面基本工作条件:配备主要设备、技术特征、工作面应达到的技术经济效果等指标。该表主要指标包括：

①采煤工作面技术条件，包括工作面长度、推进长度、开采煤层厚度、倾角等。

②采煤工作面地质条件，包括煤层的基本特征、煤层顶底板岩石性质、顶底板的类级、主要地质构造特征、瓦斯赋存及涌出特征、煤尘爆炸危险性、煤层自然发火倾向性、煤层突出危险性、涌水影响情况、煤质指标等。

③循环作业组织，包括工作面的循环方式、作业形式、劳动组织等基本状况。

④主要技术经济指标，包括工作面的各种材料消耗指标和消耗量，工作面采出率、产量、效率，吨煤直接成本等。

4. 工作面布置图

工作面布置图是指按一定的比例绘制工作面正常生产时支护设备布置的基本状况，利用断面图反映采煤工作面最大控顶距和最小控顶距断面特征的图件，是进行工作面风量分配、风速计算的基础。

【实例】采煤工作面循环图表编制

以中厚煤层、走向长壁式普采工作面为例，说明循环作业图表编制过程。

（1）工作面技术条件

工作面长度 148 m，走向长度 1 056 m，煤层厚度 1.8 ~ 2.2 m，煤层倾角 12°。

（2）工作面的地质条件

煤层普氏系数 $f = 1.2$，工作面顶板为 Ⅱ 类 Ⅱ 级、底板为 Ⅱ 类；地质构造简单。

（3）工作面主要设备

①采煤机　型号 MXP-240，液压无链牵引、采高 1.3 ~ 2.7 m，截深 0.5m、0.6 m，滚筒直径 $\Phi = 1.25$ m，牵引速度 0 ~ 7 m/min，采煤机质量 13.75 t。

②运输机　型号 SGW-150B，运输能力 $Q_k = 320$ t/h，链速 $v = 0.926$ m/s，电机功率 2 × 75 kW，出厂长度 200 m。

③工作面支架　单体液压支柱型号为 DZ-22，额定工作阻力 $P_A = 300$ kN，铰接顶梁型号为 HDJA-1000。

5. 工作面支护设计

工作面采用单体液压支柱配合铰接顶梁支护。

（1）工作面支柱规格的选择

①支柱最大高度计算：

$$H_{max} = M_{max} - C = (2.2 - 0.1)\text{m} = 2.1 \text{ m}$$

②支柱最小高度计算：

$$H_{min} = M_{min} - C - \Delta S_x - S = (1.8 - 0.1 - 0.2 - 0.05)\text{m} = 1.45 \text{ m}$$

式中　M_{max}——工作面开采范围内的煤层最大采高，m；

M_{min}——工作面开采范围内的煤层最小采高，m；

C——顶梁的厚度，$C = 0.1$ m；

ΔS_x——顶板下沉量，$\Delta S_x = \eta M_{min} L_1 = (0.025 \times 1.8 \times 4.4)\text{m} = 0.198$ m，取 $\Delta S_x = 0.2$ m；

η——顶板下沉系数，取 $\eta = 0.025$；

L_1——工作面顶板最大控顶距，$L_1 = 4.4$ m；

S——工作面顶板最大下沉量，取 $S = 0.05$ m。

工作面选择支柱型号规格 DZ-22,最大高度 2.2 m,大于计算所需高度 2.1 m,最小高度 1.4 m,小于计算最小高度 1.45 m,符合工作面使用的要求。

(2)工作面支护参数确定

工作面顶板为Ⅱ类级。利用估算法确定工作面的支护阻力。

①工作面的支护强度 P_t :

$$P_t = km\rho = (7 \times 2 \times 25)\text{kPa} = 350 \text{ kPa}$$

②支柱的有效支撑能力 P_E :

$$P_E = K_E P_A = (0.8 \times 300)\text{kN} = 240 \text{ kN}$$

③工作面所需支护密度 n :

$$n = \frac{P_t}{P_E} = \frac{350}{240} \text{ 根 /m}^2 = 1.45 \text{ 根 /m}^2$$

④工作面支柱的柱距 a :

$$a = \frac{1}{nb} = \frac{1}{1.45} \text{ m} = 0.689 \text{ m}$$

考虑工作面的支护管理要求,选取工作面支柱柱距,取 $a = 0.6$ m。

式中　k——采高厚度系数,工作面基本顶为Ⅱ级,取 $k = 7$;

　　　m——工作面的平均高度, $m = 2$ m;

　　　ρ——工作面顶板岩石平均厚度,这里取 $\rho = 25 \text{ kN/m}^3$;

　　　K_E——支柱有效支撑系数,单体液压支柱取 $K_E = 0.8$;

　　　P_A——支柱的最大工作阻力,单体支柱最大工作阻力, $P_A = 300$ kN;

　　　b——工作面支柱排距,和工作面所选顶梁一致,这里 $b = 1$ m。

(3)工作面所需支柱、顶梁数量。

$$N = L_N \left(\frac{L}{a} + 1 \right) = 4 \times \left(\frac{148}{0.6} + 1 \right) \text{ 根 } = 992 \text{ 根}$$

式中　L_N——最大控顶距时支柱的排数, $L_N = 4$;

　　　L——工作面长度, $L = 148$ m。

考虑工作面临时支护、加强支护与备用量的要求,工作面支柱须增加 10% ~ 15% ,顶梁须增加 2% ~ 4% ,工作面须配置支柱 1 100 根,顶梁 1 030 根。

6. 工作面循环作业组织

(1)采煤机截深确定。

根据运输机实际能力公式:

$$Q_K \geqslant 60vmB\gamma$$

得采煤机截深:

$$B \leqslant \frac{Q_K}{60vm\gamma} = \frac{320}{60 \times 3.5 \times 2 \times 1.45} \text{ m} = 0.525 \text{ m}$$

式中　Q_K——工作面运输机实际运输能力,查规格表 $Q_K = 320$ t/h;

　　　v——采煤机实际牵引速度, $v = 3.5$ m/s;

　　　m——工作面平均采高, $m = 2$ m;

　　　γ——煤的实体密度,取 $\gamma = 1.45 \text{ t/m}^3$ 。

考虑工作面顶板性质和所选顶梁以及支护操作安全性,选取工作面采煤机的截深为0.5 m。

(2)工作面支护方式和循环进度

工作面的支护方式根据有利用生产工序的合理安排和工作面顶板控制的原则,选用错梁直线柱,从工作面中间将工作面分为上下两段,基本支柱相错半排(采煤机的截深),呈错梁布置方式,布置方式如图13-7所示。

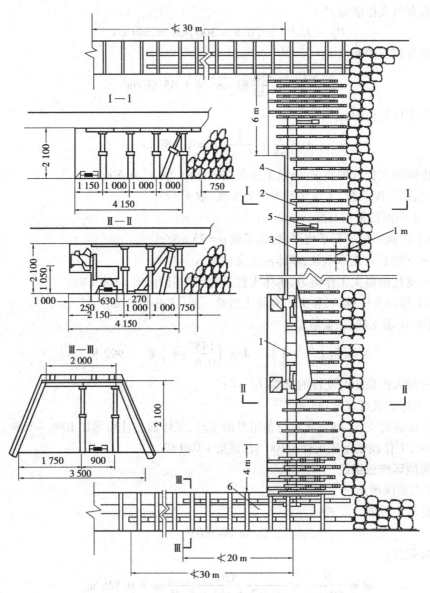

图13-7　普采工作面布置图

1—采煤机;2—可弯曲刮板输送机;3—单体液压支柱;4—铰接顶梁;
5—推移输送机千斤顶;6—平巷输送机

结合工作面的条件,采煤机采用双向割煤,两刀一循环,循环进度为1 m。

（3）工作面昼夜循环个数计算。

采煤机割一刀煤所需时间：

$$T_1 = K_1 \frac{L-l}{v} + t_1 + t_2 = 1.4 \times \frac{148 - 15}{3.5} + 30 + 20 = 104 \text{ min}（取 1.8h）$$

采煤机日割煤刀数：

$$N = K_N \frac{24 - T_Z}{T_1} = 0.75 \times \frac{24 - 4}{1.8} = 8.3 \text{ 刀}$$

取工作面采煤机日割煤 8 刀，计 4 个循环，日进度 4 m。

式中　K_1——采煤机割煤时间影响系数，考虑工作面处理大块煤和其他因素的影响，取 $K_1 = 1.4$；

　　　L——工作面长度，$L = 148$ m；

　　　L_1——工作面采煤机自开切口长度，$L_1 = 15$ m；

　　　v——采煤机割煤时的运行速度，$v = 3.5$ m/s；

　　　t_1——采煤机端部自开切口进刀时间，取 $t_1 = 30$ min；

　　　t_2——工作面顶板支护滞后时间，取 $t_2 = 20$ min；

　　　K_N——工作面生产时间利用系数，考虑交接班和外部对生产的影响，取 $K_N = 0.75$；

　　　T_Z——工作面准备班检修工作占用时间，根据作业形式取 $T_Z = 4$；

7. 工作面作业形式及人员配备

根据工作面基本生产条件和设备检修工作量，工作面选用两班半采煤半班准备的作业形式。人员配备以生产班为基准、准备班另增加机电检修人员。在准备班检修时间内生产班作业人员可进行工作面支架检修和工作面两巷超前支护作业等准备工作。工作面的人员配备见表 13-2。

表 13-2　采煤工作面劳动组织表

序　号	工　种	班　次			合　计	各工种出勤时间		
		一	二	三		一	二	三
1	班长	2	2	3	7			
2	采煤工	18	18	18	54			
3	采煤机司机	3	3	3	9			
4	运输机司机	1	1	1	3			
5	转载机司机	1	1	1	3			
6	泵站司机	1	1	1	3			
7	机修电工	1	1	1	3			
8	验收员	1	1		3			
9	机械检修工			8	8			
10	电器检修工			3	3			
11	材料运输工		6		6			
12	材料员		2		2			
13	队管人员	1	1	2	4			
合　计		29	37	42	108			

8. 工作面循环作业图

依据工作面的作业形式,该工作面采煤作业时间 20 h,准备检修作业时间 4 h。结合工作面设备状况和各工序的相互关系,绘制工作面循环作业图,如图 13-8 所示。

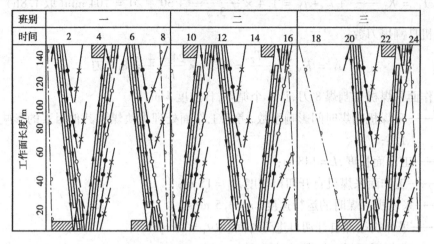

图 13-8　普采工作面循环作业图

9. 工作面技术经济指标表

根据工作面的基本条件、材料消耗定额和工作面的具体参数,计算并编制工作面的技术经济指标表,见表 13-3。

表 13-3　工作面技术经济指标表

	项　目	单位	数量		项　目	单位	数量
工作面基本参数	走向长度	m	1 056	材料消耗指标	炸药	kg/kt	5.4
	倾斜长度	m	148		雷管	个/kt	20
	煤层厚度	m	1.8~2.2		坑木	m^3/kt	0.35
	平均开采高度	m	2.0		竹笆	块/kt	600
	煤层倾角	(°)	12°		木棍	根/kt	1 200
	回采面积	m^2	156 288		柱鞋	块/kt	400
	工业储量	kt	453		金属网	m^2/kt	
	可采储量	kt	435		水平销	个/kt	2.5
	采出率	%	96		挡矸帘	个/kt	2 000
	煤实体密度	t/m^3	1.45		截齿	个/kt	1.2

续表

项 目		单位	数量		项 目	单位	数量
工作面顶板与管理	顶板类级		2 Ⅱ	材料消耗指标	乳化油	kg/kt	15
	底板分级		Ⅱ		机油	kg/kt	8.5
	支护方式		单体支架支护	循环作业与技术指标	工作制度		三·八工作制
	支柱数量	根	1 100		作业形式		两班半采煤半班准备
	顶梁数量	根	1 030		循环进度	m	1
	最大控顶距	m	4.4		循环产量	1	412
	最小控顶距	m	3.4		日循环数	个	4
	支柱排距	m	1		日产量	t	1 650
	支柱柱距	m	0.6		正规循环率	%	92
	支护密度	根/m²	1.67		月进度	m	110
	放顶步距	m	1		吨煤直接电耗	kW·h/t	6.6
	回柱方法		人工回柱		回采工效	t/工	14.2
	顶板处理方法		全部垮落法		吨煤直接成本	元/t	21.4

任务 3 采煤工作面质量管理

采煤工作面的质量管理主要包括产品质量和工程质量管理两大部分。

一、产品质量管理

质量是企业的生命。煤炭产品质量直接关系着煤矿的经济效益和企业的生存发展。加强煤炭产品质量管理是工作面生产技术管理的主要任务。

煤炭产品质量指标主要是考核煤炭产品的使用价值。常用的煤质指标有原煤灰分、水分、挥发分、发热量、含矸率、块煤率、胶质层厚度、含硫量。采煤工作面煤炭产品质量管理的关键就是控制原煤的灰分、含矸率、水分和块煤率等四项主要指标。煤炭产品质量管理措施主要包括三个方面：

1. 煤矸的分采分运

采区及工作面设计时要有完善的排矸系统，实现煤矸的分采分运。

2. 制定煤质管理技术措施

编制工作面作业规程时,应结合工作面的地质及生产技术条件,制定工作面煤质管理的技术措施。主要内容包括:

①遇到较大断层应尽可能改造工作面,避开断层破碎带对煤质的影响。不改造时要利用排矸系统实现分采分运。

②局部煤层变薄时,要及时更换相应规格的支柱,不得采用破顶或卧底处理。

③煤层夹矸较厚时,可考虑以夹矸为界分层开采,不适合分层开采时要采取措施实现煤与矸石分采分运。

④加强工作面顶板管理,爆破、割煤不得破坏顶板,顶板不稳定时及时进行支护,防止冒顶漏矸。

⑤采用分层开采的工作面,要坚持铺网、注浆措施,确保下分层顶板的整体性,为下分层开采创造条件。防止下分层开采时冒漏矸石影响煤质。

⑥采用放顶煤开采的工作面要认真分析研究顶煤活动规律,合理确定放顶煤工艺参数,在保证煤质的前提下提高工作面煤炭采出率。

⑦维修巷道冒落的矸石,要用矿车运出或填入采空区中,严禁混入原煤中。

⑧提高职工对煤炭质量重要性的认识,尽量在工作面或运输巷内拣出煤中矸石。

⑨采区及工作面的排水系统不得流经煤仓和溜煤眼,避免影响煤炭水分。

3. 健全煤炭质量管理激励机制

定期对煤炭质量管理工作进行考核,对重视煤质工作成绩突出的给予表彰奖励,对造成煤炭质量严重下降的则进行必要的处罚。确保煤炭产品质量,提高煤矿的经济效益。

二、安全质量管理

1. 采煤工作面安全质量管理标准

采煤工作面的安全质量是工作面安全生产的保障。为加强采煤安全质量管理,国家煤矿安全监察局、中国煤炭工业协会共同制订《采煤安全质量标准化标准及考核评比办法》(以下简称为标准,见表13-4)。该标准从十个方面对采煤安全质量进行详细的量化考核,使工作面安全质量管理更加规范化和标准化。依据标准规定,矿安全质量主管部门和上级有关部门定期或不定期对采煤工作面安全质量进行检查评比。根据考核评比结果将工作面安全质量分为三个等级。

①优良品   十大项中前五项最低得分不低于本项总分的90%,后五项最低得分不低于本项总分的80%。

②合格品   十大项中前五项最低在本项总分的70%～90%,后五项最低得分不低于本项总分的60%。

③不合格品   十大项中前五项最低得分在本项总分70%及以下,后五项最低得分在本项总分60%及以下。

表 13-4 采煤安全质量标准化标准及考核评分办法

检查项目	检查小项及质量标准	检查方法	评分标准
质量管理工作	①坚持支护质量和顶板态监测（包括综采）并有健全的分析和处理责任制,有记录资料 ②坚持开展对工作面工程质量、顶板管理、规程兑现及安全隐患整改情况的班评估工作 ③开展工作面地质预报工作,每月至少有一次预报,并有材料向有关部门报告 ④有合格的作业规程和管理制度 a.作业规程能贯彻有关技术政策和先进技术,并能结合实际,指导现场工作 b.从编织、审批到贯彻有健全的管理制度,并有矿总工程师组织每月至少进行一次复查,并有复查意见 c.作业规程中支护设计根据矿压观察、地质资料、顶板控制专家系统进行的科学计算,支护方式、支护强度的选择有科学依据 d.工作面有初次放顶、收尾及过地质构造带专项措施。综采有切眼安装和撤面的顶板管理专项措施 e.所有支护器材有基础台账,对规格型号、供货渠道、数量及合格证等均有记录	各项全面检查,地面检查作业规程和有关资料,并与井下对照检查	该大项共10分 1小项3分 2小项1分 3小项1分 4小项4分（分项各1分） 5小项1分
顶板管理	①工作面控制范围内,顶板移近量按采高≤100 mm/m ②工作面顶板不出现台阶下沉,综采工作面支架前梁接顶严实 ③机道梁端至煤壁顶板冒落高不小于200 mm,综采不大于300 mm ④不准随意留煤顶开采,必须留煤顶、托夹矸开采时,必须有专项批准的措施	1、3小项工作面各均匀选5点和在各点间任选5点,共10点,量机道和放顶处顶板高差,计算合格率,三点不合格为不合格,不合格时该项为0分。2小项全面检查,出现台阶下沉小项不得分,一架接顶不实扣0.5分,扣完为止 4小项全面检查一处有煤顶为不合格	该大项共10分 1~4小项各为2.5分

续表

检查项目	检查小项及质量标准	检查方法	评分标准
工作面支护	单体液压支柱支护： ①新设支柱初撑力：单体液压支柱 $\phi 80$ mm ≥ 60 kN，$\phi 100$ mm ≥ 90 kN；金属摩擦支柱必须使用 5 t 液压升柱器 ②支柱全部编号管理，牌号清晰，不缺梁少柱 ③工作面支柱要打成直线，其偏差不超过 ± 100 mm（局部变化地区可加柱）。柱距偏差不大于 ± 100 mm，排距偏差不超过 ± 100 mm ④底板松软时，支柱要穿柱鞋，钻底 < 100 mm	1、3 小项沿工作面各均匀选 5 点和在各点间任选 5 点，共 10 点，一点不合格扣 1 分，合格率低于 70% 不得分。检查直线性，拉线分段长度不小于 50 m 2、4 项全面检查，一处不合格扣 0.5 分，扣完为止	该大项共15 分 1 小项为6 分 2～4 小项3 分 有两种支护的应加权平均
	液压支架： ①初撑力不低于规定值的 80%（立柱和平衡千斤顶有表表示） ②支架要排成一条直线其偏差不得超过 ± 50 mm。中心距按作业规程要求偏差不超过 ± 100 mm ③支架顶梁与顶板平行支设，其最大仰角 $<7°$ ④相邻支架间不能有明显错差（不超过顶梁侧护板高的 2/3），支架不齐、不咬，架间空隙不超过规定（<200 mm）		
安全出口与端口支架	①工作面上下机头处坚持正确使用好 4 对 8 根长钢梁或楔调角定位顶梁（不少于 6 架）支护，支柱初撑力：$\phi 100$ mm ≥ 90 kN；$\phi 80$ mm ≥ 60 kN 综采工作面要使用端头支架或其他有效支护形式，在作业规程中说明 ②工作面上、下出口的两巷超前支护必须用金属支柱和铰接梁（或长钢梁）距煤壁 10 m 范围内打双排柱，10～20 m 范围内打单排柱 ③上下平巷自工作面煤壁超前 20 m 范围内支架完整无缺，高度不低于 1.6 m，综采不低于 1.8 m，有 0.7 m 宽人行道 ④超前支柱初撑力不低于 50 kN	1 小项顶梁柱全面检查，一处不合格该小项不得分 2～4 小项检查不少于 10 个点，一个点不合格扣 1 分，扣完为止	该大项为10 分 1 小项为4 分 2～4 小项各为 2 分

检查项目	检查小项及质量标准	检查方法	评分标准
回柱放顶	①控顶距符合作业规程要求,回风、运输平巷与工作面放顶线放齐(机头处可根据作业规程放宽一排) ②用全部垮落法管理顶板的工作面,采空区冒落高度普遍不小于 1.5 倍采高,局部悬顶和冒落高度不充分(< (2×5)m²),用丛柱加强支护,超过的要进行强制放顶。特殊条件下不能强制放顶时,要有强支可靠措施和矿压观测资料及监测手段 ③切顶线支柱数量齐全,无空载和失效支柱,挡矸有效。特殊支护符合作业规程要求。放顶时按组配足水平锲(每组不少于 3 个) ④无空载支柱	1、3 小项全面检查,一处不合格扣 1 分,扣完为止 2 小项全面检查,一处不合格该小项不得分 4 小项、工作面内空载支柱视为失效支柱,一棵扣 1 分,扣完为止	该大项为 10 分 1、2 两项各为 3 分 3、4 两项各为 2 分
煤壁机到	①煤壁平直,与顶底板垂直,伞檐长度超过 1 m 时,其最大突出部分,薄煤层不超过 150 mm,中厚以上煤层不超过 200 mm,伞檐长度在 1 m 以下时,伞檐最突出部分薄煤层不超过 200 mm,中厚以上煤层不超过 250 mm ②炮采工作面要及时挂梁,破碎顶板要掏窝挂梁,悬壁梁到位,端面距≤300 mm 机采工作面挂梁不得落后机组 10 m(停机要及时跟上)梁端要接顶,不得在无柱悬壁梁上再挂悬壁梁(综采要及时移架,端面距最大值≤340 mm,前梁接顶严密) ③靠煤壁点柱按作业规程要求架设及时、齐全 ④机道内顶梁水平锲数量齐全(每梁一个),用小链与梁联挂。有冲击地压工作面要选用防飞水平锲	各小项全面检查,一点不合格扣 1 分,扣完为止	该大项为 10 分 1 小项为 4 分 2～4 小项各为 2 分
两巷与文明生产	①巷道净高不低于 1.8 m ②支柱完整,无断梁折柱,拱形支架、卡缆、螺栓、垫板齐全。无空帮空顶,刹杆摆放齐全、牢固。架间撑木(或拉杆)齐全,网支护完整有效 ③文明生产: a.巷道无积水(长 5 m,深 0.2 m); b.无浮矸、杂物; c.材料、设备码放齐全并有标志牌 ④管线吊挂齐全,行人侧宽度不小于 0.7 m	1、2 小项各均匀选 5 点和在各点间任选 5 点,共 10 点,一处不合格扣 1 分,扣完为止 3、4 小项全面检查,一处不合格扣 1 分,扣完为止	该大项为 5 分 1 小项为 2 分 2～4 小项各为 1 分

续表

检查项目	检查小项及质量标准	检查方法	评分标准
假顶和煤炭回收	上、中分层假顶工作面： ①分层开采工作面铺设人工假顶符合作业规程要求，及时灌浆洒水 ②分层工作面必须把分层煤厚和铺网情况假顶上冒落大块岩石($>2.0 \text{ m}^3$)记载在1：500图上 ③分层采高按作业规程规定不得超过 ± 100 mm ④不任意丢顶煤和留煤柱 一次采全高和底分层工作面： ⑤回收率达到要求 ⑥不丢顶底煤(必须留时，要有专项批准的措施) ⑦浮煤净(单一煤层和分层底层工作面在 2 m^2 内浮煤平均厚度不超过 30 mm) ⑧不任意留煤柱	1、2、4 小项全面检查。一处不合格不得分 3 小项均匀选 5 点，一处不合格扣 1 分，扣完为止 5 ~ 8 小项全面检查，一处不合格该小项为不合格，不得分	该大项共 10 分 1、5 小项各为 2 分 2、4、6、7、8 小项各为 1 分
机电设备	①乳化液泵站和液压系统完好，不漏液，压力 ≥18 MPa(综采 ≥30 MPa)乳化液浓度不低于2% ~ 3%(综采3% ~ 5%)使用乳化液自动配比器，有现场检查手段 ②工作面输送机头与平巷输送机搭配合理，底链不拉回头煤。顺槽刮板输送机挡煤板和刮板、螺栓齐全完整。普采工作面输送机铲煤板齐全 ③带式输送机架、托辊齐全完好，输送带不跑偏，电缆悬挂、管子铺设符合规定，开关要上架，煤电钻电缆要盘好。闲置设备和材料要放在安全出口 20 m 以外的安全地方。电气设备上方有淋水，要防水设施 ④采煤机完好，不漏油，不缺齿	1 ~ 4 小项全面检查，一处不合格该小项不得分	该大项共 10 分 1 小项为 4 分 2 ~ 4 各为 2 分
安全管理	①工作面和平巷输送机机头、机尾要有压柱。小绞车有牢固压柱或地锚。行人通过的平巷输送机机尾处要加盖板。行人跨越输送机的地点要有过桥 ②支柱(支架)高度与采高相符，不得超高使用 ③在用支柱完好、不漏液、不自动卸载，无外观缺损。达不到此要求的支柱不超过三根。 综采支架不漏液、不串液、不卸载 ④支柱迎山有力，不出现三根以上支柱迎山角或退山角过大综采支架要垂直顶底板，歪斜 < ±5° 采高大、倾角 >15° 的工作面支柱，必须有防倒措施 工作面倾角 >15° 时，支架要设防倒防滑装置，有链牵引煤机和刮板输送机要有设防滑装置 ⑤使用铰接顶梁工作面铰接率 >90%	各小项全面检查，一处不合格该小项不得分	该大项共 10 分 1 ~ 5 小项各为 2 分

2. 加强工作面安全质量管理的措施

（1）充分认识深入开展煤矿安全质量标准化工作的重要意义

安全质量标准化工作是煤矿企业的基础工程、生命工程和效益工程。煤矿安全质量标准化，是构建煤矿安全生产长效机制的重要措施，是我国煤炭行业可借鉴国外先进的安全质量管理理念、方法和技术。开展安全质量标准化工作，是强化煤矿安全基础管理的重要手段，是实现煤炭工业安全发展、可持续发展的需要。要进一步提高认识，增强深入开展煤矿安全质量标准化工作的责任感、使命感和紧迫感，切实树立安全发展的理念，按照不断发展进步的要求，深入组织开展安全质量标准化工作。

（2）健全工作面安全质量管理体系

采煤区队要建立以区队长和主管技术管理人员为主的安全质量管理组织，负责工作面的安全质量管理工作。各生产班配备工程质量验收监督员，建立全面质量管理小组，严把工作面的安全质量关。

（3）保证工作面物料储备

工作面安全质量管理必须有充足的物料储备作保障。工作面的支护设备、机械、电气设备必须保证其完好性，备品、配件要齐全，发现问题及时维护检修。工作面支护材料需保持不少于 3 天的日常消耗储备并备有处理工作面顶板事故所需物料。工作面的支柱、顶梁需保证一定的备用量，确保损坏、失效的单体支柱和顶梁应及时地进行更换。

（4）严格安全质量事故追究制度

对工作面发生的安全质量事故必须采取"四不放过"措施：事故原因不查明不放过，隐患不消除不放过，整改措施不落实不放过，责任人未受到教育不放过。通过事故追究制度使全体职工受到激励和教育，吸取安全质量事故的教训，杜绝和避免安全质量事故的再次发生。

（5）采取激励机制搞好工作面的安全质量

通过典型引路、政策引导，提高深入开展安全质量标准化工作的积极性和主动性，切实树立以质量保安全的意识；要注重培育先进典型，选树一批安全质量标准化示范矿，工程质量优良品的采掘工作面，及时总结交流推广先进经验；煤炭企业内部对在安全质量标准化工作中作出突出贡献的有关人员实施奖励。要建立煤矿安全质量标准化月度自查、集团公司（矿务局）季度检查验收制度，实行安全质量目标管理，推行安全质量结构工资制，建立安全质量标准化工作长效机制。

附件 13-1 俯伪斜走向长壁采煤工作面工程质量检查评级表

矿井名称：

工作面名称：   评定时间：

检查项目	检查小项及质量标准	检查方法	评分办法	得分	备注
1.1 基本内容	①坚持支护质量监测并有健全的分析和处理责任制，并有记录资料 ②坚持开展对工作面工程质量、顶板管理、规程兑现及安全隐患整改情况的班评估工作 ③开展工作面地质预报工作，每月至少有一次预报，并有材料向有关部门报告 ④有合格的作业规程和管理制度： a.作业规程能贯彻有关技术政策和先进技术，并能结合实际，指导现场工作 b.从编制审批到贯彻有健全的管理制度，并由矿总工程师（技术负责人）组织每月至少进行一次复查，并有复查书面意见 c.作业规程中支护设计根据矿压观测、地质资料进行科学计算，支护方式、支护强度的选择有科学依据以及顶板管理措施 d.工作面有初次放顶，收尾及过地质构造带专项措施 ⑤所有支护器材有基础台账，对规格、型号、数量等均有记录，且有支柱入井试压记录	各项全面检查，地面检查作业规程和有关资料，并与井下对照检查	该大项共10分 1小项3分 2小项1分 3小项1分 4小项4分（每分项各1分） 5小项1分（基础台账与试压记录各0.5分）		

续表

检查项目	检查小项及质量标准	检查方法	评分办法	得分	备注
1.2 顶板管理	①工作面控顶范围内，顶底板移近量按采高不大于 100 mm/m ②工作面顶板不出现台阶下沉（初压和周压除外） ③炮道梁端至煤壁顶板冒落高度不大于 200 mm。当冒落高度超过时，要采取接实顶板措施 ④不准随意留顶煤开采，必须留顶煤、托夹矸开采时，必须有专项批准的措施	1、3 小项沿工作面均匀选 5 点和任选 5 点（地质构造除外），共 10 点 1 小项量炮道和放顶处顶、底板高差计算合格率，3 小项量梁端至煤壁顶板冒落高度计算合格率，合格率小于 70%，该小项不得分 2 小项全面检查，出现台阶下沉，该小项不得分 4 小项全面检查一处有顶煤或托夹矸开采该小项不得分	该大项共 10 分 1~4 小项各为 2.5 分		

续表

检查项目	检查小项及质量标准	检查方法	评分办法	得分	备注
1.3 工作面支护	单体液压支柱支护： ①初设支柱,初撑力不低于:单体液压支柱 $\phi80$ mm≥60 kN,$\phi100$ mm≥90 kN(软顶软底工作面≥50 kN),极近距离煤层,初撑力符合作业规程规定 ②支柱全部编号管理,牌号清晰;不缺梁、少柱 ③工作面支柱要打成直线,其偏差不大于±100 mm(局部变化地区可加柱),柱距偏差不大于±100 mm,排距偏差不大于±100 mm ④分段密集打成直线,工作面上部两道分段密集矸石垫层厚度不小于1 m,其余分段密集符合作业规程规定 ⑤分段密集长度、间距符合作业规程规定,其偏差不大于±0.5 m(局部变化区可加密) ⑥使用铰接顶梁支护,要保持顶梁铰接,铰接率大于70%,不得出现连续三架不铰接顶梁(地质构造除外);炮道要配足水平楔 ⑦底板松软时,支柱要穿鞋,钻底量不大于200 mm	1、3小项沿工作面各均匀选5点和任选5点,每点检查3根柱,一根不合格该点就不合格,合格率<70%,该小项不得分。直线拉线检查长度不小于40 m 2、4、5、7小项工作面全面检查,一处不合格扣0.5分 6小项全面检查,铰接率小于规定不得分,如连续三架不铰接(地质构造除外),一处扣0.5分,扣完为止	该大项共15分 1、2、3、4、6、7小项各为2分 5小项3分		

续表

检查项目	检查小项及质量标准	检查方法	评分办法	得分	备注
1.4 安全出口	①工作面上、下安全出口长度、宽度、高度符合作业规程规定 ②工作面上、下安全出口特殊支护符合作业规程规定 ③上、下平巷至煤壁线 20 m 范围内必须用金属支柱和铰接梁（长钢梁）进行超前加强支护，距煤壁 10 米范围内打双排柱，10～20 m 范围内打单排柱；且支架完整无缺，高度不小于 1.6 m（近距离煤层联合开采或二次使用巷道高度不小于 1.4 米），有 0.7 m 宽人行道 ④超前支柱及临时支柱初撑力不小于 50 kN	1、2 小项只检查上、下安全出口，一处不合格，该小项不得分 3、4 小项全面检查，有一处不合格扣 0.5 分，三处以上不合格该小项不得分	该大项共 10 分 1、3 小项各 3 分 2、4 小项各 2 分		
1.5 回柱放顶	①控顶距符合作业规程规定，回风平巷与工作面放顶线放齐 ②用全部陷落法管理顶板，局部悬顶和冒落高度不充分（≤(2×5) m²），用丛柱加强支护，超过的要进行强制放顶。特殊条件下不能强制放顶时，要有强支可靠措施和矿压观测资料及监测手段 ③切顶线支柱数量齐全，挡矸有效。特殊支护（戗柱、戗棚）符合作业规程要求 ④无失效支柱	1、3 小项全面检查，一处不合格扣 1 分，扣完为止 2 小项全面检查，一处不合格该小项不得分 4 小项全面检查，工作面内空载支柱视为失效支柱，一根扣 0.5 分，扣完为止	该大项共 10 分 1、2 小项各 3 分 3、4 小项各为 2 分		

续表

检查项目	检查小项及质量标准	检查方法	评分办法	得分	备注
1.6 煤壁炮道	①煤壁平直,伞檐长度超过1 m时,其最大突出部分:薄煤层不大于200 mm,中厚以上煤层不大于250 mm;伞檐长度小于1 m时,其最大突出部分:薄煤层不大于250 mm,中厚以上煤层不大于300 mm。对超过规定的伞檐,必须有贴帮支护 ②炮采工作面使用单体、摩擦支柱、铰接顶梁支护时及时挂梁,破碎顶板要掏窝挂梁,悬壁梁到位,端面距不大于300 mm。由于顶板不平整,挂不上梁的,必须采取临时支护 ③靠煤壁点柱按作业规程要求架设及时、齐全 ④炮道内顶梁水平楔数量齐全(每梁一个),用小链与梁联挂,有冲击地压工作面选用防飞水平楔。	各小项全面检查,一处不合格扣1分,扣完为止	该大项10分 1、2各3分;3、4小项各2分		
1.7 两巷与文明生产	①超前支护段外巷道净高不小于1.8 m(近距离煤层联合开采或二次使用巷道高度不小于1.6米) ②支柱完整,无断梁折柱;无空帮空顶;锚、网支护完整有效 ③文明生产:a.巷道无积水(长5 m,深0.2 m);b.无浮碴、杂物;c.材料、设备码放整齐不得影响通风、行人、运输,并有标志牌 ④管线吊挂整齐,行人侧宽度不小于0.7 m	1、2小项各均匀选5点,一处不合格扣0.5分,扣完为止 3、4小项全面检查,有一处不合格扣0.5分,扣完为止	该大项共5分 1小项2分;2～4小项各1分		

检查项目	检查小项及质量标准	检查方法	评分办法	得分	备注
1.8 假顶和煤炭回收	上、中分层假顶工作面： ①分层开采工作面铺设人工假顶符合作业规程要求，及时灌浆洒水 ②分层工作面必须把分层煤厚和铺网情况及假顶上冒落大块岩石（>2.0 m³）记载在(1：500)图上 ③分层采高按作业规程规定不得超过100 mm ④不任意丢顶煤和留煤柱 一次采全高和底分层工作面： ⑤回收率达到要求 ⑥不丢顶底煤（在受支护设备所限时，只留底煤不留顶煤，且必须有专项批准的措施） ⑦浮煤净（在 2 m² 内浮煤平均厚度不大于 30 mm） ⑧不任意留煤柱	1、2、4 小项全面检查，一处不合格，该小项不得分 3 小项均匀选 5 点，一处不合格扣0.5分，扣完为止 5、6、8 小项全面检查，一处不合格该小项不得分 7 小项在第二排与第三排支柱间均匀选 10 点，一处不合格扣0.5分，扣完为止	该大项共10分 1、5 小项各 2 分；2、3、4、6、7、8 小项各 1 分		
1.9 机电设备	①乳化液泵站和液压系统完好，不漏液，泵站压力不小于 15 MPa ②乳化液浓度不低于1%~2%，使用乳化液自动配比器，有现场检查手段 ③电缆悬挂，管子铺设符合规定，开关要上架，煤电钻电缆要盘好；闲置设备和材料要放在安全出口 20 m 以外的安全地点；电气设备上方有淋水，要有防水设施 ④电气设备无失爆	1、2、4 小项全面检查，一处不合格该小项不得分 3 小项全面检查，有一处不合格扣0.5分，扣完为止	该大项共10分 1、2 小项各 2 分；3、4 小项各 3 分		

续表

检查项目	检查小项及质量标准	检查方法	评分办法	得分	备注
1.10 安全管理	①小绞车有牢固的四压两戗柱或地锚 ②支柱(支架)高度与采高相符,不得超高使用 ③支柱与放顶平行作业时,两者间距大于15 m ④人工分段放顶,段距大于15 m ⑤在用支柱完好,不漏液,不自动卸载,无外观缺损。达不到此要求的支柱全工作面不超过5根/100 m ⑥支柱迎山有力,不出现连续3根以上支柱迎山角过大或退山现象 ⑦工作面倾角大于15°时,靠煤壁的两排支柱和分段密集要有防倒措施 ⑧分段密集的爬山角不小于作业规程规定 ⑨爆破工持证上岗,放炮符合规定 ⑩防尘设施齐全、可靠、正常使用	各小项全面检查,一处不合格该小项不得分	该大项共10分。各小项各1分		
合计					

评定等级:

参加考评人员:

附件 13-2　伪斜短壁采煤工作面工程质量检查评级表

矿井名称：

工作面名称：　　　　　　　　评定时间：

检查项目	检查小项及质量标准	检查方法	评分办法	得分	备注
2.1 基本内容	①坚持支护质量监测并有健全的分析和处理责任制，并有记录资料 ②坚持开展对工作面工程质量、顶板管理、规程兑现及安全隐患整改情况的班评估工作 ③开展工作面地质预报工作，每月至少有一次预报，并有材料向有关部门报告 ④有合格的作业规程和管理制度： a.作业规程能贯彻有关技术政策和先进技术，并能结合实际，指导现场工作 b.从编制审批到贯彻有健全的管理制度，并由矿总工程师（技术负责人）组织每月至少进行一次复查，并有复查意见 c.作业规程中支护设计根据矿压观测、地质资料进行科学计算，支护方式、支护强度的选择有科学依据以及顶板管理措施 d.工作面有初次放顶、收尾及过地质构造带专项措施 e.所有支护器材有基础台账，对规格、型号、数量等均有记录，且有支柱入井试压记录	各项全面检查，地面检查作业规程和有关资料，并与井下对照检查	该大项共10分 1 小项 3 分；2 小项 1 分；3 小项 1 分；4 小项 4 分（每分项各 1 分）；5 小项 1 分（基础台账与试压记录各0.5分）		

续表

检查项目	检查小项及质量标准	检查方法	评分办法	得分	备注
2.2 顶板管理	①工作面控顶范围内，顶底板移近量按采高不大于 100 mm/m。小巷与短壁相交处（2×2 m）顶底板移近量按采高不大于150 mm/m ②工作面顶板不出现台阶下沉（初压和周压除外） ③炮道梁端至煤壁顶板冒落高度不大于200 mm。当冒落高度超过时，要采取接实顶板措施 ④不准随意留顶煤开采，必须留顶煤、托夹矸开采时，必须有专项批准的措施	1、3 小项沿工作面均匀选 5 点和任选 5 点，共10 点 1 小项量炮道和放顶处顶、底板高差计算合格率，3 小项量梁端至煤壁顶板冒落高度计算合格率，合格率小于70%，该小项不得分。2 小项全面检查，出现台阶下沉，该小项不得分。4 小项全面检查一处有顶煤或托夹矸开采该小项不得分	该大项共10分 1～4 小项各为2.5分		

续表

检查项目	检查小项及质量标准	检查方法	评分办法	得分	备注
2.3 工作面支护	单体液压支柱支护： ①短壁面长度符合作业规程要求，偏差不大于 1 m，伪斜小巷长、宽符合作业规程规定，长度偏差 ±1 m，宽度偏差 ±100 mm ②初设支柱，初撑力不低于：单体液压支柱 $\phi80$ mm≥60 kN，$\phi100$ mm≥90 kN（软顶软底工作面不小于 50 kN），极近距离煤层，初撑力符合作业规程规定 ③支柱全部编号管理；不缺梁、少柱 ④短壁面支柱要打成直线，其偏差不大于 ±100 mm（局部变化地区可加柱），柱距偏差不大于 ±100 mm，排距偏差不大于 ±100 mm ⑤小巷密集矸石垫层厚度符合作业规程规定 ⑥使用铰接顶梁支护，要保持顶梁铰接，铰接率大于 70%，不得出现连续三架不铰接顶梁（地质构造除外）；炮道要配足水平楔 ⑦底板松软时，支柱要穿鞋，钻底量不大于200 mm	1、2、4 小项在短壁面、小巷共均匀选 5 点和任选 5 点，每点检查 3 根柱，一根不合格该点就不合格，合格率小于 70%，该小项不得分 3、5、7 小项工作面全面检查，一处不合格扣0.5分 6 小项全面检查，铰接率小于规定不得分，如连续三架不铰接（地质构造除外），一处扣0.5 分，扣完为止	该大项共15分 1、2、3、4、6、7小项各为 2 分；5 小项 3 分		
2.4 安全出口	①工作面上、下安全出口长度、宽度、高度符合作业规程规定 ②工作面上、下安全出口特殊支护符合作业规程规定 ③上、下平巷至煤壁线 20 m 范围内必须用金属支柱和铰接梁（长钢梁）进行超前加强支护，距煤壁 10 m 范围内打双排柱，10～20 m 范围内打单排柱；且支架完整无缺，高度不小于 1.6 m（近距离煤层联合开采或二次使用巷道高度不小于 1.4 m），有 0.7 m 宽人行道 ④超前支柱及临时支柱初撑力不低于50 kN	1、2 小项只检查上、下安全出口，一处不合格，该小项不得分。 3、4 小项全面检查，有一处不合格扣0.5 分，三处以上不合格该小项不得分	该大项共10分 1、3 小项各3分 2、4 小项各2分		

251

续表

检查项目	检查小项及质量标准	检查方法	评分办法	得分	备注
2.5 回柱放顶	①控顶距符合作业规程规定,回风平巷与工作面放顶线放齐 ②切顶线支柱数量齐全,挡矸有效。特殊支护(戗柱、戗棚)符合作业规程要求 ③工作面上部两小巷密集矸石垫层厚度大于1 m,回柱放顶前,工作面伪斜小巷密支后的超前矸石垫层长度、厚度符合作业规程规定 ④无失效支柱	1、2小项全面检查,一处不合格扣0.5分,扣完为止 3小项全面检查,一处不合格该小项不得分 4小项全面检查,工作面内空载支柱视为失效支柱,一根扣0.5分,扣完为止	该大项共10分 1、2小项各为3分 3、4小项各为2分		
2.6 煤壁炮道	①煤壁平直,伞檐长度超过1 m时,其最大突出部分:薄煤层不大于200 mm,中厚以上煤层不大于250 mm;伞檐长度小于1 m时,其最大突出部分:薄煤层不大于250 mm,中厚以上煤层不大于300 mm。对超过规定的伞檐,必须有贴帮支护 ②炮采工作面使用单体、摩擦支柱、铰接顶梁支护时及时挂梁,破碎顶板要掏窝挂梁,悬壁梁到位,端面距不大于300 mm。由于顶板不平整,挂不上梁的,必须采取临时支护 ③靠煤壁点柱按作业规程要求架设及时、齐全 ④炮道内顶梁水平楔数量齐全,用小链与梁联挂,有冲击地压工作面选用防飞水平楔	各小项全面检查,一处不合格扣1分,扣完为止	该大项10分 1、2各3分;3、4小项各2分		

续表

检查项目	检查小项及质量标准	检查方法	评分办法	得分	备注
2.7 两巷与文明生产	①超前支护段外巷道净高不小于1.8米（近距离煤层联合开采或二次使用巷道高度不小于1.6 m） ②支柱完整，无断梁折柱；无空帮空顶；锚、网支护完整有效 ③文明生产：a.巷道无积水（长5 m，深0.2 m）；b.无浮碴、杂物；c.材料、设备码放整齐不得影响通风、行人、运输，并有标志牌 ④管线吊挂整齐，行人侧宽度不小于0.7 m	1、2小项各均匀选5点，一处不合格扣0.5分，扣完为止 3、4小项全面检查，有一处不合格扣0.5分，扣完为止	该大项共5分 1小项2分；2、3、4小项各1分		
2.8 假顶和煤炭回收	上、中分层假顶工作面： ①分层开采工作面铺设人工假顶符合作业规程要求，及时灌浆洒水 ②分层工作面必须把分层煤厚和铺网情况及假顶上冒落大块岩石（>2.0 m³）记载在(1:500)图上 ③分层采高按作业规程规定不得超过100 mm ④不任意丢顶煤和留煤柱 一次采全高和底分层工作面： ⑤回收率达到要求 ⑥不丢顶底煤（在受支护设备所限时，只留底煤不留顶煤，且必须有专项批准的措施） ⑦浮煤净（在2 m²内浮煤平均厚度不超过30 mm） ⑧不任意留煤柱	1、2、4小项全面检查，一处不合格，该小项不得分 3小项均匀选5点，一处不合格扣0.5分，扣完为止 5、6、8小项全面检查，一处不合格该小项不得分 7小项在第二排与第三排支柱间均匀选10点，一处不合格扣0.5分，扣完为止	该大项共10分 1、5小项各2分；2、3、4、6、7、8小项各1分		

续表

检查项目	检查小项及质量标准	检查方法	评分办法	得分	备注
2.9 机电设备	①乳化液泵站和液压系统完好,不漏液,泵站压力不小于 15 MPa ②乳化液浓度不低于 1% ~2%,使用乳化液自动配比器,有现场检查手段 ③电缆悬挂,管子铺设符合规定,开关要上架,煤电钻电缆要盘好;闲置设备和材料要放在安全出口 20 m 以外的安全地点;电气设备上方有淋水,要有防水设施 ④电气设备无失爆	1、2、4 小项全面检查,一处不合格该小项不得分 3 小项全面检查,有一处不合格扣 0.5 分,扣完为止	该大项共 10 分 1、2 小项各 2 分;3、4 小项各 3 分		
2.10 安全管理	①小绞车有牢固的四压两戗柱或地锚 ②支柱(支架)高度与采高相符,不得超高使用 ③支柱与放顶平行作业时,两者间距大于 15 m ④人工分段放顶,段距大于 15 m ⑤在用支柱完好,不漏液,不自动卸载,无外观缺损。达不到要求的支柱全工作面不超过 5 根/100 m ⑥支柱迎山有力,不出现连续 3 根以上支柱迎山角过大或退山现象 ⑦工作面倾角大于 15°时,靠煤壁的两排支柱和分段密集要有防倒措施 ⑧分段密集的爬山角不小于作业规程规定 ⑨爆破工持证上岗,爆破作业符合规定 ⑩防尘设施齐全、可靠、正常使用	各小项全面检查,一处不合格该小项不得分	该大项共 10 分 各小项各 1 分		
合计					

评定等级:

参加考评人员:

附件 13-3   柔性掩护支架采煤工作面工程质量检查评级表

矿 井 名 称：

工作面名称：   评定时间：

检查项目	检查小项及质量标准	检查方法	评分办法	得分	备注
3.1 基 本 要 求	①有健全的工程质量管理制度 ②开展工作面地质预报工作，每月至少有一次预报，并有材料向有关部门报告 ③有合格的作业规程和管理制度 　a.作业规程能贯彻有关技术政策和先进技术，并能结合实际，指导现场工作 　b.从编制、审批到贯彻有健全的管理制度，并由矿总工程师(技术负责人)组织每月至少进行一次复查，并有复查意见 　c.作业规程中对架型选择要有科学依据 　d.工作面有安架、收尾及过地质构造带专项措施 ④所有支护器材有基础台账，对规格型号、供货渠道、数量及合格证等均有记录	各小项全面检查，地面查作业规程、措施和有关资料，并与井下对照检查	该项共10分 1、2、4小项各2分； 3小项4分(分项各1分)		
3.2 顶 板 管 理	①工作面倾角(伪斜布置的俯伪角)不超过作业规程规定的±3° ②工作面顶板暴露面积沿工作面 2 m 长的范围内局部空顶面积不大于 0.5 m²，否则必须支护接顶 ③架端至煤壁顶板冒落高度不大于 200 mm，否则，必须接顶 ④溜煤、行人小眼内支护、断面必须符合作业规程规定	1小项检查最近的采掘工程平面图或回采地质说明书 2、3、4小项全面检查，一处不合格扣1分，扣完为止	该大项共10分 1小项4分 2~4小项各2分		

续表

检查项目	检查小项及质量标准	检查方法	评分办法	得分	备注
3.3 工作面支架	①工作面支架成直线,严禁皱架、圈架 ②支架要牢固,钢绳要紧捻,无断绳,钢丝绳根数符合设计规定,配件必须整齐牢固、有效,架距均匀 ③控架支柱、接架柱间距符合规程规定,偏差不大于±300 mm ④支架角度符合作业规程规定,不仰架,不趴架,不啃底	3 小项选 5 点和任选 5 点,计算合格率。合格率在 70% 以下为不合格,该小项不得分。1、2、4 小项全面检查,一处不合格扣0.5 分,扣完为止	该大项共15分 1、2、4 小项各为 4 分; 3 小项为3 分		
3.4 安全出口	①工作面上、下安全出口断面符合作业规程要求,上安全出口必须要挖地沟,下安全出口的支护必须安全、可靠,要有行人梯子 ②工作面上、下出口的两巷超前支护:距煤壁10 m范围内打双排柱,10~20 m范围内打单排柱 ③上、下顺槽自工作面煤壁超前20 m范围内支架完整无缺,高度不低于1.6 m,有0.7 m宽人行道	1 小项全面检查。一处不合格扣 2 分,扣完为止 2~3 小项检查不少于10个点,一个点不合格扣1分,扣完为止	该大项为10分 1 小项为4 分;2~3 小项各为3 分		
3.5 支架安装与回撤	①支架安装长度、垫层厚度、地沟深度均符合作业规程要求,超前支架长度符合作业规程要求 ②风道铁棚回收滞后安架端头不超过2架棚 ③工作面尾架长度要符合作业规程规定 ④安装支架时,钢丝绳搭接长度不小于1.5 m,绳卡符合作业规程规定	各小项全面检查,一处不合格该小项不得分	该大项共10分 1、2 小项各为3 分; 3、4 小项各为 2 分		

检查项目	检查小项及质量标准	检查方法	评分办法	得分	备注
3.6 煤壁	①煤壁成直线,支架走到位,并按作业规程规定的倾角均匀下放 ②煤壁无伞檐	1 小项选 5 点和任选 5 点,计算合格率。合格率在 70% 以下为不合格,该小项不得分 2 小项全面检查,一处不合格,扣 1 分,扣完为止	该项10分 1 小项6分 2 小项4分		
3.7 两巷文明生产	①机、风巷净高不低于 1.8 m(超前支护段为 1.6 m) ②支柱完整无断梁折柱,拱形支架卡缆、螺栓、垫板齐全无空帮空顶、刹杆齐全、牢固。架间撑木(或拉杆)齐全 ③文明生产: a. 巷道无积水(长 5 m,深 0.2 m) b. 无浮碴、杂物 c. 材料、设备码放整齐,不得影响通风、行人、运输,并有标志牌 d. 作业牌板齐全、整洁、吊挂整齐 ④管线吊挂整齐,行人侧宽度不小于0.7 m	1、2 小项均匀选 5 点和任选 5 点,共10 点。一处不合格扣 1 分,扣完为止 3、4 小项全面检查,一处不合格扣 1 分,扣完为止	该大项为5分 1 小项为 2 分;2~4 小项各为 1 分		
3.8 煤炭回收	①回收率达到要求 ②不任意留煤柱 ③支架高度与采高相符,不任意丢底煤	各小项全面检查,一处不合格,该小项为不合格,不得分	该项10分 1、2 小项各为 3 分 3 小项4分		

评定等级:

参加考评人员:

任务4 采煤工作面安全管理

安全生产是人类生存发展过程中永恒的主题。随着社会的不断发展和进步,安全问题越来越受到整个社会的关注。安全管理是企业管理的一项主要内容,安全管理工作反映企业的管理水平。企业管理好的单位,重视安全管理工作,企业的生产效率提高,经济效益增长。反之,不重视安全管理工作,可能造成伤亡事故的不断发生,带来严重的经济和财产损失。安全状况恶化,职工无法安心工作,不能保证生产正常进行,企业的生产和效益都将受到严重影响。随着煤矿采掘机械化水平提高,安全管理工作就显得尤为重要。

采煤工作面安全管理的主要任务是保护煤矿职工在生产过程中的生命安全与身体健康,防止伤亡事故和职业危害,保障采煤工作面生产过程正常进行,提高采煤工作面的生产能力和经济效益。据国家煤矿安全监察局历年煤矿事故统计,70%以上的煤矿重大事故是发生在采掘工作面。要改善煤矿安全状况,关键必须加强工作面的安全管理工作。采煤工作面安全管理的主要内容有:

一、加强职工安全意识教育

通过多种方法和渠道,宣传、普及煤矿安全生产知识,提高从业人员安全素质和安全生产技能是各级政府和煤矿企业的重要任务。只有增强从业人员的安全意识,才能使安全生产得到高度重视。提高从业人员安全素质,使安全生产变为每个从业人员的自觉行动,为实现煤矿安全生产的根本好转奠定深厚的思想基础和群众基础。

安全管理是随着生产的产生而产生,随着生产的发展而发展,随着社会及科技的进步而进步,它与生产共存亡,哪里有生产活动,哪里就应用安全管理。

安全管理是安全技术不断发展和完善的产物。搞好企业安全管理,避免工伤事故与职业病的发生,是以人为本、构建和谐社会理念的直接体现。重视人的生命安全和身体健康是企业安全管理第一需要,生命安全和身体健康是职工的基本权利,安全生产需要职工主动参与,体现其主观能动性。安全生产是一项与广大职工的行为和切身利益紧密相连的工作,依靠少数人是不行的,必须依靠广大职工增强安全意识,积极参与安全管理工作,才能保证生产安全正常进行。要经常对职工进行安全技术培训和教育,不断提高职工的安全知识水平和操作技能,使其自觉遵守安全生产管理的各项制度,形成安全生产自我保护和互保的坚实基础。

二、健全安全管理体制

要搞好安全管理工作,必须健全安全管理体制。采煤工作面要建立由采煤(区)队长负责制的安全管理体制。各工作班要配备安全管理员,负责本班安全管理工作与工程质量管理工作,各工作小组要有安全监督员,对工作地点、工作设备、工作过程的不安全行为进行监督,有权在危及人身安全的状况下停止作业、撤出工作人员,做到不安全决不生产。在工作面形成一个自保、互保的安全管理体系,确保采煤工作面安全生产。

三、加强工作面安全质量管理

安全质量管理是采煤工作面安全管理的主要内容。只有抓好安全质量管理,才能使生产在安全的环境中进行,安全生产才有保证。安全质量首先是工作面的支护质量。要保证支护设备的有效支撑能力,严格按作业规程规定进行支护。认真进行工作面压力监测工作,发现损坏、失效的支护设备及时进行维修处理。确保工作面支护设备的可靠性,使工作面有一个良好安全的工作环境。其次是机械电气设备的完好性。要按规定对机械电气设备进行日常维护检修,保证各类设备完好性符合规定。工作过程中发现设备问题必须及时进行处理,不能出现带病运转的设备,确保工作面生产安全顺利进行。安全质量还包括回采巷道的支护安全状况。采煤工作面两个出口的管理对工作面的安全生产影响很大,必须保证两出口的有效断面和高度,按规定进行两巷的超前支护工作,安排专人对回采巷道支护状况进行巡查和维护,保证回采巷道支护完好和畅通,是工作面安全生产的基本保证。

四、严格执行安全管理制度

安全管理制度是职工生产活动中的行为准则。遵守安全管理制度是采煤工作面安全管理的保障。安全管理制度是采煤工作面作业规程中的主要内容。编制作业规程时,必须结合工作面的具体条件和煤矿安全管理的各项规定,制定完善的、切实可行的安全管理制度。制定安全管理制度是工作面安全管理的基础,严格的贯彻落实是安全管理的关键。规范各工种岗位技术操作规程,不违章作业,就可有效地避免事故发生,改变煤矿的不安全状况。

五、采用先进的安全技术装备

科学技术进步、先进的技术装备和安全管理装备不断推出,对工作面的安全生产提供了可靠的技术保障。无链牵引采煤机的应用,使工作面的安全生产进入一个新的阶段。工作面压力监测系统,可及时地掌握顶板活动的规律,有效地进行顶板控制。安全监测系统,可有效地防治工作面瓦斯、火灾事故发生。采用先进的降尘系统,可有效地降低工作面煤尘的产生和危害。在条件允许的情况下要尽量采用先进的技术装备和安全管理设施,提高工作面安全管理的水平,减少和避免各类事故的发生和危害。

六、制定完善的安全技术措施

在复杂的地质条件下从事采掘工作,煤矿的五大自然灾害时刻危及井下职工的安全,生产过程中的各种不安全行为是造成事故的根源,制定完善的安全技术措施是杜绝煤矿灾害事故的基础。工作面安全技术措施主要包括煤矿各类灾害事故的防治措施、工作面生产过程中的各项安全技术措施与机械电气设备操作使用方法及安全管理的技术措施。

1. 灾害事故防治措施

（1）瓦斯防治措施

工作面防治瓦斯积聚、上隅角瓦斯的处理、工作面瓦斯监测与检查、工作面杜绝火源的措施,机械电气设备安全防爆管理、工作面煤与瓦斯突出的预测预报和局部防突措施,防突效果检验方法和安全防护措施。

（2）煤尘防治措施

工作面煤体注水的方法与要求,主要的减尘、降尘措施,洒水与喷雾设施安设与使用要求,工作面风速控制及浮尘清扫规定,个体防护的具体措施与要求。

（3）火灾防治措施

外因火灾防治主要措施:工作面易燃可燃物的管理,电气设备、供电线路防火安全管理,消防器材配置数量与存放地点;内因火灾预防方法及措施:煤层自然发火预测预报管理,预防发生内因火灾的措施与矿井火灾的处置方法。

（4）水灾防治措施

工作面水患主要危险性,水源分布特点,预测工作面涌水量,排水的方法与排水设备配备及管理措施,工作面发生突水事故时的主要对策。

（5）顶板事故防治措施

工作面顶板管理的基本规定,顶板事故的特点,冒顶事故处理方法与要求,工作面过断层构造带的技术措施。

2. 生产过程中的各项安全技术措施

（1）工作面初采安全技术措施

开切眼支护的方式与要求,工作面支架、输送机、采煤机安装方法和安装与运输时的安全措施,综采工作面安装碉室的规格与支护要求,初次放顶、初次来压工作面顶板管理措施及加强支护的方法与要求。

（2）工作面周期来压防治措施

工作面矿压监测管理要求,工作面矿压的预测预报,来压期间工作面顶板支护管理的主要措施。

（3）工作面支架移设的安全措施

移架前的安全检查和注意事项,移架操作的基本要求,支架推移质量要求,顶板破碎时的控制管理措施,以及工作面支架的维护与检修管理。

（4）采煤机割煤时的安全措施

采煤机运行前的安全检查规定,割煤时操作的基本要求,遇到特殊条件时的安全注意事项;结束割煤时采煤机应保持的基本状态,遇到设备故障时的处理方法与原则要求。

（5）特殊条件开采安全技术措施

主要是结合工作面的具体条件制定在通过断层、旧巷和其他地质构造破碎带时的顶板控制与安全管理措施。

3. 机械电气设备安全使用管理措施

（1）液压泵站安全操作措施

液压泵站启动前的安全检查要求,乳化液配比及检测规定,启动操作安全注意事项,泵站故障处理方法与要求,泵站移动时的安全措施。

（2）工作面绞车使用、移设安全管理措施

绞车安全设施的配备要求,绞车的固定方法与质量规定,绞车操作的安全注意事项,绞车及牵引钢丝绳日常检修及管理规定,绞车移动的方法与安全措施。

（3）矿车辅助运输的安全措施

运输矿车与轨道的质量要求,装载材料与设备固定的方法与要求,通讯信号配备,矿车运行时的安全措施,矿车掉道处理方法,对提运绞车、钢丝绳的日常检查与维护管理。

（4）电气设备检查维修安全管理措施

电气设备检修时的停送电制度,电气设备防爆管理措施,安全控制设施配备及整定值的规定,电气设备故障处理方法及原则。

4.其他安全技术措施

（1）严禁五种人下井作业

这五种人是请假准备回家或刚从老家回来的人,没有经过专业技术培训的人,身体有病的人,情绪不正常的人,酗酒的人。

（2）严格执行"四不生产"规定

"四不生产"是指工作地点不安全不生产,事故隐患不排除不生产,整改措施不落实不生产,工程质量不达标不生产。

（3）开展"三不伤害"活动

在生产过程中开展"不伤害自己、不伤害他人、不被他人伤害"活动,提高职工自主保安和互助保安能力。

任务 5　采煤工艺特殊技术措施的制订

当采煤工作面遇到地质构造、旧巷道时,为了保证矿井产量和生产安全,应采取严密的技术安全措施。

一、采煤工作面过地质构造的技术措施

1.采煤工作面过地质构造带应采取的综合治理方法

①地质构造过分发育的块段,采用炮采工艺,炮采对地质变化的适应能力较强;

②在工作面布置时将断层留在区段煤柱内,或虽然工作面内有断层,但与工作面交角不宜太小,以减少对工作面的影响范围;

③采用调斜的方法,改变工作面的推进方向,躲开地质变化带;

④工作面推进中,发现了未知的、工作面难以通过的地质构造时,可将工作面甩掉一部分,其余部分继续推进,过后再对接为完整工作面;

⑤遇到较大地质构造时需要做各种比较,以权衡利弊,若强行通过地质构造代价太大,则应搬迁工作面。

2.采煤工作面过断层

采煤工作面遇到各种地质构造时将会影响生产,对综采生产影响尤为严重。综采工作面过断层的方法取决于断层的落差、煤层厚度、支架最大高度、最小高度、采煤机破岩能力等因素。主要有以下几种方法:落差小于煤层厚度和支架最小支撑高度之差,综采面过断层时不必挑顶或下切,可直接通过断层;若断层落差大于二者之差,可用采煤机截割顶底板岩石通过断层;当顶底板岩层坚硬、采煤机截割不动时,则可采用爆破方法挑顶或下切穿过断层。

根据我国开采技术水平和生产实践,断层落差相当于煤层厚度时,工作面是可以通过的。图 13-9 所示为综采面顺利通过与工作面斜交角 20°、断层落差等于采高 3.0 m 的情况,其仰斜

角不超过15°~16°。但是,落差过大时,割岩量太大,容易损坏设备,煤质变差,不能维持正常生产,不如另搬新面。今后,随着采煤机功率加大、破岩能力增强,断层落差超过煤层厚度时,可以采取强行通过的方式。

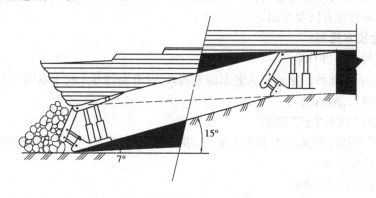

图13-9 综采面仰斜过断层

综采工作面过断层时,应采取以下技术措施:

①为了减少断层在工作面内的暴露范围,遇断层时应适当调整工作面方向。当围岩为中等稳定以上时,工作面与断层走向夹角应不小于20°~30°;围岩不稳定时,此夹角应增至30°~45°。但调整工作面方向,会引起工作面长度变化,需增减工作面支架数,或增加三角煤损失。

②应按断层性质、落差及顶底板岩层硬度等因素确定采用挑顶和下切或同时挑顶及下切,做到既有利于维护顶板又减少破岩量。

③当岩石普氏系数 $f<4$ 时,可用采煤机直接割岩,牵引速度应减小;滚筒能变速的采煤机,滚筒用低速旋转。若用爆破处理岩石,对附近的液压支柱要加以保护。

④过断层时要预先逐步减小采高,以减小破岩量和增加支架的稳定性,但是支柱要留有足够的伸缩余量,以防压死支架。

⑤当断层地段需要下切或留底进行侧斜回采时,应使顶底板形成平缓的侧斜变化,以使支架和输送机槽处于良好工作状态。

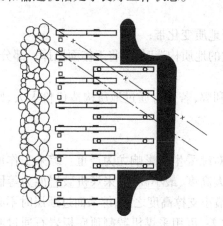

图13-10 超前走向棚支护断层

⑥断层附近可采取以下支护措施:

a. 断层处先架设倾斜梁、倾斜棚或斜交梁,采取间隔移架,先移的支架顶梁托住倾斜梁后再移邻架;

b. 可在煤壁上预先掏梁窝架设超前梁或超前走向棚,如图13-10所示;

c. 尽量采取带压移架方式,以防松动顶板,并缩小割煤和移架间距,片帮较深时采取超前支护,减少控顶面积;

d. 顶板冒空处应架设木垛或用其他材料充填,对破碎地带的顶板可用锚杆或向钻孔内注入化学胶结性溶液,以固结顶板;

e. 沿断层开岩巷、巷道顶板用普通锚杆支护,两帮用木锚杆支护,沿断层开巷时巷道的宽度与高度必须与综采面尺寸相适应,以利于工作面从断层的一盘逐步过渡到另一盘,尽决恢复正常开采。

3.综采面过其他地质构造

（1）过陷落柱

陷落柱在某些矿区十分发育,它是由含煤地层深部石灰岩溶洞塌陷而形成的。陷落柱在煤层中呈隐伏状态,内部充填各种破碎岩石,其长轴可达 8～200 m,周围伴生小断层,并使地层起伏,影响范围可达 8～20 m。

对陷落柱首先应加强地质预测,其分布较多集中在背斜轴附近区段巷掘出后,安设无线电坑透仪进行透测,发现疑点打钻再探,确定尺寸大小、方位及影响范围,进而制定出相应的技术措施,对面积较大的陷落柱。一般采用绕过的方法。但是,这种方法比较麻烦,影响工作面布置,遗留大量边角煤,增加了综采面设备的拆迁次数,因此只适用于面积大的陷落柱。当工作面遇到直径小于 30 m 的陷落柱时,视陷落柱的岩性,一般可以采用硬过的方法。其步骤为:

①采用控制爆破、采煤机清矸的方法;

②在工作面陷落柱范围内降低采高,降低的高度以工作面能通过的最小高度为限,做到既减少采矸量又使支架不会被压死;

③陷落柱地段与工作面正常地段之间,保持一段采高逐渐变化的长度,以使支架和输送机能够适应;

④陷落柱两侧的工作面正常地段,可提前移架;陷落住范围内适当滞后移架,用铁管或木板梁一端插入岩壁、另一端搭在支架前梁上的方法进行特殊支护,采煤机清矸后要立即移架,以防漏矸。采煤机清矸时,应当采用小步距、多循环的方法,以减少顶板的暴露面积。

（2）过褶曲带

机采面过褶曲带的方法比较简单,当采区内有大褶曲时,应使工作面的推进方向垂直于背、向斜轴,使工作面内沿煤壁方向没有大的起伏,有利于液压支架处于良好工作条件。通常,小的褶曲带主要表现为煤层局部变薄、变厚、变倾角等,但煤层及顶底板并不十分破碎,因此可用采煤机适当下切或留底、割顶,使顶底板形成缓和的曲面,以便于设备通过。

4.综采面通过旧巷道

工作面通过本煤层旧巷道时。首先应将旧巷内的支架修好,加密支柱或架设抬棚,最好采用单体液压支柱。当矿压显现不强烈、旧巷围岩较稳定时,工作面可直接通过,巷道内支架顶梁逐渐进入工作面液压支架顶梁上方,巷道支架的支柱可逐渐回出。当矿压显现强烈时应先将工作面调成与旧巷斜交,如图 13-11 所示,逐渐通过。在巷道与工作面交叉处架设木垛,同时加强工作面内支护。

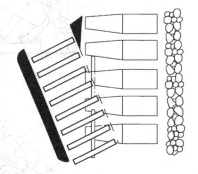

图 13-11　工作面过空巷

工作面过石门时,要在石门口处填满矸石,或加木垛支护并铺上木板,使液压支架能顺利通过。

二、综采面的拆迁和安装

综采面收尾时的拆迁和开始时的安装,是一项工作量很大的工作。综采面的拆迁和安装,尽量做到时间短、省工时、省材料、费用低、不损坏设备、作业安全。

1.综采面设备拆除

(1)拆除期间的顶板控制

国内外综采设备拆除期间的顶板控制主要方法有:金属网加木板梁、金属网加钢丝绳、金属网加钢丝绳加锚杆,分别如图 13-12 中(a)、(b)、(c)所示。三种方法操作过程大致相同。在综采面距停采线 10~15 m 时,随工作面的推进铺设双层金属顶网,直到停采线为止,并将金属网连成互相搭接0.3 m 的鱼鳞状。当顶板稳定性差时,要用锚杆将金属网锚固在顶板上,如图 13-12(c)所示。在距停采线 6~8 m 时,若用木板控顶,则沿工作面煤壁方向在金属网和支架顶梁之间铺设木板梁,其间距与截深相同,其长度为 2 倍支架宽度,并相互交错放置,如图 13-12(b)的所示。若用钢丝绳,则在支架前梁端双层网下了沿煤壁方向铺设钢丝绳,沿工作面推进方向每割一刀煤铺一条,钢丝绳的两端固定在工作面两端的木板梁或锚杆上,若固定在木板梁上则应打好锚固柱,如图 13-12(b)、(c)所示。

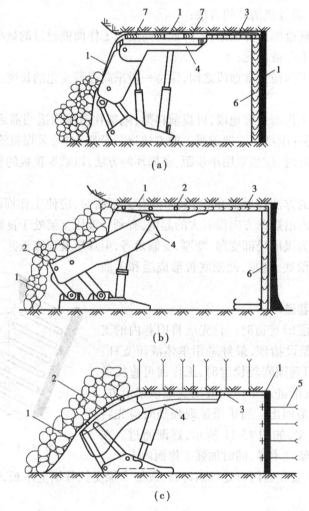

图 13-12 综采面设备拆除期间的顶板控制

(a)金属网加木板;(b)金属网加钢丝绳;(c)金属网加钢丝绳加锚杆

1—金属网;2—钢丝绳;3—棚梁;4—自移支架;5—锚杆;6—贴帮柱;7—木板垛

在距煤壁停采位置 3 m 时，不再移架，架设与工作面煤壁垂直的木支架，并用单层网或用小板、竹笆之类材料背好煤壁，必要时用锚杆加固煤壁。在支架停止前移后，为了能继续割2～3 刀煤，可将推移千斤顶加上一节加长段，以便继续前移输送机，至煤壁到达停采位置为止。

用木板控顶放置木板梁时需降架，操作不方便，安全性差，并且采煤机要停止割煤，木材消耗量大，因此一般只用于顶板较稳定、支架尺寸小、重量轻的综采面。用钢丝绳管理顶板省材料，可利用废旧钢丝绳，劳动强度小，操作安全，煤产量降低较少，适用于顶板稳定性较差、吨位较大的重型综采设备工作面。当顶板稳定性差、拆迁时矿压显现强烈时，可辅以锚杆加固顶板和煤壁。

（2）综采设备的拆除方法

综采设备的拆除顺序，一般是先拆输送机的机头或机尾，继之拆采煤机和输送机机槽。这些工作在支架掩护下进行，设备的尺寸和重量相对较小，拆除容易。

拆除支架时，首先应在风巷与工作面交接出口处进行刷大和挑高，并牢固支护且架设好提吊架，以便提吊拆除的设备装平板车外运，也可以在回风巷与工作面交接处挖侧装卸地槽，这样设备无须提吊就可直接拖入平板车外运。若用提吊法装车，可用绞车-滑轮、电葫芦悬挂液压千斤顶或液压支架自身提吊等多种方法。拆除支架时，一般是先将前探梁降下或拆除，然后用绞车拉支架向前移，调转 90°方向，由回风巷绞车沿底板拖至出口处吊装上平板车外运。当底板较软时，亦可将输送机拆掉机头、机尾和挡煤板等侧边附件，在机槽上设置滑板、支架，在绞车拉力下前移上滑板、调向 90°，然后连同滑板一起被绞车拉至出口处，装平板车外运。

支架的拆除顺序依据顶板和运输条件而定，从工作面的运输巷端退向回风巷端（装平板车端）拆除，这样的拆除顺序有利于控顶；若机巷设有轨道，顶板条件好，可由回风巷端向运输巷端拆除，在拆除过程中，可以依次顺序拆除，也可以间隔抽架，这取决于哪种方式对顶板管理有利并能加快速度。

拆除中要加强对零部件的管理，防止损坏和丢失零部件，严格按操作规程作业。对各种设备的零部件、油管、阀组等要仔细清点、记录、包装，防止沾上煤粉污染零部件，并将各种设备的零部件缚在其主机上一起外运，以便在新工作面重新安装使用。工作面拆除完毕，应尽量回收支护材料，降低工作面搬迁费用。

2. 综采工作面的安装

（1）开切眼断面的扩大及支护形式

为了减小开切眼的变形量和保证顶板完整性，在设备安装之前开切眼以小断面掘通的，设备安装时一般要重新扩大开切眼断面。如果顶板稳定、压力较小时，可一次先扩完，然后安装设备；反之，如果顶板破碎、压力较大时，可分段扩面，边扩面边安装，即将工作面分成 30～50 m 的几段，扩完一段安装一段。但是这样做会降低安装速度和出现窝工现象。一般只用于顶板压力大、安装时间较长的重型综采设备工作面。开切眼支护视顶板情况，可采用与工作面推进方向一致的金属支架加铺顶网支护或采用锚杆加顶网支护。

（2）综采设备的组装

依据井巷条件及设备尺寸的大小，综采设备可以在地面车间、井下巷道、工作面组装三种方式。地面组装效率高、质量好，组装后还可以进行整套设备的联合试运转，以确保井下安装

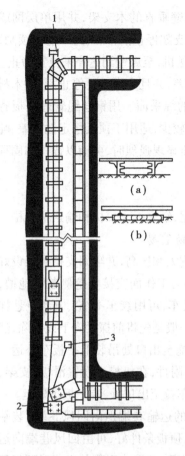

图 13-13　用绞车拖运支架
(a)输送机滑板;(b)轨道滑板
1、2、3—小绞车

完成后设备能正常运转,可按照井下安装顺序在地面将设备排列好,能提高井下安装的速度和效率。老矿井巷道系统复杂、断面小,运输系统不能满足整体运输综采设备的要求,只好将设备解体后下井在工作面与回风平巷交接处设临时组装硐室,将设备组装好后再运入工作面安装。

(3)综采设备运进工作面的方法

可用绞车将设备拖入工作面,在工作面的两端头出口处各设置一台小绞车,首先用绞车将支架沿底板拖至安装地点,再用两台绞车转向、对位和调正。该方法简单易行,国内多用。若底板松软时,则应铺设轨道,在轨道上设置导向滑板,支架稳放在滑板上用绞车拖运,进入工作面后再入位,其布置如图 13-13 所示。

也可以用工作面输送机将支架运入工作面,做法是先安装输送机,但不安装采空侧的附件和机尾传动装置,在机槽上设滑板,把支架放置于滑板上,由刮板链带动滑板至工作面安装处对位调正。这种方法所需设备少,导向可靠,转向容易,安装速度快。我国某些矿区采用单轨吊车将综采设备运入工作面。开切眼扩大断面后,将轨道用锚杆固定在顶板上,也可把轨道架在棚梁上,安装单轨吊车如图 13-14 所示。该方法速度快、效率高,但装设顶板轨道比较麻烦,国外使用较多。

(4)综采面的安装顺序

综采工作面设备安装顺序可分为前进式和后退式两种前进式安装。前进式安装系指支架的安装顺序与运送方向一致,支架的运输路线始终在已安装好支架的掩护下,支架运进时要架尾朝前,便于调向入位。

前进式安装采用分段扩面铺轨道、分段安装方式,也可采用边扩面、边铺轨、边安装的方式,如图 13-15(a)所示。后退式安装,一般开切眼一次扩好,并铺好轨道,或直接在底板拖运,然后由里往外倒退式安装支架,支架安装完毕再铺设工作面输送机,最后安装采煤机,如图 13-15(b)所示。该方式适用于顶板条件好、安装时间短的轻型支架。无论是前进式还是后退式安装都要应当注意:首先根据转载机与带式输送机的中心线位置确定出工作面输送机机头位置;根据机头位置确定排头支架的中心位置,进而预先测量出每架支架的精确中心点,保证支架定位准确,便于支架与输送机机槽准确连接;支架入位后要立即装好前探梁和各间组、管路与乳化液泵站接通,升柱支护顶板。

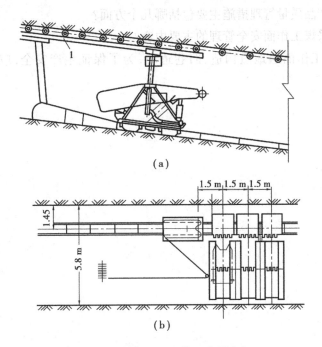

图 13-14　用单轨吊向工作面运输支架
(a)吊运支架;(b)安装支架

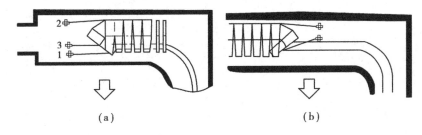

图 13-15　综采面设备安装顺序
(a)前进式安装;(b)后退式安装
1、2、3—小绞车

巩固与提高

13.1　采煤工作面顶板控制方法有哪些?

13.2　采煤工作面的循环方式主要有哪些?

13.3　采煤工作面的作业形式有哪些?

13.4　采煤工作面安排工序时应注意哪些问题?

13.5　采煤工作面劳动组织形式主要分为哪几种?

13.6　编制循环作业图的步骤?

13.7　绘制循环图时应注意哪些问题?

13.8 煤炭产品质量管理措施主要包括哪几个方面?

13.9 简述采煤工作面安全管理的主要内容?

13.10 采煤工作面遇地质构造、旧巷道时,为了保证生产安全,应采取哪些技术安全措施?

学习情境 **14**

采区专业技术文件的编制

 学习目标

☞ 能正确使用安全生产法律法规、煤矿安全规程和技术规范;
☞ 能正确表述采煤工作面作业规程编制的依据;
☞ 能正确表述采煤工作面作业规程主要内容;
☞ 按照给定条件,能正确编制采煤工作面作业规程;
☞ 能正确编制采煤工作面主要工种技术操作规程;
☞ 按照给定条件,能正确编制采煤工作面循环作业图表;
☞ 按照给定条件,能正确编制采掘工作面接续计划;
☞ 能正确编制采煤工作面过地质构造带、初采、末采技术措施;
☞ 能正确编制综采工作面设备安装和设备拆除技术措施。

任务1　采煤工作面作业规程的编制

采煤工作面技术管理工作,是通过执行采煤工作面作业规程和技术操作规范体现的。

一、采煤工作面作业规程

采掘作业规程是煤矿必须编制和执行的"三大规程"(煤矿安全规程、采掘作业规程、煤矿操作规程)之一。煤矿作业规程规范采掘工程技术管理,协调各工作、工作关系,是煤炭企业团队行为准则。它既是煤矿贯彻安全生产方针、法律、法规、规章、规程、标准和技术规范,建立安全生产责任制、编制各时期作业计划的基础,也是评价采矿工程状况、调查分析事故原因和经过、划清事故责任的主要依据。

采煤工作面作业规程是现场工程技术管理人员根据具体地质条件、机械电气设备配备和劳动力条件编制的技术性文件,是工作面生产技术管理的依据。制定切实可行的采煤工作面作业规程,是工作面技术管理的关键。《煤矿安全规程》第 49 条规定:采煤工作面回采前必须编制作业规程。情况发生变化时,必须及时修改作业规程或补充安全措施。

二、采煤工作面作业规程编制的依据

①法律:安全生产法、矿山安全法、煤炭法、劳动法、矿产资源法。

②法规和技术标准:煤炭工业技术政策、煤矿安全规程、煤炭工业设计规范、煤炭工业小型矿井设计规范、煤矿安全生产基本条件规定、生产矿井质量标准化标准等。

③地质测量部门提供的采煤工作面地质说明书。

④计划部门提供的采煤工作面主要技术经济控制指标。

⑤生产技术部门提供的采区设计和其他相关的设计文件。

⑥采煤工作面所需的各种机械设备。

⑦采煤工作面劳动组织、煤质、安全指标等。

⑧邻近采区、同一煤层开采的经验和事故教训。

⑨采煤工作面主要工种的技术操作规程。

三、采煤工作面作业规程主要内容

1. 工作面基本概况

简述采煤工作面在矿井中所处的位置、编号;工作面的长度、沿走向或倾向推进长度;工作面四周开采状况;工作面开采范围与地表相对应位置;开采对地表建筑物的影响状况;地面水体和含水层对工作面开采的影响等。

2. 工作面的地质状况

根据地质勘查部门提供的采煤工作面地质勘查资料,结合已开采揭露和掌握的煤层地质情况,简要描述工作面的地质条件。

(1)煤层性质

煤层的产状要素、赋存特征、煤体的普氏系数、煤体实体密度、松散体视密度、煤的内在灰分、挥发分、发热量、硫、磷含量以及煤的工业分类等。

(2)围岩性质

工作面顶底板的岩石性质、厚度、基本特征、类级划分。

(3)地质构造特征

开采范围内对开采影响较大的断层位置及产状要素,主要的褶皱构造、火成岩侵入体的位置特征及对开采的影响程度。

(4)瓦斯、煤尘及煤炭自然发火状况

工作面煤层瓦斯的压力、涌出量、煤与瓦斯突出危险性;煤尘爆炸危险性、煤的自然发火倾向性、自然发火期等。

(5)水文地质状况

开采期间工作面正常涌水量和最大涌水量。

(6)工作面煤炭储量

工作面开采范围内煤层的工业储量与可采储量、工作面预计开采期限等。

3. 采煤方法

(1)工作面的巷道布置系统图

按一定的比例绘制工作面巷道布置示意图,主要巷道与工作面开切眼的断面图。

（2）采煤工艺设计

根据工作面具体地质条件和设备配备情况确定采煤工作面的回采工艺方式。

①炮采工作面　工作面顶板支护设计、支护参数及支护材料数量确定,爆破设计说明书编制,工作面运输设备选型计算等。

②普采工作面　工作面顶板支护设计,选择采煤机械的型号及主要参数,采煤机进刀方式和割煤方式的选择,工作面运输设备选型等。

③综采工作面　工作面支护设备选型与支护能力验算、采煤机械选型计算,运输机选型与能力配套验算、乳化液泵站选型等。

4. 工作面主要生产系统

（1）运输系统

工作面煤炭运输路线,主要运输设备性能,运输能力匹配情况。

（2）通风系统

工作面的通风系统图,主要通风设施位置,工作面所需风量计算方法,对工作面及主要巷道风速进行验算,确定工作面需配备的风量。

（3）辅助运输系统

工作面所需材料、设备运输路线、运输设备与运输要求,设备回收路线与要求。

（4）供电系统

工作面主要电气设备选型计算,供电电缆的选型计算,控制、检测设备整定计算与配备。绘制工作面的供电系统图。

（5）供水和防尘洒水系统

工作面供水管道路线与喷洒水点的布置,供水管道管径选择,供水水压和水量的要求。

（6）安全监控系统

工作面采煤系统中安全监控仪器设置的位置与要求,仪器的性能与整定值确定。

（7）瓦斯抽采系统

在有煤与瓦斯突出危险的采煤工作面要确定煤层瓦斯抽采方式,主要抽采参数,抽放系统及管道管径选择。瓦斯抽采系统主要安全设施设置的位置与要求。

（8）压风供给系统

工作面供风管道路线与配风点的布置,管径选择,风压和风量的要求。

5. 工作面的循环图表

根据工作面采煤工艺确定的循环方式、作业形式,编制工作面的劳动组织表和技术经济指标表,绘制工作面的布置图与工作面的循环作业图。

6. 安全管理制度

采煤工作面的安全管理制度主要包括以下几个方面:

①采煤工作面的交接班管理制度。

②主要工种安全操作管理制度。主要工种包括:运输机司机、采煤机司机、泵站工、机电检修工、端头工、支架工、巷道维修工、材料运输工等。

③工作面工程质量管理制度。

④巷道超前支护与巷道维护管理制度。

⑤机械、电气设备安全管理制度。

⑥工作面文明生产管理制度。

7.安全技术措施

采煤工作面安全技术措施主要包括：

①采煤工作面周期来压时，防治顶板事故的安全技术措施。

②工作面遇断层、破碎顶板时，安全管理措施。

③液压支架防倒防滑技术措施，工作面倒架、死架处理方法和安全措施。

④工作面防治瓦斯、煤尘、水、火和顶板事故安全技术措施等。

8.灾害事故防治措施

针对工作面可能出现或遇到的重大灾害事故，制定具体的预防对策。确定工作人员在各种灾害事故时安全避灾路线图。常见工伤事故处置基本方法和伤员运送方法与要求。

9.煤质管理措施

采煤工作面加强煤质管理的基本要求，冒顶矸石处理方法，煤层夹矸处理要求，工作面通过断层时保障煤质的措施，割煤、爆破时控斜煤质的要求，维修巷道时矸石的处理方法。工作面煤质管理奖励处罚规定。

四、作业规程编审步骤

1.收集整理资料编制作业规程初稿

采煤区队工程技术人员根据地质部门提供的采煤工作面地质说明书，深入现场调查熟悉工作面的基本情况，收集条件相似工作面生产技术管理资料；了解机电技术部门可提供的机械设备供应情况；掌握工作面生产技术、安全管理、产量、效率等方面的基本要求。征求有关技术人员和技术工人对生产管理和安全管理的意见，按作业规程编制规范要求，编制采煤工作面作业规程的初稿。

2.集体研讨定稿

由采煤区队主管负责人召集本单位生产管理人员和技术工人代表，对编制的作业规程初稿进行研讨，提出修改意见。工程技术人员根据研讨意见进一步修改完善后，上报矿主管领导、部门审批。

3.作业规程的审批

采煤队编制的作业规程须由矿总工程师组织地质、设计、机电、运输、通风、安检、计划、物资供应、劳动工资等相关部门对作业规程进行会审。结合各自管理要求，针对作业规程的有关条款进行审查，签署对作业规程执行中的注意事项和审定意见。最后由矿总工程师签字批准，并报上一级主管部门备案。

4.作业规程的贯彻落实

经矿总工程师批准的采煤工作面作业规程是指导采煤工作面安全生产的行为规范，具有法律效力。在工作面投产前 10 ~ 15 天，必须由技术人员组织全体职工进行学习，确保全体职工熟悉工作面生产的基本条件，了解工作面技术操作和管理的基本要求，掌握各种灾害发生规律、危害性质及防治的基本措施，确保工作面高产高效安全生产。学习结束必须对全体职工进行考试，考试合格的，可以上岗作业。未参加学习或考试不合格的，不准上岗作业。

5. 作业规程的修改与补充

采煤工作面在以下情况下需对原作业规程进行修改和补充,编制补充措施,另行审批。编制补充措施要按照先后顺序进行编号,作为采煤工作面作业规程的附件。

①现场地质条件与提供的地质说明书不符;

②现场需要采用与作业规程规定不同的工艺;

③采煤工作面以及运输巷、回风巷加强支护的支护方式、支护强度需要进行变更;

④发现作业规程有遗漏;

⑤《煤矿安全规程》等规定的其他需要修改、补充的内容。

6. 编制专项安全技术措施

采煤工作面在以下情况下需编制专项安全技术措施,另行审批。编制专项安全技术措施要按照先后顺序进行编号,作为采煤工作面作业规程附件。

①采煤工作面遇顶底板松软、过断层、过老空、过煤柱、过冒顶区,以及托伪顶开采;

②采煤工作面初次放顶及收尾;

③采煤工作面进行安装、撤面;

④采用水砂充满法清理因跑沙堵塞的倾斜巷道前;

⑤试验新技术、新工艺、新设备、新材料;

⑥《煤矿安全规程》等规定中要求的其他需要编制的专项安全技术措施。

7. 重新编写作业规程

出现下列情况之一时必须重新编写作业规程:

①地质条件和围岩有较大变化;

②改变了原采煤工艺和主要工序安排;

③原作业规程与现场不符,失去可操作性。

五、编制作业规程注意事项

1. 作业规程编制应具有科学性

采煤工作面作业规程编制要根据矿井地质、水文地质情况、煤层赋存状况及开采方法等因素综合考虑,在保证安全的前提下,最大限度的提高劳动生产率,减少消耗,降低吨煤成本。

2. 作业规程编制应具有准确性

采煤工作面作业规程的编制要具有准确性,真正起到指导、规范采煤工作面安全生产的作用。同时采煤工作面作业规程还应具有预见性。

3. 作业规程编制应具有针对性

采煤工作面作业规程的编制要根据采煤工作面的采幅、压力、顶底板岩性等具体情况提出针对性措施,严禁沿用、套用旧规程。

4. 作业规程编制应具有及时性

在采煤工作面生产一定时间后,当条件发生变化时,应及时修改作业规程并补充相应的安全技术措施,以适应采煤工作面条件变化的需要。

5. 作业规程编制应当文图并茂

作业规程要文字简明易懂,图表清晰准确,计算规范无误,措施齐全可行。

6.作业规程内容符合法规要求

作业规程编制要严格执行《煤矿安全规程》的有关规定和设计规范的有关要求。

7.作业规程采用指标应当具有先进性

作业规程编制应选择合理的作业形式和劳动组织方式,各项指标要具有一定的先进性,使工作面的生产技术管理达到先进水平。

【附件14.1】 作业规程编制指南

煤矿作业规程是煤矿必须编制和执行的煤矿安全规程、煤矿作业规程、煤矿操作规程(三大规程)之一。煤矿作业规程规范采掘工程技术管理,协调各工作、工作关系,是团队行为的准则。它既是煤矿贯彻安全生产方针、法律、法规、规章、规程、标准和技术规范,建立责任制、编制各时期作业计划的基础,也是评价采矿工程状况、调查分析事故原因和经过、划清事故责任的主要依据。

第一部分 总则

第1条 为了规范煤矿作业规程的编制和实施,加强煤矿采掘工程的技术基础工作,促进安全生产,特编制《煤矿作业规程编制指南》(以下简称《指南》)。

第2条 本《指南》适用于从事煤炭生产和煤矿建设活动的单位。

第3条 编制煤矿作业规程的原则是:

1.必须严格遵守《中华人民共和国安全生产法》、《中华人民共和国煤炭法》、《中华人民共和国矿山安全法》、《煤矿安全监察条例》、《煤矿安全规程》等国家有关安全生产的法律、法规、标准、规章、规程和相关技术规范。

2.坚持"安全第一、预防为主、综合治理"的方针,积极推广、采用新技术、新工艺、新设备、新材料和先进的管理手段,提高经济效益。

3.单项工程、单位工程开工之前,必须严格按照"一工程,一规程"的原则编制作业规程,不得沿用、套用作业规程,严禁无规程组织施工。

第4条 必须建立健全煤矿作业规程编制和实施的责任制度。煤矿生产和建设企业由总工程师或技术负责人组织,做好煤矿作业规程的编制。审批、贯彻、管理等各个环节的工作。

第5条 煤矿作业规程的编制应由施工单位的工程技术人员负责。要做到:内容齐全,语言简明、准确、规范;图表满足施工需要,采用规程图例,内容和标注齐全,比例恰当、图表清晰,按章节顺序编号;采用计算机CAD编制。

第6条 编制煤矿作业规程,必须具备下列文件、资料:

1.已批准的有关设计(采区、综采工作面、基建工程等设计)文件、资料。

2.由地质测量部门提供经过批准的地质说明书及施工现场地质条件变化的勘查资料。

3.同一煤层或邻近工作面的矿压观测,瓦斯等级和煤尘的爆炸性。煤的自燃倾向性鉴定,水害等资料。

4.由通风部门提供的通风资料。

5.由机电部门提供的供电系统图和机电设备资料。

6.《煤矿安全规程》、《煤矿安全技术操作规程》等。

7.有关安全生产的管理制度,如岗位责任制、工作面交接班制度、"一通三防"管理制度、爆破管理制度、巷道维修制度、机电设备维修保养制度、通风安全仪表使用维修制度等。

第7条　煤矿作业规程编制之前,施工单位的负责人应组织本单位的生产、安全、管理人员、技术人员和有经验的工人代表,对开工地点及邻近煤层进行现场勘察。检查现场的施工条件,预测施工中可能遇到的各种情况,讨论制定有针对性的安全措施,明确施工的程序和任务,为煤矿作业规程的编制做好准备工作。

第8条　煤矿作业规程编制内容应结合现场的实际情况,具有针对性。对工程质量的要求不得低于《煤矿安全质量标准及考核评级办法》中的规定。作业规程编制格式应参照《煤矿作业规程编制指南》中的样本。

第9条　工程技术人员完成煤矿作业规程编制之后,应征求施工单位负责人的意见,获得同意并签字后,方可上报审批。

第10条　煤矿作业规程的审批,由矿总工程师或技术负责人负责组织进行,并应由生产技术、安全、通风、地测、计划。机电、运输、煤质、劳资、供应等相关部门进行集体会审;各部门都有提出审查意见并签字,最后由总工程师或技术负责人审批。经审批的作业规程文本要按企业或地区行业管理区划进行统一编号,并在生产技术、安全等部门备案。

第11条　煤矿作业规程的贯彻学习,必须在工作面开工之前完成;由施工单位负责人组织参加施工的人员学习,应由编制本规程的技术人员负责贯彻。参加学习的人员,经考试合格方可上岗。考试合格人员的考试成绩应登记在本规程的学习考试记录表上,并签名。

第12条　煤矿作业规程应由主管负责人(大中型矿井为主管生产的负责人,小型矿井为矿长)签字并组织执行,施工单位负责人负责实施。所有现场工作人员都必须按照作业规程进行作业和操作。

第13条　对煤矿作业规程的实施应进行全过程、全方位的管理,重点抓好下列工作。

1. 工程技术人员负责施工现场规程的指导、落实、修改和补充工作。

2. 应定期复查作业规程执行情况。

3. 从开工之日起,至少每月应重新学习一次煤矿作业规程。

4. 工作面的地质、施工条件发生变化时,必须及时修改补充安全技术措施,并履行审批和贯彻程序。

5. 在软岩、冲击地压、煤(岩)与瓦斯(二氧化碳)突出、自然发火、水害和"三下"开采等条件下施工时,必须按规定编制专项设计或安全技术措施,并履行审批和贯彻程序。

6. 施工结束后,应写出作业规程的执行总结,送交生产技术部门,连同煤矿作业规程及修改补充措施一起存档。存档的作业规程文本、电子文档不得修改,一般应保存3年以上。

第14条　煤矿企业应把煤矿作业规程的编制和贯彻执行作为安全检查的重要内容,组织生产技术、安全、通风等部门对煤矿作业规程及其执行情况,进行定期和不定期的监督检查。发现生产现场不按规程要求施工,应责令及时整改;如有规程不满足现场需要的情况,应责令其及时补充、修改。

第15条　本《指南》没有涉及的采煤、掘进方法,参照相关范例进行编写。

第16条　煤矿应每年至少组织一次煤矿作业规程检查、评比、奖励活动,不断总结经验,提高规程的编审质量。

第17条　煤矿必须自觉接受煤炭管理部门和煤矿安全监察机构对煤矿作业规程的编制及实施进行的监督监察,对于检查出的问题和隐患,必须认真、及时地进行整改。

第18条　对于违反煤矿作业规程所造成的各类事故,要按照"四不放过"的原则,严格进行追查处理,以便吸取教训,进一步抓好安全生产。

第二部分 编制概要

第19条 每一个采煤工作面,必须在开采前,按照一定程序、时间和要求,编制工作面作业规程。

第20条 规程编写人员在编写前应做到以下几点:

1. 明确施工任务和计划采用的主要工艺。

2. 熟悉现场情况,进行相关的分析研究。

3. 熟悉有关部门提供的技术资料。

第21条 作业规程一般应具备下列图纸。

1. 工作面地层综合柱状图。

2. 工作面运输巷、回风巷、开切眼素描图。

3. 工作面及巷道布置平面图。

4. 采煤方式示意图(采煤机进刀示意图或炮眼布置图等)。

5. 工作面设备布置示意图。

6. 工作面开切眼、运输巷、回风巷及端头支护示意图(平面、剖面图)。

7. 通风系统示意图、运输系统示意图、防尘系统示意图、注浆系统示意图、注氮气系统示意图、安全监测监控系统(设备)布置示意图、避灾路线示意图。

8. 工作面供电系统示意图。

9. 工作面正规循环作业图表。

第22条 采煤工作面作业规程按章节附图表,并按顺序编号。

第23条 《煤矿安全规程》、《煤矿技术操作规程》、上级文件中已有明确规定的,且又属于在作业规程中必须执行的条文,只需在作业规程中写上该条文的条、款号,在学习作业规程时一并贯彻其条文内容;未明确规定的,而在作业规程中需要规定的内容,必须在作业规程或施工措施中明确规定。

第24条 采用对拉、顺拉等方式布置采煤工作面时,应视作同一个采煤工作面编制作业规程,必须明确规定相关内容。

第25条 特殊开采、"三下"开采,以及开采有冲击地压的煤层,必须编制专门开采设计和安全技术措施。

第26条 采煤工作面在以下情况下需编制专项安全技术措施。

1. 采煤工作面遇顶底板松软、过断层、过老空、过煤柱、过冒顶区,以及托伪顶开采;

2. 采煤工作面初次放顶及收尾;

3. 采煤工作面进行安装、撤面;

4. 采用水砂充满法清理因跑砂堵塞的倾斜巷道前;

5. 试验新技术、新工艺、新设备、新材料;

6. 《煤矿安全规程》等规定中要求的其他需要编制的专项安全技术措施。

第27条 采煤工作面在以下情况下需对原作业规程进行修改和补充。

1. 现场地质条件与提供的地质说明书不符;

2. 现场需要采用与作业规程规定不同的工艺;

3. 采煤工作面以及运输巷、回风巷加强支护的支护方式、支护强度需要进行变更;

4.发现作业规程有遗漏;

5.《煤矿安全规程》等规定的其他需要修改、补充的内容。

第 28 条　编制专项安全技术措施,要参照采煤工作面作业规程的编制、审批、贯彻程序进行。

第 29 条　编制的专项安全技术措施要按照先后顺序进行编号,作为采煤工作面作业规程的附件。

第 30 条　出现下列情况之一时必须重新编写作业规程。

1.地质条件和围岩有较大变化;

2.改变了原采煤工艺和主要工序安排;

3.原作业规程与现场不符,失去可操作性。

第三部分　采煤作业规程的编制

第一章　概况

第一节　工作面位置及井上下关系

第 31 条　工作面的位置:描述采煤工作面所处的水平、采区、标高(最高、最低)、几何尺寸(走向长度、倾向长度、面积),以及在采区中的具体位置、相邻关系。

第 32 条　地面相对位置:描述工作面周边(含终采线)在地面的相对位置、地面标高(最高、最低)。

第 33 条　回采对地面的影响:描述工作面的回采对地面设施可能造成的影响,包括地面塌陷区范围、塌陷程度预计,以及对地面建筑物和其他设施的影响程度。

第 34 条　描述工作面相邻的采动情况以及影响范围。

第二节　煤层

第 35 条　煤层厚度:描述工作面范围内煤层最大、最小、平均厚度及其变化情况。

第 36 条　煤层产状:描述工作面范围内煤层走向、倾向、倾角及其变化情况。

第 37 条　描述煤层稳定性、结构、层理、节理、硬度等情况,以及对回采的影响。

第 38 条　对煤种、煤质进行描述。

第三节　煤层顶底板

第 39 条　煤层顶板(伪顶、直接顶、基本顶):描述煤层顶板岩石性质、层理、节理、厚度、顶板分类等情况及其变化情况。缓倾斜煤层采煤工作面顶底板分类见附件 1、附件 2。

第 40 条　煤层底板(直接底、基本底):描述煤层底板岩石性质、层理、节理、厚度、底板分类、底板比压等情况及其变化情况。

第 41 条　绘制工作面地层综合柱状图,能够反映出直接底、基本底以及不低于 8 倍采高的煤层顶板的岩性、厚度、间距等。

第四节　地质构造

第 42 条　断层:描述对工作面回采有影响的断层产状、在工作面中的具体位置及其对回采的影响程度。

第 43 条　褶曲:描述对工作面回采有影响的褶曲产状、在工作面中的具体位置及其对回采的影响程度。

第 44 条　其他因素:描述陷落柱、火成岩等其他因素对回采的影响。

第 45 条　按比例绘制工作面运输巷、回风巷、开切眼素描图。

第五节 水文地质

第46条 含水层的分析:描述对回采有影响的含水层厚度、涌水量、涌水形式、补给关系,以及对回采的影响情况。

第47条 其他水源的分析:描述老空水、地表水、注浆水、钻孔和构造导水等情况,及其对回采的影响情况。

第48条 为防止溃砂。溃泥、透水等事故,开采急倾斜厚煤层、特厚煤层时,还应对开采后的上部垮落层的情况进行预计、描述。

第49条 工作面涌水量:描述采煤工作面正常涌水量、最大涌水量。

第六节 影响回采的其他的因素

第50条 参考矿井和相邻采掘工作面的瓦斯、二氧化碳涌出情况,确定工作面的瓦斯、二氧化碳等级以及相对、绝对涌出量。

第51条 根据有资质的鉴定机构提供的鉴定数据,确定工作面的煤尘爆炸指数。

第52条 根据有资质的鉴定机构提供的鉴定数据,确定工作面煤层的自燃倾向性;参考相邻采煤工作面煤的自燃情况,确定自然发火期。

第53条 参考矿井和相邻采掘工作面的地温等情况,分析地温对回采的影响。

第54条 冲击地压和应力集中区:描述本采区、相邻工作面的冲击地压、应力集中区情况及其对回采的影响。

第55条 叙述地质部门对工作面回采的具体情况。

第七节 储量及服务年限

第56条 计算工作面的工业储量,根据规定的采出率计算可采储量。

第57条 应采用下列公式之一进行工作面服务年限(以月为单位)的计算。

1. 工作面的服务年限 = 可采推进长度/设计月推进长度。

2. 工作面的服务年限 = 可采储量/设计月产量。

第二章 采煤方法

第58条 选择采煤方法,描述选择依据。

第一节 巷道布置

第59条 描述采区巷道布置概况、服务巷道位置和设施情况。

第60条 描述工作面运输巷、回风巷。开切眼的断面、支护方式、位置、用途。

第61条 用下列公式进行工作面正规循环生产能力计算:

$$W = LSh\gamma c$$

式中 W—工作面正规循环产生能力,t;

S—工作面循环进尺,m;

L—工作面平均长度,m;

h—工作面设计采高,m;

γ—煤的密度,t/m^3;

c—工作面回采率,%。

第62条 描述其他巷道(联络巷、溜煤眼、硐室)的断面、支护方式、位置、用途。

第63条 开采急倾斜煤层时,需要对区段平巷、溜煤眼、行人眼、运料眼以及联络平巷等巷道的断面、支护方式、位置、用途进行描述。

第 64 条　采用水力采煤时,应对多水力运输石门、回风石门、回采垛的尺寸、块段巷道(采煤点、溜煤道)以及煤水硐室的布置进行描述。

第 65 条　高瓦斯、煤与瓦斯突出条件下采用排放瓦斯专用巷道、抽放瓦斯专用巷道的,需要对排放瓦斯尾巷、抽放瓦斯专用巷道进行描述。

第 66 条　按比例绘制工作面及巷道布置平面图,能够反映出井上下对照情况,构造情况,工作面周边的巷道、工程情况。

第二节　采煤工艺

第 67 条　简述采煤工艺。

第 68 条　描述采高、循环进度等。

第 69 条　描述破煤、装煤、运煤、顶板控制方式。

第 70 条　采用放顶煤工艺的,应对采放比、放煤步距、放煤方式、端头顶煤回收方式、初次放顶(煤)及收尾时的放顶煤工艺等内容进行描述。

第 71 条　采用分层开采工艺的,应确定分层厚度等内容。

第 72 条　采用上下面同时回采(对拉、顺拉)工艺的,应明确上下面的位置关系和错距。

第 73 条　采用柔性掩护支架开采急倾斜煤层时,需要明确:

1. 支架的角度结构、组成、宽度,支架垫层数和厚度,点柱等;

2. 工作面安全出口及两巷管理要求;

3. 扩巷方法、扩巷支护要求;

4. 支架安装和管理要求(点柱的支设角度、排列方式和密度);

5. 回棚(柱)放顶规定;

6. 支架下放方式、要求;

7. 破煤方式和架内爆破规定;

8. 架外放煤方式;

9. 支架的拆除方式;

10. 收作。

第 74 条　采用倒台阶方式开采急倾斜煤层时,需要对各台阶长度、相互之间的错距等作出明确规定。

第 75 条　采用水采工艺的,应做到以下几点。

1. 明确破煤方式(开式、半闭式或闭式);

2. 根据煤层顶板稳定程度选择落垛方式及煤垛参数;

3. 根据煤体的硬度选择合理的水压;

4. 明确水枪的安设位置、安设要求、水压要求等内容以及水枪的撤出方式、路线等。

第 76 条　使用采煤机割煤,应叙述采煤机的进刀方式、进刀段长度、进刀深度,割煤方式、牵引方式、牵引速度,并绘制进刀方式示意图。

如果采用人工爆破开切口的,还应参考第 58 条的规定对有关事项进行描述。

第 77 条　采用爆破破煤的,应做到以下几点。

1. 进行炮眼布置设计。描述炮眼具体的布置要求,绘制炮眼布置正、平、剖面图;

2. 填写爆破说明书。应包括工作面的采高、打眼范围,每循环炮眼的名称、编号、个数、位置、深度、角度,使用炸药、雷管的品种,装药量,装药方式、封泥长度、水炮泥个数、连线方法、起爆顺序、炮眼总长度、循环用药、雷管量等内容。

第78条 描述采煤工作面施工工艺流程,简要说明从准备、采、支、运、回到整理的流程。必要时应绘制工作面工艺流程图。

第79条 用下列公式进行工作面正规循环生产能力的计算。

$$W = LShrc$$

式中 W——工作面正规循环生产能力,t;

L——工作面平均长度,m;

S——工作面循环进尺,m;

h——工作面设计高度,m;

r——煤的视密度,t/m^3;

c——工作面采出率,%。

第三节 设备配置

第80条 描述工作面采煤、支护、运输设备名称、型号、主要技术参数和数量。

第81条 采用机采工艺的,应绘制工作面设备布置示意图。

第三章 顶板控制

第82条 进行工作面的支护设计。支护设计应包括工作面。端头和运输巷、回风巷支护设备的选型、支护密度的选择、基本支架柱排距确定、柱鞋的规格尺寸等内容。

第83条 工作面的支护设计,一般采用以下方法。

1. 采用顶底板控制设计专家系统时,应根据系统要求,合理选取有关参数。

2. 采用类比法时,应根据本煤矿或邻矿同煤层矿压观测资料和经验公式进行设计。

1) 参考本矿或邻矿同煤层矿压观测资料,选择工作面矿压参数,可参考表14.1。

2) 合理的支护强度,可以采用下列方法计算。

① 采用经验公式计算:

$$P_t = 9.81hrk$$

式中 P_t——工作面合理的支护强度,kN/m^2;

h——采高,m;

r——顶板岩石容重,kN/m^3,一般可取 $25\ kN/m^3$;

k——工作面支护应该支护的上覆岩层厚度与采高之比,一般为 4~8,应根据具体情况合理选取。开采煤层较薄、顶板条件好、周期来压不明显时,应选用低倍数;反之则采用高倍数。

表14.1 矿压参数参考表

序 号	项 目		单 位	同煤层实测	本面选取或预计
1	顶底板条件	直接顶厚度	m		
		基本顶厚度	m		
		直接底厚度	m		
2	直接顶初次垮落步距		m		

续表

序　号	项　　目		单　位	同煤层实测	本面选取或预计
3	初次来压	来压步距	m		
		最大平均支护强度	kN/m^2		
		最大平均顶底板移近量	mm		
		来压显现程度			
4	周期来压	来压步距	m		
		最大平均支护强度	kN/m^2		
		最大平均顶底板移近量	mm		
		来压显现程度			
5	平时	最大平均支护强度	kN/m^2		
		最大平均顶底板移近量	mm		
6	直接顶悬顶情况		m		
7	底板容许比压		MPa		
8	直接顶类型		类		
9	基本顶级别		级		
10	巷道超前影响范围		m		

②选用现场矿压实测工作面初次来压时的最大平均支护强度 P_t。

③采用工作面不同推进阶段(顶板来压、正常推进)按"支护原则"和"防滑的原则"要求计算支护强度,取其中最大值。

3.支柱实际支撑能力可以采用下列公式进行计算:

$$R_t = k_g k_z k_b k_h k_a R$$

式中　R——支柱额定工作阻力,kN;

　　　K——支柱阻力影响系数,可以从支柱阻力影响系数表中(表14.2)查得。

表 14.2　支柱阻力影响系数图

项　　目	液压支柱	微增阻支柱	急增阻系数	木支柱
工作系数 k_g	0.99	0.91	0.5	0.5
增阻系数 k_z	0.95	0.85	0.7	0.7
不均匀系数 k_b	0.9	0.8	0.7	0.7
采高系数 k_h	<1.4 m	1.5~2.2 m	1.5~2.2 m	>2.2 m
	1.0	0.95	0.95	0.9
倾角系数 k_a	<10°	11°~25°	26°~45°	>45°
	1.0	0.95	0.9	0.85

注:表中系数根据矿压观测成果统计,适应一般工作面条件。

4.工作面合理的支柱密度,可以采用下列公式进行计算:

$$n = \frac{P_t}{R_t}$$

式中 n——支柱密度,根/m²;

R_t——支柱实际支撑能力,kN/根。

5.根据合理的支柱密度,确定排距、柱距。

6.合理控制顶距的选择:在满足安全生产的前提下,可以根据工作面的实际条件选择控顶距。坚硬顶板控顶距可适应增大,松软、缓慢下沉顶板控顶距可适应缩小,一般应采用"见四回一"的管理方式。

7.柱鞋直径的计算:柱鞋一般选用圆形铁鞋。根据支柱对底板的压强应小于底板容许比压的原则,采用下列公式计算铁鞋的直径。

$$\Phi \geqslant 200 \sqrt{\frac{R_t}{\pi Q}}$$

式中 Φ——铁鞋的直径,mm;

Q——底板比压,可以从矿压参数参考表中查得,MPa。

第84条 根据上述有关参数,结合采高因素,选取合适的支柱并确定选用顶梁型号。

第85条 选用金属摩擦支柱进行支护时,应明确升柱器的型号、数量。

第86条 综采工作面的支护设计,需要根据工作面合理的支护强度 P_t,选取液压支架,并参考表14.3的内容进行适应性比较。

表14.3 支架参数对照表

项　目	工作面实际条件	支架参数
采高/m		
倾角/(°)		
煤厚/m		
硬度 f		
支护强度 kN/m²		
底板比压 kN/m²		
顶板类(级)别		

第87条 乳化液泵站设计应包括以下内容。

1.泵站及管路选型。

2.泵站设置位置需在相关图纸上明确标明。

3.泵站使用规定:泵站压力调整要求、乳化液配制方式、乳化液浓度、检查方式等。

第二节 工作面顶板控制

第88条 确定工作面回采时顶板控制方式。描述控顶方法、控顶距离、放顶要求、支柱支设要求、伞檐规定、铺网要求、护顶方式及要求等。

第89条 确定工作面正常回采时特殊支护形式。描述密集支柱、抬棚、戗柱(棚)、丛柱、木垛、贴帮支柱的支设及临时支护、挡矸等要求。

第90条　确定各工序之间平行作业的顺序和安全距离,回柱放顶的方法,放顶区内支柱(架)、特殊支护等的回撤方式。

第91条　描述顶底板变化、地质构造、应力集中区等特殊地段以及其他因素时的顶板控制方法和要求。

第92条　采用水砂充满或矸石充填顶板时,需要明确充填的工艺要求、材料来源、材质要求、工艺衔接等内容。

第93条　采用放顶煤工艺或采煤工作面倾角较大时,需要描述增加支架(柱)稳定性、防止倒架(柱)的方式。

第94条　采用水采工艺时,需要描述护枪方式和撤退路线的维护;倾角超过15°时还要描述采空区挡矸点柱的支设方式。

第95条　采用人工顶板分层开采工艺时,需要描述构造假顶方式、要求、材料以及在回采中防止顶板冒漏的方法等内容。

第96条　采用强制放顶工艺的,应进行人工强制放顶设计。

第97条　采用放顶煤工艺需要对顶煤进行弱化的,应描述顶煤弱化的措施。

第98条　如果工作面有伪顶、复合顶板时,应确定其控制方式。

第三节　运输巷、回风巷及端头顶板控制

第99条　描述工作面运输巷、回风巷超前支护的方式、距离。

第100条　描述端头支护方式、支护质量要求,以及与其他工序之间的衔接关系。

第101条　描述安全出口的高度等。

第102条　确定各类支护材料的正常使用数量、规格,确定各类备用支护材料的数量、规格、存放地点、管理方法。

第103条　绘制工作面开切眼、运输巷、回风巷及端头支护示意图(平面、剖面图),反映出工作面、超前、端头支护和工作面运输巷、回风巷正常支护等情况。

第四节　矿压观测

第104条　确定矿压观测内容。应包括日常支柱(架)支护质量动态监测、巷道变形离层观测、顶板活动规律分析等内容。

第105条　描述矿压观测方法,说明工作面和巷道中矿压观测仪器、仪表的选型和安设位置,观测方式、观测时段。

第四章　生产系统

第一节　运输

第106条　确定运输、装载。转载方式,选择运输设备。

第107条　描述运输设备的安装位置、固定方式、推移方式。

第108条　描述运煤路线和辅助运输路线。

第109条　绘制运输系统示意图。

第二节　"一通三防"与安全监控

第110条　描述工作面范围内通风设施的安设位置和质量要求。

第111条　进行工作面实际需要风量的计算。

工作面实际需要风量,应按各煤矿企业制定的"通防实施细则"计算或根据瓦斯(二氧化碳)涌出量、工作面的温度、同时工作的最多人数、风速等因素分别进行计算后,取其中最大值

进行风速验算,满足要求时,该最大值即是工作面实际需要风量。

1. 按瓦斯(二氧化碳)涌出量计算。

一般情况下采用下列公式:

$$Q = 100(67)qk$$

式中　Q——工作面实际需要风量,m^3/min;

　　　100(67)——单位瓦斯涌出量配风量,按回风流瓦斯浓度不超过1%取100计算或按二氧化碳浓度不超过1.5%取67计算;

　　　q——工作面瓦斯(二氧化碳)绝对涌出量 m^3/min;

　　　k——工作面瓦斯(二氧化碳)涌出不均匀的备用风量系数,它是各个工作面正常瓦斯(二氧化碳)绝对涌出量的最大值与其平均值之比,须在各个工作面正常生产条件下,至少进行5昼夜的观测,得出5个比值,取其最大值。通常机采工作面 $k = 1.2 \sim 1.6$,炮采工作面 $k = 1.4 \sim 2.0$,水采工作面 $k > 2$。

高瓦斯采煤工作面实际需要风量的计算,应根据瓦斯抽采后的实际情况计算,具体为

$$Q = 100qk(1 - K_{抽采率})$$

式中　$K_{抽采率}$——采煤工作面的瓦斯抽采率,%。

2. 按工作面温度计算:

$$Q = 60vS$$

$$Q = 60vSK(放顶煤工作面)$$

式中　v——工作面平均风速,可选取空气温度与风速对应表中(表14.4)的相关数值,m/s;

　　　S——工作面的平均断面面积,可按最大和最小控顶断面积的平均值计算,m^2;

　　　K——综放工作面支架断面及工作面长短的风量调整系数,可从表14.5中选取。

表14.4　采煤工作面空气温度与风速对应表

工作面空气温度/℃	工作面风速 $v/(m \cdot s^{-1})$		
	煤层厚度小于1.5 m	煤层厚度1.5~3.5 m	煤层厚度大于3.5 m
<15	0.3~0.4	0.3~0.5	
15~18	0.5~0.7	0.5~0.8	0.8
18~20	0.8~0.9	0.8~1.0	0.8~1.0
20~23	1.0~1.2	1.0~1.3	1.0~1.5
23~26	1.5~1.7	1.5~1.8	1.5~2.0
26~28	2.0~2.2	2.0~2.5	2.0~2.5

注:有降温措施的工作面按降温后的温度计算。

表14.5　采煤工作面长度风量调整系数表

采面长度	0~5	50~100	100~150	150~200	200~250	250~300	300 以上
系数 K	0.8	0.9	1	1.1	1.2	1.3	1.4

3. 按工作面每班工作最多人数计算:

$$Q = 4n$$

式中 n——工作面同时工作的最多人数,人。

4.按炸药用来计算:

$$Q = 25A$$

式中 A——采煤工作面一次爆破的最炸药用量,kg。

5.按风速验算:

①按最低风速验算,工作面的最小风量:

$$Q > 15S$$

式中 S——采煤工作面平均有效断面面积,m^2。

②按最高风速验算,工作面的最大风量:

$$Q < 240S$$

式中 S——采煤工作面平均有效断面面积,m^2。

6.根据上述计算,确定工作面实际需要风量。

第112条 如果工作面布置独立通风有困难,需采用符合《煤矿安全规程》规定的串联通风时,应按其中一个工作面需要的最大风量计算。

第113条 确定通风路线,描述风流从采区进风巷经工作面到采区回风巷的路线。

第114条 如果工作面温度超限,必须进行专门降温制冷设计。

第115条 采用水力采煤时,其采煤点的供风可以参考掘进工作面作业规程有关风量计算方法和局部通风机选择、安装方法进行设计。

第116条 防治瓦斯应包括瓦斯检查和瓦斯监测。

1.明确瓦斯检查的有关规定,描述与工作面的有直接关系的瓦斯检查地点的设置、每班检查次数、检查汇报签字规定,以及瓦斯超限处理、撤人和恢复生产的规定等内容。

2.明确瓦斯检查的有关规定,描述与工作面的有直接关系的瓦斯监测设施的设置地点、断电瓦斯浓度、复电瓦斯浓度、断电范围,以及瓦斯报警撤人和恢复生产的规定等内容。

第117条 采用瓦斯抽采系统时,还应说明瓦斯抽采路线。

第118条 确定综合防尘系统,描述防尘供水管理系统,防尘方式,隔绝瓦斯、煤尘爆炸方式等内容。

1.明确防尘供水系统,应包括防尘供水管理系统设置、供水参数、防尘设施设置位置等内容。

2.明确防尘方式,应包括工作面综合降尘的各类方式(煤层注水、采煤机内外喷雾,架间喷雾,转载电喷雾,湿式打眼,装煤洒水,个体防护,工作面运输巷、回风巷净化水幕和冲刷工作面运输巷、回风巷等方式)。

3.明确隔绝瓦斯、煤尘爆炸方式,包括隔爆设施的设置、水量、管理等要求。

第119条 明确防治煤层自然发火所选用的消防管路系统及措施。

1.描述回采期间选用的综合防灭火方式(注浆、注氮、阻化剂、凝胶。均压等),并确实相关的工艺和参数。

2.确定监测系统,描述束管监测系统安设、传感器的设置地点、监测要求、自然发火标志气体、预报制度,以及气体超限撤人等内容。

3.明确特殊时期的防灭火要求,包括工作面临近结束、停止正常生产,以及其他意外情况下的防灭火规定。

第120条 绘制通防系统相关图纸。通风系统图、瓦斯抽采系统图、防尘系统图、注浆系统图、注氮系统图、消防管理系统图、安全监测监控系统(设备)布置图等图纸,可以合并绘制或分单项绘制。

第三节 排水

第121条 根据工作面的最大涌水量,选择排水设备和排水系统。

第122条 明确排水路线。

第123条 绘制排水系统示意图。

第四节 供电

第124条 进行供电系统设计,包括以下内容。

1.选择供电方式、电压等级、电气设备,计算电力负荷。

2.进行电缆选型计算和电气保护整定计算。

第125条 绘制供电系统示意图。应明确供、用电设备情况,电缆种类、长度、断面和"三大保护"等情况。

第五节 通信照明

第126条 描述工作面与车场、变电所、调度室等要害场所直接联系的通信设施、电话位置等。

第127条 描述工作面、转载电等主要场所的照明系统设置情况。绘制通信、照明系统示意图。

第五章 劳动组织及主要技术经济指标

第一节 劳动组织

第128条 描述作业方式。应根据工艺流程和劳动组织,合理安排各工序,尽量做到平行作业、提高工时利用率。

第129条 描述劳动组织方式,说明劳动力配备情况,编制劳动组织表。

第二节 作业循环

第130条 绘制工作面正循环作业图表。

第三节 主要技术经济指标

第131条 填制主要技术经济指标表,应明确相关的安全、生产、经济等指标。可以参考表14.6的方式、内容编制。

表14.6 主要技术经济指标表

序 号	项 目	单 位	参 数
1	工作面倾斜长度	m	
2	工作面走向长度	m	
3	采高	m	
4	煤层生产能力	t/m^3	
5	循环进度	m	
6	循环产量	t	
7	月循环数(循环率)	个(%)	
8	月进度	m	

续表

序　号	项　目	单　位	参　数
9	日产量	t	
10	月产量	t	
11	工作面可采期	a	
12	在册人数	人	
13	出勤人数	人	
14	出勤率	%	
15	回采工效	t/工	
16	坑木定额	$m^3/10^4$ t	
17	液压支柱丢失率	‰	
18	金属顶梁丢失率	‰	
19	铁鞋丢失率	‰	
20	炸药定额	$kg/10^4$ t	
21	雷管定额	发/10^4 t	
22	采煤截齿消耗	个/10^4 t	
23	油脂	$kg/10^4$ t	
24	单位成本	元/t	
25	煤层牌号		
26	含矸率	%	
27	灰分	%	
28	破装煤机械化程度	%	

第六章　煤质管理

第 132 条　描述煤质指标。

第 133 条　叙述提高煤质的措施。

第七章　安全技术措施

第一节　一般规定

第 134 条　有针对性地叙述与本工作面相关的安全制度及需要特别强调的安全措施。

第 135 条　叙述交接班进行安全检查的内容和相关规定。

第二节　顶板

第 136 条　描述工作面、运输巷、回风巷的支护质量要求。

第 137 条　描述工作面、运输巷、回风巷冒顶、煤壁片帮的处理方法、措施。

第 138 条　描述所用支护材料的质量要求。

第 139 条　描述工作面,运输巷,回风巷支柱(架)初撑力的要求。

第 140 条　描述工作面应采取的防倒柱措施。

第 141 条　描述运输巷、回风巷加强支护的方式、要求。

第142条　明确工作面注液枪的设置、使用要求。

第143条　描述运输巷、回风巷支架的回撤方法和要求。

第144条　描述回柱放顶的安全措施。

第145条　描述其他顶板控制(如采空区放顶)安全技术措施。

第三节　防治水

第146条　描述工作面防治水工作的重点区域和需要进一步加强地质勘查工作的区域。

第147条　描述排水路线、管路发生堵塞、故障情况下的停止作业、撤出所有受水威胁地点人员,报告矿调度室的应急措施。

第148条　描述工作面或其他地点有异常情况,应停止作业及采取的措施等。

第149条　描述其他防治水安全技术措施。

第四节　爆破

第150条　描述爆破作业负责人的职责、分工以及相互监督的方式。

第151条　描述爆破器材领退、使用等安全措施。

第152条　明确严格按照炮眼布置设计要求打眼,并说明打眼前进行安全检查的内容。

第153条　明确要使用符合规定的封泥,并坚持使用水炮泥的规定。

第154条　描述工作面设备、支柱等防止炮崩的措施。

第155条　描述爆破必须执行"一炮三检"制度、具体检查方法,以及严禁裸露爆破(放糊炮、明炮)和短母线爆破的具体规定。

第156条　描述什么情况下不准爆破的具体规定。

第157条　描述其他爆破管理安全技术措施。

第五节　"一通三防"与安全监控

第158条　描述工作面通风路线发生进、回风不畅情况下的应急措施。

第159条　描述工作面采用的各项综合防尘措施及要求。

第160条　描述工作面采用的各项综合防灭火措施及要求。说明发生高温点、发现指标气体等发火征兆时的处理方法和安全技术措施。

第161条　描述在注氮、注浆、洒阻化剂等防火操作时的安全措施。

第162条　描述在工作面区域内的安全监控仪器、仪表使用、悬挂、移动的要求。

第163条　描述其他"一通三防"、安全监控及外因火灾防治安全技术措施。

第六节　运输

第164条　描述工作面、运输巷、回风巷中运输设备依次启动、停止的措施和联络方式。

第165条　描述工作面、运输巷、回风巷中的运输、转载设备在紧急情况下停机的措施。

第166条　描述使用带式输送机、刮板输送机等运输设备时的安全措施。

第167条　描述要专人操作运输、转载、破碎设备,并禁止人员随意跨越的措施。

第168条　描述发生大块煤炭(矸石)卡住运输、转载、破碎设备以及溜煤眼上口的处理方式和安全措施。

第169条　描述辅助运输中应采取的安全措施。

第170条　描述其他运输管理安全技术措施。

第七节　机电

第171条　描述工作面采煤机、运输机、转载机、破碎机、带式输送机、液压支架等机电设备的安装固定、使用、移动、维修时的安全技术措施。

第 172 条　明确机电设备的使用和操作实行专职制、设备维护实行岗位责任制、现场交接班制、停送电等制度。

第 173 条　描述乳化液泵站、管路等管理措施。

第 174 条　描述移动变电站和乳化液泵站的移动、固定方式和安全措施。

第 175 条　描述油脂管理的要求。

第 176 条　描述机电设备检修时的安全措施。

第 177 条　描述其他机电管理安全技术措施。

第八节　其他

第 178 条　描述工作面工业卫生、文明生产方面的内容要求。

第 179 条　描述其他安全技术措施。

第八章　灾害应急措施及避灾路线

第 180 条　制定发生顶板事故,瓦斯、煤尘爆炸,火灾,水灾等的应急措施。

第 181 条　确定发生灾害时的自救方式、组织抢救方法和安全撤离路线。

第 182 条　绘制工作面避灾路线示意图。

【附件 14.2】

采煤作业规程评比细则

矿	作业规程名称	编制人	编制时间

项目	序号	评审内容	应得分	扣分标准	实得分
编制依据	1	经过审批的采(盘)区,工作面设计及回采地质说明书	2	缺一项扣 1 分	
	2	各工种操作规程,岗位责任制及有关安全制度	1	缺一项扣 0.5 分	
	3	邻近采区同一煤层的矿压观测资料	2	缺资料扣 2 分,内容不齐扣 0.5 分	
	4	《煤矿安全规程》、《煤炭工业矿井设计规范》、《煤炭工业小型矿井设计规范》、《煤炭工业技术政策》、《煤矿安全监督条例》及上级有关技术规定	1	缺一项扣 0.5 分	
作业规程内容	1	回采范围内外及其上下的采掘情况及其影响(附按比例绘制的采面平、剖面位置关系图及断面图,并标注相关尺寸)	10	缺图扣 5 分,图中内容不齐或未按比例绘制扣 2 分,其余差一项扣 0.5 分	
	2	回采范围地质情况,煤层结构、厚度、倾角、硬度、地质构造及水文地质,顶底板岩性、结构、层理、节理、强度及顶板分类,煤层瓦斯、二氧化碳含量及突出倾向性,自燃发火倾向性,煤层爆炸性等	10	缺煤系地层柱状图扣 3 分,其余差一项扣 1 分	
	3	采煤方法及回采工艺流程。采高的确定,落煤方式,爆炸说明书及图表,装煤及运煤方式,机械名称、型号、功率、台数	10	缺爆破说明书或炮眼布置图或工艺流程均扣 5 分,其余差一项扣 1 分	

续表

项目	序号	评审内容	应得分	扣分标准	实得分
作业规程内容	4	顶板管理方法,支护形式设计,工作面支护顶板管理图(包括回采面支架,特殊支架结构、规格、支护间距,放顶步距,最大、最小控顶距,上下缺口及出口支架结构、规格,进回风巷加固支护方式)。初次放顶措施,初次来压和周期来压的特殊支护措施,回柱方法、工艺及支护复用的规定,上下顺槽支架回撤以及滞后工作面放顶线距离的规定等(附支护说明书和采场支护平、剖面图)	10	缺采场支护平面图或剖面图扣5分,无支护选型设计扣3分,其余差一项扣0.5分	
	5	回采工作面通风方式、风量、风速、通风设施、监测、防尘及隔爆、自救装置的布置。通风系统图	4	缺通风系统图扣2分,无风量设计计算选择扣2分,其余差一项扣0.5分	
	6	辅助运输设备型号,运量规定及运输系统图(包括分阶段煤仓或采区煤仓容量)	4	缺运输系统图扣2分,其余差一项扣0.5分	
	7	供电设施、电缆设备负荷及供电系统图	4	缺供电系统图扣2分,其余差一项扣0.5分	
	8	瓦斯抽采、监测、防突的有关规定及瓦斯抽采系统图,监测布置图	4	缺一项图扣1分,其余差一项扣0.5分	
	9	通讯设施及其布置图	2	缺一项扣1分	
	10	注浆、充填、防尘、压风设施布置及管路系统图	5	缺一项扣1分	
	11	工程质量标准和文明生产规定	3	缺一项扣1.5分	
	12	安全技术措施:顶板、机电运输、一通三防等防止灾害发生的预防和处理措施	8	缺一项扣2分,措施内容不齐扣1分	
	13	劳动组织及正规循环图表	4	缺图表扣4分,一处错误扣0.5分	
	14	回采工作面主要技术经济指标	4	缺指标图扣4分,一处错误扣0.5分	
	15	按瓦斯、煤尘、顶板、火灾、水灾等五大自然灾害制订避灾路线及避灾路线图	4	缺路线或避灾路线图均扣2分,缺一项灾害扣0.5分	
其他	1	编制审批签字齐全	4	未审批扣2分,签字不齐扣1分	
	2	文字简明扼要,字迹端正,通俗易懂,无错别字,文字、图表清晰,装订正规、整齐、美观	4	一项不合要求扣1分	

任务 2　主要工种操作规程的编制

一、采掘专业主要技术工种

根据中华人民共和国《工人技术等级标准》(煤炭工业)的规定,煤炭行业专业工种的工人技术等级标准,包括采煤、掘进、矿建、通风安全、露天、矿井机电维修、矿井运输、地质测量、选矿、煤质化验、火工、矿灯制造等 11 个专业 95 个工种。

其中,采掘专业工种包括:采煤工、支护工、爆破工、采煤机司机、液压支架工、输送机操作工、液压泵工、综采集中控制操纵工、井下普工、矿压观测工、巷修工、综掘机司机、水采工、充填回收工。

按照中华人民共和国《工人技术等级标准》的规定,工人技术等级分为初级、中级和高级。其等级水平规定为:

1. 初级工

初级工应具备本专业主要技术业务的基本知识,非主要技术业务的简单或一般知识,掌握基本的操作技能,能够独立上岗操作,达到质量、数量要求,能分析解决操作中的简单或一般问题。

2. 中级工

中级工应具备较系统的、本专业主要技术业务的基本知识,非主要技术业务的简单或一般知识,具有熟练的操作技能或生产较复杂产品的能力,能分析解决操作中较复杂的问题,有指导初级工工作的能力。

3. 高级工

高级工应具备较系统的、本专业主要技术业务知识和非主要技术业务的基本知识,具有本工种全面的操作技能或生产复杂产品的能力,能参与新产品的试制和新工艺、新材料的试验,具有分析、解决生产操作中复杂或关键问题及指导中级工工作的能力。

二、技术操作规程的作用

煤炭工业的发展不仅需要大批高水平的专家、工程技术人员和各级管理人才,更需要一大批实际经验丰富、掌握现代科技知识,热爱煤炭事业、技艺精湛的能工巧匠。煤炭企业应当把提高职工文化、技术业务素质当成一件大事来抓,这是煤炭工业可持续发展的需要,是煤炭企业自身发展的需要,也是职工走岗位成才道路的需要。

《技术操作规程》、《煤矿安全规程》和《采掘工作面作业规程》是煤矿三大规程。《技术操作规程》是行业主管部门负责制定的工人进行生产活动时的操作规范和行为准则,是实现技术标准化、操作规范化,搞好技术培训和技术练兵,保障安全生产和工程质量,提高生产效率,杜绝违章作业、避免人身伤害事故与设备和财产损失的规范性条例。煤矿企业各工种生产活动中必须严格执行技术操作规程的各项规定。

三、技术操作规程的内容

原煤炭工业部制定的《煤矿工人技术操作规程》由总则和采煤各工种技术操作规程组成。

总则主要规定工人上岗操作的基本条件、工作地点环境安全的有关规定、工人操作时的基本要求,并强调工人有权杜绝违章指挥。

各种技术操作规程由一般规定、操作前准备与检查、操作及注意事项、收尾工作等四部分内容组成。

1. 一般规定

说明担任该工种上岗作业必须具备的基本条件,包括知识要求(应知)、技能要求(应会);本工种操作应达到的质量标准,与其他工种相互配合关系以及对操作环境的基本要求。

知识要求(应知)是指应该具备的知识及应达到的水平,其知识构成一般包括文化基础知识、专业技术业务基础知识、工艺技术知识、工具设备有关知识、经营管理知识、质量标准知识、安全防护知识、法规知识和其他相关知识等。

技能要求(应会)是指应该具备的技术业务能力与水平,一般包括实际操作能力、应用计算能力、工具设备使用维护和故障排除能力、处理事故能力、经营管理能力和语言文字能力等。

2. 操作前准备与检查

包括操作工具、配件、材料准备的基本要求,对操作设备进行检查的程序与要求以及发现问题处理的原则方法。

3. 操作及注意事项

说明该工种操作程序、工作方法与要求,操作时的安全注意事项,遇到意外事故时处理的基本方法。

4. 收尾工作

说明该工种工作结束时需达到的基本要求,设备应保持的基本状态,交接班的要求及注意事项。

有关技术操作的具体要求,请参照本章后附的《煤矿工人技术操作规程(采煤)》。

【实例】 技术操作规程的编制

一、《煤矿工人技术操作规程》总则(采煤部分)

第1条 采煤是矿井开采系统工程中的主要工艺,它包括破煤、装煤、运煤、支护、移溜、回柱放顶和巷道维修七个工序。因此,在采煤工作面及回采巷道内进行工作的各工种必须执行本规程。

第2条 在采煤工作面进行操作和指挥生产的人员都必须学习和严格执行《煤矿安全规程》、国有重点煤矿、地方国营煤矿、乡镇煤矿《生产矿井质量标准化标准》的有关规定、本工作面的作业规程及所属工种的操作规程,并经考试合格,持有合格证书方能上岗操作,否则不准进行上述工作。

第3条 经考试合格的新工人或临时参加采煤工作的人员,都必须在有经验的老工人指导下操作,经过一定时间的实践,方准独立操作。

第4条 各工种的操作人员必须参加班前会,了解工作面情况和接受任务;下井前必须穿戴齐全劳动保护服装和用品,进入工作面前必须携带齐全必用的工具、材料、备品、配件等;到达工作面或工作岗位后必须认真检查作业范围内的环境、顶底板、煤帮、采空区、瓦斯、支护及其他设施的情况,按规定交接班,妥善处理好安全隐患和存在问题。

第 5 条　各工种的操作人员都必须按照作业规程和工程规格质量要求进行操作。要严格执行操作顺序,不许擅自改变。

第 6 条　在实行多工种兼职的劳动组织时,除本工种外,还必须学习所兼工种的安全技术规定和操作知识,并经考试合格后才能进行兼职工作的操作。否则,任何人都无权指挥不合格的人员进行操作。

第 7 条　操作过程中要随时注意操作对象及环境变化事况;发现问题必须及时妥善处理。

第 8 条　操作中要遵守下列规定:

(1)采煤工作面回风流中瓦斯浓度超过 1% 或二氧化碳浓度超过 1.5% 时,必须停止工作,撤出人员;遇有其他情况,应按《煤矿安全规程》第 141 条执行;

(2)采煤工作面以及工作面电动机或其开关地点附近加 20 m 以内风流中瓦斯浓度达到 1.5% 时必须停止工作,撤出人员,切断电源,进行处理;

(3)采煤工作面内,在体积大于 0.5 m^3 的空间,局部瓦斯浓度达到 2% 时,附近 20 m 内必须停止工作,撤出人员、切断电源,进行处理。

第 9 条　采煤工作面遇到下列异常情况时必须停止工作,人员撤到安全地点并向上级汇报,经处理确认安全后,方准恢复工作。

(1)工作面顶板显著来压少造成支护大量拆损及严重片帮冒顶;

(2)风量骤变,风向改变;

(3)空气骤然变热或变冷;

(4)有害气体超限,有异味;

(5)空气湿度和雾气骤然增加,煤帮,顶底板淋水和涌水量突然增大。

第 10 条　本工种工作与相邻岗位的操作人员有关时必须事先主动联系,经确认不影响他人安全时,方可作业。

第 11 条　非所属操作项目的工种人员一律不许擅自开动、移设该工种操作范围的设备、设施、管线、支护等。

第 12 条　工作面、顺槽输送机开停信号的使用一律执行谁停谁开的原则。若输送机长时间停开应在详细检查和确认安全后,方可发出开输送机信号。

第 13 条　工人有权拒绝违章指挥。

第 14 条　本规程是以长壁采煤工作面各工种的操作方法为主编制的。列入本规程的操作方法是基本的、普遍采用的方法。由于各个煤矿具体条件及情况不同,本规程不可能包括一切工种和各种特殊情况的操作规程,各单位还应制订适合自己具体条件的操作规程实施细则,经矿务局批准后执行,但不能违反本规程。

二、滚筒采煤机司机技术操作规程

1. 一般规定

第 1 条　滚筒采煤机正、副司机必须熟悉滚筒采煤机的性能和构造原理,通晓本操作规程,按完好标准维护保养采煤机,懂得回采基本知识和本工作面作业规程,经过培训考试并取得合证方能持证上岗。

第 2 条　要与工作面顺槽输送机司机、转载机司机、移溜工、支护工等密切合作,按规定顺序开机、停机。

第3条　不准强行切割硬岩。

第4条　电动机开关附近20 m以内风流中瓦斯浓度达到0.5%时,必须停止运转,撤出人员。切断电源,进行处理。

2．准备检查与处理

第5条　准备

(1)工具:扳手、钳子、螺丝刀、锤子等;

(2)备品配件:截齿、销子、牵引链、连接环等;

(3)润滑油等。

第6条　认真做好交接班工作。全面检查煤壁,煤层厚度和顶板变化,以及支护、切口准备和机道宽度等情况,发现问题应及时向有关人员报告,妥善处理。

第7条　对采煤机的检查与处理:

(1)将采煤机隔离开关扳到切断电源位置。要求各连接螺栓、截齿齐全、紧固,截齿应锋利;各操作手把应灵活可靠;各部油量应符合规定;各密封完好,无滴漏;各防护装置齐全有效。

(2)有链牵引采煤机牵引链两端应牢固,张紧程度适当,链环无扭结,连接环无损伤;牵引链与刮板输送机发生摩擦时要将牵引链吊起。无链牵引的采煤机,齿轨要牢固可靠,挡煤板、导向管无错茬;齿轮与齿轨啮合应良好。钢丝绳牵引的采煤机,钢丝绳两端绳卡应牢固,张紧适度,钢丝绳与刮板输送机发生摩擦时,要把钢丝绳吊起;钢丝绳,一个捻距内断丝面积不能超过钢丝绳面积的10%。

(3)拖缆装置的夹板电缆及电缆、水管应完好无损、无刮卡。

(4)对液压油温有规定的采煤机应在滚筒(或与破碎机)离合器脱开的状态下,不通冷却水,只开电动机,使油温升到规定值后,再正常起动采煤机。

(5)弧形挡煤板应灵活可靠。

(6)采煤工作面倾角大于15°时防滑装置应安全可靠。

(7)滑靴、导向管等的磨损量不超过规定值。

(8)冷却和喷雾装置齐全,水压流量符合规定。

上述各项经过检查符合规定后,方能进行操作。严禁机组带病运转。

3．操作及其注意事项

第8条　采煤机启动前,司机必须巡视采煤机周围,通知所有人员撤离到安全地点,确认在机器转动范围内无人员和障碍物后,方可按下列顺序起动采煤机。

(1)解除工作面刮板输送机的闭锁,发出开动刮板输送机的信号,然后使刮板输送机空转1～2 min。

(2)刮板输送机空转正常后,合上采煤机的隔离开关,按起动按钮起动电动机。电动机空转正常后停止电动机,当电动机停转前的瞬间合上截割部齿轮离合器。

(3)打开水阀门喷雾及供水。

(4)发出起动信号,按起动按钮,起动采煤机。检查滚筒旋转方向及摇臂调高情况。

(5)经2～3 min,采煤机空转正常后,发出采煤机开动信号,然后缓慢加速牵引,开始割煤作业。

第9条　割煤时经常注意顶底板、煤层、煤质变化和刮板输送机载荷情况,随时调整牵引速度及截割高度。震动爆破时采煤机必须离爆破地点5 m以外,并严格执行有关安全措施。

第 10 条　割煤时,要按直线割直煤壁,并不准割碰顶梁或割破人工假顶。

第 11 条　改变采煤机方向时,必须先停止牵引,将调速手把扳到"零位"。发出开机信号后,再将调速手把扳到另一个方向。严禁带速度更换牵引方向。

第 12 条　割煤时随时注意行走机构运行情况,采煤机前方有无人员和障碍物,有无大块煤、矸石或其他物体从采煤机下通过。若发现有不安全情况时应立即停止牵引和截割,并闭锁工作面刮板输送机,进行处理。

第 13 条　拆卸、安装挡煤板时,必须使采煤机停止运转,并闭锁工作面刮板输送机。

第 14 条　不准用采煤机牵拉、顶推、托吊其他设备、物件。

第 15 条　发现截齿短缺,必须补齐。被磨钝的截齿应及时更换。补换截齿时必须先将隔离开关扳到零位,脱开截割部齿轮离合器,闭锁工作面刮板输送机。

第 16 条　采煤机换向处的采高要保证挡煤板能顺利翻转。翻转挡煤板时,应调高滚筒使挡煤板能转到滚筒下面,然后下降摇臂,使挡煤板接触底板浮煤;缓慢牵引采煤机,使挡煤板顺势转到滚筒的另一侧。

第 17 条　牵引速度要由小到大逐渐加大,严禁一次加大到最高速度。停采煤机时,必须先停止牵引。

第 18 条　临时停机时,必须先把手把扳到零位,然后按主停按钮,随后停止供水。如果长时间停机,则应将换向手把扳到停止位置,截割部离合器转到"分"的位置使滚筒落在底板上。

第 19 条　装有防滑装置的采煤机往上割煤时,要把采煤机下方的防滑机构放下;往下割煤时,要用铅丝将防滑机构吊起;使用防滑绞车时,采煤机司机和防滑绞车司机应有明确可靠的联系信号。牵引速度要和防滑绞车的绳速同步,使防滑绞车钢丝绳始终绷紧。

第 20 条　有下列情况之一时,应及时停机处理。

(1)顶底板、煤壁有透水预兆、冒顶、片帮及瓦斯浓度在 1% 以上时;

(2)割煤过程中发生堵转时;

(3)采煤机内部发现异常震动、声响和异味,或零部件损坏时;

(4)采煤机上方刮板输送机上发现大块煤、矸、杂物或支护用品时;

(5)工作面刮板输送机停止运转或挡煤板与溜槽错口较大,影响采煤机通过时;

(6)牵引手把或停止按钮失灵时;

(7)机组脱轨或拖缆装置被卡住时;

(8)牵引链有断链、裂纹、缩径、变形等现象时;

(9)供水装置无水或喷雾有故障时。

除接触器触头粘住可用隔离开关紧急停机外,在其他情况下只许用急停按钮停机。

4.割煤进刀方式

第 21 条　单滚筒采煤机进刀方式:

(1)斜切进刀方式:工作面采用松动炮割底煤时(1.4 m 以下煤层可不用松动炮)采用斜切进刀方式。放松动炮时,采煤机必须停在工作面或支架完好处,松动炮后各段支护顶。按下列步骤割煤进刀:

①开始:采煤机由上往下割透煤后停机。当推移工作面刮板输送机距采煤机 10 m 时停止推移。

②进刀:采煤机在输送机机头处翻转挡煤板后向上割煤,割至刮板输送机弯曲处以上 5 m

的距离达到规定截深后停止割煤。

③移机头:将刮板输送机从弯曲处向下推移,使机头和弯曲段刮板输送机逐步移成直线。

④采煤机下割:采煤机翻转挡煤板后下行割三角煤,割透后停止。

⑤采煤机上割:采煤机翻转挡煤板后向上翻煤,同时按规定追机推移刮板输送。

在工作面上切口进刀同样使用该方式。

(2)倒8字中部进刀方式:上半部上行割顶煤、下行割底煤,正常情况下采煤机在工作面下部距输送机机头约20 m处。

具体步骤如下:

①开始:采煤机向下行割顶煤直至下切口后停止,及时追机挂梁。

②上行割底煤:采煤机翻转挡煤板后上行割底煤,按规定距离及时追机推移刮板输送机后打支柱。

③上行割顶煤:采煤机割底煤至原停止位置时调节滚筒摇臂位里,上行割顶煤直透上切口后停止,及时追机挂梁。

④下行割底煤:翻转挡煤板后下行割底煤,按规定距离及时追机推移刮板输送机后打支柱。当割到原停止位置时,再调节滚筒摇臂位里进行下循环的割煤。

第22条　双滚筒采煤机进刀方式:

斜切进刀方式(下切口进刀):

(1)开始:采煤机下行割透下切口后停机,推移刮板输送机距采煤机10 m时停止。

(2)进刀:采煤机翻转挡煤板,将两个滚筒的上下调换,上行割煤至刮板输送机弯曲段以上5 m达到规定截深时停止。

(3)推移输送机机头使刮板输送机成直线。

(4)采煤机翻转挡煤板,调换滚筒上下位置,下行割三角煤,割透下切口。

(5)再次翻转挡煤板,调换滚筒上下位置,上行割煤,同时按规定距离推移刮板输送机后支护。

在工作面上切口同样可使用该方法。

5. 收尾工作

第23条　班长发出收工命令,将采煤机停在切口处或无淋水、支架完好地点,将滚筒落在底板上。

第24条　必须把停放的采煤机的隔离开关、牵引速度手把扳在中间位置,关闭供水喷雾装置,清扫机器各部煤尘,必要时切断顺槽中的采煤机供电开关。

第25条　工作面、运输巷中的刮板输送机的煤拉净及推移完刮板输送机及支护后,发出停刮板输送机、停乳化液泵等信号。

第26条　向接班司机详细交代本班采煤机运行情况、出现的故障、存在的问题等。升井后按规定填写采煤机工作日志。

三、液压支架工技术操作规程

1. 一般规定

第1条　液压支架工必须熟悉液压支架的性能及构造原理和液压控制系统并通晓本操作规程,能够按完好标准维护保养液压支架,懂得顶板管理方法和工作面作业规程;经培训考试合格并持证上岗。

第2条 液压支架工要与采煤机司机密切合作。移架时如支架与采煤机距离超过作业规程规定,应要求停止采煤机。

第3条 掌握好支架的合理高度:最大支撑高度应小于支架设计最大高度的0.1 m,最小支撑高度应大于支架设计最小高度的0.2 m。当工作面实际采高不符合上述规定时,应报告班长并采取措施后再移架。支架内各立柱机械加长段伸出长度应一致,其活柱行程保证支架不被"压死"。

第4条 支架所用的阀组、立柱、千斤顶、均不准在井下拆检,可整体更换。更换前尽可能将缸体缩到最短,接头处要及时装上防尘帽。

第5条 备用的各种液压软管、阀组、液压缸、管接头等必须用专用堵头堵塞,更换时用乳化液清洗干净。

第6条 更换胶管和阀组液压件时,只准在"无压"状态下进行,而且不准将高压出口对人。

第7条 不准随意拆除和调整支架上的安全阀。

第8条 液压支架操作要掌握八项操作要领,做到快、匀、够、正、直、稳、严、净。

(1)各种操作要快;

(2)移架速度要均匀;

(3)移架步距要符合作业规则规定;

(4)支架位置要正,不咬架;

(5)各组支架要排成一直线;

(6)支架、刮板输送机要平稳牢靠;

(7)顶梁与顶板接触要严密不留空隙;

(8)煤、矸、煤尘要清理干净。

2. 准备、检查与处理

第9条 准备

(1)工具:扳子、钳子、螺丝刀、套管、小锤、手把等。

(2)备品配件:U 形销、高低压密封圈、高低压管、常用接头、弯管等。

第10条 检查

(1)检查支架前端、架间有无冒顶、片帮的危险。

(2)检查支架有无歪斜、倒架、绞架,架间距离是否符合规定顶梁与顶板接触是否严密,支架是否成一直线或甩头摆尾、顶梁与掩护梁工作状态是否正常等。

(3)检查结构件:顶梁、掩护梁、侧护梁、侧护板、千斤顶、立往、推移杆、底座箱等是否开焊、断裂、变形,有无联结脱落,螺丝钉是否松动、压卡、扭歪等。

(4)检查液压架:高低压胶管有无损伤、挤压、扭曲,拉紧、破皮断裂,阀组有无滴漏,操作手法是否齐全、灵活可靠置于中间位置,管接头有无断裂,是否缺 U 形销子。

(5)千斤顶与支架、刮板输送机的连接是否牢固,严禁软连接。

(6)检查电缆槽(挡煤板)有无变形,槽内的电缆、水管照明线、通讯线数设是否良好,挡煤板、铲煤板与连接是否牢固,溜槽口是否平整,采煤机能否顺利通过。

(7)照明灯、信号闭锁、洒水喷雾装置等是否齐全、灵活可靠。

(8)支架有无严重漏液卸载现象,有无立柱伸缩受阻使前梁不接顶现象。

(9)铺网工作面,铺网的质量是否影响移架,联网铁丝接头能否伤人。

(10)坡度较大的工作面,端头的三组端头支架及刮板输送机防滑锚固装置是否符合质量要求。

第11条 处理

(1)顶板及煤帮存在问题,应及时向班长汇报或由支架工用自行接顶或超前撸顶等办法处理;

(2)支架有可能歪架、倒架、咬架而影响顶板管理的,应准备必要的调架千斤顶、短节锚链或单体支柱等,以备下一步移架时调整校正;

(3)更换、处理液压系统中损坏的软管、插牢U形销;

(4)清理支架前及两侧的障碍物,将管、线、通讯设施吊挂、绑扎整齐;

(5)和班长、电钳工等一道积极处理存在问题,不得带"病"强行移架。

3. 操作及其注意事项

第12条 正常移架操作顺序

(1)收回伸缩梁、护帮板、侧护板;

(2)操作前探梁回转千斤顶,使前探梁降低,躲开前面的障碍物;

(3)降柱使主顶梁略离顶板;

(4)当支架可移动时立即停止降柱,使支架移至规定步距;

(5)调架使推移千斤顶与刮板输送机保持垂直,支架不歪斜,中心线符合规定,全工作面支架排成直线;

(6)升柱同时调整平衡千斤顶,使主顶梁与顶板严密接触约3~5 s,以保证达到初撑力;

(7)伸出伸缩梁使护帮板顶住煤壁,伸出侧护板使其紧靠相邻下方支架;

(8)将各操作手把扳到"零"位。

第13条 过断层、空巷、顶板破碎带及压力大时的移架操作顺序

(1)按照过断层、空巷、顶板破碎带及压力大时的有关安全技术措施进行立即护顶或预先支护,尽量缩短顶板暴露时间及缩小顶板暴露面积;

(2)一般采用"带压移架",即同时打开降柱及移架手把,及时调整降柱手把,使破碎矸石滑向采空区,移架到规定动作步距后立即升柱;

(3)过断层时,应按作业规程规定严格控制采高,防止压死支架;

(4)过下分层巷道或溜煤眼时,除超前支护外,必须确认下层空巷、溜煤眼已充实后方准移架,以防通过时下塌造成事故;

(5)移架按正常移架顺序进行。

第14条 工作面端头的三架端头支架的移架顺序

(1)必须两人配合操作:一人负责前移支架,一人操作防倒、防滑千斤顶;

(2)移架前将3根防倒、防滑千斤顶全部放松;

(3)先移第三架,再移第一架,最后移第二架;

(4)移第二架时,应放松其底部防滑千斤顶,以防被顶坏。

第15条 移架操作注意事项

(1)每次移架都先检查本架管线,不得刮卡,清除架前障碍物;

（2）移架时，本架上下相邻两组支架推移千斤顶处于收缩状态；

（3）带有伸缩前探梁的支架，割煤时应立即伸出前探梁支护顶板；

（4）铺设顶网的工作面，必须先将网放下后再行移架；

（5）采煤机的前滚筒到达前应先收回护帮板；

（6）降柱幅度低于邻架侧护板时，升架前先收回邻架侧护板，待升柱后再伸出邻架侧护板；

（7）移架受阻达不到规定步距，要将操作阀手把置于断液位置，查出原因并处理后再继续操作；

（8）邻架操作时，应站在上一架支架内操作下一架支架。本架操作时必须站在安全地点，面向煤壁操作，严禁身体探入刮板输送机挡煤板内或脚蹬液压支架底座前端操作；

（9）移架的下方和前方不准有其他人员工作，移动端头支架时，除移架工外，其余人员一律撤到安全地点；

（10）假顶网下可采用"带压移架"：保持一定初撑力，紧贴或略脱离假顶网前移支架，要防止刮坏网或出现大网兜造成冒顶。

第 16 条　推移工作面刮板输送机

（1）先检查顶底板、煤帮，确认无危险后，再检查铲煤板与煤帮之间无煤、矸石、杂物后方可进行推移工作；

（2）推移工作面刮板输送机与采煤机应保持 12~15 m 距离，弯曲段不小于 15 m；

（3）可自上而下、自下而上或从中间向两头推移刮板输送机，不准由两头向中间推移；

（4）除刮板输送机头、机尾可停机推移外，工作面内的溜槽要在刮板输送机运行中推移，不准停机推移；

（5）千斤顶必须与刮板输送机联结使用，以防止顶坏溜槽侧的管线；

（6）移动机头、机尾时，要有专人（班长）指挥，专人操作；

（7）慢速绞车移机头、机尾时，必须按回柱绞车司机有关操作规定执行；

（8）移设后的刮板输送机要做到：整机安设平稳，开动时不摇摆；机头、机尾和机身要平直，电动机和减速器的轴的水平度要符合要求；

（9）刮板输送机推移到位后，随即将各操作手把扳到停止位置。

第 17 条　工作面遇断层、硬煤、硬夹石层需要爆破时，必须把支架的立柱、千斤顶、管线、通讯设施等掩盖好，防止崩坏。移架前，必须把煤矸清理干净。

第 18 条　工作面冒顶的处理

（1）主顶梁前端顶板破碎局部冒顶时，将顶梁用半圆木刹顶，再升柱使其严密接顶。

（2）支架上方空顶有倒架危险时，应用木料支顶空间。处理时先在顶梁上打临时支柱护顶，人员站在安全地点，用方木或半圆木打木垛。木垛最下一层的两端要分别搭在相邻两支架顶梁上并与顶梁垂直。移架时注意交替前移，以保持木垛完整。

（3）煤质松软片帮时，要在支架与煤壁间支棚刹顶帮，以防止继续片帮造成大冒顶。

（4）当支架上方与前方有较大面积的片帮冒顶时可采用撞楔护顶方法处理：

①在冒顶两侧各架设 2~3 架棚子，棚子高度应大于支架高度，其中第一架应大于支架0.5 m 以上；

②棚子间距 0.6~1.0 m，要挖柱窝 0.2~0.3 m，迎山合适有劲，背实背牢，稳固；

③将削尖的半圆木平面朝下,从第二架梁下斜穿入第一架上打入,随打随用长钎子捅出前阻的煤矸,若大锤打击力不足,可采用0.2 m直径的坑木用粗绳吊挂在棚梁上进行撞楔;

④撞楔间距约0.25 m,撞楔间隙用木板背严。

(5)移架前应在煤帮侧打上抬棚托住棚梁,以便拆除阻碍移架的棚腿。

4. 收尾工作

第19条　割煤后,支架必须紧跟移设,不准留空顶。

第20条　移完支架后,各操作手把都扳在停止位置。

第21条　清理支架内的浮煤、矸石及煤尘,整理好架内的管线。

第22条　班长、验收员验收,处理完毕存在问题,合格后方可收工。清点工具,放置好备品配件。

第23条　向接班液压支架工详细交代本班支架情况、出现的故障、存在的问题。升井后按规定填写液压支架工作日志。

四、液压泵工技术操作规程

1. 一般规定

第1条　液压泵工必须经过培训考试合格,取得合格证并持证上岗。

第2条　乳化液泵站应配备两泵一箱,乳化液泵和乳化液箱均应水平安装乳化液箱位置应高于泵体100 mm以上。

第3条　开关电动机按钮接线盒等电气设备应安装在无淋水的干燥安全地点。如果不能避开淋水时要妥善遮盖。

第4条　电动机及开关附近20 m以内风流中瓦斯浓度达到1.0%时,必须停止运转,切断电源,待瓦斯浓度降到1.0%以下,方可再送电开泵。

第5条　供液管路要吊挂整齐,保证送液回液通畅。

第6条　液压泵工要按以下要求配合进行定期检查修检:

(1)坚持每班擦洗一次油污脏物。

(2)坚持每天更换一次过滤器网芯。

(3)高低压力控制装置的性能由专管人员每周检查鉴定一次。

(4)坚持每10天清洗一次过滤器。

(5)乳化液箱至少每月清洗一次。

(6)各种保护装置由专管人员每月检查一次。

(7)过滤器应按一定方向每班旋转1~2次。

2. 准备、检查与处理

第7条　准备

(1)常用工具:扳手、钳子、温度计、折射仪等。

(2)必要的备品备件:钻丝擦布、油壶、油桶、管接头、U形销、高低压胶管等。

(3)油脂:润滑油、机械油、乳化油等。

第8条　检查与处理

液压泵工接班后,把控制开关手把扳到切断位置并锁好,按以下要求进行检查:

(1)泵站的各种设备清洁卫生情况。

（2）泵站及其附近巷道安全情况及有无淋水。

（3）各部件的连接螺栓是否齐全牢固，特别要仔细检查。

（4）减速器的油位和密封是否符合规定。

（5）泵站至工作面的管路接头连接是否牢靠、漏液。

（6）各止阀的手柄是否灵活可靠，吸液阀、手动卸载阀顶工作面回液阀是否在开启位置，向工作面供液的止阀是否在关闭位置，各种压力表是否齐全完整，动作灵敏。

（7）乳化液有无析油、析皂、沉淀、变色、变味等现象，用折射仪检查乳化液配比浓度是否符合规定（液压支架3% ~5%，单体液压支柱2% ~3%），液面是否在液箱的三分之二高度位置以上。

（8）配液用水进水口压力是否在 5×10^5 Pa 以上。

（9）乳化液箱和减速器的透气盖是否畅通。

（10）用手盘动电动机联轴节和泵头是否灵活。

第9条　拧松泵吸液腔的放气堵头，待把吸液腔内的空气放尽并出液后拧紧。合上控制开关，点动电动机，检查泵的旋转方向是否与其外壳箭头标记方向一致。

第10条　起动电动机，慢慢关闭手动卸载阀，使泵压逐渐升到额定值，然后按以下要求进行检查，发现问题及时处理，否则不准工作。

（1）泵运转是否平稳，声音是否正常。

（2）卸载阀、安全阀的开启和关闭压力是否符合规定。

（3）柱塞润滑油是否良好，齿轮箱润滑油是否达到规定。

（4）各接头和密封是否严密无滴液。

（5）控制按钮、信号、通讯装置是否灵敏可靠。

3. 操作及其注意事项

第11条　接到工作面用液开车信号后，开泵前要向工作面传信号，然后起动电动机，慢慢打开向工作面供液管路上的止阀，开始向工作面供液。

第12条　运转过程中应注意以下事项：

（1）各种仪表显示情况。

（2）机器声音是否正常。

（3）机器温度是否超限。

（4）乳化液箱中的液位是否保持在规定的范围内。

（5）柱塞是否润滑，密封是否良好。

（6）乳化液箱盖是否平整严实。

（7）乳化液箱内乳化液面是否有污染物。

发现问题，应及时向工作面联系，停泵处理。

第13条　发现下列情况之一时，应立即停泵：

（1）异声异味。

（2）温度超过规定。

（3）压力表指示压力不正常。

（4）乳化液温度超过规定，浓度达不到或超过规定或乳化液箱中液面低于规定位置而自动配液装置仍未起动。

(5)控制阀失效、失控。

(6)过滤器损坏或被堵不能过滤。

(7)供液管路破裂、脱开、大量泄液。

第14条 事故停泵和收工停泵都应按下列顺序操作：

(1)打开手动卸载阀,使泵空载运行。

(2)关闭高压供液阀和泵的吸液阀。

(3)按泵的停止按钮,并将控制开关扳到断电位置。

第15条 注意事项

(1)必须确认信号,信号不清不开车。

(2)修理、更换主要供液管路时应停泵,关闭主管路截止阀,不准带压修理或更换各种液压件。

(3)乳化液箱中的液位低于规定下限时,泵站自动配液装置应起动配液,无自动配液装置的泵站,应在专用的容器内进行人工配液,配液时应把乳化油掺倒在水中,禁止把水掺倒在乳化液中,配比浓度应符合本规程规定。

(4)不得擅自打开卸载阀、安全阀、蓄能器等部位的铅封和调整部件的动作压力。

(5)在任何情况下都不得关闭泵站的回液截止阀。

(6)要尽量采用同一牌号、同一厂家生产的乳化油配制的乳化液,每次配液后都要用折射仪检验乳化液的浓度,不符合规定时,要进行调配直到合格为止。

(7)除接触器触头粘住时可用隔离开关停泵外,其他情况下只许用按钮停泵。

4.收尾工作

第16条 接到收工命令和停泵信号后,立即停泵并把各控制阀打到非工作位置。

第17条 清擦开关电动机、泵体和乳化液箱上的粉尘。

第18条 向接班液压泵工交清情况后,填写运转和交班记录。升井后按规定填写液压泵工工作日志。

五、爆破工技术操作规程

1.入井前的准备工作

第1条 应携带爆破器、把手、口哨、炮棍、绝缘胶布、引药纤、注水针、母线、夹钳、缝补风筒破口的针和线等仪器工具,并带好操作证。

第2条 领取爆破器,并检查是否符合规定。

(1)爆破器外壳、固定螺丝、接线柱、防尘小盖等部件齐全,连接可靠。

(2)毫秒开关灵活,将把手插入毫秒开关内,按逆时针方向转至充电位置,氖气灯泡在爆破器充电时间少于规定时间闪亮,说明爆破器正常。

(3)试验放电灯泡接到爆破器接线柱上,待氖气灯泡亮后,立即按顺时针方向转至放电位置,试验放电灯泡闪亮,说明爆破器合格。

第3条 领取便携式瓦斯检定器,并检查是否符合要求。

(1)仪器外观完好,零部件齐全,开关灵活。

(2)送电预热 5 min 后,数字显示清晰、完整,且数值在 0.05 % 以下,说明仪器合格。

2.领取、运送爆破材料

第4条　携带操作证和班组长签字的爆破材料计划单到炸药库领取爆破材料,领取爆破材料时,必须当时检查品种规格、数量是否符合申请计划。并从外观上检查其质量及电雷管编号与计划相符。雷管、炸药必须分别存放在爆破材料箱内并加锁,雷管和炸药严禁装在同一容器内。

第5条　人力运送爆破材料时,雷管必须由爆破工亲自运送,炸药由爆破工或爆破工监护下由熟悉有关规定的人员运送。应直接送到工作地点,严禁中途逗留。

第6条　爆破材料箱应放置在不受电气设备、运输影响,巷道帮顶无垮塌危险的安全地点,爆破材料箱必须由爆破工或其他人员看守,每次爆破时必须把爆破材料箱放到警戒线以外的安全地点。

3.装配引药

第7条　装配引药必须在顶板完好,支架完整,避开电气设备和导电体的爆破工作地点附近进行,严禁坐在爆破材料箱上装配引药。

第8条　装配引药的数量,以当时当地需要的数量为限。

第9条　装配引药时,先将药卷揉松,用引药纤在非聚能穴的顶部扎一圆孔,将电雷管全部装入药卷中,然后用电雷管脚线将药卷缠住,电雷管脚线末端必须扭结,并且必须对引药使用不同缠绕方法,使各段电雷管之间有明显区别,以免装药时拿错。

第10条　引药装配以后,应清点数目,入箱锁好,不得乱扔、乱放。

4.装药

第11条　必须在炮眼施工完毕,且符合装药条件后,方可进行装药,严禁边打眼边装药。在装药过程中,装药地点附近20 m以内严禁进行与装药无关的工作。

第12条　在装药前,用炮棍插入炮眼里,检验炮眼的角度、深度、方向和炮眼内的情况。

第13条　待装药的炮眼必须吹净眼内的煤、岩粉。装药时,用一手拉着电雷管的脚线,一手用炮棍将装入眼口的药卷一个个轻轻推入,使药卷与眼底、药卷与药卷互相密接。必须采用正向起爆,即装有电雷管的起爆药卷放在眼口,所有炸药和电雷管的聚能穴方向必须一致,有聚能穴的一端向着眼底。严禁采用反向装药,即装有电雷管的起爆药卷放在眼底,所有炸药和电雷管的聚能穴方向必须一致,有聚能穴的一端向着眼口。严禁装盖药或垫药。

第14条　装药时,只能由上到下或由左到右的顺序装药,不准交叉装药。巷道断面积大于8 m^2,装药人员不超过4人。巷道断面积不超过8 m^2,装药人数不超过3人。

第15条　封孔装炮泥时,最初两段应慢用力,轻捣动,以后各段炮泥须依次用力一一捣动。装水炮泥时,水炮泥外边部分,应用炮泥封实,炮泥封泥长度必须符合爆破说明书规定。

第16条　装药后,必须将电雷管脚线末端扭结并悬空,严禁电雷管脚线、爆破母线同运输设备及采掘机械等导电物相接触。

5.联线

第17条　爆破前,爆破母线必须扭结成短路用绝缘胶布包扎,检查母线长度是否符合规定。胶皮有无破损、有无折断等,发现问题必须立即处理。在井下严禁用爆破器检查母线是否导通。

第18条　爆破母线的敷设必须符合《煤矿安全规程》的有关规定。

第19条　联线前,必须认真检查瓦斯浓度、顶板、两帮、工作面煤壁及支架情况,确认安全方可进行联线。

第20条　联线时，必须把手洗净擦干后，将电雷管脚线解开，刮净接头，进行脚线间的扭结连接。脚线的连接应按规定的顺序从一端向另一端进行，联线接头要用对头连接，并用绝缘胶布包好，联线接头必须扭紧牢固，并要悬空，不得与任何物体相接触。

第21条　爆破母线连接脚线，检查线路和通电工作，只准爆破工一人操作，与联线无关的人员都要撤离到安全地点。

第22条　联线工作必须认真仔细，应按照爆破说明书规定的联线方式进行，联线工作完毕之后重新检查一次。

6. 爆破

第23条　爆破前必须撤出碛头及有关区域的所有工作人员，在警戒线和可能进入爆破地点的所有道路上派专人担任警戒工作，爆破结束前，不得解除警戒。

第24条　爆破工接到爆破牌后，才允许将爆破母线与连接线进行连接，最后离开爆破地点，并必须在通风良好有掩护的安全地点进行爆破，掩护地点到爆破工作面的距离必须按作业规程的有关规定。

第25条　爆破前，爆破工应先用导通表检查是否畅通，若网路不通，必须查清原因进行处理。

第26条　爆破前，班组长清点人数，确认无误后，才将母线扭结解开，牢固地接在爆破器的接线柱上，必须发出明显的哨声，至少等5 s，才将把手插入毫秒开关内按逆时针方向转至充电位置，待氖灯泡闪亮时，再迅速将开关按顺时针方向转至放电位置起爆。

第27条　每次爆破后，非防突的爆破地点必须等到15 min后，防突的爆破地点必须等到30 min后，且待工作面的炮烟被吹散，防突的爆破地点必须先看监测主机，当瓦斯浓度小于1%时，爆破工、瓦检员和班组长方可首先进入爆破地点检查通风、瓦斯、煤尘、顶板、支架、拒爆、残爆等情况。如有危险情况，必须立即处理，并向矿调度汇报。

7. 相关规定

第28条　相邻两个以上的工作面爆破，不准将母线铺设到同一地点进行起爆，两起爆点的距离不得小于50 m，每个爆破点必须挂牌，否则必须随用随挂。

第29条　爆破母线距爆破工作面80～100 m，必须断开，扭结成短路并用绝缘胶布包扎，每次爆破时方可连接。

第30条　每次装药完毕后，应将剩余的电雷管、炸药清点好，放入箱内背出到警戒线以外的安全地点，同时检查巷道内的机器设备、工具、电缆等是否撤到安全地点或保护好，其他物体是否堵塞巷道影响通风、行人，否则不准爆破。

第31条　严格执行"一炮三检制"、"三人连锁爆破制"和"爆破站岗三保险制"。装药前、爆破前、爆破后必须检查爆破地点附近20 m以内风流中的瓦斯浓度，只有其浓度小于1%时，方可装药、爆破。

第32条　处理拒爆、残爆等工作，在班组长指导下进行，并应在当班处理完毕。如果当班未能处理完毕，当班爆破工必须在现场向下一班爆破工交接清楚。特殊情况下爆破必须按编制的专门措施有关规定执行。

第33条　处理拒爆时，必须遵守下列规定：

(1)由于连线不良的拒爆，可重新连线起爆；

（2）在距拒爆炮眼 0.3 m 以外另打与拒爆炮眼平行的新炮眼，重新装药起爆；

（3）严禁用镐刨或从炮眼中取出原放置的起爆药卷或从起爆药卷中拉出电雷管。不论有无残爆作炸药严禁将炮眼残底继续加深；严禁用打眼的方法往外掏药；严禁用压风吹拒爆炮眼。

（4）处理拒爆的炮眼爆炸后，爆破工必须详细检查炸落的煤、矸，收集未爆的电雷管。

（5）在拒爆处理完毕以前，严禁在该地点进行与处理拒爆无关的工作。

第 34 条　爆破工作完成后，爆破工必须将剩余的及不能使用的爆破材料（包括收集起来的拒爆、残爆的爆破材料）清点无误后，将本班爆破材料使用数量及剩余数量等填在爆破材料消耗本内，经班组长签字后缴回爆破材料库。

第 35 条　爆破工所领取的爆破材料，不得遗失，不得转交他人或下一班人员，不得销毁、扔弃和挪作他用，发现遗失立即报告班组长。

第 36 条　爆破器必须妥善保管，进、出井随身携带，在井下要挂在支架或放在木箱里，不要放在潮湿或淋水地点。不准敲打、撞击，出现故障，应及时送地面专人修理，不准擅自修理。爆破器把手由爆破工保管，不得转交他人。

第 37 条　掘进工作面必须全断面一次起爆，采煤工作面，可分组装药，但一组装药必须一次起爆。

8. 违章操作可能导致的危害

第 38 条　工具、仪器未带齐，可能导致不能及时发现隐患、发现的隐患不能及时处理或不能按规定进行爆破。

第 39 条　仪器未检查，造成检查数据不真实，瓦斯积聚、超限作业，导致爆破事故发生。

第 40 条　不按规定领取、运送爆破材料：

（1）可能造成爆破材料丢失，危害社会；

（2）爆破材料数量不足、爆破材料质量不符合要求等，可能导致爆破出现拒爆、爆燃等。

第 41 条　不按规定装配引药、装药、联线，可能造成爆破出现拒爆、爆燃、爆破燃烧、爆破打垮支架等。

第 42 条　不按规定进行爆破，可能造成人员未撤除、其他人员误入爆破区域等，导致爆破伤人事故等。

第 43 条　相邻两个以上的工作面爆破启爆点不按规定挂牌，可能造成误操作，导致爆破伤人事故等。

第 44 条　边装药边进行打眼工作、套打残眼或爆破后不认真检查爆破地点的残爆、拒爆等情况，可能导致打眼引爆电雷管、炸药或打爆未爆的电雷管、炸药造成伤人事故等。

第 45 条　爆破后，未等到规定的时间或未及时恢复通风，可能导致炮烟熏人事故等。

第 46 条　爆破前，未执行"一炮三检制"或未检查煤尘情况，可能造成爆破引起瓦斯煤尘爆炸事故等。

第 47 条　未执行"三人连锁爆破制"，可能造成人员未撤除或警戒不严导致爆破崩人、未保护好工具和设备导致爆破崩坏设备、未检查顶板和支护等情况导致爆破打垮料、未认真检查联线容易造成误联或漏联导致爆破故障。

任务3 采煤工作面工艺技能训练

一、目的和要求

通过技能训练使学生熟悉采煤工作面的工艺流程,了解工作面设备的性能,熟悉生产中遇到地质构造问题时的处理办法及安全技术措施,掌握采煤工作面生产技术及组织管理的基本知识,采煤工作面主要工种的操作技能,具备编制采煤工作面安全技术措施的能力。

二、时间安排

根据教学需要,计划技能训练安排4周,现场安排3周,炮采工作面工艺技能训练1周,普采工作面工艺技能训练1周,综采、综放工作面工艺技能训练1周;在校编制实训报告1周。可安排在2~3个具有一定特点的矿井进行。

1. 技能训练矿井的概况

通过现场参观,结合工程技术人员的讲解,了解矿井的地质、生产、安全、技术管理现状及经营状况。

2. 采煤工作面岗位技能训练

在现场工程技术人员和工人师傅的指导下参加采煤工作面主要岗位技能训练,熟练掌握采煤工作面的工艺过程,能初步处理生产过程中出现的一些技术问题。

三、技能训练主要内容及要求

1. 爆破采煤工作面工艺技能训练

技能训练的主要任务是加强理论与实践相结合,了解炮采工作面工艺过程,掌握各个工序具体操作要领,及时发现和处理生产过程中的技术问题。

炮采工作面工艺过程包括打眼、爆破破煤和装煤、人工装煤、刮板输送机运煤、移置输送机、人工支护和回柱放顶等主要工序。

①爆破破煤,由打眼、装药、封堵、联线及爆破等工序组成。要求保证规定进度,工作面平直,不留顶煤和底煤,不破坏顶板,不崩倒支柱和不崩翻工作面输送机,尽量降低炸药和雷管消耗。因此,要根据煤层的硬度、厚度、节理和裂隙的发育状况及顶板条件,正确确定炮眼数目、角度、深度、装药量、一次起爆的炮眼数量以及爆破次序等钻眼爆破参数。

②炮采工作面采用可弯曲刮板输送机运煤,为了提高爆破装煤的效果,刮板输送机必须推靠煤壁,并在刮板输送普采空区侧加装挡煤板。爆破时分次爆破,先爆破顶眼,破下的煤炭大部分装入输送机内,挂顶梁及时支护顶板,再爆破底眼,把煤抛掷到输送机内。

③采煤工作面支护方式有点柱和支架两种。点柱支护多用于顶板较稳定薄煤层工作面。支架由单体液压支柱与金属铰接顶梁相配合组成的,其布置主要有两种:齐梁直线柱和错梁三角柱。爆破破煤时,爆深应与铰接顶梁长度相等。最小控顶距时应有3排支柱,以保证有足够的工作空间,最大控顶距时一般不宜超过5排支柱。当工作空间达到最大控顶距时,为了确保放顶安全,回柱之前常在放顶排处架设丛柱、密集支柱、木垛、斜撑支架以及切顶墩柱等一些特

种支架。

④采空区处理。随着采煤工作面不断向前推进,需要及时对采空区进行处理。由于顶板特征、煤层厚度和保护地表的特殊要求等条件不同,采空区有全部垮落法、全部充填法、局部充填法、煤柱支撑法、缓慢下沉法等五种处理方法,但最常用的是全部垮落法。当工作面推进,工作空间达到允许的最大控顶距,应及时回柱放顶,使工作空间只保留回采工作所需要的最小控顶距。最小控顶距一般为 3 排支柱,最大控顶距为 4 排。

工作面使用单体液压支柱时,通常用远距离人工回柱。回柱应按由下而上、由采空区向煤壁方向的顺序进行,遵守安全规程的各项规定,保证回柱放顶安全。

2. 普通机械化采煤工作面工艺技能训练

主要任务是了解普采工作面工艺流程,掌握采煤机的工作方式以及进刀方式。

普采工作面工艺过程包括采煤机割煤、装煤、运煤、支护以及回柱放顶等工序。

普采工作面单滚筒采煤机工作方式:

(1)滚筒的位置和旋转方向

当面向回风平巷站在工作面时,若煤壁在右手方向,则为右工作面;反之为左工作面。右工作面的单滚筒采煤机应安装左螺旋滚筒,割煤时滚筒逆时针旋转;左工作面安装右螺旋滚筒,割煤时顺时针旋转。这样的滚筒旋转方向,有利于采煤机稳定运行。当采煤机上行割顶煤时,其滚筒截齿自上而下运行,煤体对截齿的反力是向上的,但因滚筒的上方是顶板,无自由面,故煤体反力不会引起机器震动。当机器下行割底煤时,煤体反力向下,也不会引起震动,并且下行时负荷小,也不容易产生"啃底"现象。这样的转向还有利于装煤,产生煤尘少,煤块不抛向司机位置。

(2)采煤机的割煤方式

①双向割煤、往返一刀。

②"∞"字形割煤、往返一刀。

③单向割煤、往返一刀。

单向割煤、往返一刀割煤方式的工艺过程为:采煤机自工作面下(上)切口向上(下)沿底割煤,随机清理顶煤、挂梁,必要时可打临时支柱。采煤机割至上(或下)切口后,翻转弧形挡煤板,快速下(上)行装煤及清理机道丢失的底煤,并随机推移输送机、支设单体支柱,直至工作面下(上)切口。

双向割煤、往返两刀割煤方式的工艺过程为:首先采煤机自下切口沿底上行割煤,随机挂梁和推移输送机,并同时铲装浮煤、支柱,待采煤机割至上切口后,翻转弧形挡煤板,下行重复同样工艺过程。当煤层厚度大于滚筒直径时,挂梁前要处理顶煤。

普采工作面使用双滚筒采煤机时,一般也采用双向割煤往返两刀的割煤方式。

(3)单滚筒采煤机的进刀方式

①"∞"字形割煤时采煤机沿工作面中部输送机弯曲段运行自行进刀,没有单独进刀过程,有利于端头作业和顶板支护。

②斜切进刀,斜切进刀可分为割三角煤和留三角煤两种方式。

(4)普采工作面双滚筒采煤机的工作方式

1)滚筒的转向和位置

当面向煤壁站在综采工作面时,通常采煤机的右滚筒应为右螺旋,割煤时顺时针旋转;左滚筒应为左螺旋,割煤时逆时针旋转。采煤机正常工作时,一般其前端的滚筒沿顶板割煤,后端滚筒沿底板割煤。

2)割煤方式

①双向割煤,往返一次割两刀。工作面端部进刀。

②单向割煤,往返一次割一刀,工作面中间或端部进刀。

3)进刀方式

①工作面端部斜切进刀。

②工作面中部斜切进刀。

3.综采、综放工作面工艺技能训练

主要任务是了解综采、综放工作面工艺流程,掌握采煤机与液压支架相互配合关系、液压支架的工作方式、工作面过特殊地质构造的工艺和技术措施,综采放顶煤工艺,掌握放煤步距和放煤方式的确定。

综采工作面工艺过程一般为:采煤机破煤装煤,输送机运煤,自移式支架前移,同时推输送机到新的位置,后方顶板自动冒落。采煤机割煤以及装煤运煤同普采工作面,主要区别在液压支架的使用。

(1)综采工作面液压支架的移架方式

我国采用较多的移架方式有三种:①单架依次顺序式,又称单架连续式,支架沿采煤机牵引方向依次前移,移动步距等于截深,支架移成一条直线,该方式操作简单,容易保证规格质量,能适应不稳定顶板,应用比较多;②分组间隔交错式,该方式移架速度快,适用于顶板较稳定的高产综采工作面;③成组整体依次顺序式,该方式按顺序每次移一组,每组二三架,一般由大流量电液阀成组控制,适用煤层地质条件好、采煤机快速牵引割煤的日产万吨综采工作面。我国采用较多的分段式移架属于依次顺序式。

(2)综采工作面工序配合方式

综采工作面的主要工序是割煤、移架、推移输送机,按照不同顺序有及时支护方式和滞后支护方式两种配合方式。

(3)综采工作面端头作业

综采工作面端头支护方式主要有以下三种:①单体支柱加长梁组成的迈步抬棚;②自移式端头支架;③用工作面液压支架支护端头。

(4)综采工作面的拆迁和安装

①拆除期间的顶板控制

国内外综采设备拆除期间的顶板控制主要有三种方法:金属网加木板梁、金属网加钢丝绳、金属网加钢丝绳加锚杆。

②综采设备的拆除方法

综采设备的拆除顺序,一般是先拆输送机的机头或机尾,继之拆采煤机和输送机机槽。

支架的拆除顺序依据顶板和运输条件而定,多为从工作面的运输巷端退向回风巷端(装平板车端)拆除,这样的拆除顺序有利于控顶;若机巷设有轨道,顶板条件好,可由回风巷端向运输巷端拆除;或由工作面两端向中间拆除,以加快拆除速度。

③开切眼断面的扩大及支护形式

为了减小开切眼变形量和保证顶板完整性,在设备安装之前开切眼以小断面掘通,设备安装时一般要重新扩大开切眼断面。如果顶板稳定、压力较小时,可一次先扩完,然后安装设备;反之,如果顶板破碎、压力较大时,可分段扩面,边扩面边安装。开切眼支护采用与工作面推进方向一致的棚子加铺顶网支护或采用锚杆加顶网支护。

④综采工作面设备组装

综采设备可以在地面工业场地、井下巷道、工作面组装三种方式。

⑤综采设备运进工作面的方法

在工作面的两端头出口处各设置一台小绞车,首先用绞车将支架沿底板拖至安装地点,再用两台绞车转向、对位和调正。

⑥综采工作面的安装顺序

综采工作面设备安装顺序可分为前进式和后退式两种。

(5)放煤步距与采煤机截深

合理的放煤步距应该是与顶板放落椭球体短轴半径和放顶煤高度相匹配,使顶部矸石和采空区矸石同时到达放煤口,达到丢煤最少,含矸率最低。实践证明:放煤步距大于或基本等于支架煤口沿工作面推进方向水平投影长度,至少使第二次放煤时放煤口上方全部为煤时,顶煤回收率最高,含矸率最低。当截深为 $0.5 \sim 0.6$ m 时,割 2 刀放 1 次顶煤,放煤步距为 $1.0 \sim 1.2$ m;当截深为 $0.8 \sim 1.0$ m 时,采用割 1 刀放 1 次顶煤,放煤步距为 $0.8 \sim 1.0$ m。

放煤方式可分为单轮顺序放煤、多轮顺序放煤和单轮间隔放煤及多轮间隔放煤等方式。每个矿井的放煤方式,应根据其煤层的赋存条件、煤层结构、顶底板岩性,工作面装备,采煤比等因素通过试验确定。

(6)端头放煤

目前综采放顶煤工作面采用端头放顶煤支架放落工作面两端的顶煤。

(7)工作面末采

工作面邻近停采线,在距停采线 $12 \sim 18$ m 时,开始铺网,$12 \sim 14$ m 时即停止放煤;或者在距离停采线 8 m 时停止放煤。

四、考核办法

学生技能训练成绩的评定主要根据三个方面的表现:

①在技能训练生产单位的具体表现;

②技能训练资料的收集完整情况;

③技能训练报告的编写质量。

技能训练结束,学生应将技能训练资料、技能训练报告、技能训练单位鉴定意见带回学校,由指导教师作综合考核,考核成绩分为优秀、良好、中、及格和不及格。

五、采煤工艺技能训练报告的编写

技能训练结束后,每个学生应提交一份技能训练报告,将本次技能训练情况及本人在技能训练中的收获全面,准确地用文字表述出来。技能训练报告的编写方式、内容要求如下:

1. 技能训练基本情况

内容包括:技能训练时间、参加人员及组织情况;技能训练目的、技能训练主要过程和技能训练内容;技能训练矿井概况。

2.技能训练主要内容

①根据技能训练的每个环节收集的相关资料(包括相关图件);

②主要技能训练环节的工艺说明以及遇到的技术问题的处理方法;

③编写一个技能训练矿井的采煤工作面作业规程和安全技术措施。

3.技能训练报告编写要求

技能训练报告要求立意明确,资料详实,思路清晰,文理通顺,自己认为有必要时也可附图件说明问题,要求每个同学都应认真对待。

编写报告材料来源来自生产技能训练单位,总结自己的认识和体会。技能训练报告的字数不少于4 000字。

4.技能训练总结

总结技能训练在思想认识、技术实践、理论探索等方面的感受。

14.1 采煤工作面作业规程编制的意义体现在哪些方面?

14.2 采煤工作面作业规程编制依据有哪些?

14.3 采煤工作面作业规程主要内容有哪些?

14.4 采煤工作面作业规程编审有哪些步骤?

14.5 编制采煤工作面作业规程应当注意哪些问题?

14.6 采掘专业的主要工种包括哪些?

14.7 按照《工人技术等级标准》规定,工人技术等级分为哪几级?

14.8 简述技术操作规程的内容和作用。

学习情境 **15**

采区开采技术设计

学习目标

☞ 能正确表述矿井开采技术设计依据和程序；
☞ 能正确表述项目建议书、可行性研究报告的内容；
☞ 能正确表述矿井初步设计的内容；
☞ 能正确表述开采技术设计工作原则；
☞ 能正确表述方案比较法的步骤和内容；
☞ 能正确进行技术经济比较；
☞ 能正确表述采区设计依据、程序和步骤；
☞ 能正确编制采区设计说明书和绘制采区设计图件；
☞ 能正确设计采区煤仓容量、结构、支护及附属装置；
☞ 能对绞车房平面布置、坡度、高度及尺寸进行确定；
☞ 能对采区变电所的位置、尺寸及支护方式进行确定；
☞ 根据给定条件,合理设计采区水泵房、水仓、清煤斜巷。

任务1　开采技术设计依据和内容的确定

一、矿井开采技术设计的依据、程序和内容

1.矿井开采技术设计的依据

①法律与法规。国家安全生产法律、法规;煤炭产业政策、煤炭工业技术政策、有关规程、规范;行业标准,国家对建设项目明确规定的文件等。它们是进行矿井设计的基本依据,是保障资源合理利用、保持煤炭工业健康发展的重要基础。

②设计任务书。设计任务书是进行矿井设计的指导性文件,是煤矿企业向设计部门委托设计任务的文件,是确定基本建设项目和编制设计文件的主要依据。一般包括:资源利用,

311

"三废处理"和抗震要求,电源、水源、材料供应以及地面运输条件和协作条件,建设地点和土地征用估算,建设投资和基建工期,劳动定员与劳动生产率,要求达到的技术水平和经济效益等。

改、扩建项目设计任务书还应包括原有和现有的地质资料情况,可利用的井上、井下工程设施,现有生产潜力如何发挥等。

③煤炭资源。煤田地质勘查工作分为预查阶段、普查阶段、详查阶段和勘探阶段,各阶段勘查工程结束后提交相应的地质勘查报告书。井田勘探地质报告为矿井初步设计提供可靠的资源储量依据。井田勘探地质工作是在矿区总体设计和详查的基础上进行的,其成果应满足井筒、主要巷道位置的选择和初期采区划分的需要,并保证井型、井田境界和煤的工业用途,不致因地质资料而发生重大变化。

④经批准的上一阶段设计所确定的原则和技术标准是下一阶段设计的依据。设计一对矿井之前,首先要对矿井所在的矿区进行矿区总体规划,总体规划设计所确定的原则是单个矿井设计的依据;矿井初步设计所确定的原则是单项施工图设计的依据。

2. 矿井开采技术设计的程序和内容

(1)提交矿井项目建议书

矿井项目建议书是根据批准的矿区综合开发规划编制的。对矿井项目建设的有关重大问题提出初步分析。项目建议书主要内容有:拟建矿井的必要性和依据;建设规模和地点、投资估算和资金筹措的初步设想;项目的进度安排;资源情况、建设条件、经济效益和社会效益的初步分析等。

(2)矿井建设可行性研究

矿井可行性研究是对矿井建设的必要性、主要技术原则方案和技术经济合理性的全面论证和综合评价,是矿井立项的依据。矿井可行性研究报告应在批准的矿区总体规划和矿井项目建议书的指导下进行编制。编制的基础资料是经批准的矿井精查地质报告。可行性研究对建设项目的主要方面进行深入细致的研究,其主要内容包括:预测市场对煤炭的需求情况;分析煤炭资源条件和原始地质资料,确定矿井生产能力;择优选取先进可靠和符合我国技术政策及产业政策的开拓方案;选择矿井合理的工艺流程和主要设备;确定合理的矿井工业场地总平面布置及环境保护方案、占地面积、居住区规划等;协调各方面关系;对建设项目的经济效果进行总评价等。矿井可行性研究是一项内容广泛、严肃而又科学的工作,应从技术上全方面考虑,以便为矿井初步设计提供可靠依据。

(3)矿井初步设计

矿井可行性研究之后,依据已批准的精查地质报告和煤层赋存条件进行矿井初步设计。矿井初步设计是指导矿井建设的技术经济文件,经批准后是安排矿井建设计划、组织实施和投产验收的依据。初步设计应指导施工图设计,作为控制工程投资、设备选型订货及矿井验收和生产考核的依据。矿井初步设计的质量和技术水平,决定了矿井的建设工程量、建设工期、基建投资和技术经济效果,对矿井生产经营有长远的影响。矿井初步设计应阐明和确定主要问题有:

①说明矿井的隶属关系、地理位置、交通、地形地貌、河流湖泊、沼泽及其他地面水体的分布及范围、气象及地震、水文、工农业、建筑材料概况,现有水源、电源、地面建筑等情况;井田地质构造、煤层煤质情况;瓦斯、煤尘、煤层自燃情况;水文地质情况;开采技术条件以及其他有益

矿产的开采与利用评价。重点对地质报告进行全面分析研究,应对勘探程度、存在的主要问题、开采技术条件与资源可靠性等做出评价并提出进一步的补充勘探意见。

②说明井田境界及其划分依据,井田内各可采煤层的地质储量,计算矿井及各水平的可采储量,安全煤柱的留设及其计算方法,说明设计的工作制度,矿井设计年生产能力与服务年限的确定。

③选择井田开拓方式,工业场地及井筒位置、数目、断面与用途,水平的划分及水平标高的确定,包括防水煤柱的计算、回采上限的确定、回风水平的确定、第一水平标高的确定。确定主要巷道的布置方式、井底车场的类型及硐室布置。验算井底车场的通过能力。确定开采顺序、采区划分及配采计划。井田开拓方案关系到地面与井下整体布局,对建设工程量、基建工期、生产技术面貌和经济效益有重大作用,应提出多个方案进行技术经济比较,阐明推荐开拓方案的主要内容和推荐理由。

④确定矿井提升及大巷运输的方式,选择矿井提升、运输、通风、排水、压气设备,并计算相应能力。

⑤根据地质构造、煤层的稳定性和开采条件分析比较选择采煤方法,选择工作面采煤、装煤、运煤、支护方式和设备选型,确定工作面顶板管理方式,确定采区巷道布置、矿井移交生产和达到设计能力时的采区布置、移交采煤工作面布置、工作面主要技术参数的确定、移交时的掘进工作面数量、巷道断面和支护方式、掘进机械设备、移交时井巷工程量、辅助运输方式及设备选型。

⑥根据井田瓦斯、煤尘、煤层自然发火倾向性、煤与瓦斯突出危险性、突水等情况确定通风方式和通风系统、计算风量、风压及通风等积孔,降温措施及设备选型,防治井下灾害的措施及安全装备。井下安全监控系统和设备选型。

⑦阐明各可采煤层的煤质、用途和用户类型。根据煤质和用户的要求,提出选矸及筛分方案,确定煤的加工工艺流程、主副井生产系统和矸石系统,矿井机电设备修理车间、坑木场、煤样室等主要设备的选型、地点和面积。

⑧概述地面现有的铁路、公路和其他交通运输情况,线路主要技术条件,运输能力及发展规划,设计矿井装车站运输线路、标准轨道铁路和专用线,铁路的经营方式,简述场外公路和其他运输方式。

⑨确定矿井工业广场总平面布置,说明平面布置、竖向布置及场内运输、排水;管线综合布置;说明风井位置的选择及平面布置;工业场地的防洪排涝措施。

⑩确定矿井供电电源、电力负荷,计算吨煤耗电量,确定井上、下配电系统和设备的选型;地面照明供电系统与控制,矿井通讯系统和通讯设备选型;井下环境监测系统、生产监测系统和计算机网络管理系统。

⑪说明地面建筑物和构筑物设计的气象、工程地质、地震、建筑材料等施工材料;确定地面工业建筑物、行政和居民生活建筑物与位置,计算这些建筑物的面积。

⑫确定全矿给水、排水、采暖、通风、供热、消防系统及设施,井下洒水除尘、井筒防冻以及地面生产系统的防尘。

⑬概述建设地区的环境状况、分析矿井主要污染源和污染物及可能引起的生态变化,设计采用的环境保护标准。对锅炉、煤场引起的大气污染、矿井排水和居住区生活用水的水污染、压风机房和通风机房的噪声污染、煤矸石垃圾等固体废弃物以及地表塌陷对生态环境的破坏

提出防治控制措施。根据环境保护方案估算环境保护费用。设置环境保护管理机构和监测机构。

⑭计算矿井建设工程量,施工顺序、速度和工期。土建工程及施工顺序,说明并计算。机电安装工程及其工程量,施工方法和顺序,三类工程综合排队和总工期。

⑮采用先进的矿井管理模式设置矿井管理运行机制,编制矿井劳动定员、估算原煤成本、技术经济分析以及总概算,编制矿井主要技术经济指标,预测产品市场及销售价格。

矿井初步设计除了完成上述设计内容并编写设计说明书外,还要提供相应设计内容的附图、主要机电设备和器材目录、三材消耗清册以及矿井开采设计概算书,并完成安全专篇。

矿井设计是一项原则性和技术性强的工作,既要符合安全生产法律法规、技术规范,又要适应矿情。设计单位和人员应精心设计,力求选出技术先进、经济合理最优方案,设计审批程序也要严格按国家有关规定进行,避免由于任意修改设计或不按设计施工,而造成经济损失或影响建设速度。

(4)施工图设计

施工图设计是在矿井初步设计的基础上,依据已批准的初步设计文件进行。施工图设计的内容,应根据初步设计内容确定。新建矿井一般包括井巷工程、地面建筑工程和机电设备安装工程等方面的施工图。批准后的设计施工图是施工单位进行施工的依据。为此,设计部门要结合现场实际,加强与施工单位商洽,使设计成果便于施工,利于生产,做到经济合理。

3. 矿井开采设计工作的原则

(1)提高设计水平、保证设计质量

设计单位要坚决贯彻国家安全生产法律法规以及《煤矿安全规程》、矿井设计规范的规定,认真分析研究地质资料,努力提高设计质量,使设计的矿井技术先进,缩短建设工期和节省投资,生产时能取得最大的技术经济效果。在设计过程中要解决好三个重要问题:①设计人员业务素质问题;②设计人员对设计相关资料的掌握程度;③设计人员对国家安全生产法律法规、设计规范、技术标准的熟悉程度。

(2)保证合理的设计周期

合理的设计周期是提高设计质量的重要保证,各个设计阶段都需要有一定的时间予以满足。如果设计周期过于紧迫,往往会使设计考虑不周,造成设计返工,甚至给矿井生产带来隐患,不能保证正常的安全生产,损失会更大。我国过去实行的边勘探、边设计、边施工的"三边"政策实施付出了沉痛代价,值得认真反思。

(3)加强设计审批工作

设计审批是对设计文件进行全面的审查,以便决定是否批准这部设计作为建设的依据。设计审批是确定建设项目的最后一个步骤。必须做到对国家负责、对业主负责、对自己负责的"三个负责",设计实行终身负责制。

设计审批是一项严肃的工作,要认真贯彻国家的有关规定。设计文件一经批准,就具有法律性,业主按批准的设计安排投资。所以,任何单位和个人不经原审批单位同意,都无权更改批准设计。涉及一般设计的修改,必须经原设计单位同意由原设计单位进行,才能保证基本建设顺利进行。避免由于任意修改设计,或不按设计施工,而造成经济损失或影响建设速度。

二、采区设计的依据、程序和步骤

1. 采区设计的依据

要做好采区设计,起到正确指导生产的作用,必须有正确的设计指导思想和充分可靠的设计依据。采区设计必须贯彻执行相关法律法规、技术政策、规范和规定等。

采区是组成矿井生产的基本单位。采区设计被批准后,在采区的施工及生产过程中,不能任意改变。因此,采区设计要为矿井合理集中生产和持续稳产、高产创造条件;尽量简化巷道系统,减少巷道掘进和维护工程量;有利于采用新技术,发展机械化和自动化;减少煤炭损失,保证安全等。

采区设计的主要依据有:

(1)已批准的采区地质报告

地质报告主要包括地质说明书和附图两部分。

在采区地质说明书中,应有详细的采区地质特征,地质构造状况;煤层赋存条件和煤层稳定程度;矿井瓦斯等级;有无煤和瓦斯突出危险;自然发火期;水文地质特征;煤种和煤质以及国家对产品的要求;钻孔布置及各级储量的比例等。

图纸包括:采区井上下对照图、煤层底板等高线图、储量计算图、勘探线剖面图、钻孔柱状图、采掘工程平、剖面图等。

(2)根据矿井生产接替和发展对设计采区的要求

主要是生产矿井提出的对设计采区的生产能力、采煤工艺方式、采准巷道布置及生产系统改革发展等要求,以适应生产技术不断发展的需要。

2. 采区设计程序

采区设计是根据矿井设计或矿井改扩建设计以及生产技术要求,由矿主管部门提出设计任务书,报局批准,而后由矿或局的有关部门、单位根据批准的设计任务书进行设计。

采区设计通常分为两个阶段进行,一是确定采区主要技术特征的采区方案设计;二是根据批准的方案设计而进行的采区单位工程施工图设计。

采区方案设计除了需要阐述采区范围、地质条件、煤层赋存状况、采区生产能力、采区储量及服务年限等基本情况外,应着重论证和确定以下问题:采准巷道的布置方式及生产系统、采煤方法选择、采掘工作面的工艺及装备、采区参数、采区机电设备的选型与布置、安全技术措施等。

在进行具体采区方案设计时,应根据煤炭工业技术政策、设计规范,煤矿安全规程的要求,地质和生产技术条件、设备供应状况,拟定数个技术上可行的方案,然后计算各方案相应的技术经济指标,通过对这些方案进行经济比较,选择出技术先进、经济合理、安全可靠的方案,为进一步进行采区施工图设计打下基础。

采区施工图设计是在采区方案设计被批准后进行的。在施工图设计中,主要是根据采区方案设计的要求,对采区某些单位工程,如采区巷道断面、采区上、中、下部车场、巷道交岔点及采区硐室等进行具体的设计,确定有关尺寸、工程量和材料消耗量,绘制出图纸和表格,以便进行施工前的准备工作及施工。

应该指出,采区方案设计和施工图设计是紧密相联系的整体和局部的关系。采区方案设计中技术方案要通过单位工程来实现,在进行采区方案设计时应考虑施工图设计的可能性和合理性;但施工图设计要以批准的方案设计为依据,体现方案设计的技术要求。必要时,应根据实际情况的变化和施工的具体要求,本着实事求是的精神,进行适当的修改,并报上级批准,使设计更加完善、更加符合施工和生产的要求。

3. 采区设计的步骤

①认真学习有关煤矿生产和建设的政策法规,了解局、矿对采区设计具体要求和规定。

要按照具体条件,因地制宜同时又积极创造条件,提高采、掘、运机械化水平,提高采煤工作面单产;积极推广无煤柱护巷技术及巷旁支护技术,降低万吨掘进率,降低煤炭损失;实现合理集中生产,提高劳动生产率。

②明确设计任务,掌握设计依据。根据矿井生产技术发展及生产衔接的需要,明确采区设计中重大问题的设计任务,如采准巷道布置及采煤工艺的改革、采区生产能力的确定等主要技术原则。矿井地质部门应提出采区的地质说明书及附图,并应有分煤层和分等级的储量计算图。必要时设计人员需对储量进行核算,设计人员真正掌握设计依据,使设计建立在可靠的基础上。

③深入现场,调查研究。根据采区设计所需要解决的问题,确定调查的课题、内容、范围和方法。调查原有采区的部署、巷道布置及生产系统、车场形式等,作为巷道布置方案设计时的借鉴;调查采煤、掘进、运输、提升等的生产能力,煤仓容量等数据,作为设备选型的参考;搜集巷道掘进、运输、提升、排水、通风和巷道维护等方面的技术经济指标,以便进行不同方案的技术经济比较。充分掌握第一手资料,使设计建立在客观实际的基础上。

④研究方案,编制设计。在进行实际调查研究的过程中,一定要注意汇集各有关单位对设计的具体要求及设想,根据设计条件提出几个可行方案,广泛征求意见,认真研究、修改和充实设计方案内容,在此基础上集中为两个或三个较合理的方案,进行技术经济比较,确定出采用的方案,正式编制设计。

⑤审批方案设计。将已完成方案设计经有关单位会同审查后,由有关上级部门批准。

⑥进行施工图设计。根据已批准的方案设计,进行各单位工程的施工图设计。

任务 2 开采技术设计方法选择

为了确定井田的开拓方式、阶段垂高、采区布置形式、采煤方法,选择提升、运输、通风、瓦斯抽采、安全监控、消防火、排水、动力供应等辅助生产系统,矿井开采设计可以采用不同的方法。这些方法有:方案比较法、统计分析法、标准定额法、数学分析法和经济数学规划法等。利用这些方法进行方案选择,保证使设计的最终方案安全可靠、技术先进、经济合理。安全可靠是指符合国家安全生产法律法规要求;满足煤矿安全规程、煤炭产业政策、煤炭工业技术政策、煤炭工业矿井设计规范、煤炭工业小型矿井设计规范的规定;生产系统设置合理,稳定可靠;拟采取的防灾措施针对性强,切实可行。技术先进是指选用的方案生产系统简单、安全可靠、采用适合于该矿井具体条件的先进技术,有利于采用新技术新工艺,有利于实现生产过程的综合机械化及自动化,有利于生产的集中化,有利于提高资源采出率,有利于加强生产技术管理,有利于安全生产。经济合理是指所选用的方案吨煤生产能力的基建投资少,特别是初期投资少,劳动生产率高,吨煤生产费用低,矿井建设时间短,投资效益好,投资回收期短、利润高。

原材用百 C_z =[列载用量(km)×[km]单价](元/h)](km·h)

排水用 C_s = 365×24×防水点(m/h)×排水源价(km)×排水量(km·h)(15-5)

一、方案比较法

在实际工作中,方案比较法是矿井开采设计中最基本和最常用的方法,它可以解决矿井开拓总体和局部设计中的各种设计问题。方案比较法的核心是技术经济分析,它对提出的几个技术可行、安全可靠的设计方案进行全面的技术分析和经济比较,从中选出最优方案。具体步骤有:

1. 熟悉基础资料

在技术分析基础上提出可行性方案,熟悉矿井设计所需的各种基础资料,如勘探地质资料、地面工程地质、矿区总体规划等,明确设计的内容和目标,分析各种地质因素和地面条件对设计方案的影响程度。通过深入细致分析和研究,提出若干个技术上可行、安全上可靠的方案。如果可行方案较多,则需要作进一步的比较,删除在技术、安全和经济上明显不合理的方案。最后筛选确定的可行方案一般不少于三个。由于设计的内容不同,技术分析的内容也不尽相同。矿井开拓方案技术分析的主要内容有:

①根据煤层赋存特征,结合井田划分,分析保证矿井设计能力的可靠性和稳定性,初期能否迅速出煤和达到设计能力;达产后能否保持稳产和增产;两翼能否均衡生产,厚薄煤层及各煤种的搭配;水平是否有足够的服务年限等。

②开拓方案要在使用先进技术的基础上,实现集中化生产获得较高效益。

③井口的位置尽可能平坦,便于工业广场的布置,避免洪涝、滑坡等自然灾害的影响。

④确定开拓方案时要详细研究井巷穿过地层的水文地质条件。如在含地下水的厚表土的矿井只能用立井开拓;井底有含水丰富的石灰岩时,井底车场只能在其上部设置;大的断裂构造对井筒布置的影响等。

⑤开拓布置要考虑尽可能不迁村庄,尽量少占农田、少压煤或不压煤,提高煤炭采出率。

⑥开拓方式和井口位置与初期采区位置统筹考虑,使工期短、投资少、达产快、效益好。

⑦开拓系统要充分考虑防水、放火、防瓦斯煤尘爆炸和突出的要求,保证安全生产。

⑧要符合矿区总体设计要求和外部条件影响。

2. 经济比较

计算各可行方案的工程量、基本建设投资、建井工期、生产经营费用、收益率和可采煤等各主要指标,然后进行比较。各主要指标的内容和费用计算如下:

①工程量。包括井巷工程量(井巷、硐室的工程量分别按 m 和 m³ 计量)、地面建筑工程量按建筑面积(m²)计量、轨道和管线等按(m)计量、机电设备的安装工程量(按设备台数或成套设备套数计量)、其他工程量(平整土地按土石方计量)等。

②基本建设投资。包括井巷工程量投资、地面建筑和构筑物投资、机电设备安装工程量投资、其他工程量投资。井巷工程量投资费用计算方法如下:

巷道掘进费用 C_{jl} = 巷道长度 $L(\mathrm{m})$ × 掘进单价 a(元/m)　　　　　　(15-1)

井底车场及掘进费用 C_{jv} = 掘进工程量 $V(\mathrm{m^3})$ × 掘进单价 a(元/m³)　　(15-2)

③基本建设工期。

④机电设备及主要材料用量。

⑤生产经营费用,巷道维护费用、运输费用、提升费用、通风费用、排水费用等。

巷道维护费用 C_w = 巷道长度(m) × 维护单价(元/(m·a)) × 巷道维护时间(a)　(15-3)

运输费用 C_y = 运输长度(km) × 运输单价(元/(t·km)) × 运输量(t)　——(15-4)

提升费用 C_t = 提升煤量(t) × 提升距离(km) × 提升单价(元/(t·km)) (15-5)

排水费用 C_p = 365 × 24 × [涌水量(m³/h) × 排水距离(km) × 排水单价(元/(m³/km)) × 水平服务年限(a)] (15-6)

通风费用 C_f,矿井通风的电力费可占通风总费用的 90% 以上,因此在方案比较时,可以只计算其电力费 C_D。如果通风费用仅占吨煤成本 2% ~ 5% ,就可以不比较通风费用。矿井通风的电力费可按下式计算:

$$C_D = \frac{QH}{1\,000\eta} \times D_d \times 365 \times 24$$ (15-7)

式中 D_d——电价,元/(kW·h);

Q——矿井拱风量(包括漏风量),m³/s;

H——矿井年平均风压(包括风机装置的风压损失),Pa;

η——通风机总功率。

值得注意的是,在进行井巷掘进、维护、提升、运输、排水、通风费用计算时,使用了各种单价。这些单价所含费用项目不尽相同。例如,井巷掘进费由直接定额费、井巷工程辅助费、现场经费、间接费以及劳动保险费税金等其他费用构成。排水费用主要有动力费、设备折旧费、建筑折旧费、工人工资、维修费等。费用计算应按煤炭建筑安装工程造价计算标准和程序进行。

3. 确定开拓主导方案

综合技术经济比较结果,择优确定矿井开拓主导方案。主导方案,就是根据最优准则所确定的在技术、经济和社会等方面综合优越的方案。评价矿井开采设计的最优准则一般有:生产费用、吨煤成本、基建投资、初期投资、折算费用、利润、地面建筑费用、劳动生产率、劳动消耗量、资源采出率、矿井生产能力、建井工期、达到设计能力的时间、服务年限、初期和后期基建工程量、巷道维护长度、掘进率、采掘关系、巷道维护的有效性、开采强度、生产集中化程度、技术装备的先进性、生产系统的可靠性、生产操作的安全性等。在设计优化过程中,通常把一些易于数值化的准则编制成经济数学模型,确定方案的优劣。目前作为主要准则的有吨煤投资和吨煤成本、劳动生产率、折算费用法、投资回收期法、利润和多目标决策等。

①吨煤成本和吨煤投资。吨煤成本是矿井生产总成本除以矿井产量的值,是一项综合性指标。它反应了生产经营活动的最终成果,是评价矿井开采方案优劣的重要经济指标。

吨煤投资是矿井建设总投资额除以矿井生产能力的商值。我国对不同井型的矿井规定了相应的吨煤投资限额,是衡量矿井建设水平的重要指标。

②劳动生产率。煤矿劳动生产率是采煤工作面日产量与采煤工作面昼夜出勤人数的比值,它反映了煤炭行业生产力水平的高低,与煤层开采条件、采煤机械化程度、劳动组织形式和生产管理水平等因素有关,是反映矿井技术水平的重要指标。

③折算费用法。矿井方案的所有费用可分成基本建设投资费用和生产经营费用两部分,两部分费用不能简单相加。将参与比较的方案的基本建设投资费用乘以投资效果系数,即把基本建设投资费用折算成与生产经营费用类似的费用,然后与生产经营费用相加,得出折算费用值。折算费用数值最小的方案为最优。上述方法是将两种性质不同的费用折算成一种费用故称折算费用法。折算费用法一般以年为计算周期、相应的折算费用为年折算费用,计算公式如下:

$$S = C + E_0 K$$ (15-8)

式中 S——年折算费用(或吨煤年折算费用);

　　C——全部或计算项目的年度生产经营费用总和；

　　E_0——标准投资效果系数，一般为 0.10～0.12；

　　K——全部或计算项目的基本建设投资费用总和。

除上述方法外，还有投资回收期法、多目标决策评价法等。

4. 优化主导方案

对主导方案分支中各局部方案进一步优化，编写方案的文字说明，绘出方案相关图纸。

5. 在方案比较中应注意的问题

①方案比较过程是一个综合决策的过程。方案不仅要反映技术的优越，经济的合理性，而且还要较好地体现国家的产业和技术政策，根据市场需求，结合社会效益和环境效益，详细论证和综合评价。例如，某一方案虽然费用略高，但初期投资少，建井工期短，可以早出煤，符合国家和市场需求，可以确定为最优方案。

②方案比较法是重点比较的过程。由于方案比较涉及的因素多，方案中各因素的重要程度不同，应对重要项目和费用进行比较。两方案相同项目可不进行比较；费用相同或费用占吨煤成本比例较小可不进行比较。例如，某矿属涌水量小、低瓦斯矿井，排水、通风费用小，可不列入比较内容。

③方案比较应注意各方案间的可比性。方案比较时经济比较的方法相同；各方案设计深度相同；各方案效益和费用的计算范围和计算的基础资料相同，如设备、材料、工资、经营成本等价格水平相同，投资估算采用的各种指标相同，并且可靠符合实际；计算的初始年限一致。

④方案比较应从实际出发，具体问题具体分析。由于原始资料不可能十分准确，计算费用的误差一般在 10% 以下。两方案费用差额如果不超过 10% 时，可认为两方案在经济上是相等的。各种费用单价的选取也要符合生产实际。在实际工作中，在进行大方案比较之前，往往把几项局部方案综合在一起比较，这时就需要综合各项内容，以便进行统一的技术和经济比较。

二、其他设计方法

统计分析法、标准定额法、数学分析法、经济数学规划法等设计方法是在方案比较法基础上发展起来的。经济数学规划法是应用电子计算机进行矿井设计的一种新方法。

1. 统计分析法

统计分析法是应用数理统计原理，对生产矿井中的某一实际问题进行调查统计，找出相关参数之间的关系取得参数的合理平均值或取值范围的一种方法。例如某矿井区段的地质因素和技术因素已经确定，通过大量数据统计，在总结经验基础上，选取一个使生产成本最低合理的工作面长度；调查一定条件下巷道维护费用，以确定相似条件下的费用参数等。但应注意合理的参数是在一定条件下取得的，当条件改变时，需重新统计获得新的参数。因此，合理参数的适用是具有局限性的，设计时应结合各矿区的具体条件选取参考参数。

2. 标准定额法

标准定额法是以规范、规程和规定的形式对开采设计中的某些技术条件或参数做出具体规定，而后据此规定条件确定某设计方案内其他有关参数，例如根据井筒形式和生产能力确定开采水平垂高；根据规定巷道内的允许风速，计算巷道最小断面；在井田范围和矿井生产能力一定的条件下，根据采区走向长度和倾斜长度，确定矿井采区数目等。标准定额法的定额值是充分调查研究的结果，应当反映最新的技术成果、管理水平和安全性。

3．数学分析法

数学分析法是通过分析影响吨煤成本的各种因素，列出相应的函数关系表达式，并利用微分求极值的原理，求解出使吨煤成本最低的各个参数值的方法。在矿井开采设计中，应用数学分析法，可以研究合理的工作面长度、采区走向长度、矿井生产能力等。由于技术、安全和管理等因素不能量化，矿井设计中一些局部问题多采用此法，是方案比较法的一种补充形式。

4．经济数学规划法

经济数学规划法是应用了经济数学中线性规划的理论，借助于电子计算机进行矿井开采设计，选择最优方案的一种新的方法。矿井设计时，首先根据拟订的方案，按设计的要求来编列函数方程，构成规划论中的目标函数；设计方案的某些技术原则和参数必须满足一定的技术条件和"定额"的规定，将其表示为数学式，就构成了规划论中的约束条件，目标函数和约束条件就构成了经济数学模型。然后解算并比较结果，求出最优方案和相应的最佳参数值。利用经济数学规划法对全矿生产工艺系统和局部分支系统优化时，由于矿井的复杂性，数学模型中方程和约束条件较多，用编程技术和计算机进行解算，使设计工作量大大减少。随着计算机技术和经济应用数学的发展，经济数学规划法将得到进一步的完善，将成为矿井开采设计的重要方法之一。

任务3　开采技术设计的方案比较

【实例】　开采技术设计的方案比较

一、采区概况

该采区位于××矿一水平右翼，东以矿井边界为界，西与七采区相邻，南以±0等高线为界，走向平均长度1 230 m，采区平均倾斜长560 m(北+170 m以上为煤层风化带)，采区面积为688 800 m^2，见图15-1所示。

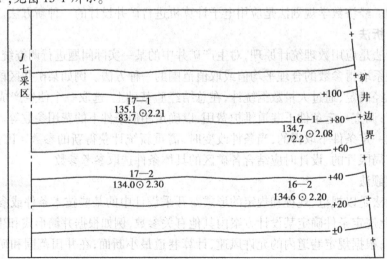

图15-1　采区范围内 m_1 煤层底板等高线

二、采区储量

采区地质储量为 413.7 万吨，可采储量为 372.4 万吨。

三、采煤方法及采区生产能力

根据煤层赋存条件，在 m_1 及 m_2 煤层中采用走向长壁高档普通机械化采煤法同时开采。采区日产量 1 607 吨，月产 4.82 万吨，年产 48.2 万吨，服务年限为 7.7 年。

四、采区巷道布置

1.采区形式

采用高档普通机械化采煤法的采区，要求有一定的走向长度，采区上部走向长度 1 200 m，下部走向长度 1 250 m，平均走向长度 1 230 m，采用双翼采区布置，每翼走向长度 600 m，已满足高档普采工作面走向长度的要求，故采区形式采用双翼采区布置形式。

2.采区上山

根据采区煤层赋存稳定、采区地质构造简单的条件，采区上山可以提出三种布置方案。

第一方案：采区上山联合布置。在距 m_2 煤层 12 m 的底板岩层中布置两条上山，上山位于采区走向中央，通过石门与煤层联系。两条上山间距 20 m。

第二方案：采区上山联合布置。在 m_2 煤层中布置两条上山，间距 20 m，上山位于采区走向中央。

第三方案：采区上山联合布置。其中一条布置在采区中央的 m_2 煤层中；另一条布置在 m_2 煤层底板岩层中，距 m_2 煤层 10 m。煤层上山为输送机上山，岩层上山为轨道上山。

3.区段巷道

因 m_1 及 m_2 煤层均为中厚煤层，可一次采全高，本采区布置区段集中巷，根据本采区煤层的条件，决定采用留 2 m 小煤柱的沿空掘巷，区段巷道单巷布置方式。

4.联络巷道

由于本采区采用上山联合布置，在联络巷道的布置上，采用区段石门—溜煤眼结合的联系方式。第一方案中溜煤眼分煤层设置，m_1、m_2 煤层均在本煤层区段运煤平巷中设溜煤眼与采区运输上山联系。第二、三方案中输送机上山均布置在煤层中，故仅 m_1 煤层区段运输平巷用溜煤眼与运输上山联系。各方案的轨道上山均用石门与煤层区段轨道平巷相联系。

方案一和方案二的采区巷道布置图见图 15-2、图 15-3 所示。

五、方案比较

根据已提出的方案及方案比较的原则，三个方案中相同的部分可不参加比较，故区段巷道布置方案不参加比较，仅就采区上山及联络巷道进行比较。方案的技术比较见表 15-1。由比较可看出，第三方案实际为第一、二两个方案结合的结果，较第一、二方案并无明显的特点，故该方案不参加经济比较。方案的经济见表 15-2 和表 15-3。通过经济技术比较可以看出，第二方案不仅具有经济上相对较省(初期投资少 3.2%，总投资少 5.8%)的特点，而且具有工程量小、施工容易、投产期短、沿煤层布置上山有利于进一步摸清煤层赋存情况的优点。故选用第二方案。

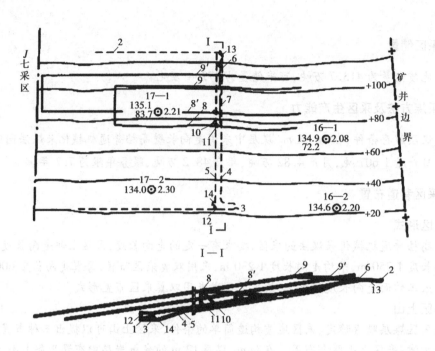

图 15-2　第一方案采区巷道布置图

1—运输大巷；2—回风大巷；3—下部车场；4—轨道上山；5—输送机上山；6—上部车场；

7—中部车场；8、8′—m_1、m_2 区段运输平巷；9、9′—m_1、m_2 区段轨道平巷；

10—联络斜巷；11—溜煤眼；12—采区煤仓；13—采区绞车房

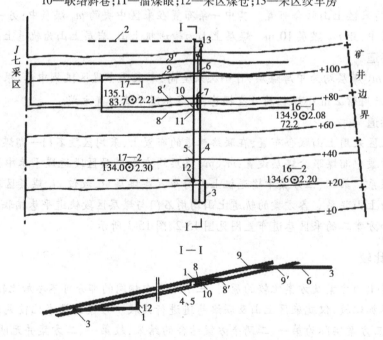

图 15-3　第二方案采区巷道布置图

1—运输大巷；2—回风大巷；3—下部车场；4—轨道上山；5—输送机上山；6—上部车场；

7—中部车场；8、8′—m_1、m_2 区段运输平巷；9、9′—m_1、m_2 区段轨道平巷；

10—联络斜巷；11—溜煤眼；12—采区煤仓；13—采区绞车房

表 15-1   采区方案技术比较表

项目 \ 方案	第一方案 双岩上山方案	第二方案 双煤上山方案	第三方案 一煤一岩上山方案
掘进工程量	工程量大。因两上山均在岩层中,故要多掘进 252 m 石门和 60 m 溜煤眼	工程量小	工程量较大,比第二方案多掘 170 m 石门
工程难度	困难。一是岩巷施工,二是巷道连接复杂	较容易	困难
通风距离	长,每区段要增加 130 m 的通风距离	短	较长,每区段增加 60 m 通风距离
管理环节	多,一是溜煤眼多;二是漏风地点多	少	多(同第一方案)
巷道维护	维护工程量少,维护费用低	煤层上山,梯形金属支架受采动影响大,维护工程量大,费用高	第一条煤层上山,维护工程量较大,费用较高
支架回收	无法回收	可以回收,70% 可以复用	煤层上山支架可以回收复用
工程工期	岩石上山掘进速度慢,需 14 个月才能投产	煤层上山掘进快,需 10 个月可投产	同第一方案

表 15-2   采区方案经济比较表

项目 \ 方案	第一方案 双岩上山方案	第二方案 双煤上山方案
上山 长度/m 掘进单价/元·m⁻¹ 费用/元	560×2 394.4 441 728.0	560×2 433.5 485 520.0
联络巷 ①石门 长度/m 单价/元·m⁻¹ 单条费用/元 总费用(4 条) ②溜煤眼(Φ=2 m) 体积/m³ 单价/元·m⁻¹ 每区段费用/元 总费用(3 组)	两煤层间 42 m,上山到 m_2 煤层 63 m 394.4 41 412.0 165 648.0 63 45.53 2 868.4 11 473.6	两煤层间 42 m 394.4 16 564.8 66 259.2 0
维护巷道 长度/m 单价/元·m⁻¹·a⁻¹ 维护时间/a 费用/元	560×2+63×2 3.62 7.7 34 731.0	560×2 41.2 7.7 355 308.8

表 15-3　采区方案经济比较汇总表

项目　　　　　　　　　　　方案	第一方案	第二方案
初期投资/元 包括上山、石门、溜煤眼各一组,铺轨两组	537 050.3	520 350.5
初期投资比较/%	103.21	100
总费用/元: ①总投资 ②总费用 扣除可回收部分后的费用	661 873.8 659 005.4	912 190.7 622 690.9
总费用比较/%	105.83	100

任务 4　采区设计的编制

采区设计编制的内容包括采区设计说明书和采区设计图纸。

一、采区设计说明书

①采区设计说明书应说明:采区位置、开采范围及与邻近采区的关系;可采煤层埋藏的最大垂深,有无小煤矿和采空区积水;与邻近采区有无压茬关系等。

②采区所采煤层的走向、倾斜、倾角及其变化规律、煤层厚度、层数、层间距离、夹矸层厚度及其分布,顶底板的岩石性质及其厚度等赋存情况及煤质情况。

瓦斯涌出情况及其变化规律,瓦斯涌出量及确定依据;煤尘爆炸危险性,煤层自然发火倾向性及其发火期;煤层突出危险性、地温情况等。

水文地质:井上、下水文地质条件;含水层、隔水层特征及发育变化规律;矿井突水情况、静止水位和含水层水位变化;断层导水性;现生产区域正常及最大涌水量,邻近采区周围小煤矿涌水和积水情况等。

煤层及其顶底板的物理、力学性质等。

说明对地质资料进行审查的结果,包括资料的可靠性及存在的问题。

③确定采区生产能力,计算采区储量(工业储量、可采储量)和高级储量所占的比例,计算采区服务年限并确定同时生产的工作面数目。

④确定采区准备方式。区段和工作面划分、开采顺序,采掘工作面安排及其生产系统(包括运煤、运料、通风、瓦斯抽采、安全监控、防尘、供电、排水、压气、充填和灌浆等)的确定。当有几个不同的采区巷道准备方案可供选择时,应该进行技术经济分析比较,选择最优方案。

⑤选择采煤方法和采掘工作面的机械装备。

⑥进行采区所需机电设备的选型计算,确定所需设备型号及数量,采区信号、通讯与照明等。

⑦洒水、掘进供水、压气和灌浆等管道的选择及其布置。

⑧采区风量的计算与分配。

⑨安全技术及组织措施：对预防水、火、瓦斯、煤尘、穿过较大断层等地质复杂地区提出原则意见，指导编制采煤与掘进工作面作业规程编制，并在施工中加以贯彻落实。

⑩计算采区巷道掘进工程量。

⑪编制采区设计的主要技术经济指标：采区走向长度和倾斜长度、区段数目、可采煤层数目及煤层总厚度、煤层倾角、煤的容重、采煤方法、主采煤层顶板管理方法、采区工业储量、可采储量、机械化程度、采区生产能力、采区服务年限、采区采出率和掘进率、巷道总工程量、投产前的工程量。

二、采区设计图纸

地质柱状图、采区井上下对照图、煤层底板等高线图、储量计算图及剖面图等，作为采区设计的一部分。此外，采区设计图纸还须有：

①采区巷道布置平面及剖面图（比例：1:1 000 或 1:2 000）；

②采区采掘机械配备平面图（比例：1:1 000 或 1:2 000）；

③采煤工作面布置图（比例：1:50 或 1:200）；

④采区通风系统（最大、最小负压）示意图；

⑤瓦斯抽采系统图（低瓦斯矿井不需要）；

⑥采区管线布置图（包括防尘、洒水、灌浆管路布置等）；

⑦采区轨道运输系统图（比例：1:1 000 或 1:2 000）；

⑧采区供电系统图（比例：1:1 000 或 1:2 000）；

⑨避灾路线图；

⑩采区安全监控系统图比例 1:1 000 或 1:2 000；

⑪采区车场图（比例：1:200 或 1:500）；

⑫采区巷道断面图（比例：1:50 或 1:20）；

⑬采区巷道交岔点图（比例：1:50 或 1:100）；

⑭采区硐室布置图（比例：1:200）。

前 9 张图属方案设计附图，后 4 张图是施工图。具体设计时应根据情况适当增减。

采区设计的编制和实施是矿井生产技术管理工作的一项重要内容，应由矿总工程师负责组织地质、采煤、掘进、通风、安全、机电、劳资、财务等部门共同参与完成。

任务 5　采区参数确定

采区参数包括：采区尺寸、工作面及区段长度、采区煤柱尺寸及采区生产能力等。

一、采区尺寸

1. 影响采区尺寸的因素

确定合理的采区长度，应考虑采区地质条件、开采技术装备条件、采区生产能力、工作面接替以及经济因素的影响。

（1）地质条件

①地质构造　较大的地质构造对采区长度影响较大。为了便于布置采区巷道，往往以大的断层及褶曲轴作为划分采区的界限。

②煤层及围岩稳定程度　围岩的稳定程度影响区段巷道的维护状况。在松软的煤层中布置区段巷道，维护较困难，采区走向长度不宜过大。如采用岩石集中平巷且围岩较稳定时，工作面采用超前平巷，煤层巷道维护时间很短，采区长度可适当增大。

③自然发火　有自然发火危险的煤层，在确定采区走向长度时，要保证开采、收尾及封堵期间不发生煤层自然发火，并在采完以后，能将采区迅速封闭。

④再生顶板形成时间　缓斜、倾斜近距离煤层群或厚煤层分层开采时，上下煤层（分层）工作面要保持一定错距。根据实践经验，工作面错距一般为 $120 \sim 200$ m。

⑤煤层倾角　由于开采条件和所使用的采煤方法的限制，急倾斜煤层采区走向长度较缓斜和倾斜煤层短。随着开采技术的发展，急倾斜煤层采区走向长度有加大的趋势。

（2）生产技术条件

1）区段平巷的运输设备

①带式输送机　一般吊挂带式输送机每台有效铺设长度为 $300 \sim 400$ m，新系列可伸缩吊挂带式输送机每台铺设长度为 $500 \sim 1\ 000$ m。所以选用带式输送机一般都能够满足目前采区走向长度的要求。

②刮板输送机　可弯曲刮板输送机每台有效铺设长度可达 250 m，在区段平巷中 $2 \sim 3$ 台串联运输可满足一般采区走向长度的要求。

③矿车　中、小型矿井区段运输平巷常采用无极绳、小绞车牵引矿车运煤，采区长度一般较短。

④辅助运输设备　区段平巷坡度起伏较大时，工作面多采用小绞车运料，采区走向长度宜适当缩短，以免多段运料并增加辅助工人数。

2）设备搬迁

缓斜、倾斜煤层群或厚煤层分层开采使用集中运输平巷的采区，宜有较大的走向长度以充分发挥运输设备效能、减少设备拆装次数及工作面搬迁次数。

3）采区供电

采区走向长度加大，采区变电所至负荷的供电距离增加，电压降大，影响工作面机电设备的正常运转。所以在确定采区走向长度时，要考虑电压降的影响。

（3）经济因素

合理的采区走向长度应当使吨煤费用最低。采区走向长度的变化会引起多项费用的变化，如区段平巷的维护费和运输费随着采区走向长度的加大而增加；采区上（下）山采区车场和硐室的掘进费和机电设备安装费随着采区走向长度的加大而减少；而区段平巷的掘进费则与采区走向长度的变化无关。因此，在经济上存在着使吨煤费用最低的采区走向长度的合理值。

2. 采区尺寸数值

采区尺寸包括采区走向长度和倾斜长度。使用单体液压支柱的普采工作面采区，其走向长度一般为 $1\ 000 \sim 1\ 500$ m。综采采区宜用单面布置，其走向长度一般不小于 $1\ 500$ m；当双面布置时,一般不小于 3 000 m。

　　煤层倾角平缓,采用盘区上(下)山布置时,盘区上山长度一般不超过 1 500 m,盘区下山长度不宜超过 1 000 m;采用盘区石门布置时,盘区斜长可按具体条件确定。盘区走向长度不宜小于 3 000 m。

　　煤层倾角较大时,采区倾斜长度由水平高度确定,在这种情况下确定采用尺寸主要是确定采区走向长度。

二、采煤工作面长度

1.影响工作面长度的因素

　　合理的工作面长度应能为实现工作面高产、高效提供有利条件。在一定范围内加大工作面长度能获得较高的产量和提高效率,减少采区巷道的开掘工程量和维护量,降低吨煤成本。但是,工作面过长将会导致工作面推进度降低,不利于实现高产、稳产,影响经济效益。因此,工作面长度有其合理范围。在确定工作面长度时,应考虑以下影响因素:

　　(1)煤层赋存条件

　　①煤层厚度　煤层厚度小于 1.3 m 时,工作面行人、运料不便;煤层厚度超过 2.5 m 时,工作面支柱和回柱操作困难,工作面不宜过长。

　　②煤层倾角　煤层倾角大于 25°时行人运料不便,特别是急倾斜煤层,由于工作面作业条件困难、劳动强度大、滑破煤块和岩块易于伤人等原因,工作面宜较短。

　　③围岩性质　顶板松软破碎的工作面或坚硬顶板工作面顶板控制工序占用时间较长,工作面均不宜过长。

　　④地质构造　采区中小的断层多或顶底板起伏较大,会使采煤工作困难、支护复杂,容易打乱正规循环作业,工作面不宜过长。落差较大的走向断层常作为划分区段的境界,在客观上限制了工作面长度。

　　如果煤层倾角较小、采高适中,围岩便于顶板控制,地质构造简单,则可合理加大工作面长度。

　　(2)机械装备及技术管理水平

　　①采煤机　由于滚筒采煤机和刨煤机破煤较爆破破煤进度快、效率高,为了充分发挥采煤机械的效能,条件相同的普采工作面长度宜大于炮采工作面。由于使用液压支架能保证采煤机有较高的牵引速度,辅助时间少,所以综采工作面长度可比普采工作面更长,但工作面过长管理复杂,遇到地质变化的可能性愈大,因此,工作面不宜过长。

　　②输送机　工作面输送机的运输能力和有效铺设长度应满足工作面生产的要求,使采落的煤炭在规定时间内运出。

　　③顶板控制　顶板控制对工作面长度的影响,通常表现为采空区处理能力赶不上采煤的速度,尤其在使用单体支架的普采工作面常出现这种现象。因此,确定工作面长度要考虑采空区处理能力。倾角小时,可采用分段同时回柱以提高放顶能力;倾角大时,分段回柱则不安全。顶板稳定时,可实行采回平行作业,但顶板压力大或破碎时,采回平行作业比较困难,故工作面长度不宜过大。综采工作面实现"支回合一",减少了顶板控制对工作面长度的影响。

　　④工作面通风　瓦斯涌出量较大的煤层,风速是限制工作面长度的重要因素。当工作面推进度一定时,工作面愈长,则产量愈高,愈需要增加风量。由于工作面断面的限制,易导致风

速过大,引起煤尘飞扬,影响安全生产。所以,在高瓦斯、煤与瓦斯突出矿井中,要考虑工作面通风能力对工作面长度的影响。

(3)巷道布置

采区巷道布置方式对工作面长度有一定影响。例如煤层群联合布置的采区,应使各区段上下煤层工作面长度相适应。可能对某一煤层而言工作面长度不大合适,但为了便于巷道布置,必须采用同主要可采煤层相适应的工作面长度。

实际工作中,都是根据煤层赋存条件、机械装备情况、采空区处理能力以及通风能力等因素综合考虑确定工作面长度。

2.采煤工作面长度

采煤工作面长度与煤层赋存条件、技术装备、工人操作技术水平、生产管理水平和企业经济实力等因素关系密切,各个生产矿井在不同开采条件下,都有其不同的合理长度值。

综合机械化采煤工作面的长度,一般为150~250 m;普采工作面的长度,一般为120~180 m;炮采工作面长度,一般为100~150 m;对拉工作面总长度一般为200~300 m。小型矿井采煤工作面长度可采用大、中型矿井的下限或适当降低。急倾斜煤层采用伪斜柔性掩护支架采煤法的工作面长度一般为80~100 m。

三、采区煤柱尺寸

确定煤柱合理尺寸的因素是煤层所受压力的大小以及煤柱本身的强度。在通常情况下,煤层埋藏深度和厚度较大、围岩较软时,煤柱承受的压力就较大。煤柱强度主要决定于煤层的物理力学性质,并与煤柱的形状尺寸、巷道的服务年限及巷道支护情况有关。在选择合理煤柱尺寸时,必须综合分析确定。

煤柱留设应按照《建筑物、水体、铁路及主要井巷煤柱留设与压煤开采规程》的相关规定确定。

①采区上(下)山间的煤柱宽度(沿走向):薄及中厚煤层为20 m;厚煤层为20~25 m。工作面停采线至上(下)山的煤柱宽度:薄及中厚煤层为20 m;厚煤层为30~40 m。

②上下区段平巷之间的煤柱宽度:薄及中厚煤层为8~15 m;厚煤层为30 m。

③运输大巷一侧煤柱宽度:薄及中厚煤层为20~30 m;厚煤层为25~50 m。

④回风大巷一侧煤柱宽度:薄及中厚煤层为20 m;厚煤层为20~30 m。

⑤采区边界两个采区之间的煤柱宽度为10 m。

⑥断层一侧煤柱宽度根据断层落差及含水等具体情况而定。落差大且含水时留30~50 m;落差较大留10~15 m;采区内落差小的断层通常不留煤柱。

应当指出:大巷布置在较坚硬的岩层中,或大巷距煤层垂距在20 m以上时,一般不受采动影响,其上方可不留护巷煤柱。

采区内留设的煤柱可以回收一部分,如区段隔离煤柱、上(下)山之间及其两侧煤柱等,但不可能全部回收出来。

四、采区采出率

采区内留设的煤柱,有一部分可以回收,有的煤柱往往不能完全回收,致使煤炭资源损失。因此,采区实际采出的煤量低于实际储藏量。采区内采出的煤量与采区内工业储量的之比称

为采区采出率,其计算公式为:

$$采区采出率 = \frac{采区工业储量 - 开采损失}{采区工业储量} \times 100\% \tag{15-9}$$

采区开采损失主要指采区内各种煤柱损失及工作面回采中的破煤损失。为了提高采区采出率,在采区巷道布置上应积极采取措施,少留煤柱或不留煤柱,并尽量减少破煤损失。

工作面破煤损失,主要包括未采出的工作面顶板余煤或煤皮,以及遗留在底板上的浮煤和运输过程中泼洒出的煤。工作面采出率可用下式表示:

$$工作面采出率 = \frac{工作面实际采出煤量}{工作面煤炭实际储量} \times 100\% \tag{15-10}$$

采区采出率是反映采区巷道布置好坏的一个重要指标,《煤炭工业矿井设计规范》对采区和工作面采出率作出了相应规定。

五、采区生产能力

采区生产能力是采区内同时生产的采煤工作面和掘进工作面出煤量的总和。合理确定采区生产能力,可以充分发挥采区主要巷道和设备的效能,改善采区各项技术经济指标,合理提高采区生产能力,是实现采区集中化生产,不断提高矿井产量,减少同时生产采区个数的重要措施。

1. 采区生产能力的影响因素

①地质因素。可采煤层数目、厚度、倾角、层间距、煤层结构、顶底板岩石性质、煤层坚硬程度和地质构造等是影响采区生产能力的主要因素。矿井瓦斯等级、煤层自然发火倾向性、煤与瓦斯突出危险性和水文情况对采区生产能力也有不同程度的影响。

②采煤、掘进、运输的机械化程度和通风、供电能力。

③采区储量。采区的生产能力要与采区储量相适应,使采区具有相应的服务年限。

④采区产量的稳定性。采区服务年限除了递增递减期外,采区产量要保持在生产能力以上,波动幅度不宜过大,且稳定时间以不少于整个采区服务年限为宜。

⑤矿井生产能力。采区生产能力应和矿井生产能力相适应。采区生产能力小,矿井内同时生产的采区数目就会增多,会使投资增大,建设工期增长,管理分散。

为了保证采区的正常接替,生产采区处在产量递减期时,新采区的全部准备工作(包括巷道掘进、设备的安装和试运转等)应当相应结束并留有适当余地。

要尽量避免矿井出现两个以上的采区同时处于生产接替状态,以减少同时生产的采区个数并简化生产管理工作。

2. 确定采区生产能力的方法

$$A_B = k_1 k_2 \sum_{i=1}^{n} A_{0i} \tag{15-11}$$

式中　A_B——采区生产能力,万 t/年;

　　　A_{0i}——第 i 个采煤工作面产量,万 t/年;

　　　n——同时生产的采煤工作面个数;

　　　k_1——采区掘进出煤系数,取 1.1;

　　　k_2——采煤工作面之间出煤影响系数,$n=2$ 时取 0.95,$n=3$ 时取 0.9。

确定采区生产能力主要是确定一个采煤工作面产量和同时生产的工作面个数。

（1）一个采煤工作面产量

$$A_0 = Lv_0 m\gamma C_0 \tag{15-12}$$

式中　L——采煤工作面长度，m；

　　　v_0——工作面推进度，m/a；

　　　m——煤层厚度或采高，m；

　　　γ——煤的体积密度，t/m³；

　　　C_0——采煤工作面采出率。

采煤工作面的设计能力选取一般应参考如下数值：综采工作面采高在 2 m 及其以上的为 50～80 万吨/年，1.1～2 m 的为 30～50 万吨/年；配备有单体液压支柱的普采工作面产量为 20～30 万吨/年；炮采工作面能力为 10～20 万吨/年。

（2）采区内同时生产的工作面数目

采区内同时生产的工作面数目应根据煤层赋存条件、采区主要巷道的运输能力、开采程序、采掘机械化程度、管理水平和采掘关系等因素综合考虑确定。同时生产工作面过多，则管理复杂，接续紧张。

为保持采区合理的开采强度，每个双翼采区内同采的工作面数目一般为 1～2 个。

在一个采区内安排两个综采工作面容易互相影响，可布置一个综采工作面再布置一个普采或炮采工作面。

（3）采区生产能力的验算

初步确定采区生产能力后，应经过以下各生产环节的验算。

①采区运输能力

采区的运输能力应大于采区生产能力，其中主要是运煤设备的生产能力要与采区生产能力相适应。对于普采或综采工作面，采区集中巷和上（下）山运煤设备的小时生产能力应与同时工作的工作面采煤机小时生产能力相适应。

$$A_B \leqslant A_n \frac{T\eta_0}{K} \times 330 \tag{15-13}$$

式中　A_n——设备生产能力，t/h；

　　　η_0——运输设备正常工作系数，取 0.7～0.9；

　　　K——产量不均衡系数，取 1.2～1.3；

　　　T——日出煤时间，h。

②采区通风能力

采区的生产能力应和通风能力相适应。根据矿井瓦斯等级、进回风巷道数目、断面和允许的最大风速，验算通风允许的最大采区生产能力如下：

$$A_B \leqslant \frac{330 \times 24 \times 60 vS}{CC_1} \tag{15-14}$$

式中　v——巷道内允许的最大风速，m/s；

　　　S——巷道净断面积，m²；

　　　C——生产 1 t 煤需要的风量，m³/(min·t)；

　　　C_1——风量备用系数。

③采区正常接替和稳产的需要

$$A_B \leqslant \frac{Z}{T_n} \tag{15-15}$$

式中　Z——采区可采储量，t；

　　　T_n——新采区准备时间，a。

至于采区车场的通过能力，一般不会限制采区生产能力。

任务6　采区硐室设计

采区硐室主要包括采区煤仓、采区绞车房、采区变电所和采区水泵房等。

一、采区煤仓的设计

当采区内煤炭为带式输送机等连续性运输，而大巷为机车等不连续运输时，采区煤仓就可以起到调节作用，缩短大巷装车时间，提高矿车及机车周转率。煤仓设计的主要内容是：确定采区煤仓的容量、煤仓的形式、煤仓的结构尺寸及煤仓支护方式。

1. 采区煤仓容量的确定

采区煤仓的容量大小取决于采区生产能力、采区下部车场装车站和运输大巷的通过能力。确定采区煤仓容量可参考以下公式计算。

（1）按采煤机连续作业割一刀煤的产量计算

$$Q = Q_0 + LMB\gamma C_0 K_t n \tag{15-16}$$

式中　Q——采区煤仓容量，t；

　　　Q_0——防漏风留煤量，$5 \sim 10$ t；

　　　L——工作面长度，m；

　　　M——采高，m；

　　　γ——煤的容重，t/m；

　　　B——截深，m；

　　　C_0——工作面采出率；

　　　K_t——同时生产工作面系数，综采 $K_t = 1$，普采 $K_t = 1 + 0.25n$；

　　　n——采区内同采工作面数。

（2）在采区高峰生产延续时间内，保证采区连续生产

$$Q = (A_G - A_N)t_G K_b \tag{15-17}$$

式中　A_G——采区高峰生产能力，高峰期间的小时产量为平均产量的 $1.5 \sim 2.0$ 倍，t/h；

　　　A_N——装车站通过能力，为平均产量的 $1.0 \sim 1.3$ 倍，t/h；

　　　t_G——采区高峰生产延续时间，综采和普采取 $1.0 \sim 1.5$ h，炮采取 $1.5 \sim 2.0$ h；

　　　K_b——运输不均匀系数，综采和普采取 $1.15 \sim 1.20$，炮采取 1.5。

（3）按装车站的装车间隔时间来计算

$$Q = A_G t_0 K_b \tag{15-18}$$

式中　A_G——采区高峰生产能力，t/h；

　　　t_0——装车间隔时间，一般可按 $15 \sim 30$ min 计算；

K_b——运输不均匀系数。

采区煤仓的容量一般为 50～300 t。近年来随着采区生产的集中化,煤仓容量也在增大。

2. 采区煤仓形式及参数的确定

煤仓的形式按倾角分有垂直式、倾斜式和混合式三种;按煤仓断面形状分有圆形、拱形、椭圆形和矩形。

垂直煤仓一般选择圆形断面。圆形断面利用率高,不容易发生堵塞现象,便于维护、施工速度快。倾斜式煤仓多选用拱形或圆形断面,仓底倾角为 60°～70°,这种煤仓施工比较方便,但其承压性能稍差些,铺底工作量大。混合式煤仓是一段倾斜式、一段垂直式的组合形式,由于其折曲多,施工不便,因此采用的较少。垂直式圆形断面煤仓在实际生产上用的较多。

煤仓的参数主要是指煤仓的断面尺寸和高度。

圆形垂直煤仓的直径为 2～5 m,个别的达到 5 m 以上;拱形断面倾斜煤仓宽度一般为 2 m,高度可大于 2 m。

煤仓的高度不宜超过 30 m,以 20 m 为宜。为便于布置和防止堵塞,圆形垂直煤仓应设计成"短而粗"的形状。设垂直圆形断面煤仓的高度为 h,直径为 D。当 $h \geqslant 3.5\,D$ 时,可使煤仓的有效容积 $V' \geqslant 90\% V$(V 为垂直圆形断面煤仓总容积)。为了有效地利用煤仓,煤仓高度应不小于直径的 3.5 倍。

3. 采区煤仓的结构及支护

煤仓的结构包括煤仓的上部收口、仓身、下口漏斗及溜口闸门基础、溜口和闸门装置等,如图 15-4 所示。

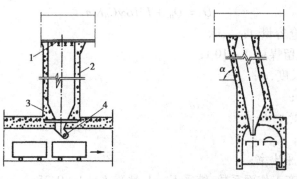

图 15-4 煤仓结构
1—上部收口;2—仓身;3—下口漏斗及漏口闸门基础;4—漏口和闸门

(1)煤仓上口

由于煤仓断面较大,为了保证煤仓上口安全,需用钢筋混凝土收口。为了防止大块煤、矸石、废木料等进入煤仓造成堵塞,应在煤仓上口按设铁算子。铁算子一般采用 8～24 kg/m 旧钢轨或 10～20 号工字钢做成,铁算子的网孔尺寸有 200 mm × 200 mm、250 mm × 250 mm、300 mm × 300 mm 三种规格,如图 15-5 所示。

煤仓上口网孔上大块煤炭的破碎和杂物的清理工作,可在煤仓上部巷道内进行,或者是设置专门的破碎硐室。图 15-6 所示为煤仓上口的大块煤破碎硐室布置形式。

为了防止井下水流进仓内,煤仓上口应高出巷道底板。上口处巷道断面一般都应适当扩大,并且要加强支护。

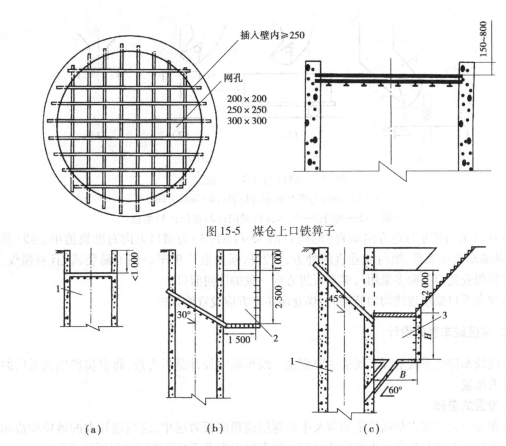

图 15-5　煤仓上口铁箅子

（a）　　　　　　　（b）　　　　　　　（c）

图 15-6　大块煤破碎硐室的布置形式

（a）煤仓上口兼作破碎硐室；（b）设有人工破碎硐室的煤仓；（c）设有机械破碎硐室的煤仓

1—煤仓；2—人工破碎硐室；3—机械破碎硐室

（2）仓身

煤仓仓身一般为砌碹，砌碹的壁厚可为 300～400 mm。有条件时，应尽量采用锚喷支护。若煤仓穿过的岩层为坚固稳定易于维护的岩层，则可以不支护。

（3）下口漏斗及溜口和闸门基础

煤仓仓身下部为收口漏斗，收口漏斗一般为截圆锥形，以便安装溜口和闸门。为了防止堵塞，下口漏斗应尽量消除死角。垂直煤仓下口漏斗可取 60°，倾斜煤仓收口漏斗底板倾角应与煤仓倾角相同。锥形漏斗以下的拱顶部分为溜口和闸门基础。为了安装溜口和闸门，在漏斗下方留一边长为 0.7 m 的方形孔口，在孔口预埋安装固定溜口的螺栓。

（4）溜口及闸门装置

煤仓的溜口一般做成四角锥形，在溜口处安设可以启闭的闸门。按开闭闸门所使用的动力，可将闸门分为手动、电动和气动三种。按闸门的形式分有扇形闸门和平闸门。扇形闸门有单扇和双扇之分，单扇闸门又分上关式、下关式和反扇形闸门。上关式最好用气动闸门，采用手动闸门时，多采用下关式。

选择闸门时，应以操作方便省力、启动迅速可靠为原则。多采用上关式气动闸门。

溜口闸门与矿车的位置关系如图 15-7（a）所示。

溜口的方向，常用以下三种：图 15-7（b）（1）为溜口方向与矿车行进方向一致（顺向）；图

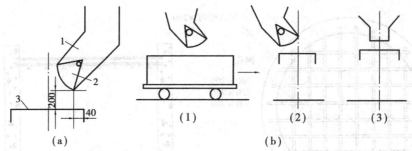

图 15-7　溜口闸门设置示意图

(a)溜口闸门与矿车的相对位置;(b)溜口方向

1—溜口;2—闸门;3—矿车;(1)顺向;(2)逆向;(3)垂直

15-7(b)(2)为与矿车行进方向垂直(侧向);图 15-7(b)(3)为溜口方向对准轨道中心线(垂直)。从装车效率来看,顺向及垂直两种方式较好,横向溜口矿车一侧不易装满,且易撒煤。目前设计煤仓溜口方向多采用与矿车行进方向一致的顺向溜口。

当煤仓下口要求连续均匀装煤时,煤仓漏斗下方应设置给煤机。

二、采区绞车房的设计

采区绞车房是采区上部车场的主要硐室。绞车硐室设计是否合理,将直接影响到采区的辅助提升运输。

1. 位置的选择

绞车房应位于围岩坚固稳定的薄及中厚煤层或顶底板岩层中,应当避开大的地质构造和大的含水层和有煤与瓦斯突出危险的区域。绞车房应当避开开采期间的岩层移动影响。

2. 风道及钢丝绳通道

绞车房应有钢丝绳通道及回风道两个安全出口。钢丝绳通道用于行人、通风、运输设备和走绳。风道主要用于回风,有时还要存放电气设备,必要时还可以运输设备及用于行人。硐室通道必须装设向外开的防火铁门及铁栅栏门,铁门敞开时,不得妨碍交通。回风道需设调节风门。

回风道的位置有位于硐室的左侧、右侧和后侧三种,如图 15-8 所示。

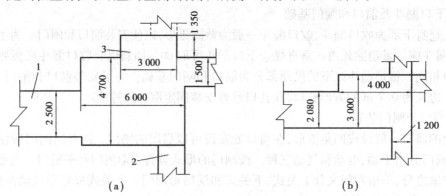

图 15-8　绞车平面尺寸

(a)滚筒直径为 1 200 mm;(b)滚筒直径为 1800 mm

1—绳道;2—左侧风道;3—电动机壁龛

为使电动机散热较好,风道应靠近电动机一侧布置。若总回风道位于绞车房后方且距离绞车房较近时,则回风道位于右后方是合理的。回风道位于左侧时,行人较方便但对电动机散热不利。

回风道的断面较小,净宽为 1.2~1.5 m。回风道至绞车房 5 m 长度内应用不燃性材料支护,钢丝绳通道的位置应使绳道的中心线与提升中心线重合。绳道内可只设单边人行道。人行道的位置最好与轨道上山的人行道一致,以利于行人及安全。绳道的宽度通常为 2.0~2.5 m,并在 5 m 以内,采用不燃性材料支护。绳道断面与上(下)山断面可以一致。为了便于施工,常将绳道壁的一侧与绞车硐室壁取齐。

3. 平面布置及尺寸

(1)平面布置

进行绞车房内布置时,应在保证安全生产和易于安装检修的条件下,尽可能布置紧凑,以减少硐室的工程量。绞车房内布置时,应有绞车型号、外形尺寸、绞车及电动机基础图、机械电气安装图以及绞车所属的其他设备等基本资料。

(2)尺寸

绞车基础前方和右侧与硐室壁的距离以能在安装或检修绞车时运出电动机为准。绞车的后方应在布置电气设备后,便于司机操作活动,并能在司机后面通过行人。绞车左侧与硐室壁的距离,可按行人方便考虑。绞车房的尺寸见表 15-4。

表 15-4　采区绞车房断面主要尺寸

绞车型号	宽度/mm			高度/mm			长度/mm			断面形状
	左侧人行道	右侧人行道	净宽	自地面起壁高	拱高	净高	前侧人行道宽	后侧人行道宽	净长	
JT800×600-30	600	1 000	3 000	1 200	1 500	2 700	800	1 200	4 000	半圆拱
JT1200×1000-24	700	950	4 700	800	2 350	3 150	1 000	1 000	6 000	半圆拱
JT1600×1200-20	700	1 050	5 800	1 200	2 900	4 100	1 200	1 560	7 600	半圆拱
JT1600×900-20	850	1 020	6 400	900	3 200	4 100	1 200	1 560	7 600	半圆拱

4. 高度

绞车房的高度应按起重设施布置要求确定。安装 1.2 m 以上绞车的绞车房应设起重梁。起重梁一般用 I 20~I 40 工字钢,两端插入壁内 300~400 mm。安装 1.2 m 以下的绞车可用三脚架。

5. 坡度

绞车房地面应高于钢丝绳通道底板 100~300 mm,并向绳道倾斜 2‰~3‰,以免积水。考虑到风道的排水和有时需从回风道运出设备,因此回风道应向外倾斜,倾角不大于 3°。

6. 支护

绞车房应采用不燃性材料支护,并用 C15 混凝土铺底,由于硐室的跨度和高度较大,故一般用直墙半圆拱碹。采用料石砌碹时,料石强度等级应大于 MU30,砌体允许抗压强度应大于 2.2 MPa,采用混凝土砌拱时,允许抗压强度应大于 2.5 MPa。有条件的地方应尽量用锚喷支护。

顶板淋水较大时,一般采用料石墙混凝土拱顶,并应在拱后铺两层油毛毡,涂沥青和水玻璃,以提高混凝土的抗渗水性,同时壁上应安导水管,室内设水沟。顶压较大时,可在整个硐室拱基线以下 200~300 mm 处放置一层木砖,并与无木砖的巷道之间留设沉降缝。

三、采区变电所设计

采区变电所是向采区供电的枢纽。由于低压输电的电压降较大,为保证采区正常生产,必须合理地选择采区变电所的位置。

1. 位置

确定采区变电所位置时,应考虑的因素有:对范围较小的采区,尽可能由一个采区变电所向采区全部采掘工作面的受电设备供电,并使之位于负荷的中心。对较大的采区可设两个或两个以上变电所,当开采过渡到下一阶段时,尽可能充分利用原有变电所,尽量减少变电所的迁移次数。应保证最远端的设备正常启动,并要求采区变电所通风良好,而且所选地点应易于搬迁变压器等电气设备和无淋水,地压小,易于硐室的维护。

采区变电所的具体位置,一般设在输送机上山与轨道上山之间或设在上(下)山巷道与运输大巷交岔点附近。

2. 尺寸和支护

采区变电所的尺寸决定于硐室内设备的数目、规格、设备间距以及设备与墙壁之间距离等因素。

硐室内主要行人道要大于 1.2 m。采区变电所的高度应根据行人高度、设备高度及吊挂电灯的高度确定,一般为 2.5~3.5 m。图 15-9 所示为 2×180 kVA 采区变电所硐室图。

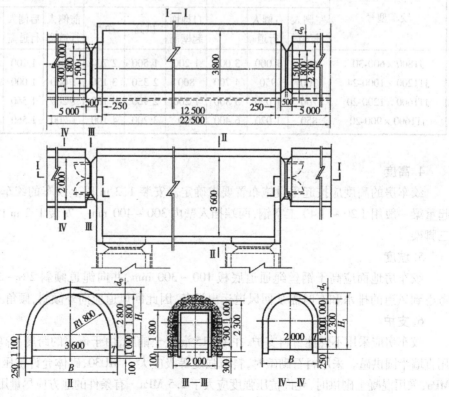

图 15-9 采区变电所硐室图

采区变电所采用不燃性材料支护。一般情况下采用拱形石材砌碹,服务年限短的可采用装配式混凝土支架,尽量采用锚喷支护。采用石料支护时,强度等级不小于 MU30。采用混凝土拱时强度等级不低于 C15。铺底可用 C10 混凝土。

变电所的地面应高出邻近巷道 200 ~ 300 mm,应有 3‰的坡度。

变电硐室长度超过 6 m 时,必须在硐室两端各设一个出口。在通道 5 m 范围内用不燃性材料支护。

硐室与通道的连接处,设防火栅栏两用门。防火栅栏两用门的挡墙可用 C10 混凝土砌筑。设有两个通风道的采区变电所,一个用于进风,一个作为回风。通道宽度以能通过最大件设备及安装标准防火栅栏门为原则。

四、采区水泵房设计

采区下山、一段片盘斜井,可设置简易泵房和水仓。其位置可选在下部井筒(下山)之间,采用垂直或平行井筒(下山)布置,并尽量与变电所联合所布置,如图 15-10 所示。

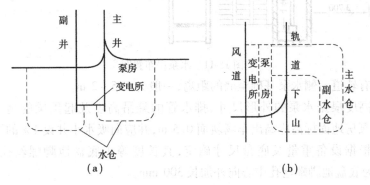

图 15-10　水泵房位置
(a)水泵房垂直下山;(b)水泵房平行下山

1. 水泵房尺寸确定

水泵房包括硐室、管子道、吸水小井及泵房通路。为了减少泵房的宽度,可将水泵串联安装,使之平行于硐室的主轴线。管子道设置在下山与泵房之间,有条件可采用排水钻孔。吸水小井与水仓相通,如图 15-11 所示。

(1)水泵房尺寸

水泵房长度应根据设备数量及有关间隙确定。

水泵房长度:

$$L = nb + a(n + 1) \tag{15-19}$$

式中　n——水泵台数;

　　　b——水泵及电动机的基础总长度,m;

　　　a——各基础之间的距离,取 1.5 ~ 2 m,最外侧基础墙应加大到 2.5 ~ 3 m。

水泵房的宽度:

$$B = B_1 + B_2 + B_3 \tag{15-20}$$

式中　B_1——水泵房基础宽度,m;

　　　B_2——吸水井一侧水泵基础至墙的距离,一般为 0.8 ~ 1 m;

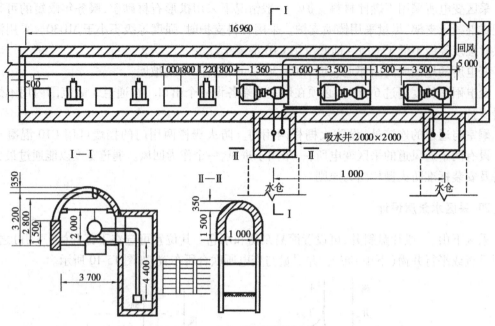

图 15-11　水泵房布置图

B_3——有轨道一侧水泵基础至墙的距离,一般为 $1.5 \sim 2$ m。

水泵房的高度根据水泵的外形尺寸、排水管的悬吊高度及起重梁的高度而定,净高为 $3 \sim 4.5$ m。水泵房地面标高应高出车场轨面 0.5 m,并应向吸水小井设 1% 的下坡。

设备基础根据设备重量及底盘尺寸确定,其长度等于底盘地脚螺丝孔中心向外加长 200 mm,宽度为底盘地脚螺丝孔中心向外加长 300 mm。

(2)吸水小井

吸水小井有两种形式。一种是设两个独立的吸水小井,一种是设配水巷。第一种形式水仓不需砌碹,不需设闸门,施工简单方便,小型水泵房采用较多。

吸水小井的断面形状可采用方形或圆形,深度为 $4.0 \sim 5.5$ m。

2. 水仓

水仓由两个断面相同、间隔 $15 \sim 20$ m 的巷道组成,其中一个水仓清理时,另一个水仓正常使用。

水仓设计要做到:

①水仓的有效容量应能容纳 4 h 的采区正常涌水量。

②水仓向吸水井方向应有 $1‰ \sim 2‰$ 的上坡,以便泥砂沉淀、清理时便于矿车运输。

③为便于维护和清理水仓,一般采用单轨巷道的断面,并需铺设轨道。水仓净断面一般为 $5 \sim 7$ m²。

水仓的总长度:

$$L = \frac{V}{S} \tag{15-21}$$

式中　V——水仓的有效容量,m³;

S——水仓的净断面积,m²。

④水仓与吸水小井连接处的水仓底板标高应比泵房底板标高低 4.5～5.0 m,否则,水泵将因吸水高度的限制而无法抽出水仓内的全部积水。

⑤水仓在清理斜巷的标高最低处,其顶板标高必须较水仓入口处水沟的沟底为低,否则,水仓将灌不满水。

3.清理斜巷

清理斜巷是水仓与车场巷道之间的一段巷道,属水仓的一部分。因此,计算水仓长度是以清理斜巷的起点为起点,以水仓与配水井的连接处为其终点。

(1)清理斜巷的设计要求

①倾角 $\alpha \leqslant 20°$,以保证装满煤泥的矿车在斜巷运行时不泼撒。

②保证水仓最高水位应低于泵房地面 1～2 m,水仓顶必须低于附近巷道最低点水沟底。

(2)设计已知条件

如图 15-12 所示。

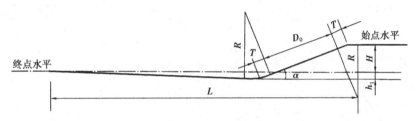

图 15-12　水仓清理斜巷总断面图

①清理斜巷倾角 $\alpha \leqslant 20°$,一般取 $\alpha = 20°$。

②水仓底板坡度 $i = 1‰～2‰$。

③竖曲线半径 R 取 9～12 m。

④水仓起点与终点的标高差 H 应事先计算。根据车场运行线路纵断面图定起点水平标高,水仓与配水仓连接处的标高,求出起点与终点标高差 H。

清理斜巷的斜长

$$D = D_0 + 2\frac{\pi \alpha R}{180} \tag{15-22}$$

式中　D——包括了直线段与曲线段之和的斜长,m;

D_0——直线段斜长,m。

$$D_0 = \frac{H + h_1}{\sin \alpha} - 2R \tan \frac{\alpha}{2} \tag{15-23}$$

巩固与提高

15.1　矿井开采技术设计的依据有哪些?

15.2　矿井开采技术设计的程序和内容有哪些?

15.3　矿井开采技术设计工作的原则是什么?

15.4　采区设计的依据是什么?

15.5　采区设计的步骤有哪些？

15.6　矿井开采技术设计的方法有哪些？

15.7　采区设计说明书包括哪些内容？

15.8　采区设计图纸包括哪些？

15.9　影响采区尺寸的因素有哪些？

15.10　影响工作面长度的因素有哪些？

15.11　采区生产能力的影响因素有哪些？

15.12　确定采区生产能力的方法有哪些？

15.13　如何确定采区煤的仓容量？

15.14　采区绞车房位置如何合理选择？

15.15　如何合理选择采区变电所的位置？

学习情境 *16*

采区轨道线路设计

学习目标

☞ 熟悉采区下部车场的组成；
☞ 能正确进行车场轨道线路设计；
☞ 能正确进行平面线路连接设计；
☞ 能正确进行纵面线路的竖曲线连接设计；
☞ 能正确进行线路坡度的确定；
☞ 能正确设计大巷装车式下部车场线路；
☞ 能正确进行石门装车式下部车场设计；
☞ 能正确进行绕道装车式下部车场设计；
☞ 能正确进行单、双道起坡甩车式车场设计。

任务 1　轨道线路设计

一、采区车场轨道线路布置

采区内最集中、最复杂的轨道线路是采区上、中、下部车场线路，采区轨道线路布置主要是指采区车场线路设计。

1.采区轨道线路及线路连接的概念

图 16-1 所示为采区轨道线路布置示意图，采区轨道线路包括由采区上、中、下部车场组成的车场线路和与之相连接的轨道线路。

任何轨道线路都有直线和直线间的连接线路，这种连接线路常称为线路连接点。

平面线路的连接线路包括曲线及道岔的连接，斜面间或斜面与平面间的线路连接都是由竖直面上的竖曲线连接的。

2.采区车场线路设计的内容和步骤

采区车场线路设计的内容包括线路总平面布置设计及线路坡度设计。轨道线路布置必须

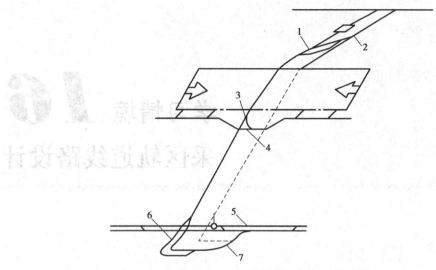

图 16-1 采区车场线路布置示意图

1—上部车场;2—回风石门;3—中部车场;4—绕道;

5—运输大巷;6—下部车场;7—绕道

与采区运输方式和生产能力相适应;必须保证车场内调车方便、可靠;操作简单、安全;提高工作效率和尽可能减少车场的掘进及维护工程量。

(1)设计平面线路

确定车场形式→绘制线路总平面布置草图→进行连接点线路设计(计算尺寸并绘出线路连接图)→计算线路平面布置总尺寸,作出线路布置平面图。

(2)线路坡度设计

为了说明车场线路坡度变化,应沿有关线路作一个或数个剖面图,并用文字表示出每一坡度范围内线路的长度及坡度。

在线路设计的基础上,再设计车场各段巷道断面、交岔点及有关的硐室,绘出车场的总平面布置图。

3. 矿井轨道

(1)轨道

矿井轨道由道床、轨枕、钢轨和连接件等组成。

矿用钢轨原有 11、15、18、24 等几种型号。现使用的型号有:15、22、30、38、43 等。新设计矿井应选择新轨型。使用时应根据运输设备类型、使用地点、行车速度和频繁程度等来考虑,可参考表 16-1 所示。

表 16-1 钢轨型号选择表

使用地点	运输设备	新钢轨型号/(kg·m⁻¹)	旧钢轨型号/(kg·m⁻¹)
运输大巷	10、14 t电机车	38、43	24
	7、8 t电机车	30	18
上下山	1.0、1.5 t矿车	22	15
平巷	1.0 t矿车	15、22	11~15
	1.5 t矿车	22	15

（2）轨距

轨距是指单轨线路上两条钢轨内缘之间的距离。

目前，我国矿井采用的标准轨距为 600 mm 和 900 mm 两种。其中，1 t 固定式、3 t 底卸式矿车及大巷采用带式输送机输送时的辅助运输矿车均采用 600 mm 轨距；3 t 固定式和 5 t 底卸式矿车均采用 900 mm 轨距。

（3）道岔

道岔是使车辆由一条线路转到另一条线路上的装置，道岔的结构如图 16-2 所示。它是由尖轨、辙叉、转辙器、道岔曲轨、护轮轨和基本轨组成。

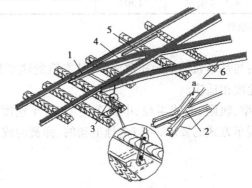

图 16-2 道岔结构示意图

1—尖轨；2—辙叉；3—转辙器；4—道岔曲轨（随轨）；

5—护轮轨；6—道岔基本轨

在线路平面图中，道岔通常以单线表示，如图 16-3 所示。道岔的主线与岔线的线路用粗线绘出，单线表示虽不能表明道岔的结构及布置的实际图形，但能表明与线路设计有关的道岔参数，如道岔的外形尺寸（a、b）及辙叉角（α）等，从而简化了设计工作。

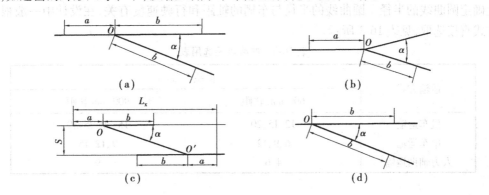

图 16-3 道岔的类别

（a）单开道岔；（b）对称道岔；（c）渡线道岔；（d）简易道岔

道岔有单开道岔、对称道岔、渡线道岔及简易道岔四种，如图 16-3 所示。标准道岔共有615、618、624、918、924 五个系列。每一系列中按辙叉号码和曲线半径划分为很多型号。道岔选型可参考见表 16-2。

表 16-2　道岔选型表

轨距/mm	使用地点			
	大巷及下部车场		采区上中部车场	
	轨型	道岔	轨型	道岔
600	18～24 (22、30)	相应轨型 4 号道岔	15 (22)	相应轨型,主提升 4、5 号道岔辅助提升 3、4 号道岔
900	24 (30、28)	相应轨型 4、5 号道岔	18 (30)	相应轨型,辅助提升机材料车线 3、4 号道岔

说明:表中轨型括号内数字为新的轨型。

选用道岔时应当考虑:与基本轨的轨距相适应;与基本轨的轨型相适应;与行驶车辆的类别相适应;与车辆的行驶速度相适应。

根据所采用的轨道类型、轨距、曲线半径、电机车类型、行车速度、行车密度、车辆运行方向、车辆集中控制程度及调车方式的要求,可以选择电动的、弹簧的或手动的各种类型道岔。

二、平面线路连接

平面线路连接点包括曲线与曲线、曲线与道岔的连接。

1. 曲线线路

常见的曲线线路包括单轨和双轨两种。

(1)单轨曲线线路

①曲线线路设计参数

为了设计及施工方便,矿井轨道线路中所采用的曲线都是圆曲线。在线路连接计算中首先应确定圆曲线的半径。圆曲线的半径与车辆的轴距和行驶速度有关,在设计中一般根据运输方式直接选取,见表 16-3 所示。

表 16-3　曲线半径选用表

运输方式	曲线半径/m	
	600 mm 轨距	900 mm 轨距
机车运输	12、15、20	15、20、25、30
串车运输	6、9、12	9、12、15
人力辅助运输	4、6	9

曲线线路转角是指曲线两端点切线的夹角 δ。

已知线路转角 δ 及曲线半径 R 后,就可以计算出相应的曲线长度 K_P 及切线长度 T。

$$K_P = \frac{\pi R\delta}{180} \tag{16-1}$$

$$T = R\tan\frac{\delta}{2} \tag{16-2}$$

在曲线设计图中,常集中标注参数 δ、R、T、K_P,如图 16-4 所示。

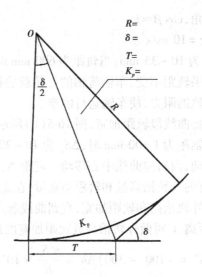

$$R=$$
$$\delta =$$
$$T=$$
$$K_p=$$

图 16-4　单轨线路曲线连接

②曲线线路施工参数

车辆在曲线上运行时,如果两条轨道仍在同一水平面时,由于离心力的作用,车轮轮缘将向外轨挤压,从而加剧了车轮的磨损和阻力,严重时将使车辆倾倒或出轨,因此曲线处外轨应抬高,造成离心力 $\dfrac{Gv^2}{gR}$ 和重力 G 的合力与轨面垂直,使车辆不再受横向力的影响,如图 16-5(a)所示。

从图 16-5 可以看出:

$$\frac{\Delta h}{\dfrac{Gv^2}{gR}} = \frac{S_g\cos\beta}{G}, \qquad \Delta h = \frac{S_g v^2 \cos\beta}{gR} \tag{16-3}$$

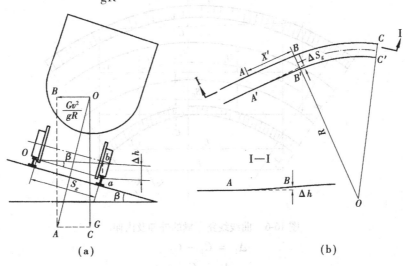

(a)　　　　　　　　　　　　(b)

图 16-5　曲线线路外轨抬高及轨距加宽

式中　S_g——轨距,m;

　　　v_2——车辆在曲线段运行速度,m/s;

　　　R——曲线半径,m;

β——外轨抬高后的倾角,$\cos \beta \approx 1$;

g——重力加速度,取 $g = 10\ \text{m/s}^2$。

当轨距为 900 mm 时,Δh 为 10 ~ 35 mm;当轨距为 600 mm 时,Δh 为 5 ~ 25 mm。

车辆在曲线上运行时,如果轨距不变,车辆前轴的外轮就要挤压外轨,而后轴的内轮则挤压到内轨上,增加了轮缘与钢轨的阻力,使车辆运行困难。

为了避免这种现象,必须将曲线段轨距加宽,图 16-5(b)所示。轨距加宽量 ΔS_g 与车辆的轴距及曲线半径有关,当车辆轴距为 1 100 mm 时,ΔS_g 为 10 ~ 20 mm。

加宽轨距时,一般外轨不动,内轨向曲线中心移动一定距离。

为了使曲线线路具有应有的外轨抬高量和轨距加宽量,在曲线与直线连接时,应从直线段内某一点开始,同时逐步进行外轨抬高和轨距加宽,直到曲线起点处抬高量和加宽量恰好达到规定的数值为止。这段直线距离 X' 叫做外轨抬高或轨距加宽的递增(递减)距离。

$$X' = (100 \sim 300)\Delta h = \frac{v^2 S_g}{R} \times 10^4 \tag{16-4}$$

对于铺设要求不十分严格采区的某些线路,可在曲线起点处开始抬高和加宽,在曲线内某点逐渐达到规定的数值,即 $X' = 0$。

曲线线路的外轨抬高及轨距加宽,并不移动曲线线路中心线,同时也不影响外轨抬高递增(递减)距离以外直线段的高度和坡度。

(2)曲线线路及相连直线线路巷道的加宽

①曲线线路巷道的加宽

车辆在直线段运行时,车身长度为 L、轴距为 S_B、车身宽度为 B 的车辆进入半径为 R 的曲线后,车身在巷道中所占宽度向曲线外侧增加了 Δ_1、向曲线内侧增加 Δ_2,如图 16-6 所示。

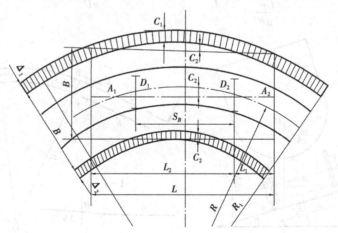

图 16-6 曲线线路车辆的外伸及内伸

$$\Delta_1 = C_1 - C_2 \tag{16-5}$$

$$\Delta_2 = C_2 \tag{16-6}$$

式中 C_1——以半径为 R 的圆弧和弦为 L 的矢高;

C_2——以半径为 R 的圆弧和弦为 S_B 的矢高。

从图中根据平面几何可知,

$$R_1 = \frac{L^2 + 4C_1^2}{8C_1} \tag{16-7}$$

当 C_2 与 R 相比很小时，$R = \frac{S_B^2 + 4C_2^2}{8C_2}$。

$$C_1 \approx \frac{L^2}{8R_1} \tag{16-8}$$

$$C_2 \approx \frac{S_B^2}{8R} \tag{16-9}$$

为了运算方便，增加 Δ_1 的可靠性，以 R 代替未知数 R_1，则

$$\Delta_1 \approx \frac{L^2 - S_B^2}{8R} \tag{16-10}$$

$$\Delta_2 \approx C_2 \approx \frac{S_B^2}{8R} \tag{16-11}$$

由于车辆在曲线处的外伸及内伸，曲线处巷道应较直线处巷道外侧加宽 Δ_1，内侧加宽 Δ_2。一般情况下，Δ_2 不超过 200 mm，Δ_1 不超过 100 mm。

②与曲线相连的直线巷道的加宽

以 L_1 表示车辆前（后）轴至车厢前（后）端距离，由图 16-7 可知：当车辆前轴刚一进入曲线，车厢外侧后端点便开始外伸，同时前后轴间内侧车厢的轮廓线开始内伸。外伸的范围 L_2 等于车辆前轴至车厢后端点的距离，内伸的范围等于轴距 S_B。因此，在曲线与直线线路相连接处，巷道加宽长度要向直线段延长，延长的范围不应小于车辆前轴至后端的长度。

$$L_2 = S_B + L_1 \tag{16-12}$$

（3）曲线与曲线的线路连接

①两个不同半径的曲线同向连接

同向的两个不同半径的曲线之间可以直接连接成两圆弧曲线互切，如图 16-8 所示，使两圆心及两弧曲线交点三者在一条直线上。半径小的曲线的外轨抬高和轨距加宽可在半径大的曲线上逐步进行。

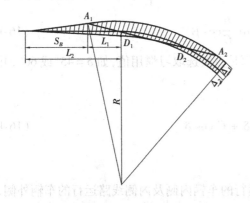

图 16-7　与曲线相连接的直线线路车辆的外伸及内伸　　图 16-8　同向曲线的连接

②异向曲线的连接

异向曲线连接时，线路的外轨转为内轨，内轨转为外轨，如图 16-9 所示。为了使车辆在运行过程中，不同时受两根轨道外轨抬高的影响，在两异向曲线间应接一段缓和直线 C，并使

$C = 2X' + S_B$。

在线路平行移动时,要遇到两段异向曲线连接。如图16-10所示,通常是已知平移距离S,选定曲线半径R。为了使$C = 2X' + S_B$,应确定合理的线路转角δ。

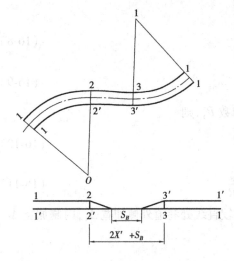

图16-9　异向曲线的连接

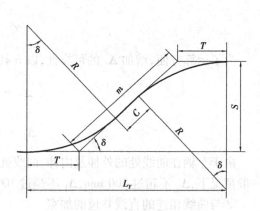

图16-10　单轨线路平行移动

根据图16-10可以看出:

$$R - R\cos\delta + C\sin\delta + R - R\cos\delta = S$$
$$2R - S = 2R\cos\delta - C\sin\delta \tag{16-13}$$

令$2R - S = P$,将上式两边除以C,得

$$\frac{2R}{C}\cos\delta - \sin\delta = \frac{P}{C} \tag{16-14}$$

导入辅助角β,使$\tan\beta = \frac{2R}{C}$,$\beta = \arctan\frac{2R}{C}$;用$\tan\beta$代$\frac{2R}{C}$,并将各项乘以$\cos\beta$,得

$$\sin\beta\cos\delta - \sin\delta\cos\beta = \sin(\beta - \delta) = \frac{P}{C}\cos\beta$$

$$\delta = \beta - \arcsin\left(\frac{P}{C}\cos\beta\right) \tag{16-15}$$

在采区的线路中,常不需上述严格的计算,而是直接选取习惯用值,如$\delta = 45°$或$60°$,并使所设计的缓和直线$C \geqslant S_B$。

连接系统长度L_Y

$$L_Y = 2R\sin\delta + C\cos\delta \tag{16-16}$$

2. 双轨曲线线路

(1)双轨曲线线路中心距的加宽

车辆在双轨曲线线路运行时,在外侧线路运行的车辆内侧及内侧线路运行的车辆外侧,同样分别要产生内伸及外伸。因此,两车辆的安全间隙应增加宽度ΔS。

$$\Delta S = \Delta_1 + \Delta_2 = \frac{L^2 - S_B^2}{8R} + \frac{S_B^2}{8R} = \frac{L^2}{8R} \tag{16-17}$$

为了设计方便,对于机车运输,安全间隙可增加300 mm。采用1 t矿车、串车或无极绳运输时,可适当取小一些,一般取 200 mm。增加了安全间隙后的曲线线路,其线路中心距见表16-4。

表 16-4　线路中心距

设备类型及有关参数/mm			线路中心距/mm	
设备类型	轨距	车宽	直线段	曲线段
机车或底卸式矿车	600	1 060	1 300	1 600
	600	1 200	1 600	1 900
	900	1 360	1 600	1 900
1 t、1.5 t 矿车 (人力、串车运输)	600	880	1 100	1 300
	600	970	1 200	1 400
1 t、1.5 t 矿车 (无极绳运输)	600	880	1 200	1 300
	600	970	1 200	1 400

(2)双轨曲线线路与直线线路的连接

如图 16-11 所示,双轨曲线线路与直线线路连接处,线路中心距加宽应在直线段范围内进行。设计时一般内侧直线不动,将 l_0 范围内的外侧直线段逐步加宽,并用一直线段与曲线相连。这种方法称为移动外侧线路法。

对于机车运输 l_0 可取 5 m,1 t 矿车运输 l_0 可取 2~2.5 m,3 t 矿车运输 l_0 取 3~5 m。

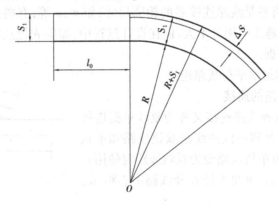

图 16-11　双轨曲线线路与直线线路连接

3.道岔与曲线线路连接

有些线路连接点是由道岔及曲线组成的。常用的有单开道岔非平行线路连接,单开道岔、对称道岔平行线路连接,分岔平移线路连接等。

(1)单开道岔非平行线路连接

图 16-12 所示的线路连接又称为单侧分岔点。其特点是用单开道岔和一段曲线线路与岔线直线线路相连接,主线与岔线线路的夹角,即线路转角 δ。这种线

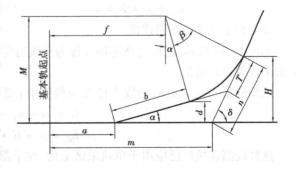

图 16-12　单开道岔非平行线路连接

349

路连接应用十分广泛。

由于道岔是一个固定结构,故其本身既不抬高外轨,也不加宽轨距。若道岔能与外轨抬高、轨距加宽了的弯道曲线相连接,其间应设置缓和线。但是加入缓和曲线后,巷道工程量也会增加。为使线路布置紧凑,目前在煤矿井下窄轨线路设计中取消了这种缓和线,使道岔岔线与弯道曲线直接相接。曲线处的外轨抬高与轨距加宽,在曲线本身开始并逐步达到预定的数值。

设计时,已知道岔各参数 a、b、α,曲线半径 R 及巷道转角 δ。

正规的线路设计应按下述公式进行计算:

$$\beta = \delta - \alpha \tag{16-18}$$

$$T = R \tan \frac{\beta}{2} \tag{16-19}$$

$$m = a + (b + T) \frac{\sin \beta}{\sin \delta} \tag{16-20}$$

$$d = b \sin \alpha \tag{16-21}$$

$$M = d + R \cos \alpha \tag{16-22}$$

$$H = M - R \cos \delta \tag{16-23}$$

$$n = \frac{H}{\sin \delta} = \frac{b \sin \alpha + R \cos \alpha - R \cos \delta}{\sin \delta} \tag{16-24}$$

$$f = a + b \cos \alpha - R \sin \alpha \tag{16-25}$$

上述各种数据中,有些是线路连接点的轮廓尺寸,如 m、n 等;有些是曲线的主要参数,如 β、R、T 等。其他数据在施工中用处不大,但在设计过程中,需要先把这些数据计算出来后,才能求得最后所需要的数据。

(2)单开道岔、对称道岔平行线路连接

①单开道岔平行线路的连接

如图 16-13 所示,这种线路连接又称为复线单侧连接点。其特点是用单开道岔和一段曲线把双轨线路和单轨线路连接起来,在线路由单轨线路变为双轨线路时使用。

已知道岔参数 a、b、α,曲线半径 R 及线路中心距 S_1,确定下列主要数据。

$$C = m - (b_1 + T) \tag{16-26}$$

$$L_K = a + B + T \tag{16-27}$$

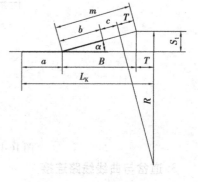

图 16-13 单开道岔平行线路连接

②对称道岔平行线路连接

如图 16-14 所示,这种线路连接又称为复线对称连接点。其特点与上述相同,只是用对称道岔来代替单开道岔。

已知道岔参数 a、b、α,曲线半径 R 及线路中心距 S_1,需确定 C 及 L_c 值。

$$C = m - b_1 - T \tag{16-28}$$

$$L_C = a + B + T \tag{16-29}$$

这种线路连接广泛应用于单轨采区上山,在下部车场附近由单轨变为双轨线路。

(3)分岔平移线路连接

这种线路连接与没有道岔的线路相似,不过多铺设了一个道岔,在上山采区下部车场中广泛应用,如图 16-15 所示。

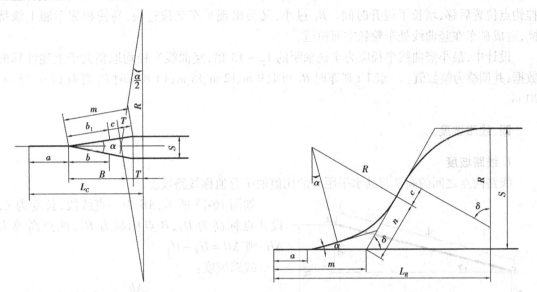

图 16-14　对称道岔平行线路连接

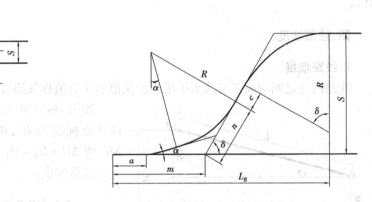

图 16-15　分岔平移线路连接

三、纵面线路的竖曲线连接和坡度

1. 竖曲线

矿井轨道线路除有平面线路外,尚有斜面线路。在平面线路与斜面线路相交处或两个斜面线路相交处,应设置竖直面上的曲线即竖曲线,以使矿车平稳通过。

图 16-16 中,A 点称为竖曲线上端点,C 点称为竖曲线下端点,或称为起坡点,B 点为斜面与平面或平面与斜面的交点。β' 为线路夹角,即竖曲线转角,通常为已知。R 为竖曲线半径,由设计选定。竖曲线切线 T 及圆弧长度 K'_p 的计算公式与平面曲线相同。

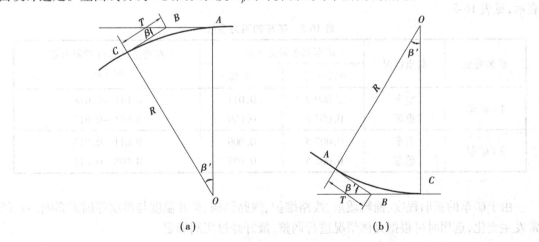

（a）　　　　　　　　　　（b）

图 16-16　竖曲线及其参数

竖曲线可分为"凸"及"凹"两种形式,如图 16-16 所示。

2. 竖曲线半径确定

竖曲线半径是一个重要参数，R_1 过大，车场线路布置不紧凑，增加了工程量；另一方面，摘挂钩点位置后移，增长了提升时间。R_1 过小，又会出现矿车变位过快，易使相邻车厢上缘挤撞，造成矿车在竖曲线处车轮悬空而掉道。

设计中，最小竖曲线半径应为车辆轴距的 12~13 倍，竖曲线半径均取稍大于上述计算的数据，并调整为整数值。一般 1 t 矿车时 R_1 可取 9 m、12 m、15 m；3 t 矿车时 R_1 可取 12 m、15 m、20 m。

四、线路坡度

1. 线路坡度

线路两点之间的高差与其水平距离的比值的千分值称线路坡度。

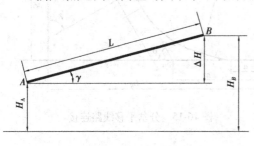

图 16-17　坡度计算示意图

如图 16-17 所示，AB 为一直线段，长度为 L，设 A 点标高为 H_A，B 点标高为 H_B，两点高差为 ΔH，则 $\Delta H = H_B - H_A$。

线路坡度：

$$i = \tan \gamma = \frac{\Delta h}{L \cos \gamma} \times 1\,000 \text{‰} \quad (16\text{-}30)$$

当线路坡度很小时，$\cos \gamma \approx 1$，线路坡度：

$$i = \frac{\Delta h}{L} \times 1\,000\text{‰} \quad (16\text{-}31)$$

2. 矿车阻力系数

矿车在平直线路上运行时的阻力为矿车的基本阻力，经过弯道或道岔所增加的阻力为矿车的附加阻力，各项阻力都可用阻力系数表示。

（1）矿车基本阻力系数

矿车基本阻力系数决定于矿车轴承类型、矿车自重、载重及轨道表面状态等因素。以 ω' 表示，见表 16-5。

表 16-5　矿车的阻力系数

矿车类型	载重情况	矿车基本阻力系数 w'		车在弯道上运行的阻力系数 $\omega' + \omega_f$
		单个矿车	车组	
1 t 矿车	空车	0.009 5	0.011	0.013~0.018
	重车	0.007 5	0.009	0.011~0.015
3 t 矿车	空车	0.007 5	0.009	0.011~0.015
	重车	0.005 5	0.007	0.008~0.012

由于矿车的新旧程度、铺轨质量、线路维护、线路结构、矿井温度与湿度等因素影响，ω' 经常发生变化，选用时可根据具体情况进行调整，最好经过实测确定。

（2）矿车的附加阻力系数

①弯道附加阻力系数

矿车在弯道中运行时，除了具有基本阻力系数外，还需附加一弯道附加阻力系数 w_f'，ω_f 与

弯道半径 R 有关,弯道半径 R 愈小,ω_f 愈大。矿车在弯道上运行的阻力系数 $\omega' + \omega_f'$ 见表16-5所示。

②道岔的附加阻力系数

矿车经过道岔时,阻力增加,并用相应的附加阻力系数表示。附加阻力系数可查阅有关手册。

3.线路坡度的确定

对不同的运输方式,应选用不同的线路坡度。

①电机车运输、串车或人力推车

大巷采用电机车运输时,线路坡度应使重列车下行和空列车上行的阻力相等,以充分发挥电机车效能,即应按等阻力坡度设计。此外还应考虑排水要求,若排水要求更大的坡度,应满足排水需要,通常取电机车运输的线路坡度为3‰~5‰。

平巷中采用绞车串车或人力推车时,线路坡度原则上按等阻坡度考虑。通常取为3‰~5‰的重车下坡坡度。

②矿车自动滚行

在采区车场线路设计中,有时车辆运行采用自动滚行,线路坡度较大。

设总重量为 Q 的矿车,在外力作用下,瞬时初速度为 v_c,当自动滚行一段直线距离 L 后的瞬时未速度为 v_m,如图 16-18 所示。

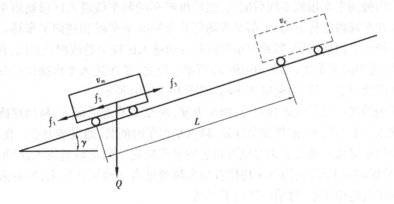

图 16-18　矿车在斜面上自动滚行

$$f_1 + f_2 + f_3 = 0 \tag{16-32}$$

则

$$\frac{Qv_c^2 - v_m^2}{2gL} + Q \cdot \sin \gamma - \omega'Q \cdot \sin \gamma = 0 \tag{16-33}$$

因角度很小,故

$$\sin \gamma = \tan \gamma = i, \quad \cos \gamma \approx 1$$

则

$$i = \omega' - \frac{v_c^2 - v_m^2}{2gL} \tag{16-34}$$

已知 i 时:

$$a = g(i - \omega') \tag{16-35}$$

式中　a ——加速度,m/s²。

由上式可知,当 $i > \omega'$ 时,$a > 0$,矿车加速运行;当 $i < \omega'$ 时,$a < 0$,矿车减速运行;当 $i = \omega'$ 时,$a = 0$,矿车等速运行。

任务2 采区车场形式选择

采区车场是采区上(下)山与运输大巷、回风大巷以及区段平巷连接处的一组巷道和硐室的总称,是采区巷道布置系统中的重要组成部分。采区车场的巷道包括甩车道、存车线及一些联络巷道,硐室主要有煤仓、绞车房、变电所和采区水仓等。根据车场所处的位置不同可分为采区上部车场、采区中部车场和采区下部车场。

一、采区上部车场

采区上部车场是采区上山与采区上部区段回风平巷之间的一组联络巷道和硐室。它的基本形式有平车场、甩车场和转盘式车场。

1. 采区上部平车场

采区上部平车场是将采区绞车房布置在阶段回风水平,采区轨道上山以一段水平巷道与区段回风平巷(或石门)连接,并在这条水平巷道内布置车场调车线和存车线。上行的矿车由采区绞车沿上山提到平车场调车线后摘钩,然后推矿车经调车线进入区段轨道平巷。根据提升方向与矿车在车场内运行方向,上部平车场可分为顺向平车场和逆向平车场。矿车经轨道上山提至平车场的平台摘钩后,顺着矿车的运行方向进入区段平巷或回风石门,在运行过程中不改变方向的,为顺向平车场,如图 16-19(a)所示。反之,矿车进入平台摘钩后反向推入采区回风石门或区段轨道平巷的,为逆向平车场,如图 16-19(b)所示。

顺向平车场的优点是车辆运行顺当,调车方便,缺点是巷道断面大,易出现跑车事故。逆向平车场的优点是不会跑车,操作安全性好,缺点是调车时间长,通过能力小。在选择时,主要根据轨道上山绞车房及回风大巷相对位置和运输量来决定。当运输量较大,绞车房的位置受到限制时,可采用顺向平车场;当绞车房位置与车场变坡点之间距离较大,另有采区回风石门与煤层阶段回风大巷相联系,可采用逆向平车场。

2. 采区上部甩车场

采区上部甩车场是将采区绞车房布置在阶段回风水平以上位置,绞车将矿车沿轨道上山提至甩车道标高以上,然后经甩车道下甩入上部区段回风平巷。甩车场可以在平巷中设置存车线和调车线。按甩车方向可分为单向甩车场和双向甩车场。如在上山一侧设置甩车场,即为单向甩车场;如在上山两侧均设置甩车场,则为双向甩车场。图 16-20(a)所示为设置顶板绕道的单向甩车场,图 16-20(b)所示为上山两侧分别设甩车道与区段平巷联系的双向甩车场。

上部甩车场使用安全、方便、可靠、效率高,可减少工程量。但绞车房通风不良,有下行风问题。若采区上部是软岩、风化带或采空区时,则绞车房维护困难。双向甩车场交岔点断面大,施工困难。一般情况下,对于煤层上山,如果绞车房维护不困难可以采用甩车场。为避免交岔点断面大的问题,上山中的两个甩车道口要上下错开一定距离。

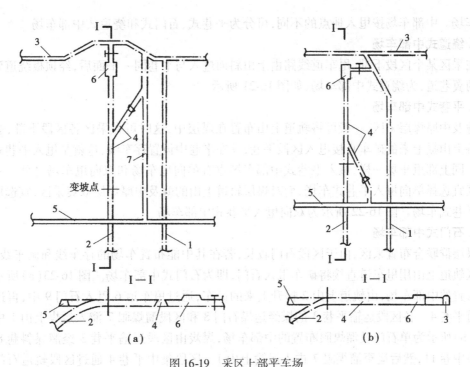

图 16-19　采区上部平车场

(a)顺向平车场;(b)逆向平车场

1—运输上山;2—轨道上山;3—总回风巷;4—平车场;5—区段回风石门;
6—绞车房;7—回风石门

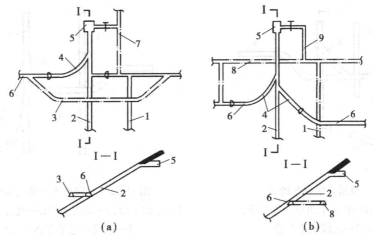

图 16-20　采区上部甩车场

(a)单向甩车场;(b)双向甩车场

1—运输上山;2—轨道上山;3—绕道;4—甩车场;5—绞车房;
6—区段回风平巷;7—回风石门;8—总回风道;9—绞车房回风通道

二、采区中部车场

连接采区上山和区段下部平巷的一组巷道称为采区中部车场。采区中部车场一般为甩车场,无极绳运输时可采用平车场。一个采区由于巷道布置、区段划分的不同,一般要设置多个中部车场。中部车场按甩入地点的不同,可分为平巷式、石门式和绕道式中部车场。

1. 绕道式中部车场

在采区某个区段下部,甩车道线路由上山斜面进入与平巷同一平面后,经顶板绕道到达上山的两翼巷道,为绕道式中部车场,如图 16-21 所示。

2. 平巷式中部车场

薄及中厚煤层采区,一般可将轨道上山布置在煤层中,这时可在采区各区段下部,利用甩车道将上山提上来的矿车直接甩入区段平巷,并在平巷中设置存车线,这就是甩入平巷式中部车场。同上部甩车场一样,甩入平巷式中部车场也有单向甩车场和双向甩车场之分。一般单翼采区宜选择单向甩入平巷式车场,而对煤层轨道上山的薄及中厚煤层双翼采区,宜选用双向甩入平巷式车场。图 16-22 所示为双向甩入平巷式中部车场。

3. 石门式中部车场

煤层群联合布置采区,由于区段石门较长,若在其中能布置车场的存车线和调车线,可以从采区轨道上山用甩车道直接将矿车甩入石门,即为石门式中部车场。图 16-23(a)所示为双石门布置的中部车场,由轨道上山 2 提升上来的矿车,通过甩车道 6 甩入石门 9 中,再进入区段轨道平巷 4。各区段运输平巷 3 的煤经运煤石门 8 和区段溜煤眼 7 溜入运煤上山 1 中。图16-23(b)所示为单石门及溜煤眼布置的中部车场,煤炭由区段运输平巷 3 经溜煤斜巷 8 进入区段集中巷 11,然后运至溜煤眼 7 进入运输上山 1。区段集中平巷 4 通过区段轨道石门 9 与轨道上山 2 相连,区段轨道石门车场 9 和 6 与运输集中平巷 11 同标高相连接,为了不影响运输集中平巷 11 中的带式输送机运输与从石门 9 来车的通过,可将输送机的局部在交叉处抬高,使矿车从其下方穿过。

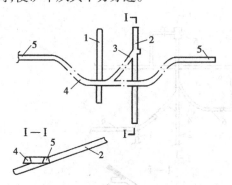

图 16-21　绕道式中部车场图
1—运输上山;2—轨道上山;3—甩车道;
4—绕道;5—区段轨道平巷

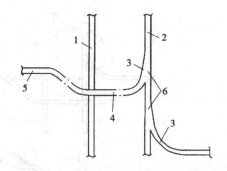

图 16-22　双向甩入平巷式中部车场
1—运输上山;2—轨道上山;3—甩车道;4—绕道;
5—区段轨道平巷;6—交岔点

三、采区下部车场

采区下部车场是采区上山与阶段运输大巷相连接的一组巷道和硐室的总称。采区下部车场通常设置有装车站、绕道、辅助提升车场和煤仓等。根据装车站的地点不同,可分为大巷装车式、石门装车式和绕道装车式三种形式;按轨道上山的绕道位置不同,又可分为顶板绕道式和底板绕道式两种。

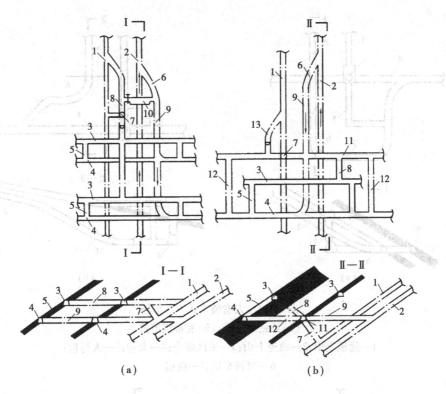

图 16-23　石门式中部车场

(a)双石门中部车场;(b)单石门中部车场

1—运输上山;2—轨道上山;3—区段运输平巷;4—区段轨道平巷(图 b 为集中平巷);

5—联络巷;6—甩车道;7—区段溜煤眼;8—区段运输石门(图 b 为溜煤眼);9—区段轨道石门;

10—采区变电所;11—区段运煤集中平巷;12—联络石门;13—人行道

1. 大巷装车式下部车场

采区煤仓的煤炭直接在大巷由采区煤仓装入矿车或带式输送机。辅助运输由轨道上山,通过顶板绕道或底板绕道与大巷连接。图 16-24(a)所示为大巷装车顶板绕道式下部车场。当上山坡度大于 12°,上山起坡点落在大巷顶板,且顶板围岩条件较好时,可采用顶板绕道式下部车场。图 16-24(b)所示为大巷装车底板绕道式下部车场。当上山坡度小于 12°,上山通常提前下扎,并在大巷底板逐步变平,围岩条件较好,可采用底板绕道式下部车场。

大巷装车式下部车场的优点是调车方便,线路布置紧凑,工程量少。但巷道维护量大,影响大巷通过能力。

2. 石门装车式下部车场

煤层群联合布置的采区,通常具有较长的采区石门。在布置下部车场时,在下部采区石门内布置装车站,利用绕道将轨道上山同采区石门相连接,如图 16-25 所示。

采区石门装车站下部车场的优点是车场工程量较小,调车方便,通过能力大,装车站和轨道上山下部车场都远离运输大巷,不影响大巷的正常运输。通常应用在煤层群联合布置的采区中。

3. 绕道装车式下部车场

在运输大巷的一侧,开掘与大巷相平行的绕道作为采区下部装车站,运输上山通过煤仓与

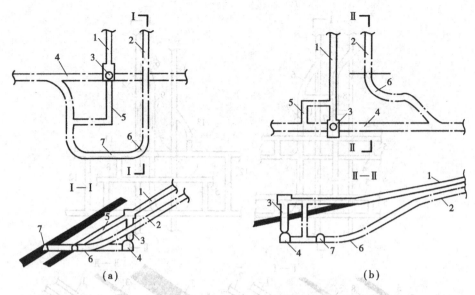

图 16-24　大巷装车式下部车场
（a）顶板绕道式；（b）底板绕道式
1—运输上山；2—轨道上山；3—采区煤仓；4—大巷；5—人行道；
6—材料车场；7—绕道

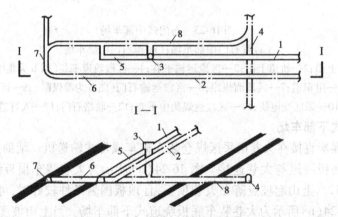

图 16-25　石门装车式下部车场
1—运输上山；2—轨道上山；3—采区煤仓；4—大巷；5—人行道；
6—材料车场；7—绕道；8—采区石门

绕道联系。在大巷另一侧布置材料车场甩车道和绕道，轨道上山则通过材料车场甩车道和绕道与大巷相连，如图 16-26 所示。

绕道装车式下部车场的优点是，装车站装煤对大巷的运输通过能力没有影响。主要缺点是工程量大，调车时间较长，适用于采区石门短，不宜布置装车站或者是产量高的大型矿井的采区。

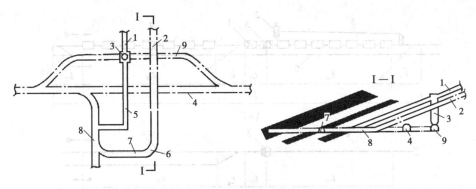

图 16-26　绕道装车式下部车场
1—运输上山;2—轨道上山;3—采区煤仓;4—大巷;5—人行道;
6—材料车场;7—绕道;8—采区石门;9—绕道装车站储车线

任务 3　采区车场线路设计

一、采区下部车场线路设计

采区下部车场是采区车场中最重要的组成部分。由于与大巷线路相接,设计及施工精度比上、中部车场要求更高。

采区下部车场由装车站、绕道、轨道上山下部平车场和煤仓等硐室组成。

1. 大巷装车式下部车场

(1)装车站线路设计

装车站线路设计与装车站调车方法有关。调车方法可分为调度绞车调车和矿车自动滚行调车。

1)调度绞车调车时的装车站线路

①线路布置及调车方法

图 16-27(a)所示为大巷设双轨线路时,装车站线路的一般布置方式。机车牵引空列车由井底车场驶来,进入装车站的空车储车线 4,机车 1 摘钩,单独进入重车储车线 5,把已装满的重列车拉出,经装车点渡线道岔 6,驶向井底车场。

空列车采用绞车牵引整列车不摘钩装煤。调度绞车 2 一般设在装车点煤仓同侧,钢绳通过滑轮装置进行牵引,由一名装车工人进行操作。列车装完煤后,机车把重列车拉出时,应将牵引钢绳一起拉出。当列车尾部通过渡线道岔 6 后,应立即在不停车的情况下快速摘下钢丝绳钩头,并将其挂在空列车上,这样便可以省去人力拉钢绳的工序。

当相邻两个采区同时进行生产或靠近井田边界一侧的新采区正在进行准备时,有相当数量的矸石、材料需要运输。为此,需设渡线道岔 7 和 8,用于邻近采区的空列车由井底车场驶来时,经过道岔 7,进入通过线 9,经渡线道岔 8 到大巷空车线,驶向下一采区。列车绕过储车线而运行的这一段线路 9,称为通过线。这种装车站的线路布置方式称为通过式。

对位于井田边界的采区,可用图 16-27(b)所示的线路布置方式,称为尽头式。其调车法

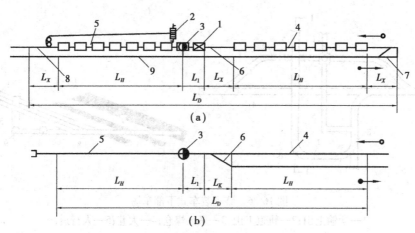

图 16-27　调度绞车调车时装煤车场线路布置

(a)通过式;(b)尽头式

1—机车;2—调度绞车;3—煤仓;4—空车储车线;5—重车储车线;6—装车点道岔;

7、8—渡线道岔;9—通过线

与通过式完全相同。线路上不需设渡线道岔,只要在装车站附近设一单开道岔。但尽头式装车站需要妥善解决尽头巷道的通风问题。

②装车站线路参数的确定

装车站线路总长度 L_D :

通过式: $$L_D = 2L_H + 3L_X + L_1 \qquad (16\text{-}36)$$

尽头式: $$L_D = 2L_H + L_K + L_1 \qquad (16\text{-}37)$$

式中　L_D——空、重车线长度,各不小于 1.25 列车长度,m;

L_H——渡线道岔线路连接点长度,m;

L_K——单开道岔线路连接点长度,m;

L_1——机车加半个矿车长度,m。

为了车辆运行安全及操作方便,在装车点附近的巷道内,应根据《煤矿安全规程》第 23 条的规定,加宽线路的中心距。

对于通过式装车站,调度绞车可设在煤仓同侧的壁龛中。

2)自动滚行调车时装车站线路

①调车方法

图 16-28 所示为通过式装车站线路。由井底车场驶来的列车经通过线 1、渡线道岔 7,至调车线 8 停车,机车反向顶推空车入空车储车线 4,机车摘钩,由通过线返回,过渡线道岔 6,到重车储车线 5 拉出重车驶向井底车场。

空列车装煤及重列车编组是通过矿车自动滚行实现的。为了便于机车拉出重列车,自动滚行方向应朝向井底车场方向。

②装车站线路参数

各段线路的长度和坡度如下:调车线长度 L_d ,包括机车在内应为 1 列车长,线路坡度 i 与大巷坡度相同。空车存车线分为两段: L_{H1} 段长度为 0.5 列车长,为上坡段线路,线路坡度 i_1 ,目的是把线路上抬到一定高度,造成空列车能自动滚行的条件。在机车能力允许的条件下,可

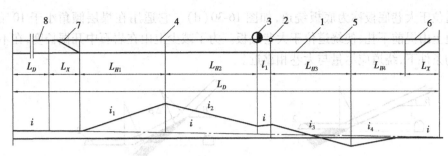

图 16-28　自动滚行调车时装煤车场线路

1—通过线;2—阻车器;3—煤仓;4—空车储车线;5—重车储车线;

6、7—渡线道岔;8—调车线

适当取大一些,一般可取 18‰ ~ 23‰,L_{H2} 段长度为 1 列车长;i_2 为空列车自动滚行的坡度,一般取 9‰ ~ 11‰。

装车点中心线至阻车器的距离 l_1,如图 16-29(a)所示。

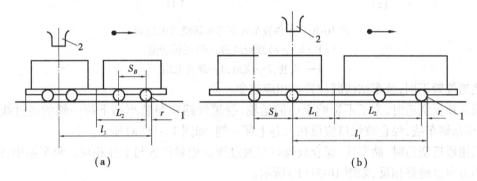

图 16-29　装车点与阻车器相对位置

(a) 1 t 矿车时(一次装载);(b) 3 t 矿车时(二次装载)

1—阻车器;2—溜口

为避免列车对阻车器冲撞,该段坡度取 $i_0 = 0$(平坡)。

重车存车线分为两段:L_{H3} 及 L_{H4}。L_{H3} 线段长度为 1 列车长,i_3 为重列车自动滚行的坡度,一般取 7‰ ~ 9‰。L_H 不宜超过 0.5 列车长,i_4 为重列车上坡段坡度,用它来补偿高差,并防止列车冲过储车线终点。考虑到机车需在此牵引重列车,一般不超过 5‰。装车站线路总长为 L_D。

$$L_D = L_d + 2L_X + L_{H1} + L_{H2} + L_{H3} + L_{H4} + l_1 \qquad (16\text{-}38)$$

储车线各段长度和坡度,应结合使用经验,经过线路坡度闭合计算,才能确定。

(2)绕道线路设计

主要运输大巷与轨道上山下部平车场相连接的水平巷道称为采区下部车场的绕道。

1)绕道位置及与装车站线路的关系

绕道位置有顶板绕道和底板绕道两种。

绕道 2 位于大巷 1 的顶板,称为顶板绕道,如图 16-30(a)所示。当轨道上山倾角为 20° ~ 25°,上山不需变坡,直接设竖曲线落平,进入绕道,当轨道上山沿煤层布置,且倾角大于 25°时,为了防止矿车变位太快,运行不可靠,在接近下部车场处,可使上山上抬 $\Delta\beta$ 角,使起坡角 β_1 达到 25°左右,如图 16-30(b)所示。同样,如上山倾角较小,可以下扎 $\Delta\beta$ 角,使起坡角达 25°,以减少车场工程量,如图 16-30(c)所示。

绕道位于大巷底板称为底板绕道,如图 16-30(d)。它适用在煤层倾角小于 10° 的情况。这时轨道上山提前下扎,使绕道位于大巷底板。为了减少上山在岩石中开掘长度,在不影响巷道维护的条件下,绕道应尽量与大巷相靠近。

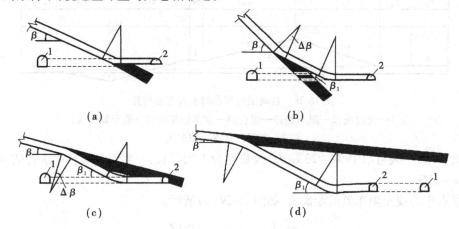

图 16-30　大巷装车式下部车场绕道的位置
(a)、(b)、(c)顶板绕道;(d)底板绕道
1— 大巷;2—绕道;3—绕道上山

绕道位置不同,装车站线路位置也相应改变。

采用顶板绕道时,为了不影响上山的运输,绕道线路应与装车站下帮一侧的通过线相连接,装车站储车线,煤仓放煤口应设在大巷上帮一侧,如图 16-31(a)所示。

采用底板绕道时,储车线、煤仓放煤口与通过线的相对位置与上述相反。装车站中各渡线道岔的方向也恰好相反,如图 16-31(b)所示。

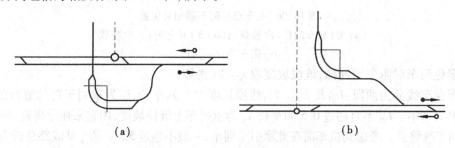

图 16-31　绕道布置
(a)顶板绕道;(b)底板绕道

2)绕道方向

绕道方向是指绕道出口朝向井底车场还是背向井底车场。绕道方向不同对混合列车调运方式有很大影响。设计中一般采用绕道朝井底车场方向布置。

3)绕道线路布置

绕道内的线路布置必须保证材料及矸石储车线有一定的长度,尽量减少绕道的开掘及维护工程量。

绕道内线路布置方式按照绕道线路与大巷线路的相互位置关系可分为立式、卧式及斜式等几种。卧式布置的特点是储车线直线段线路与大巷线路平行,这种布置一般在起坡点位置距大巷较近时采用。

立式布置如图 16-32(a)、(c)所示。其特点是储车线直线段线路与大巷线路相垂直。它一般在起坡点位置距大巷较远时采用,其中底板绕道立式布置只有在倾角很小时才有可能采用。

若采用立式布置平车场储车线不够长(如底板绕道),而卧式布置绕道开掘工程量又太大时,可以采用斜式布置,如图 16-32(b)、(d)所示,这种布置的储车线路与大巷线路夹角一般可在 45°~90°之间。

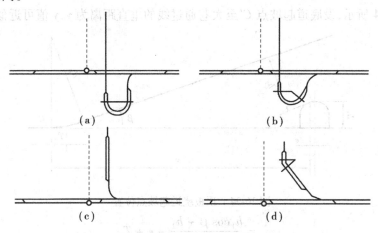

图 16-32　绕道线路立式和斜式布置

现以卧式绕道为例说明绕道内线路的具体布置,如图 16-33 所示。

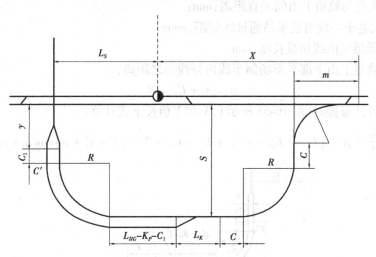

图 16-33　顶板绕道线路布置

设绕道交岔点道岔始端至煤仓中心线的距离为 X,则

$$X = \frac{S_1}{2} + R + (L_{HG} - K_P - C_1) + L_K + C + R + m - L_S \qquad (16\text{-}39)$$

式中　S_1——平车场双轨线路中心距,mm;

R——平车场线路内侧曲线半径,mm;

L_{HG}——设为高道的内侧线路储车线长度,mm;

K_P——内侧曲线弧长,mm;

  C——车场起坡点与平曲线间缓和直线段,mm;

  L_K——平车场末端单开道岔平行线路连接点长度,mm;

  m——单开道岔非平行线路连接点长度,mm;

  L_S——轨道上山线路中心线与煤仓中心线间距离,mm;

  C_1——绕道平曲线与道岔间的缓和直线段,mm。

如图 16-34 所示,设底道起坡点 C' 至大巷通过线的垂直距离为 y,y 值可近似按下式计算:

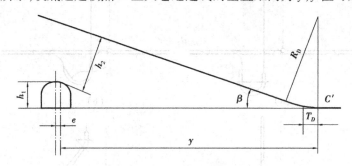

图 16-34   顶板绕道起坡点位置

$$y = \frac{h_1 \cos \beta + h_2}{\sin \beta} - e + T_D \tag{16-40}$$

式中 h_1——大巷中心线自轨面高度,mm;

  h_2——大巷与轨道上山间垂直距离,mm;

  e—— 大巷中心线与装车站通过线间距,mm;

  T_D——低道竖曲线切线长度,mm。

通过线与轨道上山下部平车场储车线内侧线路之距离:

$$S = y + C_1 + R \tag{16-41}$$

底板绕道卧式布置时(图 16-35 所示),X 和 Y 值按下式计算:

$$X = \frac{S_1}{2} + R + (L_{HG} - K_P - C_1) + L_K + C_2 + T + (T + C + n)\cos \delta + m + L \tag{16-42}$$

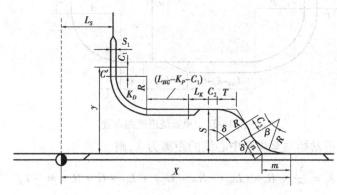

图 16-35   顶板绕道线路布置

  式(16-42)中,绕道线路转角 δ 值主要决定于 S 值,采用顶板绕道时,由于轨道上山跨越大巷且平车场远离大巷,S 值较大,δ 可取 90°。底板绕道时,为了减少上山在岩石中的开掘工程量,S 值应尽可能取小一些。但为了有利于大巷及绕道的维护,S 值一般不小于 15 ~ 20 m。

由于 S 值较小,绕道转角一般可取 $45°$。

当 S 及 δ 确定后,便可进行下列计算:

$$C = \frac{S}{\sin \delta} - T - n \qquad (16\text{-}43)$$

$$y = S + R + C_1 \qquad (16\text{-}44)$$

(3)辅助提升车场线路设计

轨道上山下部车场一般采用双轨线路,以便增加车场的运输能力。根据车场内调车方式不同,储车线线路可分为普通坡度(流水坡度)及自动滚行坡度两种。一般多采用自动滚行坡度。如图 16-36 所示为下部平部车场自动滚行线路示意图。图中 $O\text{-}O$ 水平线以上的线路称高道线路或高道,$O\text{-}O$ 水平线以下的线路称低道线路或低道。高道自上而下甩放车辆,又称甩车线,低道自下而上提升车辆,又称提车线。

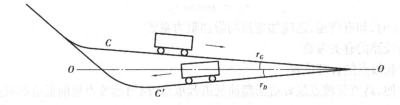

图 16-36　线路坡度示意图

当机车将空车(有时为材料设备车)顶推入储车线后,自动滚行至低道起坡点 C'。停车后,经轨道上山绞车提升最后至区段巷道。掘进出煤或矸石车自轨道上山下放到高道变坡点 C,摘钩后自动滚行到储车线终端 O 点。因此,轨道上山下部平车场,高道为重车道,低道为空车道。

辅助提升车场线路包括斜面线路、储车线平面线路及连接二者的竖曲线线路。

斜面线路是指轨道上山下端的对称道平行线路连接点。当储车线线路采用自动滚行坡度时,储车线线路是指低道起坡点 C' 到绕道单轨线路。

1)斜面线路

轨道上山下端可采用对称道岔或单开道岔,为了调车方便,以采用对称道岔为好,一般采用 3 号对称道岔。斜面线路设计,即对称道岔平行线路连接点的计算。应先确定高低道储车线线路中心距 S_1 及斜面曲线半径 R,然后计算对称道岔平行线路连接点长度 L_C。

2)储车线线路

①储车线平面线路的布置

储车线包括平面曲线 K_P,平面曲线与竖曲线间的缓和线 C_1 及储车线终端道岔前的直线段三部分。储车线的长度应能满足煤、矸石及材料车储车长度的要求,其空重车线长度一般均应为 0.5 列车左右。

确定平面曲线 K_P 时,曲线半径 R 采用 9 m、12 m、15 m、20 m 等,线路转角决定于上山及绕道的相对位置,一般上山与绕道之间采取垂直布置。

储车线终端道岔一般选用 4 号单开道岔。终端道岔前直线段应经过计算确定。

平竖线间的直线段,一般取 2 m。

②储车线线路纵断面坡度

高道线路坡度,按矿车在高道起坡点 C 点停车摘钩,然后自动滚行至储车线末端停车。

高道线路坡度 i_G 为

$$i_G = \omega'_Z \tag{16-45}$$

式中　ω'_Z——重车基本阻力系数。

低道线路坡度,按矿车在储车线末端停车摘钩,然后自动滚行至低道起坡点 C' 停车。低道线路坡度 i_D 为

$$i_D = \omega'_K \tag{16-46}$$

式中　ω'_K——空车基本阻力系数。

高道线路坡度角 r_G 为

$$r_G = \arctan i_G \tag{16-47}$$

低道线路坡度角 r_D 为

$$r_D = \arctan i_D \tag{16-48}$$

确定 i_G、i_D 时,如有弯道,还应加弯道的附加阻力系数。

③高低道线路的有关参数

a. 高低道起坡点的合理位置

为操作方便,高道起坡点最好适当超前低道起坡点,高道起坡点超前低道起坡点的水平距离为 L_2。一般 $L \leqslant 1.5 \sim 2.0\ \mathrm{m}$。

b. 高低道的最大高低差

两起坡点的垂直高差 H 称为最大高低差,可由下式计算:

$$H = L_{HG} i_G + L_{HD} i_D \tag{16-49}$$

式中　L_{HG}、L_{HD}——高、低道储车线长度。为便于施工及保证工作安全,最大高低差一般不超过 $1.0\ \mathrm{m}$。

c. 高低道线路中心距

高低道线路中心距与最大高低差的大小有一定关系。高低差较大时,高道要砌筑台阶,从线路铺设安全、方便考虑,线路中心距也应适当增大。

高低道线路中心距也与人行道的位置有关。一般采用中间人行道,便于把钩人员操作。

3)竖曲线参数及相对位置的确定

在斜面线路及平面储车线线路之间设置竖曲线,由于平面储车线有高低道之分,竖曲线分高道竖曲线及低道竖曲线。

①竖曲线参数

竖曲线参数包括:高道竖曲线半径 R_G、低道竖曲线半径 R_D、高道竖曲线线路转角 β_G,低道竖曲线线路转角 β_D。根据这些参数可计算出高道竖曲线弧长 K_{PG}、低道竖曲线弧长 K_{PD} 以及高道竖曲线切线 T_G 和低道竖曲线切线 T_D。

竖曲线参数还包括:高道竖曲线两端点高差 h_G、低道竖曲线两端点高差 h_D、道竖曲线水平投影长度 l_G、低道竖曲线水平投影长度 l_D。

a. 竖曲线半径

竖曲线半径一般取 9、12、15、$20\ \mathrm{m}$。R_G 及 R_D 可取同一数值,当最大高低差较大和 β 较小时,高低道起坡点 C 及 C' 相距较远,为此应将 R_G 取大一些,以便使 C 及 C' 靠近。

b. 竖曲线线路转角

高道竖曲线线路转角：

$$\beta_G = \beta - r_G \tag{16-50}$$

低道竖曲线线路转角：

$$\beta_D = \beta + r_D \tag{16-51}$$

当高低道最大高低差较大时，可以不改变竖曲线半径，而使高道或低道经两次变坡（图16-37（c）、（d）所示）或者高低道均经二次变坡（图16-37（e）所示），使起坡点 C' 及 C 距离较近。高低道线路均经二次变坡时，使平面斜面交线处甩车线上抬，提车线下扎，但上抬角及下扎角一般不超过 5°。

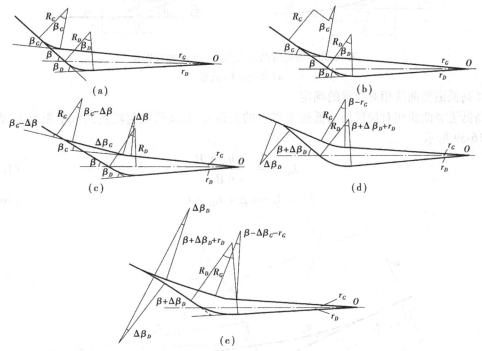

图 16-37　下部车场高低道起坡点间距的限定方法
（a）同半径一次变坡法；（b）变半径一次变坡法；（c）同半径甩车线上抬法；
（d）同半径提车线下扎法；（e）同半径提车线下扎甩车线上抬法

c. 高低道竖曲线两端点高差 h_G 及 h_D

高低道竖曲线两端点高差 h_G 及 h_D（图 16-38 所示）。

高道竖曲线两端点高差：

$$h_G = R_G(\cos r_G - \cos \beta) \tag{16-52}$$

低道竖曲线两端点高差：

$$H_D = R_D(\cos r_D - \cos \beta) \tag{16-53}$$

d. 高低道竖曲线水平段投影长度 l_G 及 l_D

高低道竖曲线水平段投影长度 l_G 及 l_D（图 16-38 所示）。

高道竖曲线水平投影长度：

$$l_G = R_G(\sin \beta - \sin r_G) \tag{16-54}$$

低道竖曲线水平投影长度：

$$l_D = R_D(\sin \beta + \sin r_D) \tag{16-55}$$

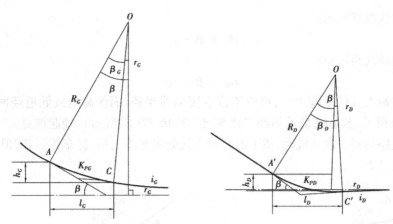

图 16-38 竖曲线两端点高差及水平段投影长
(a)高道；(b)低道

②高低道竖曲线相对位置的确定

高低道竖曲线相对位置用高低道上端点的斜距 L_1 及高低道起坡点的水平距离 L_2 表示，如图 16-39 所示。

$$L_1 = \frac{h_G - h_D + H}{\sin \beta} \tag{16-56}$$

$$L_2 = L_1 \cos \beta + L_D - L_G \tag{16-57}$$

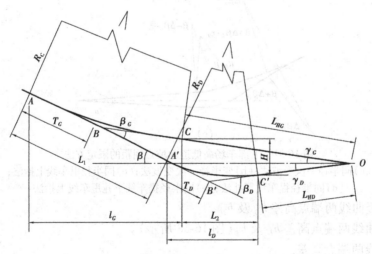

图 16-39 竖曲线及平车场线路各参数剖面示意图

2. 石门装车式下部车场

开采煤层群时，可自主要运输大巷掘采区石门联系各煤层。此时，轨道上山多布置于煤层组下部稳定的薄煤层或底板岩石中，在石门内布置装车站，进行列车的调运及装载。上山与石门间的绕道是连接轨道上山与石门的通路。为了便于独头石门通风，在石门尽头处设风道与输送机上山相连。

石门内的线路布置与大巷装车式下部车场基本相同，主要决定于装车点的数目。如石门只有一个装车点时，装车站线路布置可采用尽头式。如石门很长时，则在石门最里面的一个装车站采用尽头式，外面装车站采用通过式，煤仓可设 2 个或 3 个。以煤仓为界，空车储车线位于近运输大巷一端,重车储车线位于另一端。如石门长度不能完全满足装车线路布置的要求时,可把部分重车储车线转入最上一层煤的平巷内或适当延长石门长度。

石门内的调车方法可采用调度绞车调车、矿车自动滚行调车。图 16-40 所示调度绞车调车时,石门内分别有一个装车点及两个装车点的路线布置。

3. 绕道装车式下部车场

在大型或特大型矿井中,采用大巷装车场,可能使大巷运输能力受到影响。如果采用石门装车场,又受到石门长度等限制。在这种情况下可采用绕道装车站。下部车场具有绕道装车站的下部车场,称为绕道式下部车场。绕道位置可设在底板内或设在顶板内。

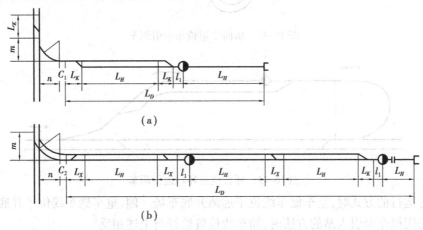

图 16-40　石门装车站线路布置

(a)一个装车点;(b)两个装车点

绕道装车站的线路布置有单向绕道、双向绕道和环形绕道三种。

绕道装车式下部车场内均采用机车调车,根据装车站线路布置方式,可分别采用机车顶推、牵引、环行运行等调车方式。

图 16-41 所示为双向绕道机车顶推调车。空列车由井底车场驶来,过渡线道岔,进入调车线,停车后机车顶推空列车入空车储车线。

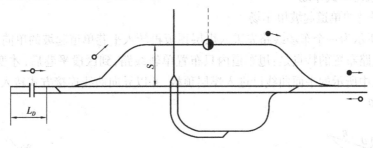

图 16-41　双向绕道机车顶推调车

图 16-42 所示为单向绕道机车牵引调车,空列车由井底车场驶来,过渡线道岔,进入绕道,停于空车储车线,机车牵引重列车驶向井底车场。

图 16-43 所示为环形绕道环行运行调车。机车牵引空列车至空车储车线后,机车摘钩,单独通过设在重车储车线一侧的通过线进入重车储车线,拉出重车,然后到大巷重车线。

绕道式装车空重车储车线的位置与装车站线路布置及调车方式有关。采用机车顶推入站

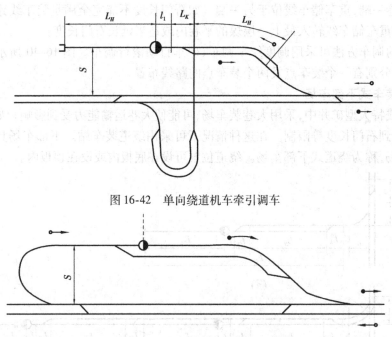

图 16-42　单向绕道机车牵引调车

图 16-43　环行绕道环行运行调车

或机车环行运行的方式时,空车储车线位于远离井底车场一侧,重车储车线位于井底车场方向一侧。当采用机车牵引入站的方法时,储车线位置恰好与上述相反。

空重车储车线的长度与大巷通过式相同。

二、采区中部车场线路设计

采区中部车场一般采用甩车式车场。甩车式中部车场根据起坡处线路数目的不同可以分为单道起坡甩车场及双道起坡甩车场。按照甩车方向,甩车式中部车场又可分为向两侧区段巷道甩车的双向甩车场及向一侧区段巷道甩车的单向甩车场。

1. 单道起坡甩车式车场

(1)甩入平巷的单道起坡甩车场

图 16-44 所示为一个车场线路先进入煤层顶板再转入平巷单道起坡的单向甩车式中部车场,这种车场线路布置的特点是:甩车道内只布置单轨线路,到区段平巷后,才变为双轨线路,除厚煤层外,图中所示的平面曲线已进入煤层顶板,并以异向曲线连接方式转入区段平巷内。

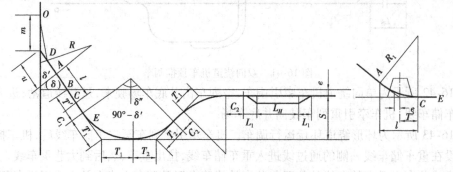

图 16-44　甩入平巷的单道起坡甩车场

从图 16-44 中可以看出:该中部车场线路可分为斜面线路、平面线路及连接两者的竖曲线三部分。

1)斜面线路

斜面线路一般沿煤层底板布置。

①斜面线路布置方式

斜面线路布置方式有斜面线路一次回转方式及斜面线路二次回转方式两种。

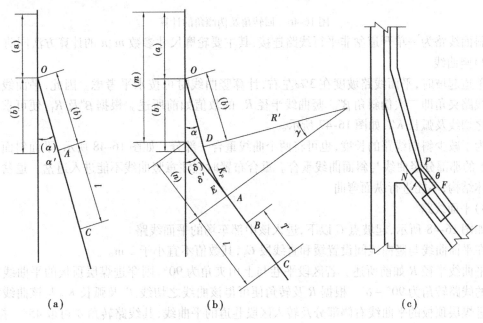

图 16-45　斜面线路回转方式

(a)一次回转;(b)二次回转;(c)提升牵引角

斜面线路一次回转方式,如图 16-45(a)所示。其特点是:甩车的单开道岔设在斜面线路上,岔线末端直接与竖曲线 AC 相接。由于斜面线路未设斜面曲线,线路只经过一次角度的回转,故称为斜面线路一次回转方式。回转角即为道岔的辙叉角 α。斜面线路经过一次回转后,道岔岔线 OA 的倾角 β' 为伪斜角,称为一次伪斜角,竖曲线在一次伪斜角上起坡。

图 16-45(b)所示为斜面线路二次回转方式。线路从道岔岔线 OD 段接斜面曲线 DA,使线路的斜面回转角,由一次回转角 α,进一步增大到二次回转角 δ。从斜面曲线末端开始布置竖曲线 AC,竖曲线转角为二次伪斜角 β''。

布置斜面曲线的目的是为了减少巷道交岔点的长度和跨度,以利于交岔点的开掘和维护。但是斜面曲线转角不宜过大,否则将会加大矿车提升牵引角,如图 16-45(c)所示。提升牵引角 θ 是矿车行进方向和钢丝绳牵引方向的夹角,此角造成提升时的横向分力,此角越大,横向分力也越大,甚至可能使矿车倾倒,使运输可靠性变差。设计时,一般控制斜面线路二次回转角 δ 不得大于 30°。两种布置方式的选择主要决定于围岩条件。围岩条件好,可考虑采用一次回转方式。在一般情况下,大多采用二次回转方式。

②斜面线路连接系统参数

以二次回转方式为例,斜面线路连接系统参数包括:角度参数(δ、α'、β'、β'')及轮廓尺寸参数(m、n 等),见图 16-46 所示。

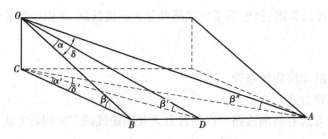

图 16-46   回转角及伪倾角的计算

斜面线路为一单开道岔非平行线路连接,其主要轮廓尺寸参数 m、n 的计算方法同前。

2)竖曲线

单道起坡时,平面线路坡度在 3‰ 左右,计算竖曲线时可按水平考虑。因此,平面线路与斜面线路夹角即二次伪斜角 β''。竖曲线半径 R_1 的数值如前所述。根据 β'' 及 R_1,便可求得竖曲线之切线及弧长 K'_P,如图 16-47 所示。

为了减少斜面线路的长度,也可将两个曲线重合一部分。如图 16-48 所示,平面斜面交点 B 以上的那部分竖曲线与斜面曲线重合。重合布置时应注意竖曲线不能进入道岔。道岔是一个整体结构,不能进行纵面弯曲。

3)平面线路

如图 16-48 所示,起坡点 C 以下,进入该中部车场的平面线路。

在平面曲线与竖曲线间设置缓和直线段 C_1,其数值不宜小于 2 m。

平曲线半径 R 如前所述。若区段平巷与上山夹角为 90°,则穿进煤层顶板的平曲线左侧部分的线路转角为 $90° - \delta'$。根据 R 及转角便可得该曲线之切线 T,及弧长 K_{P1} 与该曲线相接的穿进煤层顶板的平曲线右侧部分及转入区段巷道的平曲线,其线路转角 δ'' 可取 45°。据此,便可求得 T_2、K_{P2} 等参数。

当线路转入平巷后,平行移动了 S 距离。

$$S = (T' + C_1 + T_1)\sin(90^0 - \delta') - e \tag{16-58}$$

其中 e 为竖曲线切线交点 B 至区段平巷线路中心线间的距离,当区段平巷位置及巷内轨道线路布置确定后,e 值已知。

平移距为 S 时,异向曲线中缓和直线段 C_2 为

$$C_2 = \frac{S}{\sin \delta''} - 2T_2 \tag{16-59}$$

平巷内的储车线长度为 L_H,可根据具体情况决定。如为 1 t 矿车运输时,可采用简易道岔,L_j 为简易道岔平行线路连接点长度。

4)平面线路的平面图及坡度图

为了绘出设计图纸和按设计施工,必须计算线路系统在平面图上的各部分尺寸和纵断面图上各线段转折点的标高。

平面图上各部尺寸的计算公式已如前所述。当甩车道倾角不大时,为了简便,不必换算,可直接按斜面尺寸绘制。只要把标注的尺寸加上括号以示与平面尺寸的区别即可。

纵剖面图上各点标高,在线路各段的长度和相应的角度(或坡度)已知后,可以很容易地算出。

各点标高分别为:

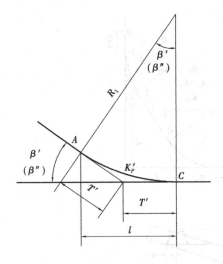

图 16-47　竖曲线参数

图 16-48　斜面曲线与竖曲线部分重合

O 点相对标高为 ± 0

D 点：$h_D = - h_{0-D}$

A 点：$h_A = - (h_{0-D} + h_{D-A})$

C 点：$h_C = - (h_{0-D} + h_{D-A} + h_{A-C})$

计算结束后，绘制线路坡度图，如图 16-49 所示。

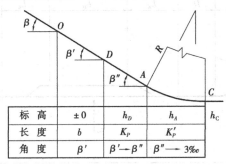

标　高	± 0	h_D	h_A	h_C
长　度	b	K_P	K_P'	
角　度	β'	$\beta' \longrightarrow \beta''$	$\beta'' \longrightarrow 3‰$	

图 16-49　线路坡度图

（2）甩入绕道的单道起坡甩车场

甩入绕道的单道起坡甩车式中部车场，其线路布置与先进入煤层顶板，再转入平巷的采区中部车场相似，如图 16-50 所示。为了便于维护巷道，应使绕道与上山之间的煤（岩）柱具有一定厚度。因此，线路进入平面后，应沿着竖曲线切线方向向顶板延伸，与平曲线相接，绕过上山后，再以异向曲线线路连接区段平巷储车线。

绕道部分设计重点在确定绕道线路的位置，即确定绕道线路至输送机上山底板的高度及绕道线路至区段平巷线路间的水平距离。

（3）甩入石门的单道起坡甩车场

甩入石门式中部车场线路布置如图 16-51 所示。它是多煤层采区联合布置最常用的一种方式。图中 L_H 为储车线长度，L_K 为单开道岔非平行线路连接点轮廓尺寸，C_1、C_2 为缓和线长，D 为插入的直线段长度。

该车场线路布置的要点是确定石门与上（下）山的水平间距 P 及插入直线段长度 D。

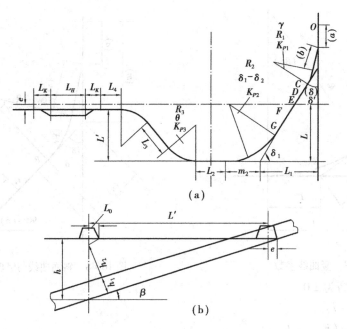

图 16-50　甩入绕道式中部车场

（a）平面图；（b）绕道底板至轨道机上山底板高度

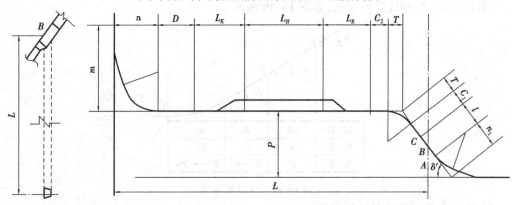

图 16-51　甩入石门的单道起坡甩车场

2. 双道起坡甩车式车场

双道起坡是在斜面上设甩车道岔和分车道岔,使线路在斜面上变为双轨,空重车线分别设置竖曲线起坡。

双道起坡甩车式中部车场,可分甩入平巷式、甩入绕道式及甩入石门式三种。其车场线路由斜面线路、平面线路及竖曲线三部分组成。常见的甩入平巷的双道起坡甩车场,如图 16-52 所示。

（1）斜面线路

甩入平巷双道起坡的中部车场,在斜面上的线路连接可采取"道岔—道岔"系统或"道岔—曲线—道岔"系统。

道岔—曲线—道岔系统的特点是在 No1 道岔岔线末端设一斜面曲线,然后接 No2 道岔使

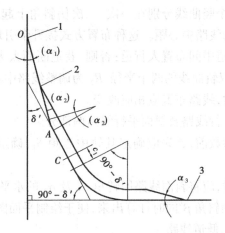

图 16-52　甩入平巷的双道起坡甩车场

单轨变为双轨,再设置竖曲线到平面,如图 16-53(a)所示。

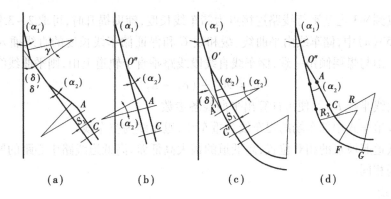

图 16-53　斜面线路布置方式

(a)道岔—曲线—道岔系统;(b)、(c)、(d)道岔—道岔系统

　“道岔—曲线—道岔”系统的主要优点是,由于道岔间设有斜面曲线,回转角较大,故甩车场斜面交叉点的长度和坡度均较小,易于开掘和维护,便于设置简易交岔点。

　　因此,当上山作为辅助提升采用简易交岔点时,多采用这种线路连接系统,围岩松软时更为适用。其缺点是:斜面线路长,提升牵引角大,№1 道岔与№2 道岔间增设了斜面曲线,把钩人员往返路程远。

　　“道岔—道岔”系统的特点是№1 道岔与№2 道岔直接相接,如图 11.45(b)、(c)、(d)所示。

　　图 16-53(b)所示为“道岔—道岔”系统斜面线路一次回转方式。图中№2 道岔的主线接№1 道岔的岔线,№2 道岔岔线接连接点曲线。斜面线路作一次回转,其回转角为№1 道岔的辙岔角 α。这种布置方式虽提车顺畅,但交岔点较长,采区中较少采用。

　　图 16-53(c)所示为“道岔—道岔”系统斜面线路二次回转方式。图中№2 道岔主线接连接点曲线,岔线接直线。斜面线路二次回转角 δ 为两个道岔辙岔角之和。这种布置方式的提升牵引角较“道岔—曲线—道岔”系统稍小,交岔点的长度和跨度也不过分增大,因而被广泛采用。

　　图 16-53(d)所示为“道岔—道岔”系统线路先竖后平的布置方式。其特点是在斜面线路

上取消了连接点曲线,使两个竖曲线分别在一次、二次伪斜角上起坡。线路经竖曲线落平后,再用平曲线使其达到预定的线路中心距。这种布置方式提升牵引角小,线路布置比较紧凑,只是线路中心距较大,适于巷道中间布置人行道;否则,巷道断面太大。平面储车线线路可设在平巷内,图中的 R、$R + S$ 为双轨曲线的两个半径,R_2 为调整线路中心距的曲线半径,F_G 为直弧线。储车线设在石门方向时,线路布置应相应改变。

斜面线路包括斜面非平行线路及斜面平行线路两部分。

确定斜面平行线路各参数前,首先应确定其轨中心距 S_1,确定轨道中心距的原则与轨道上山下部平车场相同。

在进行斜面线路计算时,应将斜面线路回转角 α_1 及 α_2 的水平投影角 α_1' 和 α_2' 以及与之相应的一次伪斜角 β' 及二次伪斜角 β'' 同时计算出来,便于绘制平面图及计算平面线路。

(2)平面线路储车线高、低道线路

此时的平面线路是指高、低道竖曲线起坡点到区段平巷间的水平线路,其中主要是储车线。

从起坡点到№3 道岔平行线路连接点为储车线长度,辅助提升时,可取 2～3 钩串车长度。

在图 16-53(a)中,储车线由平曲线、缓和线 C 和保证储车线长度的直线插入段三部分组成。图中的上山与煤层倾角一致,储车线直线段线路垂直于轨道上山,则平曲线线路转角为

$$\theta = 90^0 - (\alpha_1 + \alpha_2) \tag{16-60}$$

选定平曲线半径 R 后,便可计算出平曲线各参数。

双道起坡甩车式中部车场的提车线为重车线,甩车线为空车线。

确定高低道起坡点的相对位置,高低道的最大高低差,高低道线路中心距的原则与轨道上山下部平车场相同。

(3)竖曲线

双道起坡甩车场竖曲线各参数的计算方法与轨道上山下部车场相同,但竖曲线所对应的伪斜角为一次或二次伪斜角,与轨道上山下部平车场竖曲线对应的起坡角有所不同。

竖曲线的相对位置用高低道上端点斜长 L_1 及高低道起坡点的水平距离 L_2 表示。

现以斜面线路二次回转方式为例说明 L_1、L_2 的确定方法。

如图 16-54 所示,斜面线路布置的特点是:低道竖曲线紧接在连接点曲线之后布置,但高道竖曲线上端点不能进入第二道岔。

将提、甩车线向垂直轴上投影,可得以下关系式:

$$L_1 = \frac{(L - T_1)\sin \beta'' - m \sin \beta' + h_G - h_D + H}{\sin \beta''} \tag{16-61}$$

将提、甩车线向水平面上投影,得

$$L_2 = L_1\cos \beta'' + l_D - l_G - (m \cos \alpha_2\cos \beta'' - m \cos \beta'\cos \alpha_2) \tag{16-62}$$

$$L_2 \approx L_1\cos \beta'' + l_D - l_G \tag{16-63}$$

一般已知 H、R_G、R_D,按上述公式求 L_1 及 L_2。如同轨道上山下部平车场一样,高低道起坡点应尽可能接近,或者高道起坡点超前低道起坡点 1.5～2.0 m。当求出的 $L_2 > 2.0$ m 时,应另取 R_G 重新计算,为了避免重复计算,可先定 L_2、L_D 和 H,求未知数 R_G 和 L_1。为此需解以下两个方程:

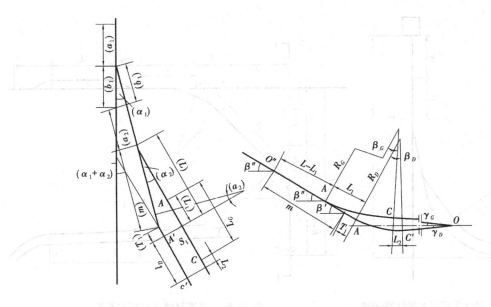

图 16-54　斜面线路二次回转方式竖曲线位置的确定

$$L_1 \frac{(L - T_1) \sin \beta'' - m \sin \beta' + R_G(\cos r_G - \cos \beta'') - h_D + H}{\sin \beta''} \quad (16\text{-}64)$$

$$L_2 \approx L_1 \cos \beta'' + l_D - R_G(\sin \beta'' - \sin r_G) \quad (16\text{-}65)$$

若计算后，发现高道竖曲线上端点进入了第二道岔的 b_2 段，即 $L - L_1 < b_2$，则应调整线路系统，把第二道岔末端定为高道竖曲线上端点，使低道竖曲线位置下移，在连接点曲线之下加一直线段。

必须指出：应将求得的 R_G，调整为常用整数再代入公式内，最后确定 L_1 及 L_2。

三、采区上部车场线路设计

采区上部车场可分为甩车场、平车场及转盘车场三类。

采区上部甩车场的设计方法与中部车场相同。但由于上部甩车场靠近绞车房，要求 F-F 线以上设置 B 和 A 两段线路。B 为一钩串车的长度，A 为防止绞车过卷矿车冲入绞车房的安全距离，一般为 4~6 m，如图 16-55 所示。

在上山上部设置反向竖曲线使斜面线路变平成为上部平车场。按照起坡处线路数目，可分为单道起坡及双道起坡，一般采用单道起坡。但在采区下山的上部车场，或上山运输量大时，可采用双道起坡。

上部平车场分为顺向平车场及逆向平车场两种。上部平车场线路可以直接进入总回风巷、绕道或进入石门。

以下将按照单道起坡及双道起坡，分别阐述顺向及逆向平车场线路布置特点。

1. 单道起坡上部平车场

（1）单道起坡上部顺向平车场

图 16-56 所示为一个单道起坡的顺向上部平车场，线路进入总回风道。该车场变坡点 C 处为单轨线路，提车方向与矿车进入车场方向一致，经过一段平面线路后进入总回风巷。

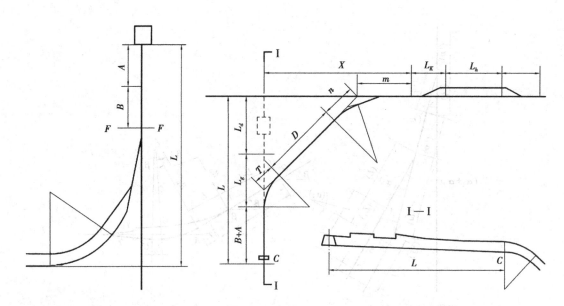

图 16-55　采区上部甩车场线路布置　　　　　　图 16-56　单道起坡上部顺向车场

上山经反向竖曲线变平后，沿上山方向长度为 $B+A$（B 为一钩车长度，A 为安全距离）。矿车经过 C 点后，关闭阻车器以防止跑车，然后摘钩，推入平面弯道，经过直线段 D 和单开道岔非平行线路连接点，进入位于总回风巷的储车线。

采用这种布置的条件是：

$$L \geqslant B + A + L_g + L_d \tag{16-66}$$

式中　L_d——绞车房及风道、绳道总长度，m；

　　　L_g——交岔点长度，m；

　　　L——变坡点至总回风道轨道中心线距离，m。

总回风道的位置在矿井开拓布置已确定。L 值为已知，若 L 值小于上式，在上山倾角不大时，可加大倾角移动变坡点，增大 L 值。

（2）单道起坡上部逆向平车场

这种车场提车方向与矿车进入车场储车线方向相反。图 16-57（a）所示为线路由煤层上山转入本层平巷的布置方式。线路变平后，设单开道岔非平行线路连接点。矿车提过道岔后停车，再反向推车入平巷。

变坡点 C 至绞车房的距离：

$$L = A + B + m - (T' + e) \tag{16-67}$$

式中　m——单开道岔非平行线路连接点轮廓尺寸，m；

　　　T'——反向竖曲线的切线长，m；

　　　e——平面、斜面交线与平巷轨道中心线的间距，m。

图 16-57（b）所示为线路转入石门（或平巷）的一种布置方式。为提高通过能力，缩短倒车时间，再设一分车道岔，变为双轨线路。

变坡点 C 的位置需注意不能进入平面交岔点之内，单开道岔 a 值始端至 C 点应有不小于交岔点长度 L_g 的距离。为此，图 16-57（c）中变坡点 C 应向顶板方向移至（C），加大上山顶部倾角，其纵面布置如图中虚线所示。

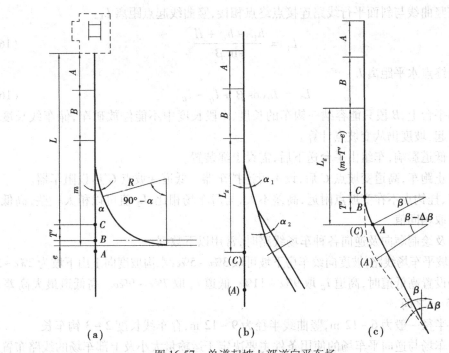

图 16-57　单道起坡上部逆向平车场

（a）单道时；（b）双道时；（c）靠近车场处加大上山倾角

2. 双道起坡上部平车场

图 16-58 所示为一个双道起坡上部顺向平车场。设上山的倾角为 β，则高道竖曲线转角为 $\beta_G = \beta + r_G$，低道竖曲线转角为 $\beta_D = \beta - r_D$。

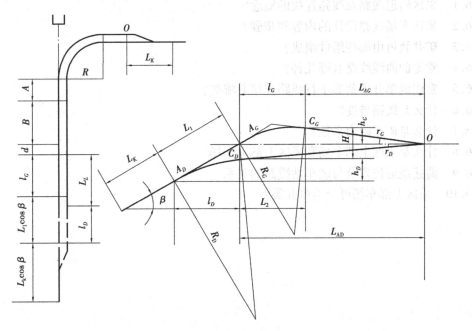

图 16-58　双道起坡上部平车场

令低道竖曲线与斜面平行线路连接点终点相接,竖曲线起点距离 L_1:

$$L_1 = \frac{h_D - h_C + H}{\sin \beta} \qquad (16\text{-}68)$$

竖曲线终点水平距离 L_2:

$$L_2 = L_1 \cos \beta + l_D - l_C \qquad (16\text{-}69)$$

在车场平台上,B 段只能容纳一钩车的长度,A 段长度中不能停放矿车,储车线长度可以从弯道点算起,坡度仍从变坡点计算。

由于高低道影响,车组由平台送下后,需设上绳装置。

为了防止跑车,高道变坡点 C 后,设不可逆挡车器。低道变坡点 C' 后设阻车器。

由于摘、挂钩点不在变坡点附近,高差不大,与甩车场相比,L_2 值可以稍大一些,高低道竖曲线半径可取相同值。

在计算及绘制顺向及逆向各种车场线路时,常用以下数据:

单道起坡平车场线路,坡度向绞车房下坡可取 3‰~5‰,水沟坡度向上山下坡为 2‰~3‰。

平车场设置高低道时,高道 i_C 取 9‰~11‰,低道 i_D 取 7‰~9‰。高低道最大高差 H 宜在 0.2~0.5 m 之间。

平曲线半径一般为 6~12 m,竖曲线半径为 9~12 m,存车线长度 2~3 钩车长。

顺向平车场与逆向平车场的使用条件主要决定于运输量大小及上部车场的线路布置。

巩固与提高

16.1 采区轨道线路及线路连接的概念?

16.2 采区车场线路设计的内容和步骤?

16.3 矿井轨道由哪些组件组成?

16.4 常见的曲线线路有哪几种?

16.5 常用的单开道岔非平行线路连接有哪些?

16.6 什么是线路坡度?

16.7 什么是矿车阻力系数?

16.8 什么是采区上部车场和采区上部甩车场?

16.9 简述绕道位置及与装车站线路的关系。

16.10 采区上部车场可分为哪几类?

参考文献

[1] 国家安全生产监督管理总局,国家煤矿安全监察局.防治煤与瓦斯突出规定[S].北京:煤炭工业出版社,2009.

[2] 国家煤矿安全监察局.《防治煤与瓦斯突出规定》读本[M].北京:煤炭工业出版社,2009.

[3] 国家安全生产监督管理总局,国家煤矿安全监察局.煤矿安全规程[M].北京:煤炭工业出版社,2009.

[4] 陈雄,蒋明庆,唐安祥.矿井灾害防治技术[M].重庆:重庆大学出版社,2009.

[5] 国家标准.煤炭工业小型矿井设计规范[S].北京:中国规划出版社,2007.

[6] 中国科学院预测科学研究中心.2008 中国经济预测与展望[M].北京:科学出版社,2007.

[7] 李锦生,谢明荣,李存芳.现代煤矿企业管理[M].徐州:中国矿业大学出版社,2007.

[8] 葛宝臻.综合机械化采煤工艺[M].北京:中国劳动和社会保障出版社,2006.

[9] 国家标准.煤炭工业矿井设计规范[S].北京:中国规划出版社,2005.

[10] 曹允伟,王春城,陈雄.煤矿开采方法[M].北京:煤炭工业出版社,2005.

[11] 窦永山,窦庆峰.《煤矿安全规程》读本[M].北京:煤炭工业出版社,2005.

[12] 中国经济景气监测中心.中国产业地图-能源 2004—2005[M].北京:社会科学文献出版社,2005.

[13] 成家钰.煤矿作业规程编制指南[M].北京:煤炭工业出版社,2005.

[14] 国家煤矿安全监察局,中国煤炭工业协会.煤矿安全质量标准化标准及考核评级办法[M].北京:煤炭工业出版社,2004.

[15] 国家标准.爆破安全规程[S].北京:中国标准出版社,2003.

[16] 徐永圻.采矿学[M].徐州:中国矿业大学出版社,2003.

[17] 秦忠诚,王国旭,严正方.构造复杂煤层采煤方法[M].徐州:中国矿业大学出版社,2003.

[18] 张先尘,钱鸣高,等.中国采煤学[M].北京:煤炭工业出版社,2003.

[19] 王显政.煤矿安全新技术[M].北京:煤炭工业出版社,2002.

[20] 黄福昌,倪新华.煤矿工人技术操作规程[M].北京:煤炭工业出版社,2002.

[21] 许升阳,王宗禹,杜乐清.煤矿安全及高产高效技术论文集[G].徐州:中国矿业大学出版社,2002.

[22] 任秉钢.中国综合机械化放顶煤开采[M].北京:煤炭工业出版社,2002.

［23］胡公才.煤矿安全规程问答［M］.北京:煤炭工业出版社,2002.

［24］刘过兵.采矿新技术［M］.北京:煤炭工业出版社,2002.

［25］综采技术手册编委会.综采技术手册［M］.北京:煤炭工业出版社,2001.

［26］邢福康,蔡岵,刘玉堂.煤矿支护手册［M］.北京:煤炭工业出版社,2001.

［27］何学秋.安全工程学［M］.徐州:中国矿业大学出版社,2000.

［28］徐永圻.煤矿开采学(修订本)［M］.徐州:中国矿业大学出版社,1999.

［29］中国煤炭志编纂委员会.中国煤炭志［M］.北京:煤炭工业出版社,1999.

［30］陈郑正.采煤专业毕业设计指导书［M］.徐州:中国矿业大学出版社,1998.

［31］李佑林.小煤矿开采技术［M］.北京:煤炭工业出版社,1995.

［32］张先民,王春城.实践性教学指导书［M］.徐州:中国矿业大学出版社,1994.

［33］何道清.陕西煤炭技术［M］.徐州:中国矿业大学出版社,1994.

［34］张希峻.煤矿开采方法［M］.徐州:中国矿业大学出版社,1993.

［35］陈炎光,徐永圻.中国采煤方法［M］.徐州:中国矿业大学出版社,1991.

［36］洪允和.煤矿开采方法［M］.徐州:中国矿业大学出版社,1991.

［37］陈炎光,陈冀飞.中国煤矿开拓系统［M］.徐州:中国矿业大学出版社,1991.

［38］王刚.煤矿地下开采［M］.徐州:中国矿业大学出版社,1990.

［39］徐永圻.中国采煤方法图集［M］.徐州:中国矿业大学出版社,1990.

［40］魏同,张先尘.煤矿总工程师工作指南［M］.北京:煤炭工业出版社,1988.

［41］邓力群,马洪,武衡.当代中国的煤炭工业［M］.北京:中国社会科学出版社,1988.

［42］张先尘.采煤学［M］.北京:煤炭工业出版社,1979.